Wolfgang Appel / Michael Wahler (Hrsg.)
Die digitale HR-Organisation

Wolfgang Appel / Michael Wahler (Hrsg.)

Die digitale HR-Organisation

Wo wir stehen, was wir brauchen

Luchterhand Verlag

Bibliografische Information der Deutschen Nationalbibliothek

Die Deutsche Nationalbibliothek verzeichnet diese Publikation in der Deutschen Nationalbibliografie; detaillierte bibliografische Daten sind im Internet über http://dnb.dnb.de abrufbar.

ISBN 978-3-472-09519-4

www.wolterskluwer.de
www.personalwirtschaft.de

Lektorat: Elke Rothe, Bonn

Umschlaggestaltung: KD1, Köln
Cover-Illustration: Thomas Walloch, Siegburg
Satz: Innodata Inc., Noida, India
Druck und Weiterverarbeitung: Williams Lea & tag GmbH, München

Gedruckt auf säurefreiem, alterungsbeständigem und chlorfreiem Papier.

Geleitwort

Die Personalarbeit hat in den letzten Jahrzehnten, indem sie sich neuen Themen und Methoden zugewandt hat, große Fortschritte gemacht. Gerade beim Einsatz neuer Technologien in Prozessen und Produkten der Personalarbeit ist man heute auf Augenhöhe mit den internen Kunden. Dachten vor allem juristisch geprägte Personalleiter in den 1990er-Jahren beim Stichwort »Prozessmanagement« noch eher an Gerichtsverfahren, so hat sich dies mit dem massiven Einsatz von ERP-Systemen dramatisch geändert. Moderne Personaler haben ein umfassendes Bewusstsein für Prozesse und ihr Optimierungspotenzial entwickelt, die inzwischen zu essenziellen Bestandteilen ihrer Arbeit geworden sind.

Warum wird gerade jetzt so intensiv über die Digitalisierung der Personalarbeit diskutiert? Greift hier lediglich das in allen Lebensbereichen grassierende »Digitalisierungsfieber« über? Ich denke, die Antwort ist vielschichtiger.

Die Zeit ist reif für die Zusammenführung bislang lediglich lose verbundener Entwicklungen, um eine neue Ära in der Personalarbeit einzuleiten. Die Revolution steckt in der Simplifizierung und Mobilisierung der Prozesse und dem Einsatz moderner Technologien, wie Mobile Devices und Cloud-Technologien, die heute technisch hoch entwickelt sind und zugleich eine breite Marktdurchdringung erreicht haben.

Nach einer Studie des Branchenverbands Bitkom nutzen acht von zehn Deutschen ein Smartphone. Die stärkste Wachstumsrate zeigt die Gruppe der über 65-Jährigen, von denen 39 Prozent einen solchen Allzweckkönner einsetzen; kaum noch steigerungsfähig scheint die Nutzungsrate bei den unter 50-Jährigen mit 94 Prozent (www.bitkom.org, Studie: Zehn Jahre iPhone, 2017). Zugleich hat sich auch die Arbeitsweise verändert: Agiles Projektmanagement oder Design Thinking haben das enge Feld des IT-Managements verlassen und werden auch in betrieblichen Funktionen wie dem Personalmanagement eingesetzt.

Damit werden aber nicht nur die Vorgehensweisen in der Entwicklung neuer HR-Produkte verändert, sondern auch die Angebote selbst. Das Instrument einer Mitarbeiterbeurteilung etwa wird im Zuge der Digitalisierung von HR nicht nur einfach von Papier oder einer Desktop-gestützten Web-Anwendung auf ein Smartphone übertragen, sondern es wird darüber hinaus auch gefragt werden müssen, wer in einer agilen Arbeitswelt auf welche Weise und in welchem Rhythmus bewertet wird.

Solche Veränderungen schaffen Verunsicherung und generieren neue Fragen: Was werden in Zukunft die wichtigsten (IT-)Werkzeuge der Personalarbeit sein? Wie verändern sich zentrale Prozesse der Personalarbeit und auch: Wie werden Personaler in Zukunft arbeiten und welche Kompetenzen benötigen sie dazu?

Da auch meine Unternehmen zukunftsorientiert an entsprechenden Lösungen arbeiten, habe ich gerne das Geleitwort für dieses Buch verfasst. Ich wünsche den interessierten Lesern Freude und Erkenntnisgewinn und hoffe, dass diese Zusammenschau wichtiger Themen zudem Basis und Anlass für eine breite Diskussion innerhalb und jenseits der Personalfunktion bietet.

Prof. Dr. August-Wilhelm Scheer
Wirtschaftsinformatiker und Unternehmer

Vorwort: Digital sein oder nicht sein?

Wolfgang Appel und Michael Wahler

Die Digitalisierung ist in aller Munde und man erwartet von ihr nicht weniger als eine völlig neue Arbeitswelt. Durch erweiterte Möglichkeiten innerhalb der Informationstechnik sowie geringere Kosten für Transaktionen, Kommunikation und Kontrollaktivitäten sind Unternehmen nicht mehr an Ort und Zeit gebunden. Eine neue Mitarbeitergeneration tritt in die Arbeitswelt ein, welche die durch die Digitalisierung geschaffenen Möglichkeiten zur Flexibilisierung für sich einfordert. In der Politik wird die Einrichtung eines Digitalministeriums gefordert, das von digitaler Infrastruktur über Datenschutz und IT-Sicherheit, Digitalisierung der Industrie bis zum Urheberrecht alle Kompetenzen der digitalen Fortentwicklung in einer Hand bündelt. Kein Wunder, dass auf betrieblicher Ebene schon über ein »Superdepartment aus HR, IT und Datenmanagement« unter einheitlicher Leitung nachgedacht wird (Cachelin 2015).

Das Umfeld dieser Veröffentlichung

Was meint aber nun der Begriff »Digitalisierung«? Digitalisierung im engeren technischen Sinne meint die Umwandlung von analogen in digitale Informationen. Als ihre wichtigsten Treiber sind zu nennen: implantierte Technologien, Speicherplatz für alle, Big Data als Entscheidungsgrundlage, 3-D-Druck, Cloud Computing, Social Media, Mobile Computing, künstliche Intelligenz und Robotik (BITKOM-Studie 2016). Jedoch wäre es zu kurz gesprungen, die Digitalisierung alleine auf technische Innovationen zu reduzieren. In einem weiteren Sinne meint Digitalisierung einen Veränderungsprozess in Gesellschaft und Arbeitswelt (Ayberk et al. 2017). Die Durchschlagskraft der aktuellen Entwicklung resultiert vor allem aus einem veränderten ideologischen Überbau: Nicht Technologie, sondern Denkweisen sind wichtig! Hier ist die Idee der Sharing Economy zu nennen, das Teilen ungenutzter Ressourcen. Oder das als »Prosument« bezeichnete Zusammenwachsen von Produzent und Konsument einer Leistung. Nicht zuletzt wird mit der Customer oder User Experience die Perspektive der Nutzer viel stärker in den Blick genommen; aus Kundenerfahrungen werden so für die Produktentwicklung maßgebliche Kundenerwartungen.

Zielsetzung des vorliegenden Bandes ist es, zugeschnitten auf den Arbeitsalltag von Personalern den Begriff der Digitalisierung auf die Personalarbeit anzuwenden, den Status quo zu dokumentieren und vor allem: Entwicklungslinien und Werkzeuge aufzuzeigen.

Die Sicht soll weniger auf die Kunden der Personalarbeit, sondern stärker nach innen gerichtet sein: auf die Prozesse, die Organisation der Personalarbeit und die Arbeitsweise der Personaler selbst. Die Beiträge sollen zukunftsgerichtet Möglichkeiten der Digitalisierung im HR-Bereich in den nächsten drei bis fünf Jahren aufzeigen, aber dabei immer die Umsetzbarkeit der Vorschläge in den mittelständischen und großen Unternehmen dieses Landes im Auge behalten.

Elemente des digitalen Personalmanagements

Unsere Sicht auf die HR-IT der Zukunft ist sowohl umfassend als auch pragmatisch und bodenständig. Carsten Knauth warnt vor der Anbieter-getriebenen »schönen digitalen HR-Welt«, in der Mitarbeiterprofile, HR-Prozesse und -Reports eine harmonische und einfach zu bedienende Einheit bilden. Die Antwort sei vielmehr, dass es in der HR-IT keine einfachen Lösungen gebe, sondern lediglich bessere oder schlechtere IT-Lösungen (Knaut 2017). Entsprechend unserem ganzheitlichen Ansatz wollen wir beim digitalen Personalmanagement auf Werkzeuge, Prozesse, Strukturen und Kompetenzen der Personalarbeit, auf Daten und die notwendige Führungsphilosophie schauen. Abbildung 1 zeigt unser umfassendes Verständnis von digitalem Personalmanagement.

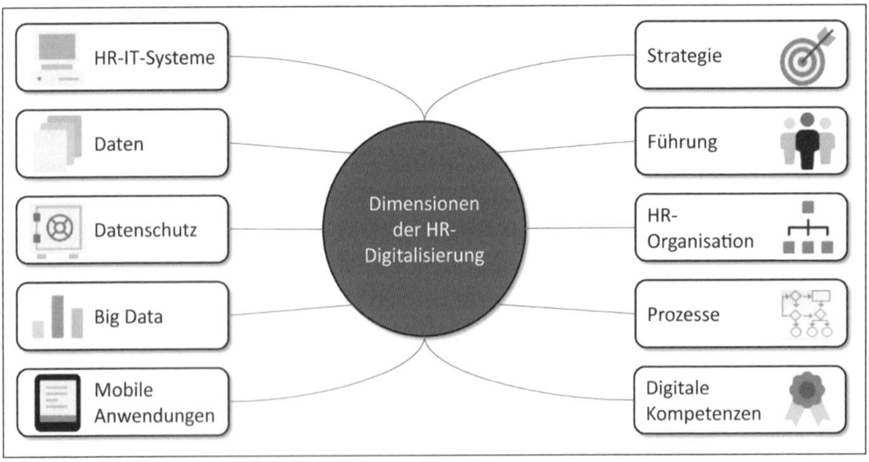

Abb. 1: Ganzheitliches Verständnis von digitalem Personalmanagement

Wir wollen zunächst den Rahmen für unsere Betrachtung schaffen. Wenn Sie die Beiträge des Kapitels 1 gelesen haben, dann:

- ... kennen Sie den Status quo deutscher Unternehmen bei der Digitalisierung der Personalarbeit. In 30 Experteninterviews mit Personalern deutscher Großunternehmen wurden hintergründige, ungefilterte Einschätzungen zu Tage gefördert (Beitrag von Appel).
- ... können Sie die Tiefe und Breite der digitalen Veränderungen nachvollziehen. Sie wissen, wie Digitalisierung die Personalarbeit auf mehreren Ebenen beeinflussen wird, und kennen die Grundzüge der Blockchain-Technologie, die als der Veränderungstreiber der IT in den nächsten zehn Jahren gilt (Erbeldinger).

Strukturen und Kompetenzen des digitalen Personalmanagements

»Arbeit, die digitalisierbar ist, wird digitalisiert werden« – ausgehend von dieser These wird die Digitalisierung massive Auswirkungen auf die Struktur, die Arbeitsweise und die Kompetenzen der Personaler haben. Macht sich HR selbst überflüssig, wenn immer mehr Aufgaben durch die Digitalisierung auf Mitarbeiter und Führungskräfte verlagert werden? Oder wird die Rolle des Personalers für Veränderung, Kultur, Innovation, Engagement und Wissensaustausch immer wichtiger? In den Nuller-Jahren wurde die Entwicklung der Personalorganisation mit dem Bild »vom Dreieck zur Raute« dargestellt. Die Digitalisierung könnte aus der Raute wieder ein Dreieck machen, wenn administrative Aufgaben endgültig automatisiert werden. Die verbleibenden Personaler wären nicht mehr in erster Linie Wissensträger, sondern Content-Produzenten. Statt Datenpflege wird Prozessfreigabe ihre Kernaufgabe sein. Personaler sollten grundsätzliche Fragen nach dem wirklichen Nutzen des Einsatzes neuer Technologien und Softwareprodukte stellen und die Antworten hinreichend bewerten können.

Wie verändern sich durch die neuen Technologien die Anforderungen an Personalmanager? Sind eher analytische und konzeptionelle Fähigkeiten gegenüber fachlichen und administrativen Fähigkeiten gefragt, da Letztere im Zuge der Digitalisierung von der Maschine übernommen werden?

Wenn Sie die Beiträge des Kapitels 2 gelesen haben, dann:

- … können Sie mögliche Auswirkungen der Digitalisierung auf die Struktur, das Selbstverständnis und die Aufgaben Ihres HR-Bereichs abschätzen (Beitrag von Schwaab/Jacobs).
- … kennen Sie die zukünftig notwendigen digitalen Kompetenzen der Personaler und können entsprechend ihre Rekrutierung und Qualifizierung überprüfen (Mudra).
- … können Sie die rechtlichen Vorgaben, die bei einer Fortentwicklung der HR-IT zu beachten sind, besser einschätzen (Behrendt).
- … wissen Sie, worauf Sie im Zuge der Europäischen Datenschutz-Grundverordnung bei der Verarbeitung von Personaldaten achten müssen (Binder).
- … haben Sie einen Ansatz kennengelernt, um Unternehmen auf die Möglichkeiten der Digitalisierung auszurichten (Lange, Faust und Joseph).

HR-Prozesse im Sog der Digitalisierung

Prozess-Unterstützungssysteme stehen nicht mehr isoliert, sondern werden von Recruiting über Personalentwicklung bis hin zu Performance integriert. Mittels künstlicher Intelligenz entstehen Expertensysteme, die die Sachbearbeitung verändern und menschliche Prozesskompetenz teilweise ersetzen können. Medienbrüche in Prozessen werden durch die »Digitale Signatur« überbrückt. Die digitale Personalakte wird zwar schon seit 15 Jahren eingesetzt, etabliert sich aber nun als durchgängig verfügbarer und genutzter Drehpunkt der Personalprozesse.

Wenn Sie die Beiträge des Kapitels 3 gelesen haben, dann:

- ... erhalten Sie Anregungen für ein aktives Sourcing auf der Grundlage neuer sozialer Medien und breiter Datenanalyse (Beitrag von Schaus/Klingelhöfer).
- ... wissen Sie, wie sich die bereits bekannten E-Learning-Konzepte weiterentwickeln und wie Technologie und soziale Lernwelten zusammengebracht werden können (Wachter).
- ... können Sie Konzepte und Werkzeuge eines auf großen Mengen quantitativer und qualitativer Personaldaten basierenden Personalcontrollings beurteilen (Schübbe).
- ... kennen Sie die Wirkungen neuer Technologien auf administrative HR-Prozesse und auf die HR Shared Services der Zukunft (Schwarz).

Vom digitalen Konzept zur Umsetzung in IT-Werkzeuge

Die anstehenden Veränderungen sind ganz klar durch Technik getrieben. Der Personalarbeit stehen heute im Bereich der Spracherkennung, der Prozessautomatisierung und Entscheidungsunterstützung Möglichkeiten zur Verfügung, die noch vor zehn Jahren als visionär galten. In der Cloud-Technologie teilen sich Unternehmen dieselbe physikalische IT-Infrastruktur: Sie verbindet zentrale Datenhaltung mit zentralen Prozess- und Strukturvorgaben bei gleichzeitig vielfältigen Möglichkeiten, dezentral Ansichten, Oberflächen und Auswertungen zu gestalten. Durch die Hintertür können Personalfunktionen damit Standardprozesse durchsetzen – was ihnen aus eigener Kraft selten gelungen ist (Jänicke/Schindler 2017). Portale ermöglichen die Integration einer externen IT-Welt in interne Systemlandschaften. Die letzte Meile zwischen HR-Funktion und Mitarbeitern wird geschlossen, indem die Beschäftigten ihre eigenen Smartphones in die Unternehmens-IT integrieren (BYOD = Bring Your Own Device).

Wenn Sie die Beiträge des Kapitels 4 gelesen haben, dann:

- ... verstehen Sie die Funktionsweise von Robotic-Programmen und digitaler Sprachanalyse und können die Anwendungsmöglichkeiten im HR-Bereich einschätzen (Beitrag von Schmeink et al.).
- ... kennen Sie Anwendungsbereiche von Spracherkennungssystemen in der Personalauswahl und -entwicklung (König/Langer).
- ... wissen Sie, wie Cloud-Technologie und Service-Portale in eine internationale HR-Service-Organisation eingeführt werden können (Mayer).
- ... kennen Sie Praxiserfahrungen zur Einführung neuer HR-Applikationen (Haschem).
- ... verstehen Sie die Anwendbarkeit künstlicher Intelligenz und die Möglichkeiten, mit ihrer Hilfe aus Personalcontrolling ein »People Analytics« zu machen sowie HR-Prozesse zu steuern (Lange et al.).

Der Übergang von der konventionellen in die digitale Personalfunktion

Die Digitalisierung erfordert eine aktive Gestaltung des Veränderungsprozesses. Grabmeier und Ashoff schlagen eine digitale Runderneuerung von HR vor, die sowohl innovative IT-Werkzeuge nutzt als auch agile Methoden einführt. Auf dieser Grundlage soll ein neues HR-Portfolio entstehen, welches Werkzeuge der Arbeit 4.0, wie Demokratisierung, digitale Wertschöpfung oder »New Leadership«, in die Unternehmen trägt. Diese vielfältigen Möglichkeiten der Veränderung soll der vorgeschlagene Band aufzeigen. Wir haben darum einige Gedanken zum Entwicklungsprozess der eigenen Profession zusammengetragen.

Wenn Sie die Beiträge des Kapitels 5 gelesen haben, dann:

- … besitzen Sie ein einfaches Messinstrument, um den Grad der Digitalisierung Ihrer HR-Funktion bestimmen und sich mit anderen vergleichen zu können (Beitrag von Wahler/Busch).
- … haben Sie Vorschläge, wie Innovationen in der HR-Funktion gestaltet werden können, und kennen Tools dazu (Bröchler/Ipektsidis).
- … können Sie die von der Digitalisierung betroffenen Dimensionen der HR-Arbeit benennen und kennen einige Change-Werkzeuge, um die digitalen Veränderungen in der HR-Funktion voranzutreiben (Cammalleri).
- … kennen Sie ausgewählte Praxisbeispiele digitaler Veränderungsprozesse von HR-Funktionen (John).

Es geht um den Menschen, nicht um die Technik!

Als Personaler sollten wir aber ganz besonders unser eigenes Handeln kritisch reflektieren. Gerade bei der Einführung von IT-Tools sollten wir uns als Experten für Menschen nicht von Technikbegeisterung treiben lassen. Über allem muss das Paradigma stehen: »Die IT ist uneingeschränkt für den Menschen da« (Pesch 2012). Wir schließen darum im letzten Kapitel mit einer sozialethischen Anfrage an unser Handeln (Bischof Wiesemann et al.) und ziehen ein Fazit (Appel/Wahler).

Quellen

Ashoff, S./Grabmeier, S. (2015): Digitale Kompetenz erwerben, in: Personalmagazin 5/2015, S. 78 f.

Ayberk, E.-M./Kratzer, L./Linke, L.-P. (2017): Weil Führung sich ändern muss. Aufgaben und Selbstverständnis in der digitalisierten Welt, Wiesbaden.

Bitkom-Research GmbH/Tata Consultancy Services (TCS) (2016): Die zwei Gesichter der Digitalisierung, www.bitkom-research.de/2-Gesichter-der-Digitalisierung (letzter Aufruf 01.10.2017).

Cachelin, J. L. (2015): Warum HR und IT in der digitalen Wirtschaft näher zusammenrücken müssen, in: IM+io Fachzeitschrift für Innovation, Organisation und Management 3/2015, S. 58-62.

Jänicke, U./Schindler, D. (2017): Cloud-Varianten für das HR-Management, in: Personalführung, 5/2017, S. 36-41.

Knaut, C. (2017): Don't Chase Shiny Objects - wie HR die Grundlage für eine erfolgreiche Digitalisierung schafft, in: Personalführung 5/2017, S. 22-27.

Pesch, U. (2012): Wie viel IT braucht ein Personaler?, in: Personalmagazin 8/2012, S. 48.

Inhaltsverzeichnis

Standortbestimmung

Auswirkungen der Digitalisierung auf das HR-Management

Digitale HR-Prozesse im Fokus

Werkstattberichte und Anwendungsszenarien

Transformation zur digitalen HR-Organisation

Standortbestimmung

Der Status quo des digitalen Personalmanagements in Deutschland: Ergebnisse einer Expertenbefragung

Wolfgang Appel

1 Studien zur HR-Digitalisierung – was haben sie ergeben?

Wo stehen eigentlich deutsche Unternehmen bei der Digitalisierung ihrer HR-Funktionen und welche Entwicklungen werden für die Zukunft gesehen? Zur Beantwortung dieser Frage werden zunächst die Ergebnisse der wichtigsten aktuellen Studien vorgestellt und, im zweiten Teil, die Ergebnisse von 30 Experteninterviews aus dem Frühjahr 2017, in der Personaler großer deutscher Unternehmen zu ihrer Sicht auf die Digitalisierung befragt wurden.

Personaler sehen zwar die Bedeutung von Digitalisierung, sie fühlen sich darauf aber nicht gut vorbereitet. Dennoch belastet sie dies nicht besonders, da sie andere Themen als wichtiger ansehen – so könnte man die Untersuchung des internationalen Cranet-Forschungsverbunds auf einen Nenner bringen. In Cranet sammeln Hochschulen aus 32 Ländern bereits seit Jahren regelmäßig bei Personal- und Unternehmensverantwortlichen Daten zur Situation des Personalmanagements. In der aktuellen Studie aus dem Jahr 2016 glauben nur acht Prozent der befragten Personalmanager, dass ihre Funktion gut auf den Megatrend Digitalisierung vorbereitet sei. Das Thema sei für HR wichtig, aber lediglich neun Prozent der Befragten sehen es als eine der drei größten Herausforderungen der nächsten drei Jahre. Beim Status quo der HR-Digitalisierung hinken deutsche Unternehmen anderen Ländern hinterher. So wird ein Employee Self Service nur von 41 Prozent der befragten deutschen Unternehmen genutzt. In Ländern wie Belgien, Schweden, den USA oder Australien setzen bereits mehr als zwei Drittel der befragten Betriebe Self Services ein (Rauterberg/Krebs 2017).

Diese Ergebnisse passen zum Fazit einer Studie von van Dick et al. aus dem Jahr 2016: Bei 325 deutschen Unternehmen hat demnach das Thema Digitalisierung bei Personalführung und Management mit einem Wert von 2,38 nur die zweitniedrigste Bedeutung aller Unternehmensfunktionen. Ganz oben stehen Kundenservice und Marketing/Vertrieb mit einem Durchschnittswert von 1,8 bzw. 1,82 auf einer Fünfer-Skala. Die Digitalisierung der Personalführung wird bei der Gewichtung nur noch von der Digitalisierung des Einkaufs unterboten (van Dick/Gross et al. 2016).

Eine Studie von Baier et al. aus dem Jahr 2017 mit über 1.300 Teilnehmern kam zu dem Ergebnis, dass digitale Tools von den Personalern auf den unteren hierarchischen Ebenen stärker eingesetzt werden als auf den höheren Positionen. Das heißt, die Entscheider auf der Leitungsebene haben den wenigsten Kontakt zu den Systemen, die ihre Zukunft gestalten werden. Sehr wohl sahen die befragten HR-Experten, dass Digitalisierung die Chance einer besseren Zusammenarbeit birgt und zu mehr Effizienz und Effektivität bei der Erbringung von Personalleistungen beitragen kann. Jedoch fehlten HR die Kompetenzen zur Nutzung dieser Chancen. So halten 55 Prozent der Befragten die Automatisierung von HR-Prozessen, zum Beispiel durch künstliche Intelligenz, für wichtig, aber nur 16 Prozent schätzen die Kompetenzen der Personaler hierbei als hoch ein (Baier/Gärtner et al. 2017).

Laut der »DAX-Benchmarking-Studie« hat mehr als die Hälfte der Unternehmen die HR-Strategie bereits um das Ziel der Digitalisierung ergänzt; bei rund zwei Dritteln der Unternehmen sind entsprechende Initiativen von HR geplant oder in Umsetzung. Die Chance für HR sei die »Human Digitalisation«. Gemeint ist damit der Ansatz, Menschen und neue Arbeitsrealitäten in Einklang zu bringen. »Human Digitalisation« sei der Aufbau von digitalen Kompetenzen, digitaler Kultur und entsprechender Führung in einem New-Work-Umfeld. Dahinter zurücktreten müsse die sogenannte »HR Digitalisation« – verstanden als die Automatisierung von HR-Prozessen und HR-Leistungen. Dies betreibe HR bereits seit 20 Jahren und es müsse als Hausaufgabe weitergeführt werden. Die Zukunft werde allerdings mit der »Human Digitalisation« gewonnen (Anderson/v. Rohrscheidt/Kraus 2016).

Die wichtigsten aktuellen Themen und Trends der HR-Digitalisierung (Bader et al. 2016; Maechtel 2016; Lang 2015; Klein 2012) sind:

- die Sicherstellung digitaler Kompetenzen und die Entwicklung eines digitalen Mindsets sowie die Nutzung zeitgemäßer Verfahren wie Design Thinking oder Scrum,
- die Integration externer Anwendungen, wie die Bewertungsportale kununu oder Glassdoor in die interne HR-IT, oder die Einbindung von Crowdwork-Portalen wie Upwork zur Planung externer Ressourcen in Projekten,
- die Einbindung mobiler Devices wie Smartphones und Tablets etwa in Recruiting oder Genehmigungs-Workflows; vor allem unter dem Schlagwort »Bring your own device« die Integration von Geräten, die sich im Mitarbeiterbesitz befinden,
- Big HR Data und Predictive Analytics: etwa Programme zur Stärkung der emotionalen Resilienz von Mitarbeitern oder Systeme zur Automatisierung der psychologischen Sprachanalyse,
- Gamification: Übertragung der Funktionsweise etwa eines Empfehlungsdienstes wie Foursquare auf Mitarbeiterbewertung und -entwicklung,
- Collaboration und Wellbeing: Förderung der Zusammenarbeit und des Wohlbefindens der Mitarbeiter etwa im Bereich Performance und Talent Management, hierzu wird aber auch ein Kulturwandel zu mehr Selbstverantwortung der Mitarbeiter als notwendige Voraussetzung erachtet. Daneben die Etablierung von »HR Social Software«, also Weblogs, Wikis und Social Networking

Services, um Nutzer und von ihnen erstellte Inhalte kontinuierlich zu vernetzen, sowie
- weiterhin die Simplifizierung von HR-Prozessen, Automatisierung von Abläufen und Kostensenkung. Hier wird vor allem der Umstieg von On-Premise-Systemen auf Cloud-Lösungen insbesondere von SuccessFactors oder Workday genannt.

Als wichtigstes Ziel der HR-Digitalisierung wird in vielen Studien die Schaffung einer innovations- und IT-freundlichen Mentalität und Haltung der Belegschaft herausgearbeitet. Doch was kann die Digitalisierung für die Personalfunktion selbst bedeuten? In der Studie von Maechtel sehen 70 Prozent der Unternehmen, dass durch die Digitalisierung zunehmend Personalressourcen für strategische und wertschöpfende Tätigkeiten frei werden könnten. Gertz sieht darin die Gretchenfrage der Digitalisierung: Soll sie Personaleinsparungen realisieren, um dadurch auch größere Investitionsbudgets für Digitalisierung zu rechtfertigen, oder soll sie die HR-Funktion von administrativen Aufgaben entlasten, um höherwertige Aufgaben übernehmen zu können? HR will diese Entwicklung zwar nicht aufhalten, aber in geordnete Bahnen lenken (Gertz 2016).

Als Zwischenfazit ist festzuhalten: Der HR-Funktion kommt in der Digitalisierung eine wichtige Rolle zu: Damit sie gelingt, müssen organisatorische Veränderungen begleitet und Mitarbeiter geschult werden. Dies ist ihre ureigene Thematik – und sie muss aufpassen, dass sie in dieser Kernkompetenz nicht verdrängt wird.

2 Eigene Erkenntnisse zum Stand der HR-Digitalisierung

Meine Studie wurde zwischen Januar und Juni 2017 durchgeführt. Die Informationen wurden in Form von halbstrukturierten Interviews erhoben. Bei den Gesprächspartnern handelte es sich um Vertreter aller HR-Funktionen, überwiegend aus den Bereichen HR-IT und HR Shared Services sowie um Business Partner. Es wurden fast ausschließlich Führungskräfte aus dem mittleren und oberen HR-Management befragt. Besucht wurden 30 Unternehmen aller Branchen, darunter ABB, EnBW, TEVA, die Deutsche Bahn, Fraport, BASF, ZF, Deutsche Telekom, Linde, DZ-Bank, Metro, Freudenberg, Voith, Züricher Versicherung, Kühne + Nagel, innogy, Opel, Bosch, Festo, Galeria Kaufhof, Globus und Bilfinger. Vom Handelsunternehmen über Banken und Versicherungen bis hin zu klassischen Industriekonzernen kann man von einem repräsentativen Querschnitt der deutschen Großunternehmen ausgehen.

2.1 Verständnis des Begriffs Digitalisierung

Zu Beginn des Interviews wurden die Gesprächspartner gebeten, die Digitalisierung ihrer HR-Funktion auf einer Skala zwischen 1 und 10 einzuordnen. Die 1 als niedrigste Ausprägung stand für eine HR-Welt, in der Excel das Standardwerkzeug zur Verwaltung von HR-Daten ist. Die 10 stand für eine digitale HR-Welt, wie man sie bei einem Internet-Unternehmen wie Google erwarten würde. Im Ergebnis hat sich die Masse der Unternehmen in einem Bereich zwischen 4 und 6 eingeordnet. Die Gesprächspartner berichteten von ihren jahrelangen Bemühungen um Standardisierung und Prozessautomatisierung; fast alle hatten Projekte laufen, um von einem On-Premise-System auf eine Cloud-Lösung zu wechseln, HR-Prozesse mobil zu machen oder HR-Daten besser zu visualisieren und damit nutzbar machen zu können. Nur ganz wenige Unternehmen sahen sich bereits bei einer 7 oder 8 oder zumindest auf dem Weg dorthin. Dies waren Unternehmen, die in Branchen mit großem Veränderungsdruck tätig sind – ausgelöst gerade auch durch die Digitalisierung, die die arrivierten Geschäftsmodelle dieser Unternehmen infrage gestellt hat. Der Druck von außen scheint dabei nicht nur die marktnahen Funktionen in Bewegung zu setzen, sondern auch Querschnittsfunktionen wie Personal. Diese Unternehmen hatten zwar nur selten innovative Lösungen vorzuweisen, aber sie begriffen die Digitalisierung als Medium zur Veränderung der Arbeitsweise – in HR und im gesamten Unternehmen.

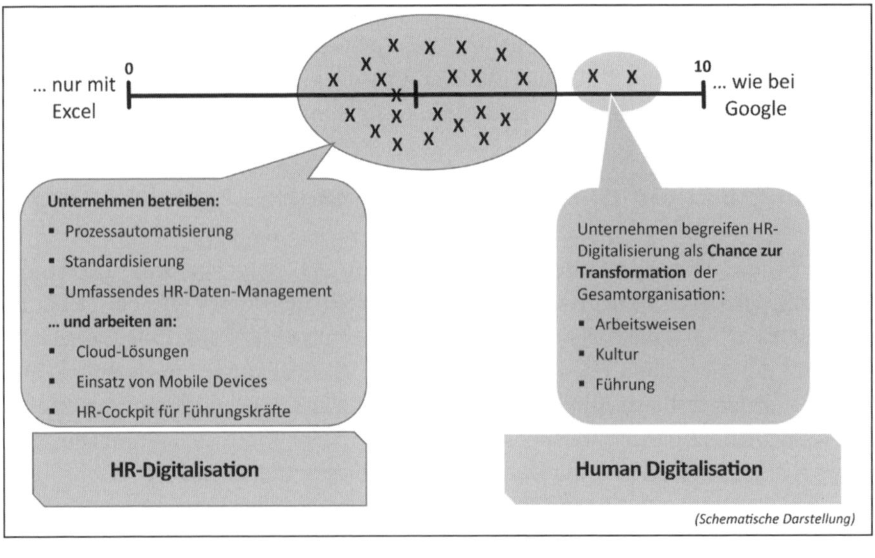

Abb. 1: Status quo der HR-Digitalisierung der befragten Unternehmen

Ein wenig schien es in den Interviews, als seien die Personaler von der Digitalisierungswelle überfallen worden. Komplett neu, so der Tenor, sei das Thema nicht, denn im HR-Bereich hätten sich seit Mitte der 1990er-Jahre Technologien zur Prozessoptimierung entwickelt. Es war ihnen aber bewusst, dass heute ganz andere technische Möglichkeiten zur Verfügung stehen, die genutzt werden wollen. Es sei in den letzten Jahren viel über Industrie 4.0 gesprochen worden, aber erst jetzt reife die Erkenntnis heran, dass Digitalisierung ohne Einbeziehung der

Menschen nicht funktionieren wird und dass die HR-Funktion die Entwicklung steuern müsse. HR sei bei der Prozessunterstützung mit IT mal gut gewesen, habe aber in vielen Unternehmen in den letzten fünf Jahren den Anschluss verloren, so lautete eine Sichtweise.

Die Interviews zeigten eine große Spannweite des Begriffsverständnisses. Es scheint vielen Personalern die Orientierung zu fehlen, wie Aussagen belegen: »›Wir müssen digitalisieren‹, stand schon 2016 auf verschiedenen Folien unseres Arbeitsdirektors, aber bis jetzt gibt es noch keine Präzisierung, was das bedeuten soll« oder »Ein Konzept für die Digitalisierung von HR gibt es nicht!«. Ein HR-IT-Leiter reagierte auf die Frage nach seiner Definition von HR-Digitalisierung mit einem emotionalen Ausbruch: »Da kommen hier bei uns Stichworte wie Big Data, Automatisierung und Mobil, aber das ist nichts Neues. Die Kampagne ist beratergetrieben; High-Level und zu abstrakt …« Die Stoßrichtung der Entwicklung bleibt vielen Akteuren verborgen: »Wir haben bereits ein gutes Datenmanagement, SaaS wird gerade angegangen und es gibt auch schon viel ›Dunkelverarbeitung‹. Was Digital HR darüber hinaus noch sein soll, ist aber unklar.« Mehr als den Verweis auf Cloud gebe es nicht zu diesem Stichwort, so die häufige Erfahrung. Und: »Was vor drei bis fünf Jahren gescheitert ist, wird jetzt unter dem Deckmantel Digitalisierung wieder aufgetischt.« Einig waren sich die meisten Experten, dass die Diskussion um Digitalisierung zu techniklastig geführt wird. Einer brachte dies in das Bild: »Wir diskutieren immer noch über die Form der Schaufel des Heizers, dabei stehen wir schon auf einer supermodernen E-Lok«.

Entsprechend wurde die Notwendigkeit neuer Ansätze gesehen: »Unsere jungen Mitarbeiter sagen, heute buche ich einfacher einen Urlaub in Südafrika als drei Tage Urlaub im HR-System – das kann so nicht sein!« Digitalisierung von HR bedeutet »eine ganz andere Art des Erstellens von Produkten und der Interaktion mit Kunden und Lieferanten«. Ein Gesprächspartner übertrug externe Erfahrungen auf HR: »Digitalisierung im Unternehmen bedeutet, das, was man im Privatleben verinnerlicht hat, also Online, Social Media, any-time-any-place, … in das Berufsleben zu übertragen.« Es müsse mehr vom Kunden aus gedacht werden: »Was wir mit externen Kunden machen, das soll auch intern passieren« – also etwa der Einsatz von Robotics in HR. Der Mitarbeiter von heute möchte zu jeder Zeit seine Karriere managen können oder ein Learning-Programm starten – und das auf jedem zur Verfügung stehenden Device. »Die HR-IT wird eine ganz besonders wichtige Rolle einnehmen, um die Unternehmensattraktivität zu erhöhen«, wird als eine große Chance genannt.

Im Zusammenhang mit HR-Digitalisierung werden zuerst die Klassiker der HR-IT genannt, die Prozessharmonisierung und -standardisierung. »Es gilt noch immer: Je transaktionaler ein Prozess ist, desto eher erfolgt die Abbildung in IT.« An zweiter Stelle folgt dann das HR-Datenmanagement. Hier geht es zum Beispiel darum, Transparenz zu fördern: Jeder Mitarbeiter soll Einblick in die eigenen Daten erhalten, Führungskräfte sollen Mitarbeiterdaten für eine Vorausschau nutzen können. Man erlebe gerade den Übergang von den »Systems of Records«, die von HR-Experten gepflegt und genutzt wurden, zu den »Systems of Engagement«, die von anderen Zielgruppen als den HR-Experten befüllt und genutzt werden. Allerdings gibt es auch Skepsis: »Big Data wird eher nicht Teil der HR-Digitalisierung sein: Die deutschen Datenschutzgesetze sprechen dagegen.« Die Verschmelzung privater und beruflicher Belange in zukünftigen HR-Prozessen wird ebenfalls diskutiert. Etwa, ob schwangere Mitarbeiterinnen aktiv auf die Kinderbetreuungsprogramme des Unternehmens hingewiesen werden sollten.

Es wird bei der Digitalisierung ein Generationenkonflikt gesehen, der vor allem eine Herausforderung für die Führung darstelle. »Gegen die Alt-Herren-Riege habe ich einen neuen Mitarbeiter mit 30 Jahren gestellt«, meinte der Leiter einer HR-IT-Einheit, »der krempelt tatsächlich den Laden um, weil er weiß, was technisch geht.« Die Digitalisierung wird, statt der Koordination über Hierarchie, mehr Selbstorganisation erfordern: »Die Legitimation für Führung, die sich heute auf Informations- und Gestaltungsmacht bei Schichtplänen und Urlaub gründete, muss sich in Zukunft neu legitimieren. Der Widerspruch zwischen Wunsch und Realität wird heute durch Autorität zugedeckt – zukünftig geht die Auflösung des Widerspruchs in transparenten Systemen auf den Mitarbeiter über«, so eine herausfordernde Vision.

Einige Experten sahen als das wichtigste Vorhaben der HR-Digitalisierung die Einführung einer Collaborations-Software wie etwa »IBM Connections«. Man verspricht sich davon eine neue Arbeitsweise nicht nur in HR, sondern im ganzen Unternehmen. Die Kommunikation über die »Silos« hinweg soll gefördert werden. »Es geht uns aber nicht vordergründig um die Tools, sondern um eine Veränderung der Arbeitsweise. Darum ist auch wichtig, dass HR federführend bei der Einführung des Collaboration-Tools ist.«

2.2 Die Digitalisierung in der HR-Strategie

In den Experten-Interviews wurde nach einer Abbildung der Digitalisierung in den HR-Strategien gefragt. Dabei zeigte sich eine große Spannweite. Lediglich ein Unternehmen hat ausformulierte Strategien sowohl für das Gesamtunternehmen als auch für HR, in der die »Digital Transformation« ein zentrales Element ist. Nur eine kleine Gruppe von fünf Unternehmen hat die Digitalisierung explizit in der HR-Strategie genannt. Bei zwei anderen Unternehmen steht in der HR-Strategie zwar nichts von Digitalisierung, aber dafür kamen die Begriffe »agil« und »lean« vor, woraus man »digital« ableiten könnte.

Die Mehrzahl der Unternehmen hat zwar eine HR-Strategie, aber darin findet sich keine Aussage zur Digitalisierung. Marktferne Funktionen wie HR oder Finance können sich dem Veränderungsdruck noch entziehen, so eine Vermutung eines Gesprächspartners. In vier Unternehmen war Digitalisierung lediglich Teil der Unternehmensstrategie. Zwei Unternehmen starten im Frühjahr 2017 einen

Prozess, um das Thema HR-Digitalisierung abzugrenzen und die HR-IT-Strategie zu überdenken. Man erwartete dabei einen Paradigmenwechsel: »Bislang hieß es, die IT folgt den HR-Prozessen. Zukünftig wird es umgekehrt sein.«

Andere sehen Digitalisierung vor allem als »Kulturthema«: »HR stand bislang für Admin und Prozessvereinfachung – jetzt kann HR für Kulturveränderung stehen.« Dies sei eine Chance für HR: »Die Linie kommt zu HR und fragt, was bedeutet die Digitalisierung für unsere Einheiten? Wann hatten wir das schon einmal?« Es werden noch viele Widerstände gegen weitere Automatisierungsschritte gesehen – in der HR-Funktion und bei den Führungskräften: »Bei unserem englischen Tochterunternehmen kann der Vorgesetzte im Manager Self Service schon ein Bonus-Budget in die Payroll einbuchen. Dazu muss er nur noch die Fragen beantworten: Wer soll den Bonus bekommen? Wie viel? Und einen Haken setzen bei ›Ich darf das‹ – bestätigen und raus!« Dieser einfache Prozess sei aber auf Deutschland nicht zu übertragen, weil die entsprechende Kultur nicht vorhanden sei. »Wir könnten viel mehr Prozesse digitalisieren, wenn wir bereit wären, die Polizei sein zu lassen«, so der Personalpraktiker.

2.3 Wie geht die HR-Funktion die Digitalisierung an?

Im folgenden Abschnitt werden drei Unternehmen dargestellt, die die Spanne der möglichen Digitalisierungsansätze abbilden.

Die Gründlichen: HR-Digitalisierung mit acht Teilprojekten

Einen sehr umfassenden Ansatz zur HR-Digitalisierung realisierte ein Infrastrukturunternehmen und startete Anfang 2017 mit acht Teilprojekten, etwa zu den wichtigsten HR-Prozessen Personalmarketing und Recruiting, Personalentwicklung, Ausbildung und HR-Administration. Ein weiteres Teilprojekt soll, abgeleitet aus zukünftigen Inhalten, die Rolle von HR hinterfragen. Rahmenbedingungen wie etwa Arbeitsrecht, Datenschutz oder Einbindung des Betriebsrats werden ebenso behandelt wie die Kommunikation mit den Kunden und die IT-Basistechnik; der Wechsel auf ein Cloud-System gehört ebenso dazu wie mobile Prozesse und WLAN im gesamten Unternehmen. Die Projekte sollen jeweils die möglichen Auswirkungen der Digitalisierung auf die Teilbereiche untersuchen und Lösungsvorschläge erarbeiten.

Die Agilen: »Junge wilde« HRler leben innovative Arbeitsweise im Digitalisierungsprojekt

Bei einem Energieversorger wurde im HR-Bereich auf Initiative des Personalleiters eine dedizierte Stelle für Digitalisierung eingerichtet. Der Stelleninhaber beschrieb seine Rolle als die eines »Themen-Owners«. Organisatorisch ist die Stelle in der Personalentwicklung aufgehängt, fachlich berichtet er an den Personalleiter. Er verstand sich nicht als »Spinne im Netz« zur Ausübung von Kontrolle durch Informationsmacht, sondern als Innovator, der Ideen generiert und in die Organisation trägt. Dazu arbeitet er mit dem »Digital Office« des Gesamtkonzerns zusammen sowie mit einer HR-Arbeitsgruppe, um die Vernetzung in HR herzustellen. Die Arbeitsgruppe soll die veränderten »digitalen« Arbeitsweisen ausprobieren, Unternehmertum und Innovation sollen erfahren werden. So wurde bereits ein Blended-Learning-Ansatz entwickelt, um Führungskräfte an die Digitalisierung heranzuführen. In diesem Rahmen gibt es Lerntutorials, verbunden mit Quiz-Funktionen oder Videos in Youtube. Ein anderes Großunternehmen hat eine neue HR-Stelle mit zwei Aufgaben geschaffen: einmal die Suche nach »Digital Natives« für die Fachbereiche; zum Zweiten die Entwicklung einer digitalen Strategie für HR.

Die Technikaffinen: Schauen, was der HR-IT-Markt hergibt

Ein Personaler eines Handelskonzerns plädierte statt für große Projektorganisationen für eine agile, technikgetriebene Sichtweise: »Will ich eine schnelle Veränderung, dann brauche ich nur ein neues Tool, muss es anschalten und die Möglichkeiten ausprobieren!« Stattdessen würde immer noch Prozessarbeit gemacht und eine Software darauf hingebogen. Das sei noch nie gut gegangen. »Mit gesundem Menschenverstand schaut man auf sein Handy, sucht etwa eine Shopping-App und probiert sie aus – Gutes bleibt drauf, Schlechtes wird weggeworfen. Aber wir machen immer noch große Konzepte für die optimale, einzigartige Einkaufs-App, der Vorstand meldet sich auch noch und will eine besondere Auswertung und dann suchen wir einen Anbieter, der das einzigartig liefern kann!«

2.4 Auswirkungen der Digitalisierung auf die HR-Organisation

Fragte man die HR-Experten nach den Auswirkungen der Digitalisierung auf die eigene Funktion, so wurden an erster Stelle zumeist die HR Services genannt. Bereits in den letzten Jahren seien durch zunehmenden Technikeinsatz die Aufgabenvielfalt sowie die Fallmenge bei Payroll und HR Admin stark zurückgegangen. Die Experten rechnen damit, dass auch in Zukunft Abläufe straffer werden, es also weniger Liegezeiten, schnellere Durchläufe und eine größere Transparenz gibt. Einfachere Vorgänge werden noch stärker auf den Mitarbeiter/Kunden verlagert. »Es wird digitaler.« Die Folge werden wohl Personaleinsparungen sein. Bei der Rekrutierung könnte es zumindest für Standardprofile auf einen Prozess ohne Beteiligung von Personalern hinauslaufen. Ein Gesprächspartner sah darum die Service Center als Verlierer der Digitalisierung. Ein HR-Service-Center-Leiter stellte die Fragen: »Brauchen wir die klassischen SSC in Zukunft noch?« und »Lohnen sich überhaupt die ganzen Konflikte rund um diese Organisationsform dann überhaupt noch?«. Er verwies auf die Auseinandersetzungen mit dem Betriebsrat, als es um die Verlagerung des Service Center nach Osteuropa ging. Jedoch würde der Vorteil einer Lohnkosten-Arbitrage durch Offshoring schwinden. Wenn das

HR-SSC der Zukunft kaum noch Mitarbeiter benötige, dann könne die Arbeit auch wieder hier vor Ort erledigt werden, so die Hoffnung.

Gewinner der Digitalisierung könnten diejenigen Personaler sein, die die strategischen Vorgaben des HR-Managements in konkrete HR-Anwendungen umsetzen können. Dazu müssten sich aber die HR-Funktionen und insbesondere die Business Partner noch stark verändern. Ein Experte sah gerade die Business Partner als »Berg des Status quo«: »Diese Gruppe fordert immer noch Papierdokumente und persönliche Briefe statt E-Mails.« Der Business Partner habe von allen Personalern heute noch die stärkste Bindung zur Kundeneinheit. Dies schaffe ein falsches Gefühl der Sicherheit und Verantwortung. Die Business Partner würden dadurch jedoch für die Organisation mental immobil. Statt Beharrung zu unterstützen, müssten sie zukünftig den Führungskräften erklären können, warum eine Sonderlocke in einer hochstandardisierten HR-Cloud-Lösung nicht mehr möglich sei.

»In der Vergangenheit war das Center of Competence auf die Inhalte fokussiert. Stattdessen wird in Zukunft aber das ›Wie‹ des Zugangs zum Kunden und der Vermittlung der Leistung zum Mitarbeiter immer wichtiger.« Die CoEs müssten mehr Lösungen bringen und die Standardisierung vorantreiben. Dabei sollten sie auch einen Blick über den Tellerrand werfen und etwa HR-Apps von smarten Start-ups im Unternehmen vorstellen. Personaler würden so »Manager des Kundenerlebnisses« und wichtig an der Schnittstelle zur IT. In einem Pharma-Unternehmen wurde diskutiert, dass persönliche Beziehungen des Personalers zum Mitarbeiter nicht durch Technik vollständig ersetzt werden können und sollen. »Jeder Mensch ist so individuell, dass auch ein noch so guter Roboter das nicht vollautomatisch leisten kann.« Und: »Wo bleibt das H in HR, wenn ein Roboter mit meinem Mitarbeiter spricht?«

Was wird mit den durch die Digitalisierung freiwerdenden Ressourcen passieren? Die Hoffnung einiger Experten ist es, dass sie zur Verbesserung des Kundenservice eingesetzt werden. »Zukünftige HR-Systeme werden nicht nur mit weniger IT-Experten, sondern auch mit weniger HR-Experten auskommen«, so ein anderer Personaler. Die Erwartung, dass durch die Digitalisierung freigesetzte Personaler sich höherwertigen Aufgaben wie etwa der Beratung zuwenden können, hält er für scheinheilig. Sie diene, so seine Aussage, nur der Selbstbeschwichtigung.

2.5 HR-Kompetenzen und Arbeitsweise

Ich konfrontierte meine Gesprächspartner mit der These, dass jeder Personaler in Zukunft eine Programmiersprache beherrschen sollte. Die Reaktion war einhellig ablehnend: »Der Personaler der Zukunft muss kein IT-Experte sein und er muss auch keine Programmiersprache beherrschen. Was er können muss, ist »End-to-End« zu denken.« »Es ist wie beim Autofahren: Sie müssen die Bedienung des Systems beherrschen, aber man braucht keine Ausbildung zum Kfz-Mechaniker, sondern besser ein ADAC-Fahrtraining.« Dennoch gingen die Personaler auch kritisch mit der eigenen Disziplin ins Gericht: »Wir brauchen statt einer Blindgläubigkeit in SAP mehr Technikkompetenzen von HRlern.« Dazu gehöre auch die Bereitschaft, sich mit technischen Fragen auseinanderzusetzen. Wobei hier noch große Missverständnisse herrschten: »Was wir als IT-Kenntnisse bezeichnen, ist bestenfalls Konfiguration, aber nicht Programmierung.« Die Zusammenarbeit zwischen HR- und HR-IT-Experten müsse besser werden: »Die meisten Personaler können ihr Problem nicht beschreiben, weil sie viel zu komplex denken.« Darum brauche HR Leute mit einer hohen IT-Affinität. Zusätzlich müsse die Technik noch einfacher werden.

Der Personaler der Zukunft benötigt den Interviews zufolge zusätzlich zu den Kompetenzen von Arbeits- und Sozialrecht noch Kompetenzen in Data Sciences, Systems Thinking, Coaching und Psychologie. Personaler müssen zu Experten in Prozessmanagement und Robotics werden und die Arbeitsweise wird agiler und dynamischer; es kommen höhere Anforderungen an vernetztes Denken. Die höhere Mobilität von Mitarbeitern und Aufgaben erfordert ein besseres Verständnis der Organisation. Kernaufgabe wird das Design von Prozessen und Produkten sein, bei einem höheren Bewusstsein für die Modularisierung des Produktangebots. Die Idee des Fast Prototyping aus der SCRUM-Methode muss auch von Personalern gelebt werden – auch wenn diese heute dafür weder die Tools noch die Kultur haben. Um Akzeptanz zu erlangen, müssen Personaler offensiver agieren: »Bislang galt: ›Kam mein Personaler einmal auf mich zu? Nie! Bin ich auf ihn zugegangen? Nur, wenn ich musste!‹«

Durch die Digitalisierung wird sich die Arbeitsweise der Personaler verändern: »Heute sind wir sehr regulatorisch unterwegs – etwa überwachen wir die Teilnahme an Pflichtseminaren, buchen und bestätigen Teilnahmen etc. Das kann in Zukunft der Vorgesetzte selbst übernehmen.« Für die gesamte Personalorganisation könnte sich das wiederholen, was sich in der Vergangenheit bereits innerhalb der HR Service Center ereignet hat: sehr kleinteilige Prozessorganisation, noch mehr Spezialisierung an den einzelnen Arbeitsplätzen mit einfachen Tätigkeiten. Hier waren sich die Gesprächspartner eher uneinig. Ein anderer meinte, dass die reinen »Abtipper« der Vergangenheit angehörten. Stattdessen werden sie zu »Auditoren«, die die in Plausibilitätschecks von Managern oder Mitarbeitern eingegebenen Inhalte überprüfen und freigeben. Andere meinten, dass der Personaler heute bereits eher Prozesskontrolleur sei, was in Zukunft immer verzichtbarer werde.

»Die Digitalisierung kann in den HR Services noch einmal 30 bis 50 Prozent Personalabbau in den nächsten Jahren bringen. Zugleich wird es die Digitalisierung ermöglichen, die Kundenzufriedenheit noch einmal zu erhöhen.« Viele HR-Prozesse wurden schon zu Commodities und in andere Funktionen wie Services oder IT integriert. Dies kann in Zukunft auch höherwertigen HR-Prozessen, wie etwa der Personalentwicklung, passieren. Personal kann in diesem Umfeld gewinnen, wenn es die anstehenden Veränderungen proaktiv gestaltet. »In der Vergangenheit haben wir in unserer eigenen HR Community neue Produkte gestaltet und uns dann gewundert, dass die Ergebnisse niemandem gefallen haben, das muss sich ändern.« Eine Stimme mahnte, dass HR sich wieder auf die Menschen konzentrieren müsse. »Die Kernkompetenzen der Personaler bleiben unverändert: Wie helfe ich meinem Kunden, der Führungskraft, mit den Mitarbeitern erfolgreich zu bleiben oder zu werden!«

2.6 Aktuelle HR-IT-Projekte

Was sind die aktuellen Trends und Projekte in der HR-IT? Ganz oben auf der Agenda steht für viele Unternehmen die Einführung einer Cloud-Lösung wie SuccessFactors oder Workday. Diese Cloud-Lösungen gehen weit über die Erwartungen an ein HR-Stammdatensystem hinaus, denn man erhofft sich davon Veränderungen in der Arbeitsweise. Die SuccessFactors-Suite bietet ein Tool »JAM«, das agile Methoden von Chats bis Instant Messaging bereithält. Zudem sollen Cloud-Lösungen überhaupt erst die Voraussetzungen schaffen zum Aufbau des globalen Personalreportings.

An zweiter Stelle steht die Verbesserung des Rekrutierungsprozesses – etwa mit automatisierter Bewertung der vom Bewerber eingegebenen Daten oder Sprachanalyse-Tools. Ein Ziel ist dabei, den Personaler schrittweise im Prozess überflüssig zu machen.

In Vorbereitung sind digitale Mitarbeiter-Postfächer. Ähnlich wie beim Online Banking werden Dokumente aus HR-Massenprozessen wie Payroll, Bescheinigungen oder individuelle Schreiben dort für die Mitarbeiter in einer geschützten Umgebung bereitgestellt, auf die auch von zu Hause aus zugegriffen werden kann. Möglich wäre es auch, für Bewerber Arbeitsverträge zu hinterlegen.

Apps sind für die meisten Unternehmen zwar bereits ein Thema, aber im Einsatz sind bestenfalls Anwendungen, die man als Piloten bezeichnen kann und lediglich dafür geeignet sind, den Umgang mit der Technologie und insbesondere deren Betrieb zu üben. So gibt es in einem sehr großen Infrastrukturunternehmen eine App zum Erfassen der Kommen- und Gehen-Zeiten. In einem Unternehmen werden mit einer HR-App Informationen zu HR-Produkten zugänglich gemacht, es gibt aber keine Interaktionsmöglichkeit. Auch sind hierfür häufig noch nicht die Voraussetzungen geschaffen. Keines der befragten Unternehmen hatte eine wirklich schlüssige und stringente Konzeption zur Integration privater Endgeräte (=BYOD) in die HR-Prozesse.

Der Einsatz von Robotics in HR-Prozessen wird als ein wichtiges Zukunftsthema gesehen und in einigen Unternehmen geprüft, aber es fehlen weitestgehend noch im breiten Praxiseinsatz befindliche Beispiele. Als Ausnahme wird immer wieder die Commerzbank genannt. In den meisten Unternehmen ist die Finance-Funktion bei Robotics der Vorreiter. Kein Wunder, dass der Finance-lastige Prozess zur Reisekostenabrechnung bei Robotics in HR im Fokus steht. Bei einer Versicherung kann man den HR Service bereits über WhatsApp erreichen, auch wenn dahinter noch Handarbeit bei der Integration in das Auftragsmanagement-System geleistet werden muss.

Die administrativen HR-Prozesse sollen durch die Einführung einer digitalen Signatur verbessert werden, um alle Medienbrüche in den Prozessen eliminieren zu können. Immer noch ein Thema ist überraschenderweise die Einführung einer elektronischen Personalakte. Wer glaubte, dass dies ein Tool der Nuller-Jahre gewesen sei, das mittlerweile zum Standard der Personalabteilungen gehört, täuscht sich. Bei einem Finanzdienstleister können AU-Bescheinigungen schon mit der Handykamera erfasst und per App an HR Service weitergeleitet werden; man ist Nutznießer einer im Unternehmen vorhandenen Anwendung aus dem Versicherungsbereich. In einem weiteren Unternehmen ist dagegen die automatisierte Erfassung von AU-Bescheinigungen technisch gescheitert, da selbst die Experten eines Forschungsinstituts nicht in der Lage waren, die Schrift vom gelben AU-Zettel zu lesen.

Beim digitalen Lernen geht die Entwicklung hin zur Mikroqualifikation (»Wie bei IKEA – eine Anleitung zum Schrankaufbau auf Youtube«). Dazu wird die Integration von Plattformen – etwa von LinkedIn – mit mehreren Tausend Lerntutorials in die interne HR-IT-Landschaft getestet. Der mobile Einsatz der Learning Solution ist dabei besonders wichtig. Neue Technologien, wie Augmented Reality, sind dagegen schon in der Praxis angekommen, etwa in der Ausbildung technischer Berufe.

Vielfältige Ansätze gibt es beim Kennzahlen-Reporting, etwa um Führungskräften praktisch nutzbare Frontends zu geben. Nachgedacht wird in vielen Unternehmen über die Meta-Analyse von Daten als Einstieg in sogenannte Predictive Analytics: »Das Management von Personaldaten wird eine Grundlagen-Disziplin.« Als Beispiel wurde die Ermittlung der zugeordneten Mitarbeiter im Falle eines anstehenden Verkaufs von Unternehmensteilen genannt. Jedoch werden keine fundamentalen Aufbrüche erwartet, da den Auswertungsmöglichkeiten enge Grenzen durch die Unternehmensleitung und den Betriebsrat gesetzt werden. Man möchte von beiden Seiten Konflikte vermeiden. So berichtete ein Unternehmen, dass es aus diesem Grund nicht gelungen sei, Bilder der Mitarbeiter ins Portal zu bringen. Ein konkretes Projekt gibt es bei einem Pharma-Unternehmen, Tickets aus dem Auftragsmanagement-System auszuwerten, um an die Themen heranzukommen, die die Mitarbeiter bewegen. Im Ergebnis will man »kognitive« Infos für Business Partner liefern.

Die Erwartung ist, dass in Zukunft Kunden sehr viele HR-Leistungen selbst erstellen werden. Ein Service-Center-Leiter nannte als Vorbild »Alexa« von Amazon und was damit alles möglich sei. So wie bei Alexa solle der Mitarbeiter nicht die Sprache der Technik beherrschen, sondern die Technik die Sprache des Kunden sprechen. Irgendwann könnte es Chat-Bots für HR Help Desks geben, aber im Moment werde das Thema bestenfalls beobachtet.

3 Fazit

Die HR-Praktiker lieferten in den persönlichen Interviews ein deutlich nüchterneres Bild, als es die Marketing-Botschaften an der Oberfläche zeichnen. Gerade die HR-IT-Experten sind froh über die Aufmerksamkeit des Managements für ihre Kompetenzen und Projekte. Auch die teilweise bereitgestellten Sonderbudgets werden gerne in Anspruch genommen, um seit Jahren gehegte Vorhaben angehen zu können. Eine breite Ausrichtung des Personalmanagements auf die Digitalisierung ist aber nicht festzustellen. Statt Aufbruchstimmung bestimmt geschäftsmäßiges Alltagstreiben das Bild.

Quellen

Anderson, K./v. Rohrscheidt, A./Kraus, S. (2016): Benchmarking HR Digital – (wie) schafft HR die Transformation? Eine Studie der Promerit AG in Zusammenarbeit mit Lufthansa Group, TNS Infratest und Universität Liechtenstein.

Bader, G. et al. (2016): Design Thinking bringt HR und IT zusammen, in: Personalführung 3/2016, S. 34-39.

Baier, M./Gärtner, C./Lopper, E./Ritter, J./Sadowski, R./Seidenglanz, R.: Personalmanagement als Beruf 2017 (2017): strategische Position, Performance und Transformation der Personalfunktion, Berlin.

Gertz, W. (2016): Machtspielchen oder Kooperation, in: Personalwirtschaft 5/2016, S. 16-18.

Lang, J. (2015): Studienreise ins Silicon Valley – Die Auswirkungen der Digitalisierung auf den HR-Bereich, in: Personalführung 6/2015, S. 70-75.

Klein, M. (2012): HR Social Software, Göttingen.

Maechtel, J. (2016): Treiben oder getrieben werden, in: Personalwirtschaft, Sonderheft 8/2016, S. 14-17.

Rauterberg, H./Krebs, B. (2017): Stand der HR-Digitalisierung, in: Personalführung, H. 5/2017, S. 30-32.

van Dick, R./Gross, M./Helfritz, Karl H./Holz, F./Stickling, E. (2016): Digital Leadership – die Zukunft der Führung im Unternehmen, Studie der Goethe-Universität Frankfurt, der Deutschen Gesellschaft für Personalführung mbH (DGFP) und der Personalwirtschaft, www.dgfp.de/fileadmin/.../201606_PI_DGFP_Studie_Digital_Leadership.pdf (letzter Aufruf: 02.10.2017).

Autor

Wolfgang Appel hat nach BWL-Studium und Promotion bei der BASF gearbeitet. Dort war er im HR Information Management tätig sowie als Leiter des HR-Service-Centers. Seit 2007 ist er Professor für Personalmanagement an der Hochschule des Saarlandes. Seine Themenschwerpunkte sind HR-Organisation und HR-Servicestrukturen sowie Verbesserung von HR-Prozessen. Er ist Herausgeber des Standardwerks »HR-Servicemanagement«.
(Foto: Hartmut Bühler)

Kontakt: wolfgang.appel@htwsaar.de

Digitalisierung und Personalarbeit

Juergen Erbeldinger

Once a technology becomes digitized,
it moves on an exponential curve.
(Pascal Finette)

1 Anspruch und Überblick

Es gibt keine Webseite, keinen Newsletter und auch keine analoge Zeitung oder Zeitschrift, die nicht schon das Thema Digitalisierung als Aufmacher gebracht hat. Um noch etwas Neues hinzuzufügen, ist eine detaillierte und tiefgehende Betrachtung des Themas erforderlich. Dieser Herausforderung stellt sich dieser Beitrag und folgt dabei einer Dreiteilung: Zunächst wird der Begriff Digitalisierung geeignet definiert und die Entwicklung bis heute skizziert. Der zweite Teil gibt einen Ausblick, wie sich diese Entwicklung voraussichtlich fortsetzen und weiter beschleunigen wird. Im Zentrum steht hierbei die Blockchain. Der letzte Teil baut auf den Ergebnissen auf und versucht einen Rahmen zu spannen, innerhalb dessen die Digitalisierung der Personalarbeit diskutiert werden kann. Digitalisierung und Personalarbeit sind zwei eigenständige Begriffe, die sich gegenseitig beeinflussen und deshalb über eine Konjunktion verbunden sind.

Die Digitalisierung setzt Veränderungen fort, die spätestens seit der ersten industriellen Revolution zu beobachten waren und die sich in der zweiten sowie dritten industriellen Revolution fortgesetzt und beschleunigt haben. Die zunehmende Dynamik und die daraus resultierende Schwierigkeit, solche Entwicklungen abzuschätzen, werden im Folgenden diskutiert. Neben technologischem Wachstum, wie es sich beispielsweise im Mooreschen Gesetz niederschlägt, beschleunigen vor allem höhere Faktorproduktivität und sich gegenseitig verstärkende Effekte die Innovationsgeschwindigkeit – und das zunehmend. Die Entwicklung ist exponentiell. Anspruch ist es, diese Mechanismen herauszuarbeiten.

Kernaussage ist, dass es vor allem die Reduktion der Transaktionskosten und darüber die Annäherung an die Vorstellung des »perfekten« Marktes im Sinne der klassischen bzw. neoklassischen Wirtschaftstheorie war, die die Veränderungsprozesse in den letzten 200 Jahren getrieben hat. Die Folgen sind ein nie da gewesener Anstieg des Wohlstands und eine immer größere Bandbreite an Gütern und Dienstleistungen, die zu unvorstellbar niedrigen Preisen und in höchster Qualität angeboten werden. Damit einher geht ein exorbitanter Anstieg der Faktorproduktivität und, daraus resultierend, ein einmaliger Rückgang der Lebensarbeitszeit.

Dieses Mehr an Freizeit und Einkommen in Verbindung mit einem verbesserten Zugang zu Information, Wissen und Bildung verstärkte und stabilisierte einerseits den Wachstumsprozess und führte gleichzeitig zu einem veränderten Bewusstsein, einer veränderten Anspruchshaltung und darüber zu Verhaltensänderungen. Im Kontext dieses Beitrags wird die Analyse auf das Wechselspiel von veränderter Anspruchshaltung und Governance-Modell reduziert: Das veränderte Governance-Modell ist Ergebnis der Bewusstseinsveränderung und gleichzeitig Instrument, um in einer dynamischen Umwelt mit verändertem Bewusstsein Wettbewerbsvorteile zu erlangen. Damit endet die retrograde Betrachtung und der Beitrag wendet sich der Frage zu, auf Basis welcher Technologie sich der zuvor dargestellte Prozess fortsetzt, und ob er sich weiter beschleunigt und verstärkt.

Es spricht vieles dafür, dass die Blockchain-Technologie der nächste Treiber der Veränderungen sein wird. Auch diese Technologie bringt eine weitere Annäherung an den perfekten Markt entsprechend dem klassisch-neoklassischen Modell. So wie das Internet die Transaktionskosten im engeren Sinne reduziert hat, wird die Blockchain die Risiko- und Vertragskosten senken (Coase 1937; Wischermann/Nieberding 2004). Der dritte Abschnitt beschäftigt sich deshalb mit der Blockchain und versucht aufzuzeigen, welches Veränderungspotenzial diese Technologie hat und warum sie die beschriebenen Entwicklungen fortsetzen und beschleunigen könnte.

Der letzte Abschnitt fasst die Ergebnisse der Ausführungen mit dem Anspruch zusammen, einen Rahmen zu bilden, innerhalb dessen die Veränderung der Personalarbeit diskutiert werden kann. Der Beitrag zu dieser Diskussion ist die Einschätzung, dass die strukturellen Veränderungen im Kontext der Digitalisierung den Handlungsdruck auf die Personalabteilungen zu Effektivität und Effizienz erhöhen werden. Auch damit setzt sich eine Entwicklung fort. Die Veränderungen im Anspruchsdenken hingegen erfordern neue und andere Governance-Modelle. Daraus entstehen Handlungsspielräume, die von den Personalabteilungen genutzt werden können, um an zentraler Stelle den Umbau der Unternehmen und Institutionen zu gestalten.

2 Digitalisierung und Beschleunigung

2.1 »Digitalisierung« – Abgrenzung und Definition

Digitalisierung im engeren Wortsinn bedeutet, dass analoge Gegenstände und Vorgänge durch ihre digitale Entsprechung ersetzt werden oder es eine entsprechende digitale Abbildung gibt. Der Übergang von Papier zu digitalen Formaten, die Ablösung analoger durch digitale Ton- und Bildübertragung, aber auch die digitale Abbildung von Produktions- und Entscheidungsprozessen sind gute Beispiele für diese Bedeutungsebene. Die faktische Ebene benennt den Übergang und lässt zu, dass man den Grad der Digitalisierung messen und beobachten kann.

Die zweite Bedeutungsebene zielt auf die Wirkung der Digitalisierung im engeren Sinne ab: Dadurch, dass Formate digital sind, dadurch, dass immer mehr Geräte digital sind, dadurch, dass es digitale Güter gibt oder dadurch, dass Entscheidungen digital repräsentiert sind oder digital getroffen werden, werden Veränderungen bewirkt. Der Begriff der digitalen Transformation bezeichnet die Wirkungsebene und betont strukturelle und institutionelle Veränderungen.

Durch die Digitalisierung sind ganz neue Geschäftsmodelle möglich geworden. Das Entstehen der weltweiten App-Industrie ist ein Beispiel hierfür. Ein anderes sind Suchmaschinen. Das digitale Geschäftsmodell von Unternehmen wie Google hat die Branchen und die Tätigkeiten rund um Werbung, Marketing und Vertrieb grundlegend umgestaltet. Das Internet in Verbindung mit Suchmaschinen hat den Zugang zu Informationen völlig verändert. Und so lassen sich noch beliebig viele Beispiele finden. Die Stärke der Veränderung und die Breite, in der diese Veränderung wirkt (letztlich werden alle Bereiche des menschlichen Lebens erfasst) führen zur dritten Begriffsbildung: die der digitalen bzw. dritten industriellen Revolution. Teilweise ist sogar von einer zweiten Moderne die Rede (Klotz 1994).

Die letztgenannten Begriffe verdeutlichen, dass der durch die Digitalisierung ausgelöste Veränderungsprozess so umfassend und so grundlegend ist wie die industrielle Revolution und damit die gleiche Bedeutsamkeit hat wie der Übergang vom Nomadentum zur Sesshaftigkeit im neolithischen Zeitalter (https://de.wikipedia.org/wiki/Industrielle_Revolution). Beispiele und Argumentationsketten, die für den Begriff »Digitale Revolution« sprechen, lassen sich zuhauf finden (Schirrmacher 2015).

Die Bezeichnung »Revolution« erweckt leider den Anschein, dass es sich um ein endliches, vielleicht sogar punktuelles Ereignis handelt. Genau das Gegenteil ist der Fall. Die historische Einordnung eröffnet die Perspektive, dass die Digitalisierung kein neues Phänomen ist, sondern Prozesse und Entwicklungen fortsetzt, die schon vor langer Zeit angefangen haben, und diese verstärkt und beschleunigt. Der Beitrag greift den Gedanken im nachfolgenden Abschnitt wieder auf.

2.2 Exponentielles Wachstum

Die Geschwindigkeit, mit der die Veränderung voranschreitet, wird immer höher – die Zeit, in der ein gleiches Maß an Veränderung stattfindet, somit immer kürzer. Der Aspekt der Akzeleration, der Zunahme der Geschwindigkeit und Stärke der Veränderungen, wird oftmals zu wenig betont. Dabei ist es gerade die exponentielle Entwicklung, die es so schwer macht, die Auswirkung von kleinen Veränderungen abzuschätzen, die heute schon beobachtbar sind.

Der Physiker Albert Allen Bartlett, der sich mit dem globalen Bevölkerungswachstum auseinandersetzte, befand: »The greatest shortcoming of the human race is our inability to understand the exponential function« (http://www.albartlett.org/). Dies könnte man auch auf die aktuellen Veränderungen anwenden, wobei es weniger um das Verstehen geht als vielmehr um das Denken in exponentiellen Entwicklungen und die Fähigkeit einzuschätzen, welche Auswirkungen kleinste Anpassungen haben können.

Ein einfaches Experiment verdeutlicht dies: Eine Spaziergängerin hat eine Schrittlänge von 1,1 Metern und geht einhundert Schritte. Auf die Frage, wie weit sie gegangen ist, wird wohl jeder Mann und jede Frau sofort die Antwort wissen. Ändert man die Aufgabe dahingehend, dass jeder Schritt um 10 Prozent länger als der vorherige ist, man also ein einfaches Wachstum berücksichtigen muss, wird das Abschätzen schon schwieriger: Dass die Spaziergängerin nun rund dreieinhalb Mal um die Erde gelaufen ist, dürften nur die Wenigsten gedacht haben. Treiben wir es auf die Spitze und passen das Setting nochmals an: Wie weit kommt die Spaziergängerin, wenn ihre Schrittlänge 1,15 Meter beträgt und sie pro Schritt um 15 Prozent wächst? In diesem Szenario hastet die Spaziergängerin nun schon rund 200 Mal um den Globus. Gedankenspiele dieser Art sind uralt; das Märchen bzw. die Sage über das Schachbrett mit den zwei Reiskörnern, die auf jedem Feld verdoppelt werden, ist Kulturbestandteil geworden. Dennoch fällt es uns noch immer sehr schwer, exponentielle Wachstumsprozesse abzuschätzen.

Besonders problematisch wird es, wenn die exponentielle Entwicklung zunächst unterhalb der linearen verläuft, dann diese überholt und sie in kürzester Zeit weit hinter sich lässt. In diesem Fall hat man zunächst eine große Erwartungshaltung, die dann aber enttäuscht wird: Die Entwicklung ist langsamer als gedacht. Man passt nun die Erwartungen an und erwartet eine langsame Entwicklung. Die tatsächliche Entwicklung beschleunigt sich nun aber in kürzester Zeit, sodass Realität und Einschätzung dramatisch voneinander abweichen. Der fast schon inflationäre Gebrauch der Wortpaarung »disruptive Entwicklung« hat oft mit Erwartungsirrtümern der hier beschriebenen Art zu tun. Nachfolgende Abbildung verdeutlicht diesen Zusammenhang.

Tatsächlich lassen sich alle bekannten Wachstumsprozesse wesentlich besser mit Exponentialfunktionen als mit linearen Modellen beschreiben. Es hat sich gezeigt, dass adaptive Erwartungsbildung, also das permanente Justieren, den meisten anderen Modellen zur Erwartungsbildung (Lee/Peter 2012; Bishop 2006) überlegen ist.

In der Naturwissenschaft hat sich diese Art der Modellierung deshalb durchgesetzt, bisher aber kaum Niederschlag in den Wirtschaftswissenschaften oder ganz konkreten Managementmethoden gefunden. Eines der wenigen Beispiele ist die agile Entwicklungsmethode Scrum.

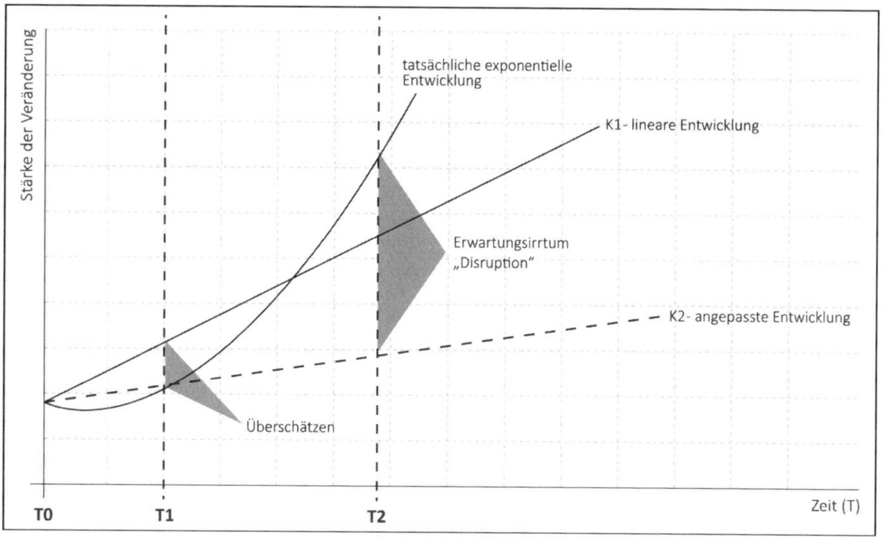

Abb. 1: Erwartungen und disruptive Entwicklung

Zum einen ist hier das iterative Vorgehen automatisch mit adaptiver Erwartungsbildung verbunden und zum anderen werden die Komplexitäten der zu realisierenden User Stories mit Hilfe von Fibonacci-Zahlen, also einer exponentiellen Funktion, geschätzt. Neben anderen Elementen ist es auch der geeignetere Umgang mit Wachstum und Komplexität, der diese Methode so erfolgreich macht. Adaptive Erwartungsbildung und die damit verbundene Fähigkeit, externe Signale zu verarbeiten, spielen auch im Kontext von Holakratie (Robertson 2016) eine wichtige Rolle. Allerdings ist auch hier der Umgang mit exponentiellen Veränderungen nicht strukturell verankert. Exponentielles Denken und das Abschätzen von dynamischen Entwicklungen besser im Unternehmen zu verankern, könnte ebenfalls eine Aufgabe moderner Personal- und Organisationsentwicklung sein.

2.3 Dynamisches Wachstum aufgrund sich gegenseitig verstärkender Effekte

Eine der bekanntesten Formulierungen im Kontext der Digitalisierung ist das sogenannte Mooresche Gesetz, wonach sich die Komplexität integrierter Schaltkreise alle 12 bis 24 Monate bei gleichem Preis auf gleicher Fläche verdoppelt. In dieser Gesetzmäßigkeit, dass Rechenleistung und Speicher exponentiell wachsen, sehen viele einen wesentlichen Treiber der Digitalisierung (https://de.wikipedia.org/wiki/Mooresches_Gesetz). Auf die Spitze getrieben gilt: Alles, was digital ist, wächst exponentiell (https://hello.finette.com).

Die Kraft der Aussage wird deutlich, wenn man die Leistungsstärke eines Prozessors mit der Leistungsstärke des Gehirns vergleicht. Zunächst ging man davon aus, dass die Rechenleistung des Gehirns 100 Teraflops beträgt, dann hat man diesen Wert auf 10.000 Teraflops erhöht und auch dieser Wert wackelt. (Ein Teraflop sind 10 hoch 12 Gleitkommaoperationen pro Sekunde.) Letztlich ist die Rechenkapazität des Gehirns begrenzt und somit wird es in absehbarer Zukunft Prozessoren geben, die eine höhere Rechenleistung haben als das menschliche Gehirn.

Da der exponentielle Pfad, mit dem die Rechenleistung wächst, bisher steiler war als das Bevölkerungswachstum, wird es irgendwann Prozessoren geben, deren Rechenleistung größer ist als die Rechenleistung aller menschlichen Gehirne zusammen. Die Frage, was passieren wird, wenn der Computer der menschlichen Spezies überlegen ist, sei hier ausgeklammert (Bostrom 2014).

Die Frage ist also, warum immer mehr und unterschiedlichere Waren, Güter und Dienstleistungen zu unvorstellbar niedrigen Kosten und in schier unglaublicher Qualität und Leistungsstärke angeboten werden können. Ursache sind Skaleneffekte, die auf angrenzende Märkte überspringen (Spill-over-Effekte) und über höhere Faktorproduktivität – ausgelöst durch technischen Fortschritt und wissenschaftliche Erkenntnisse – auf den Primärmarkt zurückwirken. Diese Effekte bedingen und verstärken sich gegenseitig (Dörrenbächer et al. 1997). Im Ergebnis entsteht so ein exponentielles Wachstum aus einer Vielzahl von herkömmlichen Wachtstumsfunktionen. Die nachfolgende Abbildung verdeutlicht dies.

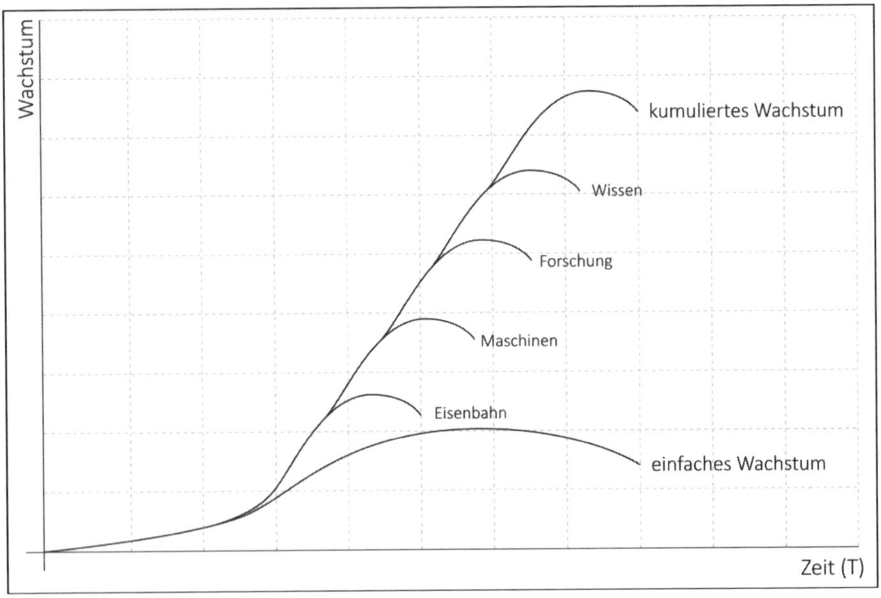

Abb. 2: Einfache Wachstumsfunktion und kumulierte »exponentielle« Wachstumsfunktion

Es sind vor allem die Transaktionskosten, die über die Größe eines Marktes und damit mit über die Losgröße der Produktion entscheiden. Am Beispiel der Eisenbahn als einer zentralen Technologie zu Beginn der ersten industriellen Revolution lässt sich die Wirkkette sinkender Transaktionskosten gut verdeutlichen. Durch die Eisenbahn konnte ein deutlich größerer Radius um den Produzenten in vertretbarer Zeit beliefert werden. Die deutlich größeren Losgrößen in der Produktion ließen nun ihrerseits die Stückkosten sinken und machten gleichzeitig Investitionen in Maschinen rentabel.

Der Wachstumsschub sprang so auf die Werkzeugmaschinen-Industrie über. Das Entstehen des Maschinenbaus als eigene Branche fällt in diese Zeit, ebenso das der Verfahrenstechnik usw. Das Entstehen der angewandten Forschung kann als Überspringeffekt größerer Märkte und wachsender Losgrößen gesehen werden. Der technische Fortschritt und das verbesserte Wissen wirken zurück auf die Primärmärkte und verstärken das Wachstum. Der größere Markt führte außerdem zu größerer Konkurrenz und darüber zu besserer Qualität (Ehring et al. 1998).

Auf alle Effekte und Auswirkungen dieser Dynamik einzugehen, ist im Rahmen dieses Artikels nicht einmal ansatzweise möglich. Es ist kein Zufall, dass auch die wissenschaftliche Beschäftigung mit dem Unternehmen, die Betriebswirtschaftslehre, in dieser Zeit entstanden ist und die Beschäftigung mit dem Markt sowohl auf mikro- als auch auf makroökonomischer Ebene in den 1920er-Jahren einen sehr großen Aufschwung nahm (https://de.wikipedia.org/wiki/Digitale_Revolution). Natürlich ist die hier dargestellte Sicht stark vereinfacht und lässt wichtige Faktoren, wie beispielsweise die beliebige Verfügbarkeit von Arbeitskräften, um eine schnelle Produktionssteigerung möglich zu machen, oder das Existieren nicht gesättigter Märkte, außer Acht (Osterhammel 2009; Ziegler 2005).

Trotz aller Vereinfachung lässt sich festhalten, dass sinkende Transaktionskosten Märkte vergrößern und darüber Wachstumseffekte auslösen, die sich in der Regel gegenseitig verstärken und zu Akzeleration führen. Das Mooresche Gesetz verengt den Fokus jedoch auf eine Technologie. Unzweifelhaft kommt ihm eine besondere Bedeutung zu, da es sich direkt auf den Mikroprozessor und damit den Kern der Digitalisierung bezieht. Ob es weiter gilt, kann durchaus bezweifelt werden. Aber selbst wenn das Mooresche Gesetz nicht mehr gelten sollte und der integrierte Schaltkreis als einer der Wachstumstreiber entfällt, wird sich die Dynamik der Entwicklung nicht ändern. Der zentrale Mechanismus ist das Absenken der Transaktionskosten und dieser Prozess wird unzweifelhaft weiter voranschreiten. Anstelle des Mooreschen Gesetzes wäre es besser, von einem allgemeinen Akzelerationsgesetz zu sprechen und damit den Fokus auf die zunehmende Dynamik und Breite der Entwicklung zu legen (http://www.kurzweilai.net).

2.4 Dynamisches Wachstum aufgrund von Plattformeffekten

Mit dem Entstehen größerer Märkte ist das Auftreten immer größerer und immer stärker spezialisierter Unternehmen verbunden. Die Entwicklung ging von der Manufaktur über die Fabrik (Massenproduktion) hin zu globalen Konzernen und weltumspannenden Datenaggregatoren wie beispielsweise Facebook oder Google. Der gegenläufige Effekt zu den immer größeren Einheiten ist das Auftreten von immer stärker spezialisierten Unternehmen. Teile der Wertschöpfungskette, Prozessketten bzw. Abschnitte von Prozessketten werden aus den Unternehmen ausgelagert und lassen neue Branchen entstehen. Auch in diesen Unternehmen und auf diesen Märkten kommt es wieder zu horizontaler und vertikaler Integration respektive De-Integration. Die Neue-Institutionen-Theorie, insbesondere die Forschung zu »Boundary of the firm«, liefert Erklärungen für diese Phänomene: Vereinfacht ist es das Wechselspiel von Skaleneffekten und Kontrollkosten, die die zunehmende Größe einerseits und die Spezialisierung andererseits erklären (Krüsseberg 2013).

Im Kontext der strukturellen Veränderung lässt sich noch ein weiteres Phänomen beobachten, das vor allem mit sehr großen Unternehmen verbunden ist: das Entstehen günstiger, allgemein verfügbarer und sehr leistungsstarker Infrastrukturen. Auch hier drängt sich der Vergleich zur industriellen Revolution mit Schienen- und Hochspannungsnetz auf. Ursache hierfür sind dauerhaft sinkende Grenzkosten und die Möglichkeit, aufgrund von Überhangressourcen unterhalb der Grenzkosten anbieten zu können. Sinkende Grenzkosten bedeuten, dass jede zusätzliche Einheit weniger kostet als die vorherige. Üblicherweise gibt es ein Grenzkostenminimum, ab dem die Grenzkosten wieder steigen. In der wirtschaftswissenschaftlichen Literatur werden hierfür in der Regel die Kontrollkosten herangezogen, die ab einem bestimmten Punkt die Skalen- und Synergieeffekte überkompensieren.

Ist dies jedoch nicht der Fall, dann kommt es zur Bildung von natürlichen Monopol- und Oligopolstellungen, wie sie beispielsweise Microsoft mit der Office-Suite und teilweise mit dem Betriebssystem Windows, Apple als Plattformanbieter für Mediainhalte, Google im Bereich der Suchmaschinen, Amazon als Internethändler oder Facebook im Bereich sozialer Medien erreichen konnten (http://www.wiwo.de/blogs; Yang, T./Quora 2017).

Das Internet hat es ermöglicht, Waren weltweit anzubieten. Die Transaktionskosten für das Anbieten, Suchen und Finden von Waren und Diensten sind dabei dramatisch gesunken, die Marktgröße ist entsprechend gestiegen. Aufgrund dieser Effekte sind Unternehmen wie die der AGFAM-Gruppe entstanden. Diese Unternehmen müssen extreme Spitzen abdecken. Bei den Händlern sind es Weihnachts- oder Ostergeschäft, bei den Suchmaschinen-Anbietern Events wie die Oscar-Verleihung, königliche Hochzeiten oder Fußballweltmeisterschaften, die zu extremen Nachfragespitzen führen. Für diese Spitzen werden immense

Überhangkapazitäten aufgebaut und vorgehalten, die zum Grenzkostenpreis und darunter angeboten werden können. Die Kosten für Speicher und Rechenleistung wurden dadurch marginalisiert.

Das Angebot von Speicher- und Rechenkapazität in der Cloud hat dann selbst wiederum eine Veränderung in der Softwaretechnologie ausgelöst. Begriffe wie »Amazon-Cloud-fähig« und »In-Memory Processing« machen den Spill-over-Effekt anschaulich. Die Grenzlinie für Make or Buy hat sich dadurch verschoben. Während früher in unternehmenseigene Hardware und Software sowie die zugehörigen Betriebs- und Anwendungstechnologien investiert wurde, ergibt dies heute schon oft keinen Sinn mehr. Es gibt spezialisierte Unternehmen, die diese Leistung besser und billiger erbringen können. Die Vorteile, die durch eigene spezifische Prozesse und Systeme erreicht werden konnten, sind im Vergleich zur Leistungsfähigkeit, Flexibilität und den Kosten der Cloud nicht mehr groß genug.

Die Cloudtechnologie hat auf der einen Seite Investitionen in unternehmenseigene technische Infrastrukturen in vielen Fällen überflüssig gemacht und auf der anderen Seite dazu geführt, dass die Verfügbarkeit und Skalierbarkeit dieser Ressourcen exponentiell gewachsen ist. Dadurch wurden Markteintrittsbarrieren erheblich abgesenkt. Zudem besteht damit eine Infrastruktur für eine Vielzahl von Anwendungen und Geschäftsmodellen, die vorher undenkbar waren. Künstliche Intelligenzen, also Anwendungen, die extreme Rechenleistung erfordern, sind so erst wirtschaftlich möglich geworden. Die Sequenzanalyse von DNA ist erst durch das Cloud Computing so günstig geworden, dass heute Medikamente auf Individuen abgestimmt werden könnten. Der Preis ist von rund 2,7 Milliarden US-Dollar für die erste Entschlüsselung auf weniger als 100 Dollar gefallen und sinkt weiter. Ein Unternehmen wie AirBnB ist nur mit einer mehr oder minder beliebig skalierbaren Cloudplattform in der Lage gewesen, so schnell zu wachsen und weltweit erfolgreich zu werden.

Es lassen sich fast beliebig viele Beispiele dafür finden, welche Auswirkungen mit der Cloud-Infrastruktur verbunden sind. Sinkende Grenzkosten in Verbindung mit Überhangkapazitäten haben Infrastruktur(en) und Technologie(n) entstehen lassen, die nun selbst wieder Basis für weiteres Wachstum sind. In diesem Sinn wird das Phänomen als Plattformeffekt bezeichnet. Plattformeffekte verstärken und beschleunigen die oben beschriebenen Wachstums- und Wohlstandseffekte. Das Absenken der Markteintrittsbarrieren und die Flexibilisierung der Ressourcen sind kennzeichnend. Ein interessanter Aspekt ist, dass diese Infrastrukturen von privatwirtschaftlichen Unternehmen geschaffen werden. Eine Diskussion über die Folgen dieser natürlichen Monopole kann hier nicht geführt werden (Baumol 1982; DiLorenzo 1996).

Teilhabe an gesellschaftlichen Prozessen

Der letzte wichtige Verstärker für die sich beschleunigenden Wachstumsprozesse basiert auf verändertem Bewusstsein, veränderter Anspruchshaltung und daraus resultierend einem veränderten Verhalten der Wirtschaftssubjekte in ihrer Rolle als Konsumenten, Beschäftigte und Bürger.

Die letzten 200 Jahre sind global von steigendem Wohlstand und sinkender Arbeitszeit gekennzeichnet (Lammar 2013). Zwar sind wir von der 15-Stunden-Woche, wie sie John Maynard Keynes für das Jahr 2030 prognostizierte, noch weit entfernt, aber bezogen auf das Jahr 1800 ist die Lebensarbeitszeit von 3.500 auf 1.500 Stunden gesunken (Reuter 2007; Keynes 1930; Voth 2009). Das sind rund 57 Prozent weniger. Gleichzeitig hat sich die durchschnittliche Lebenserwartung von rund 30 Jahren auf rund 80 Jahre erhöht. Betrachtet man die prozentuale Lebensarbeitszeit, kommt man sogar auf einen Rückgang von rund 84 Prozent, und auch dieser Prozess wird weitergehen.

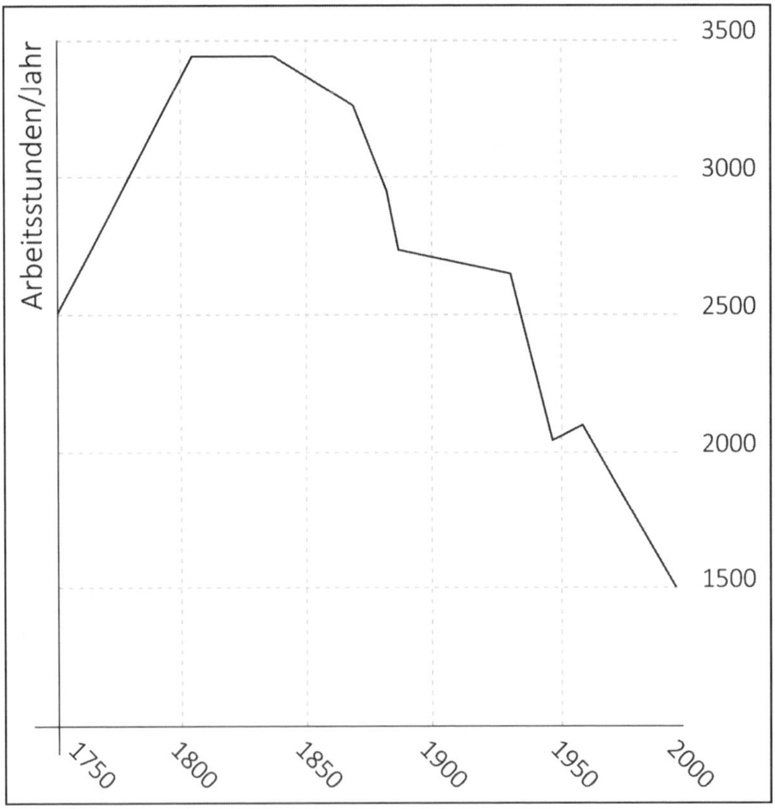

Abb. 3: Geschichte der Arbeitszeit: Zahl der jährlichen Arbeitsstunden seit der industriellen Revolution

Anerkannte Soziologen, wie beispielsweise Jeremy Rifkin, vertreten die Meinung, zukünftig müsse gar nicht mehr gearbeitet werden, und leiten daraus die Forderung nach einem bedingungslosen Grundeinkommen ab (Rifkin 2014). Diese Forderung lässt außer Acht, dass mit Arbeit nicht nur der Einkommenserwerb, sondern auch und vor allem die Teilhabe an gesellschaftlichen Prozessen verbunden ist. Eine weiterführende Diskussion zum Grundeinkommen kann hier nicht geführt werden, dafür sei der Aspekt zunehmender Teilhabe breiter Bevölkerungsschichten nicht nur am Wohlstand, sondern gerade auch an der Gestaltung der Gesellschaft betont.

Es ist heute allgemein akzeptiert, dass die Zunahme an Einkommen und Freizeit im Kontext der industriellen Revolution wichtige Voraussetzungen dafür waren, dass breite Bevölkerungsschichten Zugang zu Bildung, Wissen und Information bekamen. Dabei soll keineswegs vergessen werden, dass gerade die Industrialisierung zunächst zu einer Zunahme der Arbeitszeit und zur Verelendung breiter Schichten führte. Landflucht und Arbeitslosigkeit lassen in dieser Zeit das Proletariat entstehen. Lumpenproletariat und Arbeiterslums kennzeichnen diese Zeit sicher mehr als die bildungsbürgerlichen Salons, die auch in dieser Epoche entstehen. Es ist die Wechselwirkung aus aufklärerischem Gedankengut, eklatanten sozialen Missständen und dem Entstehen eines Bewusstseins für soziale Probleme und gesellschaftlich-politischen Fragestellungen, im Bürgertum und dann immer breiteren Schichten, die den Veränderungsprozess treiben. Die Arbeiterbewegung, das Entstehen von Parteien und das Ende der Monarchien und Kaiserreiche belegen diese Entwicklung (Higgs 2016).

2.5 Governance als Ergebnis und Instrument

Auch hier ist wieder ein sich gegenseitig verstärkendes Wechselspiel zu beobachten: So wie das Bewusstsein und damit der Anspruch gestiegen ist, an dem Prozess der Governance teilzuhaben, haben sich Governance-Systeme, die diesem Anspruch gerecht werden, als die überlegenen erwiesen. Ein Governance-Modell legt fest, wie Macht und Kontrolle ausgeübt werden, wer wem Rechenschaft worüber schuldet und mit welchen Mechanismen die Verteilung von Macht und Kontrolle verändert werden kann (Robertson 2016). Die Bedeutung des Governance-Modells für gesellschaftliche und wirtschaftliche Entwicklung kann nicht genug betont werden. Letztlich konstituiert die Gültigkeit dieses Regelwerks die Institution respektive den wirtschaftlichen Geltungsbereich, den Markt. Je stärker das Governance-Modell die Machtausübung von der einzelnen natürlichen Person entkoppelt und anstelle dessen ein institutionalisiertes Regelwerk etabliert, das dezentral auf unterschiedlichen Ebenen funktioniert und einer großen Zahl unterschiedlicher Personen Teilhabe ermöglicht, desto besser kann die Institution, der Geltungsbereich, auf Umwelteinflüsse reagieren. Je dynamischer diese Veränderungen sind, umso größer ist der Wettbewerbsvorteil, den ein autonomes und dezentrales Governance-Modell eröffnet.

Ein Aspekt hierbei ist, dass der liberalen, offenen Verfassung mehr Bedeutung und Macht zukommt als der einzelnen handelnden Person, dem Potentaten. Könige, Kaiser, Fürsten und Führer haben in der Politik und auf gesellschaftlicher

Ebene ausgedient. Präsidenten wie Donald Trump, Wladimir Putin und Recep Erdogan sind temporäre Erscheinungen, die den Prozess hin zu mehr konstitutioneller Teilhabe letztlich nur beschleunigen werden. Interessant in diesem Kontext ist, dass auf betriebswirtschaftlicher Ebene immer noch sehr stark das Phänomen des »Leaders« und das Konzept des »Leaderships« als maßgeblich für den Erfolg betont wird. Die Diskussion Leadership – stellvertretend für die Bedeutung der Person – im Verhältnis zu Governance – stellvertretend für die Bedeutung des Systems – zu führen, ist längst überfällig. Gerade im Hinblick auf die Frage nach der Angemessenheit von Managergehältern könnten wichtige Einsichten generiert werden.

Das Wechselspiel von funktionierender Marktwirtschaft und freiheitlicher Gesellschaftsordnung kann als Beleg für die im vorletzten Absatz genannte These herangezogen werden. Vereinfacht gilt: Wachstum ermöglicht durch ein Mehr an Zeit, Geld und »Zugang« mehr Teilhabe und führt gleichzeitig zu einer veränderten Erwartungshaltung, nämlich dem Anspruch auf mehr Teilhabe. Offene Governance-Modelle, also solche, die genau dieses Mehr an Teilhabe zulassen, können die Dynamik von Veränderungsprozessen wesentlich besser verarbeiten und verstärken dadurch ihrerseits den Wachstums- und Veränderungsprozess.

In Bezug auf die betriebswirtschaftliche Ebene gilt: Je offener und autonomer das Governance-Modell eines Unternehmens ist, desto höher ist die Adsorptionskapazität und desto schneller und erfolgreicher können sich die Unternehmen an veränderte Umweltbedingungen anpassen. Das Konzept der Adsorptionskapazität wurde schon in den 1960er-Jahren vorgestellt und dann von Cohen und Levinthal geschärft (Cohen et al. 1990). Der Zusammenhang, dass Innovationen eher extern als intern im Unternehmen stattfinden, ist hinreichend empirisch belegt worden. Das Konzept der Adsorptionskapazität erklärt, welche Funktionen, Prozesse und Routinen notwendig sind, damit externe Innovationen und relevantes Wissen erfasst, bewertet und in das Unternehmen integriert werden können. Eine autonome, dezentrale und offene Governance kann zu dieser Integration und Nutzung einen entscheidenden Beitrag leisten. Als Beispiele für die Leistungsfähigkeit und Stärke solcher offenen Systeme sei exemplarisch auf die Open Source Foundation und Wikipedia verweisen.

User-generated Content und Governance

Das Phänomen des User-generated Content lässt sich unter der Perspektive offener Governance-Modelle gut fassen. Youtube als führende Videoplattform sei hier stellvertretend genannt. Mit rund 400 Stunden pro Minute, die bei Youtube hochgeladen werden, entsteht auf dieser Plattform in zwei Minuten so viel Material, wie durchschnittlich in einem Jahr in Hollywood produziert wird. Das deutsche Wikipedia ist mit rund zwei Millionen Artikeln rund 6,5 Mal so groß wie die letzte Brockhaus-Ausgabe. Im Jahr 2007 war die englische Encyclopaedia Britannica im Vergleich zu Wikipedia, was Qualität angeht, noch gleichauf. Heute ist unumstritten, dass Wikipedia nicht nur vom Umfang, sondern vor allem auch von der Qualität her führend ist.

Das Governance-Modell dieser Unternehmen hat es ermöglicht, dass Inhalte (Content) dezentral entstehen können. Das Geschäftsmodell, Informationen und/oder Leistungen gegen Reichweite einzutauschen, war hingegen nicht neu. Letztlich haben fast alle Printmedien nichts anderes gemacht. Ein Beispiel im Zusammenhang mit User-generated Content ist autonomes Fahren: 2016 konstatierte die Süddeutsche Zeitung noch, dass Google mit Daten zu rund 600.000 Kilometern autonomem Fahren der Konkurrenz, vor allem VW mit rund 24.000 Kilometern, weit enteilt sei (Behrens 2016). Der Sprecher von Tesla hingegen teilte 2017 mit, dass Tesla pro Tag Daten zu rund 4,1 Millionen autonom gefahrenen Kilometern per Funkübertragung von seinen Kunden erhält (Golem 2016).

Die Wechselwirkung wird gut erkennbar: Das Internet war Voraussetzung für die Entstehung von User-generated Content. Diese Art von Inhalten macht heute einen großen Teil der Inhalte im Web aus. Leistungsstarke Funknetze waren Voraussetzung für autonomes Fahren, wahrscheinlich wird die Steuerung und Optimierung der Verkehrsströme so bedeutsam, dass es künftig spezialisierte Hochleistungsnetze hierfür geben wird.

Mit diesen Netzen wird dann wieder ein neuer technologischer Schub ausgelöst werden und es ist zu erwarten, dass auch die Kosten für die Nutzung dieser Ressource marginalisiert werden. Aller Voraussicht nach wird es zu einem Plattformeffekt kommen. Verkehrsstromdaten werden diese Netze prägen und neue spezielle Technologien rund um Mobilität und Logistik hervorbringen. Weitere neue Geschäftsmodelle werden damit rentabel und das Wachstum beschleunigt sich.

Im Ergebnis lässt sich festhalten, dass Governance-Modelle einerseits Abbild veränderter gesellschaftlicher Anspruchshaltungen und anderseits – sowohl auf gesellschaftlicher als auch auf betrieblicher Ebene – Gestaltungsinstrumente sind, da sie Art und Umfang von Teilhabe regeln. Offene und dezentrale Governance-Modell verbessern die Geschwindigkeit und die Fähigkeit, von externen Entwicklungen zu profitieren. In diesem Sinne sind gerade Governance-Modelle wesentlich für die Erreichung von Wettbewerbsvorteilen in einer dynamischen Umwelt.

3 Die Blockchain als nächster Transaktionskostensenker

Mit dem vorangegangenen Abschnitt sind wir am Ende der Bestandsaufnahme angelangt. Das kontinuierliche Sinken der Transaktionskosten hat in den letzten 200 Jahren zu einem immensen Wachstumsschub geführt. Dabei hat sich das Wachstum immer weiter beschleunigt. Die Beschleunigung kann nicht alleine auf die Entwicklung des Mikroprozessors – und damit auf das Mooresche Gesetz – zurückgeführt werden, sondern vor allem auf sich gegenseitig verstärkende Effekte. Auslöser sind sinkende Transaktionskosten, die über Skalen- und Spill-over-

Effekte zu Wachstum führen. Strukturelle Veränderungen, wissenschaftlicher und technischer Fortschritt auf breiter Ebene sowie Plattformeffekte (Infrastrukturen) und offene, auf Teilhabe ausgelegte Governance-Modelle wurden als Verstärker genannt. Diese Verkettung hat dazu geführt, dass wir einen sich beschleunigenden Prozess erleben.

Es drängt sich die Frage auf, ob das Wachstum überhaupt noch weitergehen kann und was der nächste Treiber sein wird. Aspiranten gibt es viele. Predictive Analytics und Artificial Intelligence als extrem rechenintensive Anwendungen, die erst jetzt richtig möglich werden, werden sicher eine wichtige Rolle spielen. Die Kosten für Aufbereitung bzw. Verdichtung von Informationen zu Wissen und damit das Erstellen von Handlungsempfehlungen werden dramatisch sinken. Verteilte Computersysteme und intelligente Netze, vor allem zur Maschine-zu-Maschine-Kommunikation in Verbindung mit dem »Internet der Dinge«, werden große Bedeutung bekommen und an vielen Stellen die Führung übernehmen. Jedes dieser Themen ist es wert, ausführlich diskutiert zu werden. Der Beitrag beschränkt sich jedoch bewusst auf die Blockchain. Diese Technologie wird analog zum Internet eine weitere Annäherung an die idealisierte Marktvorstellung der Klassik/Neoklassik bringen und damit die oben beschriebenen Effekte und Wechselwirkungen in Gang setzen.

Waren es beim Internet vor allem Transaktionskosten in Form von Suchkosten und Kosten für die Reichweite, sind es bei der Blockchain die Kontroll- und Vertragskosten sowie die Risikokosten aufgrund asymmetrischer Informationen, die sinken und darüber den Veränderungsprozess prägen werden. Um die Argumentation zu unterfüttern, werden zunächst Funktion und Eigenschaften der Blockchain kurz erläutert und dann aufgezeigt, welche Effekte damit verbunden sein können.

3.1 Valide und integre Daten zu marginalen Kosten

Vier Methoden konstituieren eine Blockchain:

- Verkettung,
- Dezentralität,
- Konsensmechanismus und
- das Recht auf das Initial Statement.

Auf Basis dieser Methoden lassen sich die Existenz, Integrität und Eigentumsrechte an einem Dokument und darüber hinaus an digitalen und analogen Gütern dezentral und fälschungssicher zu jedem beliebigen Zeitpunkt inklusive Historie belegen. Dabei können die Eigentümer der Daten vollständig anonym bleiben bzw. selbst kontextbezogen den Grad an Anonymität festlegen.

Eine Form von Eigentumsrechten ist Geld. Somit kann jede Blockchain eine integrierte Zahlungsmittelfunktion zu marginalen Transaktionskosten abbilden. Geschäftsmodelle, in denen Micro- oder Nanopayments eine Rolle spielen, können mittels dieser Technologie rentabel abgebildet werden.

Wird Geld auf Basis des Konsensmechanismus und nicht über externe Initial Statements geschöpft, dann ist das Zahlungsmittel und die so definierte Währung perfekt vor Manipulation und Missbrauch gesichert. Im Unterschied zu anderen Währungen gibt es keine herausgebende Institution und damit kein institutionelles Risiko, wie es beispielsweise von der Null-Zins-Geldpolitik der Europäischen Zentralbank ausgeht. Zur Vereinfachung wird im Rahmen dieses Beitrags die Bezeichnung »integrierte Geldschöpfung« verwendet.

Schon hier wird deutlich, wie stark die Blockchain auf die Transaktionskosten einwirken wird. Zentrale Registerfunktionen, wie das Grundbuchamt, können von der Blockchain übernommen werden. Das Führen von Konten und das Bestätigen von Salden entfällt, da diese Informationen jederzeit aus der Blockchain ausgelesen werden können. In der Literatur wird die Blockchain deshalb auch oft als dezentrales Hauptbuch (decentral ledger) bezeichnet (Tapscott/Tapscott 2016). Das Übertragen von Geld und damit das Transaktionsgeschäft und Clearing von Banken werden sich völlig ändern.

Aber nicht nur Informationen über Eigentumsrechte an analogen und digitalen Gütern, sondern insbesondere gesicherte Informationen über Wirtschaftssubjekte und deren Verhalten werden in der Blockchain valide, zuverlässig und anonym verfügbar sein. Die Beurteilung formeller und informeller Qualifikation lässt sich auf Basis der Blockchain-Technologie schneller, besser und verlässlicher vornehmen als mittels Zeugnissen. Durch die Historienfähigkeit können auf Basis der Blockchain mittels einfacher Algorithmen selbst Konstrukte wie »Reputation« oder »soziale Kompetenz im digitalen Raum« ermittelt und beurteilt werden. So wie das Autoren- und Herausgeberprinzip das Zeitalter der Schmähschriften beendet hat, so könnte die Blockchain das Zeitalter der Fake News und Trolls beenden. Mittels der Blockchain könnte sich sogar das emanzipatorische Potenzial sozialer Medien entfalten und qualitativ hochwertiger Inhalt entstehen (Dengler 2017).

Die Reduktion des Transaktionsrisikos resultiert zum einen daraus, dass Einträge in der Blockchain nicht manipuliert werden können, und zum anderen daraus, dass das Verhalten von Wirtschaftssubjekten mithilfe von Algorithmen auf Basis der in der Blockchain enthaltenen Daten nachvollziehbar und so beurteilbar wird. Kontroll-, Vertrags- und Anreizkosten, die ohne Blockchain aufgrund von Informationsasymmetrien erforderlich sind, können deutlich sinken und unter Umständen sogar ganz entfallen. Das Prinzipal-Agenten-Problem und Lock-in-Effekte verlieren im Zusammenhang mit der Blockchain deutlich an Bedeutung. Dadurch werden die Risikokosten sinken und es wird vor allem die Dynamik zunehmen. Je besser ein neuer Geschäftspartner, Kunde, Lieferant oder Anbieter valide beurteilbar ist, umso geringer ist die Bindung an diesen Partner.

3.2 Smart Contracts und Dezentralisierung

Großen Einfluss auf die Transaktionskosten werden die »Smart Contracts« haben. Dabei werden Verträge in Form von ausführbarem Computercode in der Chain hinterlegt. Im Code werden Transaktionen an Bedingungen gekoppelt. Das Programm überwacht ständig, ob diese Bedingungen erfüllt sind, und führt gegebenenfalls Transaktionen aus. In diesem Sinne setzen sich die Verträge selbst um. Zum Teil wird der Begriff »verdinglichte Verträge« synonym zu Smart Contracts verwendet (Schmidt 2015).

Die Voraussetzungen hierfür sind integre und konsistente Daten, und dass der Code selbst nicht manipuliert werden kann. Genau das liefert die Blockchain. Sie könnte als universelle, fälschungssichere und anonyme Datenbank und als Ablageort für »Coded Law« für einen erheblich breiteren Einsatz von Smart Contracts sorgen (Lessing 2000).

Die Anwendungsbreite, die sich aus dem Konstrukt der sich selbst durchsetzenden Verträge erschließt, ist schier unendlich. Vor allem in Kombination mit der integrierten Zahlungsfunktion und dem Internet der Dinge kommt man zu Szenarien, die bisher nur in Science-Fiction-Romanen auftauchen. Zwei Beispiele seien genannt:

- Ein Elektroauto nutzt die Wartephase an der Ampel und lädt mittels Induktionsschleife die Batterie. Einigung über die Konditionen, den Ladevorgang und die Bezahlung finden dabei völlig autonom auf Basis verdinglichter Verträge statt (Haberkorn 2016).
- Im zweiten Szenario fragt ein spezieller WLAN-Router bei Smartphones in seiner Reichweite an, ob er deren Rechenleistung solange entgeltlich nutzen kann, wie der Benutzer sein Handy nicht braucht. Auch hier finden Einigung, Transaktion und Bezahlung völlig autonom statt (Tapscott/Tapscott 2016).

Beide Szenarien basieren darauf, dass durch die integrierte Zahlfunktion Micropayments zu marginalen Transaktionskosten abgewickelt werden können. Gemeinsam ist auch, dass eine vorhandene Infrastruktur, die Ampel und das Handy, anders genutzt und deshalb Leistungen zu Grenzkosten angeboten werden können. Im Kontext der Entstehung der Cloud wurde oben bereits auf die Bedeutung solcher Konstellationen hingewiesen. So könnte mithilfe der Blockchain beispielsweise sehr schnell ein flächendeckendes Netz von Ladestationen für Elektrofahrzeuge auf Basis herkömmlicher Verkehrsampeln realisiert werden.

Das zweite Szenario bezieht einen privaten Gegenstand ein: Ein privates Handy wird an eine Rechnerfarm gekoppelt. Im Zusammenhang mit der Blockchain werden viele solcher Szenarien diskutiert: Ungenutzte Bandbreiten von privaten WLANs bilden ein Hochleistungsnetz, private Wetterstationen oder, etwas allgemeiner, Messstationen liefern Daten für Prognosemodelle, dezentrale Energieerzeuger werden zu einem virtuellen Kraftwerk verbunden usw. Dezentralität und einvernehmliche Nutzung von »fremdem« Privateigentum kennzeichnen diese Szenarien (Vattenfall 2017).

Es fällt leicht, die Analogie dieser Private Asset Networks zum User-generated Content zu erkennen. So wie User-generated Content erst durch das Internet und ein entsprechendes Governance-Modell möglich geworden ist, so erreichen Private Asset Networks erst durch die Blockchain in Verbindung mit entsprechenden Governance-Modellen relevante Marktgröße. Die Blockchain birgt dabei die Möglichkeit, dass privat erstellter Content und die Nutzung von privaten Assets an Entgelte gekoppelt werden. Letztlich sind auch Daten Privateigentum und ihre Nutzung kann via Blockchain mit Gebühren belegt werden.

Ebenso neu ist das autonome und dezentral stattfindende Handeln der Anwendungen. Der Code für eine Anwendung wird in der Blockchain hinterlegt, weltweit verteilt und immer, wenn die richtigen Bedingungen gegeben sind, wickelt die Anwendung ohne menschliches Zutun die entsprechenden Transaktionen ab. Die Vereinbarungen setzen sich selbst durch. Damit konstituiert die Blockchain einen eigenen globalen Wirtschaftsraum, in dem die Regeln gelten, die im jeweiligen Code hinterlegt sind.

3.3 Dezentrale autonome Anwendungen und Organisationen

Tapscott und andere verwenden die Bezeichnung DAPP – Decentralised Autonomous Application – oder DAO – Decentralised Autonomous Organisation –, wenn nicht nur ein Vertrag, sondern ganze Regelwerke zur autonomen Abwicklung von Geschäftsmodellen auf Basis der Blockchain-Technologie hinterlegt werden (Tapscott/Tapscott 2016; Giese et al. 2016.)

Die Bitcoin Blockchain mit integrierter Geldschöpfung ist eine dezentrale autonome Organisation (DAO). Die Abwicklung des Zahlungsverkehrs und das Führen von Konten, also wesentliche Funktionen des Bankensektors, finden autonom und dezentral statt. Die Institution Bank wird in Bezug auf diese Funktionen obsolet. Die Regeln zur Geldschöpfung sind in der Bitcoin Blockchain hinterlegt und setzen sich dezentral und eigenständig ohne menschliches Zutun um. Die Geldschöpfung ist völlig autonom und lediglich an das Transaktionsvolumen in der Chain selbst gebunden. Damit ist eine wesentliche Funktion, die heute Zentralbanken innehaben, und darüber ein Teil dieser Institutionen selbst, überflüssig geworden. Besonders bedeutsam ist, dass jeder unabhängig von Staatsangehörigkeit oder Wohnsitz an diesem »Wirtschaftsraum« teilnehmen kann, wenn er Zugang zu einem IP-fähigen Netz hat.

Der letzte Satz macht deutlich, dass die Bitcoin Blockchain ein Governance-Modell ist und als solches einen Wirtschaftsraum definiert, in dem sie eine Institution, nämlich eine dezentrale, autonome Zentralbank, etabliert. Der Wert und die Verwendung von Währungen hängt üblicherweise von der Reputation und

Glaubwürdigkeit der emittierenden Zentralbank ab. Das exponentielle Wachstum von Krypto-Währungen, wie Bitcoin oder Ether, im Hinblick auf Wert und Verwendung, ist ein Indiz dafür, dass diesen dezentralen, autonomen Institutionen zunehmend mehr Vertrauen entgegengebracht wird.

Auch hier lässt sich über Anspruchshaltungen diskutieren. Offensichtlich genügen Blockchains mit integrierter Zahlungs- und Geldschöpfungsfunktion dem Anspruch auf Sicherheit und Teilhabe besser als herkömmliche Zentralbanken wie etwa die Europäische Zentralbank.

3.4 Autonome Governance-Modelle

Die zunehmende Verwendung stärkt die Bedeutung der Blockchain und wird zu einer Beschleunigung dieser Technologie führen. Dass sie es ermöglicht, sich dem Geltungsbereich politischer Institutionen zu entziehen, ist weder Zufall noch Nebensache. Die Blockchain ermöglicht Governance-Modelle, die verlässlich, ohne Manipulation und Korruption, autonom und sicher umgesetzt werden können.

Da die Blockchain als rein digitale Technologie keine regionale oder geografische Beschränkung kennt und absolute Anonymität garantiert, etablieren Regelwerke, die auf ihrer Basis abgebildet werden, globale autonome Organisationen und Institutionen, die automatisch im Wettbewerb zu allen regionalen und überregionalen Einrichtungen stehen. Da das Risiko der Vertragserfüllung weitestgehend eliminiert werden kann, dürften sich die autonomen Blockchain-basierten Einrichtungen im Wettbewerb durchsetzen.

Blockchains in Verbindung mit Smart Contracts ermöglichen das Offenlegen und Verdinglichen von Governance-Modellen. Die Bedeutung von Governance-Modellen wurde oben dargestellt. Sie wird mit der Blockchain noch zunehmen, da die Transparenz steigt und das Risiko, dass die Regeln tatsächlich eingehalten werden, zumindest für den verdinglichten Teil entfällt.

Das Beispiel einer autonomen, dezentralen Zentralbank liegt auf der gesellschaftlich-politischen Ebene. Es fällt leicht, Beispiele auf der betrieblichen Ebene zu finden: Werden Daten zu Beschäftigungsverhältnissen in Blockchains gehalten, kann sehr schnell überprüft werden, welches Entgelt in einem Unternehmen gezahlt wird, wie sich Entgelte im Zeitablauf ändern und mit welcher Teilhabe diese Entgelte verbunden sind. Die Daten sind valide, aktuell und anonym. Damit werden das Governance-Modell und das Verhalten eines Unternehmens gegenüber seinen Mitarbeitern zumindest in Teilen transparent. Analog gilt dies für Garantieansprüche oder den Umgang mit Mangelanzeigen und Beschwerden. Mit der Blockchain erzeugte Aussagen zur »Reputation« werden ein wichtiges Kriterium im Wettbewerb sein. Codierte Governance-Modelle werden in diesem Kontext eine entscheidende Rolle spielen.

3.5 Bewusstsein für Datensouveränität

Der letzte und wichtigste Aspekt der Blockchain ist die Eigenschaft, dass der Eigentümer von Daten Dritten fallbezogen Zugriff auf seine Daten gewähren und dabei vollständig anonym bleiben kann bzw. den Grad der Identifizierbarkeit selbst festlegt. Natürlich kann der Eigentümer den Datenzugriff auch von der Zahlung eines Entgelts abhängig machen (https://istate.de/istate).

So wie sich im Kontext der industriellen Revolution das Bewusstsein für soziale Fragestellungen herausgebildet hat, so könnte im Zuge der fortschreitenden Digitalisierung das Bewusstsein für »Eigentumsrechte an Daten und digitalen Gütern« an Bedeutung gewinnen. Veranstaltungen wie das Schirrmacher-Symposium oder Entwicklungen in der europäischen Rechtsprechung wie die Datenschutz-Grundverordnung (DSGVO), die im Mai 2018 in Kraft tritt, sind Indikatoren für eine derartige Bedeutungszunahme (Rudolf Augstein Stiftung 2016; https://de.wikipedia.org/wiki/Digitale_Revolution). Geschäftsmodelle, die auf der Aggregation von Daten beruhen, könnten unter erheblichen Druck geraten.

Die kurzen Ausführungen zeigen, welche Potenziale in der Blockchain-Technologie stecken. Ähnlich wie beim Internet sind auch mit der Blockchain große Hoffnungen auf mehr Wirtschaftswachstum und eine bessere Verteilung des Wohlstands gerade für Entwicklungsländer verbunden. Ob diese Hoffnungen berechtigt sind, wird sich zeigen müssen. Aber ebenso wie das Internet einen großen Beitrag zur Globalisierung geleistet hat, wird dies die Blockchain tun.

Durch die Möglichkeit, Daten und ausführbaren Code sicher, valide und dezentral zu hinterlegen, können Privatpersonen zu sehr geringen Kosten Governance-Modelle definieren, deren Umsetzung durch die Blockchain garantiert wird. Das Emittieren einer Währung, das flächendeckende Angebot eines Zahlungsmittels und das globale Abwickeln von milliardenschweren Transaktionen war bisher Zentralbanken und kapitalstarken Institutionen, in der Regel dem Finanzsektor inklusive Banken, Kreditkartengesellschaften und Clearingstellen, vorbehalten. Virtuelle Kraftwerke, Prognosenetzwerke, Rechencluster und globale Logistikunternehmen, die aus privaten (Einzel-)Wirtschaftsgütern bestehen, sind denkbar und teilweise schon Realität. Mithilfe der Blockchain können Privatpersonen in den Wettbewerb mit institutionellen Strukturen treten.

Das Internet hat den Zugang zu Wissen und Information grundlegend verändert. Die Blockchain wird die Verlässlichkeit der Informationen steigern und Aussagen über die Reputation und Verlässlichkeit der Akteure zulassen. Sie bietet auch das Potenzial, gesellschaftliche und betriebliche Governance-Modelle über den globalen Wettbewerb zu verbessern und sie grundsätzlich jedem, unabhängig von dem politisch-wirtschaftlichen Geltungsbereich, in dem er oder sie sich befindet, zugänglich zu machen. Gerade die Möglichkeit, Regelwerke global zur Verfügung zu stellen, die frei von Korruption und Manipulation sind, macht die Blockchain so bedeutungsvoll.

4 Digitalisierung und Personalarbeit

4.1 Anforderung und Gestaltungsspielraum

Der Anspruch des Beitrags ist es, einen Rahmen zu spannen, innerhalb dessen die Digitalisierung der Personalarbeit diskutiert werden kann. Ganz gezielt ist aber schon die Überschrift so gewählt, dass die beiden Begriffe über eine Konjunktion verbunden sind und gleichwertig nebeneinanderstehen.

Wie in den vorangegangenen Abschnitten dargestellt, ist Digitalisierung ein sich beschleunigender Veränderungsprozess, der alle Bereiche des privaten und gesellschaftlichen Lebens betrifft und Veränderungen fortsetzt, die mindestens seit der industriellen Revolution zu beobachten sind. Auch das Rad ließe sich ohne Probleme als Transaktionskostensenker und Reichweitenvergrößerer charakterisieren. In diesem Sinne steht der Begriff Digitalisierung als Synonym für Veränderung und Fortschritt.

Ebenso steht der Begriff der Personalarbeit für sich. Das Suchen und Finden, Einsetzen, Befähigen und Binden genauso wie das Entgelten und Freisetzen von Menschen im Arbeitsprozess sind zentrale Aufgaben der Personalarbeit. Auch diese stehen für sich und sind zunächst unabhängig von dem Kontext, in dem sie erbracht werden.

Die Digitalisierung verändert aber die Art, wie Personalarbeit durchgeführt werden kann, und bringt gleichzeitig neue Anforderungen mit sich. Die Forderung nach mehr Teilhabe ist hierbei zentral und diesbezüglich eröffnet die Digitalisierung der Personalarbeit einen neuen Gestaltungsspielraum.

Der Beitrag verwendet die faktisch-deskriptive Ebene, die Wirkungsebene und die Verhaltensebene, um die Phänomene der Digitalisierung zu fassen. Diese drei Ebenen bilden den Rahmen, innerhalb dessen Digitalisierung und Personalarbeit diskutiert werden können.

4.2 Automation, virtuelle Realität und Blockchain

Es wird heute wohl kaum jemand widersprechen, wenn man behauptet, dass es immer wieder neue bahnbrechende Produkte geben wird. Den Satz von C. H. Duell, Leiter des US-Patentamts, aus dem Jahr 1899, »Es gibt nichts Neues mehr. Alles, was man erfinden kann, ist schon erfunden worden«, würde heute keiner mehr sagen. Auch dass sich technologische Produkte immer schneller verbreiten, ist heute allgemein akzeptiert. Es dauerte 30 Jahre, bis 10 Prozent der US-Haushalte elektrischen Strom hatten, und 25 Jahre, bis die Festnetztelefonie diese Marktdurchdringung erreichte. Im Vergleich dazu brauchte das Smartphone nur 10 Jahre, um in mehr als 40 Prozent aller Haushalte weltweit vertreten zu sein (Harvard Business Manager 2013).

Die Frage ist nicht, ob ein digitales Gerät die Welt in rasender Geschwindigkeit erobern wird, sondern welches das nächste sein wird. Aspiranten sind die digitalen Assistenten wie beispielsweise Alexa (Amazon), Cortana (Microsoft) oder Google Home, und damit die Spracherkennung und -verarbeitung. Interface-Technologien haben immer ein besonders starkes Durchschlagspotenzial, wie die Maus und die Gestensteuerung eindrucksvoll bewiesen haben. Alles rund um virtuelle und erweiterte Realität wird kommen, genauso wie Roboter und künstliche Intelligenz in allen Erscheinungsformen und für alle möglichen Lebenssituationen. 3D-Drucker und Drohnen sind schon so weit in den Massenmarkt und den Alltag vorgedrungen, dass sie hier nur genannt werden, um das Bild abzurunden.

Auf der deskriptiven Ebene gilt ganz sicher der Satz von Paul Krugman: »Everything that can be digitalized will be digitalized« (Krugman 2008). Alle Leistungen und Entscheidungen, die sich mithilfe von digitalen Geräten abbilden lassen, werden mit eben diesen abgebildet werden. Welche das konkret sind und was in welcher Reihenfolge kommt, kann kontrovers diskutiert werden. Dennoch sei eine Abschätzung gewagt: Intelligente Agenten zum Suchen und Identifizieren von Potenzialen, Chat Robots und sprachgesteuerte HR-Assistenten sowie Automationstechnik – sei es in Form von Robotern oder Softwareprogrammen – für den Bereich regelbasierter Vorgänge werden in absehbarer Zeit den HR-Alltag prägen. Die intelligenten Agenten werden aller Voraussicht nach auf Predictive Analytics und Data-Mining-Algorithmen basieren, da diese aufgrund von Plattformeffekten so günstig sein werden, dass sie auf breiter Front genutzt werden können. Der Nutzen dieser Anwendungen wird allerdings davon abhängen, ob eine ausreichend große und valide Datenbasis zur Verfügung steht. In einer Zeit zunehmenden Bewusstseins für Datensouveränität und starker Durchdringung mit Blockchain-Technologien sind solche Daten verfügbar. Ob die Wirtschaftssubjekte diese jedoch wie bisher unentgeltlich zur Verfügung stellen, ist zweifelhaft.

Zwei Anwendungen, die zeitnah den Massenmarkt und damit auch den Unternehmensalltag erobern werden, sind die virtuelle und die erweiterte Realität. Außerdem wird es selbstverständlich sein, Technologien zu nutzen, die auf Methoden künstlicher Intelligenz und Machine-Learning-Algorithmen basieren. Arbeitszeit, Arbeitsort, Erscheinungsbild sowie das Führen und Anleiten von Einzelpersonen und Teams werden sich durch diese Technologien stark verändern. Überall da, wo »Führen« lediglich dem Prinzip »Informieren, Motivieren, Kontrollieren« folgt und die Planung nach einfachen linearen Milestone-Modellen geschieht, wird vernetzte Computer-Intelligenz diese Aufgaben übernehmen. Wie schon oben angeführt, muss die Diskussion »Leadership versus Regelwerk« geführt werden (Krugman 2008).

Die dritte Welle an Technologie, die auf die Personalabteilungen zurollt, basiert auf der Blockchain. Es wird um die Frage gehen, zu welcher Datenhaltung und -auswertung Personalarbeit überhaupt berechtigt und inwieweit Smart Contracts, dezentrale autonome Anwendungen (DAPP) und Organisationen (DAO) für Personalarbeit genutzt werden bzw. diese in Teilen ersetzen. Einfache Vertrags- und Abrechnungskonstellationen lassen sich schon heute auf Basis einer Blockchain abbilden. Warum eine eigene Akte führen, wenn die Information zuverlässig und konform mit den Erfordernissen der Gesetzgebung in einer Chain steht? Warum Rechenleistungen und Systeme vorhalten, wenn Überhangkapazitäten dezentral und verteilt zu Grenzkosten verfügbar sind? Warum überhaupt noch Sourcing betreiben, wenn Apps dies autonom weltweit können?

Im Hinblick auf die Blockchain ist zu erwarten, dass wegen des exponentiellen Wachstumsverlaufs der Technologie und ihrer Anwendungen diese Entwicklungen anfangs über- und dann deutlich unterschätzt werden. Sicher ist, dass die Technologie den HR-Bereich von Grund auf verändern wird, so wie es der Computer und das Internet getan haben. Allerdings verändern die hier skizzierten Szenarien vor allem die Art, wie Personalarbeit durchgeführt wird. Das Wesen der Personalarbeit ändert sich zunächst nicht.

4.3 Strukturelle Veränderung und Personalarbeit

Auf struktureller Ebene hat die Digitalisierung neue Produkte, neue Geschäftsmodelle und neue Branchen, wie etwa Clouddienstleistungen, mit sich gebracht. Damit setzt sich in der Digitalisierung die Zunahme der Produktvielfalt und Qualität einhergehend mit sinkenden Preisen, einer zunehmend diversifizierten Produktions- und Wissenschaftslandschaft sowie weltweiter Vernetzung fort. Dabei nimmt die Dynamik zu.

Natürlich haben diese Entwicklungen Einfluss auf die Personalarbeit. Diese muss in der Lage sein, Diversifikation und Spezialisierung zu begleiten. Die Bedeutung von formaler Qualifikation in Relation zu informeller Qualifikation verschiebt sich. Verfügbare Technologien und Instrumente ändern sich. Letztlich ist Personalarbeit wie jeder Unternehmensbereich betroffen und aufgefordert, sich weiterzuentwickeln und zu spezialisieren. Die Ausrichtung vieler Personalabteilungen am Drei-Säulen-Modell von Ulrich und in diesem Kontext Near- und Off-Shoring sowie das Outsourcing von Leistungen spiegeln den Veränderungsdruck der letzten zwei Jahrzehnte gut wider. Mit den strukturellen Veränderungen sind auch immer größere und internationale Unternehmenseinheiten entstanden. Der Aufbau von Personalinformationssystemen und die Versuche, Personalkennzahlen national und international zu vereinheitlichen und Standards einzuführen, spiegeln ebenfalls die veränderten Anforderungen an Personalarbeit wider (Schübbe 2016).

Die Wirkung der Digitalisierung auf Personalarbeit lässt sich auf einer abstrakten Ebene gut beschreiben: Durch den technologischen Fortschritt steigt auch hier die Faktorproduktivität. Personalarbeit wird sich stärker diversifizieren und spezialisieren. Effektivität und Effizienz werden steigen. Aufgrund des intensiveren Wettbewerbs wird Personalarbeit eine »höhere« Qualität haben. Kosten- und

Leistungsdruck werden auf jeden Fall zunehmen. Sich dieser Entwicklung des »Höher, Schneller, Weiter« zu verschließen, wäre Vogel-Strauß-Taktik. Aufgabe ist es, den Transformationspfad zu gestalten und zu entscheiden, wann welche Technologie genutzt wird. Die Personalabteilung könnte dabei sogar Laborcharakter übernehmen und ein Experimentierfeld sein, um Erfahrungen mit dem Technologieneinsatz zu sammeln. Gerade mit den neuen und als disruptiv wahrgenommenen Technologien entsteht der Bedarf nach Regelwerken, die einen sinnvollen, produktiven und verantwortungsvollen Umgang mit eben dieser Technologie ermöglichen.

4.4 Verhaltensänderung und Governance

Verhalten, Anspruch und Bewusstsein der Menschen in ihren Rollen als Beschäftigte, Kunden sowie Bürger haben sich im Zuge der Industrialisierung geändert. Die Digitalisierung hat auch diesen Prozess fortgesetzt und beschleunigt. Die Verhaltensänderung wird stärker und dynamischer. Phänomene wie der Wutbürger und der Protestwähler, die abnehmende Markenbindung und zunehmende Bedeutung von »Erlebnis und Teilhabe« anstelle von »Besitz und Status«, aber auch die Abnahme der durchschnittlichen Beschäftigungsdauer und die Zunahme sogenannter Brüche in den beruflichen Lebensläufen bezeugen dies (Zanger/Springer 2015).

Der Prosumer und alles rund um den User-generated Content, aber auch Generationsbezeichnungen wie Digital Natives oder Generation Y stehen in der langen Tradition des Wirtschafts- und Bildungsbürgertums, wie es im Zusammenhang mit der industriellen Revolution entstanden ist. Bootcamps, Innovationhubs und Institutionsverweigerung sind neben anderem auch Phänomene von Jugend- und Alternativkultur und damit die Fortsetzung von Protestmarsch, Friedenscamp, Hausbesetzerszene und außerparlamentarischer Opposition. Zentral waren immer der Anspruch auf mehr Wohlstand – oft in Form von Umverteilung – sowie mehr gesellschaftlicher Bedeutung und mehr Teilhabe an der Machtausübung.

Auf der betrieblichen Ebene spiegelt sich dies in veränderten Governance-Modellen wider. Flache Hierarchien, partizipative Führung und die zunehmende Bedeutung von offenen, interessanterweise manchmal als »demokratisch« bezeichneten Governance-Modellen sind Ergebnisse veränderter Anspruchshaltung und veränderten Bewusstseins (Sattelberger 2015). Mit den kommenden Technologien, allen voran der Blockchain, wird die Möglichkeit zur Teilhabe stark zunehmen. Private Asset Networks sind die logische Verlängerung von User-generated Content. Cluster, die aus privaten Wirtschaftsgütern bestehen, treten in Wettbewerb zu Ressourcen, die bisher nur über Institutionen angeboten werden konnten, die das Eigentum an den Gütern erworben haben.

Eines der wichtigsten Phänomene im Kontext der nächsten Welle der Digitalisierung wird deshalb die zunehmende Bedeutung von dezentralen, autonomen

Institutionen mit globaler Gültigkeit sein. Diese virtuellen, durch das Governance-Modell konstituierten Unternehmen stehen in Wettbewerb zu den bisherigen staatlichen und privatwirtschaftlichen Institutionen. Somit steigen Wettbewerbsdruck und Dynamik. Entscheidender Wettbewerbsvorteil wird hierbei das verdinglichte Regelwerk, das Governance-Modell, sein. Wie oben schon ausgeführt, dürften es vor allem offene, auf Partizipation angelegte Modelle sein, die sich durchsetzen (Sattelberger 2015).

Markus Engels, Mitarbeiter von Martin Schulz, liegt im Grundsatz richtig, wenn er ausführt, mit der Digitalisierung werde nicht einfach irgendeine Policy verhandelt, sondern hier trete eine im Silicon Valley geborene Ideologie an, die bestehende Ordnung der demokratischen Welt umzustürzen (Burmeister 2015). Aber es geht nicht um das Silicon Valley und den Gründerhype, sondern darum, dass die Menschen mehr Teilhabe und Bedeutung einfordern. Der gleiche Prozess, aus dem einst die Sozialdemokratie entstanden ist, ist letztlich auch Treiber der Digitalisierung und wird von dieser getrieben. Sowohl bei den Migrationsströmen als auch bei Bewegungen wie dem sogenannten Female-Shift geht es im Kern um Teilhabe und Bedeutung. Letztlich ist auch die AfD lediglich eine Angstreaktion der Ewiggestrigen vor offenen und partizipativen Gesellschaftsmodellen.

Personalarbeit kann bei einem derartigen Umbruch nicht stattfinden, ohne Stellung zu beziehen. In einer zunehmend dynamischen Umwelt gewinnen die Fähigkeiten, Signale früh zu erkennen und zu verarbeiten sowie Entscheidungen zu revidieren und Prioritäten neu zu setzen, dramatisch an Bedeutung. Agile Managementmethoden wie beispielsweise Scrum oder Crystal sowie insbesondere Ansätze wie Holakratie haben genau diese Eigenschaft. Agiles Management per se wird an Bedeutung gewinnen. Moderne Personalarbeit heißt, diese Konzepte im Unternehmen zu verankern.

Einen guten methodischen Ansatz, um den Herausforderungen zu begegnen, liefert das oben schon angesprochene Konzept der Adsorptionskapazität (Burmeister 2015). Dabei geht es vor allem darum, wie Innovationen, die in der Regel außerhalb von starren Unternehmensstrukturen entstehen, internalisiert werden können. Das fast schon explosionsartige Wachstum von Innovationhubs, Akzeleratoren und Company-Buildern, die von großen Unternehmen betrieben werden, verdeutlicht den Handlungsdruck. Sowohl bei der Adsorptionskapazität als auch in Bezug auf agiles Management werden sich Unternehmen, Institutionen und Parteien stark verändern müssen. Hier liegt die zentrale Herausforderung moderner Personal- und Organisationsentwicklung.

Mit einer größeren Adsorptionskapazität und etwas agilerem Management wird es aber nicht getan sein. Das gesamte Governance-Modell und damit die Institutionen, das Unternehmen selbst, muss neu gestaltet werden. Das Governance-Modell als konstituierendes Element wird zukünftig im globalen Wettbewerb zu dezentralen, autonomen Strukturen stehen. Dieser Herausforderung muss sich das gesamte Management stellen.

Der Impuls geht von der Geschäftsführung aus, aber alle Abteilungen und Bereiche müssen sich beteiligen, da sonst die Veränderung nicht gelingen wird. Gerade für die HR-Abteilungen bietet sich hier eine große Chance, zu zeigen, welchen Beitrag sie leisten können. Unter Berücksichtigung technologischer und gesellschaftlicher Veränderungen die Regeln zu formulieren und durchzusetzen, die den Rahmen für das Zusammenleben und -arbeiten setzen, und die darüber die Verteilung der Macht und Kontrolle bzw. die Mechanismen zur Verteilung von Macht und Kontrolle festlegen, ist und muss das Kernstück von Personalarbeit sein. Eine neue Personalabteilung sollte sich genau darüber konstituieren.

Quellen

Bartlett, A. A.: http://www.albartlett.org/ (letzter Aufruf: 19.10.2017).

Baumol, W. J. et al. (1988): Contestable markets and the theory of industry structure. Vol. 169, New York.

Behrens, C. (2016): Autonome Fahrzeuge, in: Süddeutsche Zeitung vom 13.01.2016, http://www.sueddeutsche.de/auto/autonome-fahrzeuge-ohne-mensch-faehrt-der-computer-schlecht-1.2816744#redirectedFromLandingpage (letzter Aufruf: 07.08.2017).

Bishop, C. M. (2006): Pattern recognition and machine learning, New York.

Bostrom, N. (2014): Superintelligenz: Szenarien einer kommenden Revolution, Frankfurt a. M.

Burmester, D. (2015): Rezension zu: Frank Schirrmacher (Hrsg.): Technologischer Totalitarismus. Eine Debatte, Frankfurt a. M. 2015, in: Portal für Politikwissenschaft vom 06.08.2015, http://pw-portal.de/rezension/38731-technologischer-totalitarismus_47522, (letzter Aufruf: 07.08.2017).

Coase, R. H. (1937): The nature of the firm. economica, 4/16, S. 386-405.

Cohen, W. M./Levinthal, D. A. (1990): Absorptive capacity: A new perspective on learning and innovation, in: Administrative Science Quarterly, S. 128-152.

Dengler, V. V. (2017): Demokratiegefahr Internet, in: Süddeutsche Zeitung vom 20.04.2017, http://www.sueddeutsche.de/kultur/demokratiegefahr-internet-zweite-allgemeine-verunsicherung-1.3471223?reduced=true (letzter Aufruf: 07.08.2017).

DiLorenzo, T. J. (1996): The myth of natural monopoly, in: The Review of Austrian Economics 9.2/1996, S. 43-58.

Dörrenbächer, C. et al. (1997): Globalisierung von Produktionsstrukturen: eine arbeits-und industriepolitische Analyse globaler Entwicklungsverbünde. No. FS II 97-204. WZB Discussion Paper.

Ehrig, D./Kuhn, T. (1998): Humankapital, Lernkurven, Skaleneffekte: verhaltenstheoretische Fundierungen und empirische Illustrationen ökonomischer Dynamik. IKSF.

Giese, P. et al. (2016): Die Blockchain Bibel: DNA einer revolutionären Technologie, CreateSpace Platform.

Golem (2016): Teslas sind 160 Millionen Kilometer per Autopilot gefahren, https://www.golem.de/news/elektroauto-teslas-sind-160-millionen-kilometer-per-autopilot-gefahren-1605-121107.html (letzter Aufruf: 16.05.2017).

Haberkorn, N (2016): Das disruptive Potential der Blockchain-Technologie. Das Projekt Ethereum. Studienarbeit Hochschule Karlsruhe – Technik und Wissenschaft.

Harvard Business Manager (2013): Im Rausch der Zeit, http://www.harvardbusinessmanager.de/blogs/technologische-neuheiten-setzen-sich-immer-schneller-durch-a-936726-2.html (letzter Aufruf: 07.08.2017).

hello finette, https://hello.finette.com (letzter Aufruf: 01.08.2017).

Higgs, J. (2016): Alles ist relativ und anything goes: Eine Reise durch das unglaublich seltsame und ziemlich wahnsinnige 20. Jahrhundert, Frankfurt a. M.

iState, https://istate.de/istate (letzter Aufruf: 07.08.2017).

Klotz, H. (1994): Kunst im 20. Jahrhundert. Moderne, Postmoderne, Zweite Moderne, München.

Krüsselberg, U. (2013): Theorie der Unternehmung und Institutionenökonomik: Die Theorie der Unternehmung im Spannungsfeld zwischen neuer Institutionenökonomik, ordnungstheoretischem Institutionalismus und Marktprozesstheorie, Heidelberg.

Krugmann, P. (2008): Bits, Bands and Books, in: New York Times vom 06.06.2008, http://www.nytimes.com/2008/06/06/opinion/06krugman.html (letzter Aufruf: 07.08.2017).

Kurzweil, R.: Accelerating intelligence, http://www.kurzweilai.net (letzter Aufruf: 07.08.2017).

Kurzweil, R. (2004): The law of accelerating returns. Alan Turing: Life and Legacy of a Great Thinker, Berlin Heidelberg, S. 381-416.

Lammar, R.: Unsere Welt. Entwicklung der Lebenserwartung, http://www.unserewelt.net/?s=entwicklung+der+lebenserwartung (letzter Aufruf: 07.08.2017).

Lee, P. M. (2012): Bayesian statistics: an introduction, John Wiley & Sons.

Lessing, L. (2000): Code is Law, On Liberty in Cyberspace, in: Harvard Magazine, http://harvardmagazine.com/2000/01/code-is-law-html (letzter Aufruf: 07.08.2017)

Osterhammel, J. (2010): Die Verwandlung der Welt: Eine Geschichte des 19. Jahrhunderts, München.

Reuter, N. (2007): Wachstumseuphorie und Verteilungsrealität: wirtschaftspolitische Leitbilder zwischen gestern und morgen, Weimar.

Rifkin, J. (2014): The zero marginal cost society: The internet of things, the collaborative commons, and the eclipse of capitalism, New York.

Robertson, B. J. (2016): Holacracy: ein revolutionäres Management-System für eine volatile Welt, München.

Rudolf Augstein Stiftung: Re:claim autonomy, http://schirrmacher-symposium.de/ (letzter Aufruf: 07.08.2017).

Sattelberger, T./Boes, A./Welpe I. M. (2015): Das demokratische Unternehmen: Neue Arbeits-und Führungskulturen im Zeitalter digitaler Wirtschaft, Freiburg i. B.

Schirrmacher, F. (Hrsg.) (2015): Technologischer Totalitarismus. Eine Debatte, Frankfurt a. M.

Schmidt, O.: Smart Contracts (2015): Smart Contracts – Vertragsabwicklung durch Computer, https://www.datenschutzbeauftragter-info.de/smart-contracts-vertragsabwicklung-durch-computer/ (letzter Aufruf: 07.08.2017).

Schübbe, F. (2016): Personalkennzahlen und Reporting: Nutze die Zahlen, http://www.hrm.de/fachartikel/personalkennzahlen-und-reporting:-nutze-die-zahlen!-%7C-spezial-13863 (letzter Aufruf: 07.08.2017).

Tapscott, D./Tapscott, A. (2016): Blockchain Revolution: How the technology behind Bitcoin is changing money, business, and the world, London.

Vattenfall GmbH: Eine erstes dezentrales in diesem Sinne virtuelles Kraftwerk hat Vattenfall in Berlin bereits umgesetzt, http://corporate.vattenfall.de/nachhaltigkeit/energie-der-zukunft/nachhaltige-energielosungen/virtuelles-kraftwerk/ (letzter Aufruf: 01.08.2017).

Voth, J. (2009) Wer weniger arbeitet, kann mehr konsumieren, in: Frankfurter Allgemeine vom 25.12.2009, http://www.faz.net/aktuell/wirtschaft/wie-wir-reich-wurden/serie-wie-wir-reich-wurden-14-wer-weniger-arbeitet-kann-mehr-konsumieren-1894602.html (letzter Aufruf: 07.08.2017).

Wikipedia: Digitalisierung, https://de.wikipedia.org/wiki/Digitalisierung (letzter Aufruf: 28.06.2017).

Wikipedia: Industrielle Revolution, https://de.wikipedia.org/wiki/Industrielle_Revolution (letzter Aufruf: 01.08.2017).

Wikipedia: Mooresches Gesetz, https://de.wikipedia.org/wiki/Mooresches_Gesetz (letzter Aufruf: 01.08.2017).

Wikipedia: Digitale Revolution, https://de.wikipedia.org/wiki/Digitale_Revolution (letzter Aufruf: 28.06.2017).

Wischermann, C./Nieberding, A. (2004): Die institutionelle Revolution. Eine Einführung in die deutsche Wirtschaftsgeschichte, 19, 11.

Yang, T./Quora (2017): Google, Apple, Facebook, Amazon, Microsoft: Which Will Fall First?, in: Forbes, https://www.forbes.com/sites/quora/2017/01/06/google-apple-facebook-amazon-microsoft-which-will-fall-first/#2fe87a7a49da (letzter Aufruf: 06.01.2017).

Zanger, C. (Hrsg.) (2015): Events und Emotionen: Stand und Perspektiven der Eventforschung, Berlin Heidelberg.

Ziegler, D. (2005): Die industrielle Revolution, Wissenschaftliche Buchgesellschaft.

Autor

Dr. Juergen Erbeldinger, Dipl.-Volkswirt, ist Gründer und CEO von Partake. Er ist seit vielen Jahren als Vor- und Querdenker gefragt und hat in den letzten Jahren die Ideen des Design Thinking weiterentwickelt. Juergen Erbeldinger fordert Gründer und Unternehmen auf, vor allem auf Kundenerlebnis und Innovation zu setzen, um auf disruptiven Märkten zu überleben.

Kontakt: Juergen.Erbeldinger@partake.de

Auswirkungen der Digitalisierung auf das HR-Management

Auswirkungen der Digitalisierung auf die Organisation des HR-Bereichs

Markus-Oliver Schwaab und Volker Jacobs

1 Die Organisation des HR-Bereichs im Wandel

Eigenständige Personalbereiche sind nichts Neues, aber auch nichts Zwingendes und schon gar nicht etwas Unwiderrufliches. Vielmehr sind die mit professioneller Personalarbeit betrauten betrieblichen Organisationseinheiten, die sich in Deutschland seit der Mitte des letzten Jahrhunderts etabliert haben, gefordert, stets aufs Neue ihre Daseinsberechtigung unter Beweis zu stellen. Ging es zunächst für die Verantwortlichen vorrangig darum, zuverlässig die Mitarbeiter zu verwalten, dann diese kompetent zu rekrutieren, zu qualifizieren und zu motivieren, so wurde in den 1990er-Jahren die Forderung nach einem unternehmerischen Personalmanagement zunehmend lauter (Scholz 2014; Wunderer/Dick 2007). Das verbreitete Personalreferentenmodell mit der ganzheitlichen Betreuung der Mitarbeiter eines Organisationsbereichs durch jeweils einen Zuständigen wurde infrage gestellt. Einerseits sollte sich der Personalbereich immer kostengünstiger und effizienter aufstellen – auch mithilfe neuer IT- oder Outsourcing-Lösungen –, andererseits sollte er dauerhaft dazu beitragen, dass die Unternehmen und anderen Organisationen kontinuierlich ihre Strukturen überdenken, um in einem zunehmend internationalen Kontext wettbewerbsfähig zu bleiben. Human Resources Management war nun gefragt, wobei die Tatsache, Mitarbeiter als eine Ressource zu bezeichnen oder gar zu behandeln, durchaus umstritten war und bleibt.

Ein fortschrittliches Personalmanagement wurde oft damit gleichgesetzt, mit IT-gestützten Lösungen die HR-Prozesse zu optimieren und den Aufwand für die Personaladministration letztlich zu reduzieren. Im Idealfall sollten so Freiräume geschaffen werden, damit die Personalverantwortlichen zu wahren, mitunternehmerisch denkenden HR-Managern werden konnten. Das auf Ulrich, Brockbank und Younger (2008) zurückgehende »HR Service Delivery«-Modell betonte den ressourcenschonenden Beitrag von Shared-Service-Centern und Selbstbedienungsangeboten (zum Beispiel über Portale) (Swift 2012), beides Ansätze, die entscheidend auf geeigneten Softwaretools aufbauen. Auch die Center of Expertise und Business Partner sind auf leistungsfähige Informations- und Kommunikationsmöglichkeiten angewiesen, um schnell und kompetent zum Unternehmenserfolg beitragen zu können.

Betrachtet man die Herausforderungen, die mit Blick auf ein zeitgemäßes HR-Management von Bedeutung sind, standen in den letzten Jahren unter anderem drei Themen im Zentrum des wissenschaftlichen und praxisbezogenen Austauschs. Viel diskutiert wurde, neben der Forderung von Ulrich, Younger, Brockbank und Ulrich (2012), »HR from the outside in« zu betrachten, der Ansatz, im Personalmanagement auf mehr Agilität zu setzen (unter anderem Förster/Wendler 2012; Häusling/Fischer 2016). Aktuell sorgen die potenziellen Konsequenzen, die für das Personalmanagement mit dem technologischen Wandel hin zur Industrie 4.0 oder zum Internet of Things (Bergmann 2016) verbunden sein könnten, für eine breite Verunsicherung in der HR Community (Jochmann 2017).

Die skizzierten Entwicklungen, die Veränderungen in der Funktion des Personalmanagements entweder initiiert oder aber zumindest beeinflusst haben, haben alle zum Ziel, die Voraussetzungen und den Aktionsrahmen zur Sicherung und effizienten Steuerung der geeigneten Mitarbeiterkapazitäten zu schaffen. Technologische Innovationen haben den Wandel im Personalbereich bislang unterstützt und angetrieben. Mit der immer umfassenderen Digitalisierung stellen sich nun in Bezug auf das Personalmanagement insbesondere drei Fragen:

- Wie verändern sich die Anforderungen?
- Wer ist zukünftig für welche Aufgaben zuständig?
- Wie sieht die Aufbau- und Ablauforganisation insgesamt aus?

2 Erwartungen der Kunden des HR-Bereichs

Der HR-Bereich muss verschiedene Kundengruppen im Auge haben. Intern hat er neben der Unternehmensleitung und dem Management auch unbedingt alle anderen Beschäftigten zu berücksichtigen, da diese nach Überzeugung der Autoren auch in Zeiten des technologischen Fortschritts einen entscheidenden Beitrag zum zukünftigen Unternehmenserfolg leisten werden und deshalb nicht vernachlässigt werden dürfen. Unter den externen Kunden gilt es vor allem, die potenziellen Mitarbeiter zu beachten, da sich viele Firmen im sich verschärfenden Wettbewerb um qualifizierte Fachkräfte zunehmend schwer tun und besonders auf ihr Arbeitgeberimage achten müssen.

Die Mitarbeiter erwarten von einem Personaler vorrangig, dass dieser als administrativer Experte überzeugen kann – dies entspricht allerdings nicht dessen Selbstbild, wonach ein Personalmanager eher anstrebt, ein »Employee Champion« zu sein (Beck/Bastians 2013). Fast genauso wichtig wurde in einer anderen Studie eine Zusammenarbeit auf Basis von Vertrauen und Glaubwürdigkeit angesehen – Führungskräften und gerade dem Topmanagement war dieser Aspekt sogar noch wichtiger (Schwaab/Rugart 2015). Insgesamt betrachtet war weniger der Business Partner als vielmehr der People Partner gefragt, der auch zuverlässig eine individuelle Mitarbeiterbetreuung sicherstellt. Ohne die Bedeutung der HR-Verantwortlichen schmälern zu wollen, die ihrerseits kompetente Ansprechpartner der Geschäftsleitungen sein wollen, zeigte sich auch hier, dass die Personalbereiche zunächst einmal für eine verlässliche Administration sorgen und die Bedürfnisse der Arbeitskräfte kennen sollten. Vor diesem Hintergrund ist anzuzweifeln, ob die in vielen Unternehmen festzustellenden Initiativen in Richtung Employee Self Service unterm Strich wirklich zielführend sind und dem Wunsch der Mitarbeiter gerecht werden.

Der Druck seitens des Managements, die administrativen Prozesse zu verschlanken und so Kosten einzusparen, muss so gegen die Qualität der Betreuung der Beschäftigten und damit letztlich auch gegen die Auswirkungen auf die Arbeitgeberattraktivität abgewogen werden. Dabei ist zudem zu berücksichtigen, dass in den Unternehmen Personen unter einem Dach tätig sind, die unterschiedlichen Generationen angehören. Während die mit dem Internet aufgewachsenen Arbeitnehmer wenig Scheu vor dem Umgang mit neuen Technologien haben, mag das bei den davor Geborenen ganz anders aussehen. Ein Diversity Management neuer Prägung ist hier angebracht.

Als Zwischenfazit der Analyse von Erwartungen der Kunden gegenüber dem Personalmanagement bleibt festzuhalten: Für Personalmanager besteht bei der Gestaltung ihrer eigenen Aufbau- und Ablauforganisation vorrangig Handlungsbedarf in zweierlei Hinsicht. Neben dem Anspruch des Managements, das Human Resources Management unternehmerisch auszurichten (Jochmann 2017), sind die Wünsche der vorhandenen und potenziellen Mitarbeiter nach individualisierten Dienstleistungen zu berücksichtigen, denn ohne geeignete und motivierte Arbeitskräfte kann kein Unternehmen erfolgreich agieren. Digitale Lösungen können und müssen hierzu beitragen, aber nicht um jeden Preis.

3 Agenda der Digitalisierung des HR-Bereichs

Die Digitalisierung wirkt sich in allen Bereichen der Wirtschaft und Unternehmen aus, und damit auch im Personalmanagement (Weigert/Bruhn/Strenge 2017). Dessen Verantwortliche sind gefordert zu überlegen, inwieweit die HR-Funktion die neuen digitalen Möglichkeiten nutzen kann, um den eigenen, strategischen Beitrag zum Unternehmenserfolg zu steigern. Es erscheint gar angebracht, von einer digitalen HR-Transformation entlang einer digitalen Agenda zu sprechen. Einen Überblick über eine digitale Agenda des Personalbereichs gibt Abbildung 1.

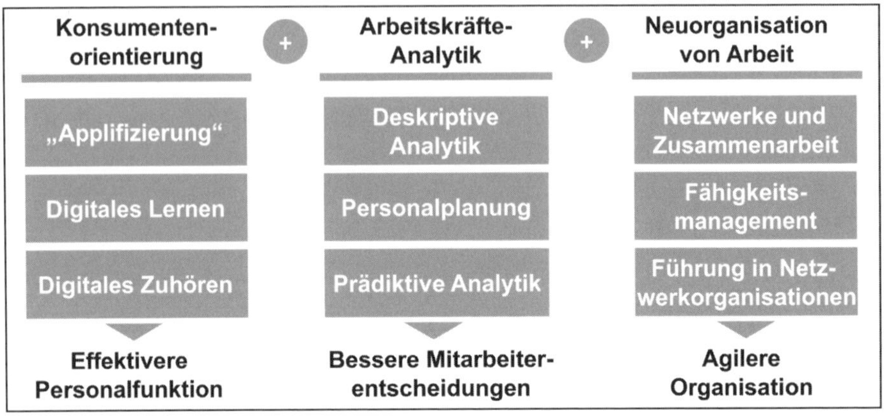

Abb. 1: Themenblöcke der digitalen Agenda des Human Resources Management (TI People 2016)

Das Modell einer digitalen HR Agenda verfolgt das Ziel, dem HR-Führungsteam eines Unternehmens ein Werkzeug an die Hand zu geben, um die eigene Position in Rahmen der Digitalisierung des Unternehmens aktiv zu gestalten. Hierdurch kann die HR-Funktion dem vorgenannten Anspruch gerecht werden, einerseits unternehmerisch und andererseits auf den individuellen Kundenwunsch ausgerichtet zu handeln. Das Modell entstand aus einer praktischen Analyse der digitalen Aktivitäten 51 europäischer und US-amerikanischer Großunternehmen (TI People 2016). Die Handlungsfelder dieser Unternehmen lassen sich in die drei Kategorien Konsumentenorientierung, Arbeitskräfte-Analytik und Neuorganisation von Arbeit untergliedern.

3.1 Konsumentenorientierung

Konsumentenorientierung beschreibt den Einsatz digitaler Technologie mit dem Ziel, den Kunden von HR Services einen auf ihren individuellen Nutzen ausgerichteten Service zukommen zu lassen. Dabei handelt es sich um HR Services im weiteren Sinn – sie umfassen sowohl den Talentzyklus als auch transaktionale HR Services wie die Beantwortung von Mitarbeiteranfragen oder die Erstellung von Bescheinigungen und Dokumenten.

Der Technologieeinsatz in HR-Funktionen unterliegt einem Paradigmenwechsel: Seit der Einführung von ERP-Systemen (Enterprise Resource Planning, meist große Ressourcen-Verwaltungssysteme) in den 1980er-Jahren bis zur Einführung cloudbasierter Personalstammdaten- und Talent-Management-Plattformen etwa ab 2010 war der HR-Technologieeinsatz vornehmlich darauf konzentriert, HR Services unternehmensweit einheitlich, steuerbar und effizient zu gestalten. In den letzten Jahren wird diese Zielsetzung nun auf den zweiten Platz der Zielehierarchie verdrängt: Im Vordergrund des Technologieeinsatzes steht seitdem mehr und mehr der direkte Nutzen für den einzelnen Endkunden eines HR Service.

Das hat zwei gute Gründe: Zum einen zeigt das Beispiel digitales Marketing, dass durch moderne Technologie das (zukünftige Kauf-)Verhalten von Konsumenten beeinflusst und vorhergesagt werden kann. Die gesamte Marketingfunktion – in den letzten zwanzig Jahren des 20. Jahrhunderts vielfach als die Königsdisziplin der Betriebswirtschaft angesehen – wird durch »Big Data« revolutioniert (Erevelles/Fukawa/Swayne 2016). Die Ableitung für HR: Moderne Technologie erlaubt es, Konsumenten in ihren individuellen Bedürfnissen zu verstehen und Produkte ganzheitlich auf diese auszurichten. Genauso kann die HR-Funktion mithilfe von Technologie ihre Services auf die individuellen Bedürfnisse des einzelnen HR-Kunden (Bewerber, Lernender, Mitarbeiter, Führungskraft, leitende Führungskraft etc.) ausrichten, ohne dabei die sichere Steuerbarkeit des Gesamtsystems zu gefährden. Zum anderen zeigt eine Analyse der Wirtschaftlichkeit neuer Infrastruktur-Technologien – wie zum Beispiel cloudbasierte HR-Systeme –, dass mit diesen neuen Technologien im Mittel nur 60 Prozent des angestrebten »Return on Investment« erreicht werden (Jacobs/CEB 2015). Der Hauptgrund dieser eklatanten Wirtschaftlichkeitslücke liegt nicht etwa in einem funktional unbefriedigenden System oder in der mangelhaften Durchführung des Einführungsprojektes, sondern vielmehr in der unzureichenden Akzeptanz des neuen Systems beim Endanwender. Kurz gesagt: Neue HR-Technologien von Anbietern wie SAP SuccessFactors oder WorkDay rentieren sich nur dann, wenn die Endkunden diese Systeme gerne und häufig nutzen. Und das tun sie nur dann, wenn das System ihnen einen konkreten, möglichst persönlichen Nutzen verschafft.

Die wesentlichen Bausteine der Konsumentenorientierung sind Applifizierung, digitales Lernen und digitales Zuhören:

Applifizierung meint die intuitive Handhabung von HR-Technologie auf mobilen Endgeräten durch die eigentlichen Träger personalwirtschaftlicher Aufgaben – nämlich Mitarbeiter und Führungskräfte. Falls diese Technologien Akzeptanz finden – und unter der Annahme fortschreitender künstlicher Intelligenz – könnte Applifizierung also Personalarbeit dorthin (zurück-)bringen, wo sie hingehört: Personalwirtschaftliche Tätigkeiten und Entscheidungen werden weitgehend in die Hände der Mitarbeiter und Führungskräfte gelegt – der Mehrwert der HR-Funktion muss sich an anderer Stelle als der transaktionalen Einzelfallbearbeitung beweisen.

Digitales Lernen ist ein spezieller und nutzwertiger Fall der Applifizierung, der die Konsumentenorientierung besonders anschaulich beschreibt. Wir erleben derzeit eine zweite Welle des digitalen Lernens: Hat sich die erste Welle auf die

Digitalisierung von Lerninhalten und die Automatisierung administrativer Trainingsverwaltungsprozesse konzentriert, wird nun der Nutzen für den Lernenden in den Vordergrund gestellt. Digitales Lernen beinhaltet Lernen, wann und wo der Lernende es will (mobiles Lernen), den Austausch mit anderen Lernenden über das Gelernte (kollaboratives Lernen), spielerisches Lernen mit Spaß und sofortiger Belohnung für Lernerfolg (statt auf den Einsatz des Gelernten am Arbeitsplatz warten zu müssen) sowie gezielte Abschlüsse für den Lernenden und dessen eigenen Lebenslauf (sogenannte Nano-Abschlüsse).

Digitales Zuhören schließlich bildet die – wie beschrieben aus dem digitalen Marketing entliehene – Basis, um die Werte, Bedürfnisse und Fähigkeiten der Kunden von HR Services in Echtzeit erfassen zu können. Hierzu werden nicht etwa Mitarbeiterbefragungen, Selbsteinschätzungen oder Vorgesetztenbeurteilungen herangezogen, sondern die digitalen Spuren analysiert, die Mitarbeiter »sowieso« hinterlassen, beispielsweise durch die Nutzung von Microsoft-Office-Produkten: Welche Dateien werden mit Word, Powerpoint und Excel erstellt und auf Sharepoint abgelegt? Wie viele Meeting-Einladungen zu welchen Themen werden mit Outlook versandt? Wie viele angenommen? Welche Kommentare werden auf Team-Websites geteilt? Und wie viele »Likes« werden dafür von wem vergeben? Fortschrittliche Unternehmen erkunden derzeit, wo und inwieweit dieses digitale Zuhören sinnvoll und mit Kultur und Normen vereinbar ist. Den Schlüssel zum Erfolg sehen diese Unternehmen nicht darin, Systeme zur Überwachung ihrer Mitarbeiter aufzubauen. Vielmehr wird der Schlüssel zum Erfolg darin gesehen, für einzelne Mitarbeiter oder Mitarbeitergruppen einen ganz konkreten Mehrwert zu generieren (siehe unten »Segmentierung«). Solch ein Mehrwert kann eine Echtzeit-Analyse von Fähigkeiten und Fertigkeiten sein. Hierdurch würden Mitarbeiter aktiv zu herausfordernden, strategisch wichtigen Projekten des Unternehmens eingeladen, die ihre Karriereaussichten (oder den Spaß an der Arbeit) fördern.

3.2 Arbeitskräfte-Analytik

Um nachhaltig unternehmerisch handeln zu können, muss die HR-Funktion faktenbasiert in der Lage sein, arbeitskräftebezogene Unternehmensentscheidungen zu verbessern. Wenn dies gelingt, ist die Zukunft der HR-Funktion gesichert (Cappelli 2015). Den Werkzeugkasten der HR-Funktion zur Erreichung dieses Ziels bezeichnen wir als *Arbeitskräfte-Analytik*. Diese geht weit über klassisches personalwirtschaftliches Reporting hinaus und soll mit umfassenden Analysen Zusammenhänge zwischen Personaleinsatz und fragestellungsspezifischen unternehmerischen Kennzahlen aufzeigen und Entscheidungen beeinflussen.

Im angelsächsischen Sprachraum sind die Begriffe »Workforce Analytics« oder »People Analytics« gebräuchlich. Wir verwenden zur Bezeichnung des HR-Werkzeugkastens den Ersteren. – Denn wir glauben, dass die Analytik, die nachhaltig zu besseren Unternehmensentscheidungen führt, näher an der Arbeit (Work) als an den Personen (People) ansetzen sollte: Die Arbeit selbst wird sich mit zunehmender Maschinenintelligenz radikal verändern. Viele unternehmensrelevante Entscheidungen betreffen deshalb die Frage, welche Arbeit in welcher Organisationsform und in welchem Zusammenspiel von Mensch und Maschine erledigt wird.

Der Grundgedanke von Analytik beruht auf einem unbefriedigten Bedarf der obersten Führungsspitze von Großunternehmen. Befragt danach, welche Arbeitskräfte-Analytik Vorstandsmitglieder regelmäßig benötigen, geben jeweils über 85 Prozent der Befragten an, dass sie Analysen über Produktivität, Werte und Bedürfnisse der Mitarbeiter, Arbeitskosten und Fluktuationskosten brauchen. Gleichzeitig geben weniger als 20 Prozent an, hinreichend mit solchen Analysen aus der HR-Funktion versorgt zu werden (Jacobs/CEB 2015). Fortschrittliche Großunternehmen haben längst begonnen, diese Lücke zu schließen. 2016 war dabei das Jahr des Ausprobierens und der Schaffung von Datengrundlagen: Mehr als 70 Prozent der Großunternehmen gaben an, 2016 mehr oder wesentlich mehr in Pilotprojekte zu fortschrittlicher Arbeitskräfte-Analytik und in Datenintegration zu investieren als im Mittel der vergangenen drei Jahre. 2017 ist das Jahr der Nachhaltigkeit: Die Unternehmen, die erste Erfahrungen mit anspruchsvolleren Analytik-Projekten gesammelt haben, überführen diese nun in auf Dauer angelegte Modelle: Sie definieren, welche Daten für die Analytik herangezogen werden (dürfen), welche Analytik-Services die HR-Funktion anbietet, wie weit diese standardisiert werden, welche Rolle dabei eine zentrale HR-Funktion, die dezentralen HR-Funktionen der Geschäftseinheiten, andere Analytik-Einheiten im Unternehmen, die Manager und auch Maschinenintelligenz spielen und welche Unternehmenskennzahlen durch Analytik nachweislich verbessert werden sollen. Zudem definieren diese Unternehmen den kulturellen, ethischen und rechtlichen Rahmen ihres Arbeitskräfte-Analytik-Serviceangebots. »Datenethik und -schutz« ist in diesem Kontext ein neues Themenfeld, das dann von besonderem Interesse sein wird, wenn die Idee der Segmentierung (siehe oben »Digitales Zuhören«) aufgegriffen wird und Analytik geschäftskritische Fragestellungen für einzelne, kleinere Mitarbeitergruppen bearbeitet.

Derart fortschrittlich ausgeprägt rückt Analytik damit in den Mittelpunkt des Wertversprechens der Personalarbeit. In letzter Konsequenz wird aus dem (häufig missverstandenen) HR Business Partner ein Entscheidungsunterstützer. Über Grundvoraussetzungen wie »digitales Zuhören« (siehe oben) wird fundiert und ein auf den einzelnen Mitarbeiter zugeschnittener Entscheidungsrat gegeben.

3.3 Neuorganisation von Arbeit

Kernaussage zur Neuorganisation von Arbeit ist, dass ab 2020 etwa 40 Prozent der Arbeit in Großunternehmen nicht mehr nach Stellen organisiert sein wird, sondern in virtuellen Mengen von Fähigkeiten und Fertigkeiten (Englisch: *Skillpools*). Die HR-Funktion hat sich in den vergangenen Jahrzehnten jedoch darauf konzentriert, Personalarbeit mit Stellenbezug zu professionalisieren. Dieser Stellenbezug ist in Netzwerk- und Schwarmorganisationen jedoch ein zu sperriges Instrument, da Stellenbeschreibung, Stellenbesetzung, Stellenbewertung, Vergütung nach Stellenwert etc. für Netzwerke zu unflexibel sind. Kurz: Der HR-Funktion fehlen die Instrumente für die Organisation von Skillpools. Augenscheinlichstes Beispiel ist, dass in Personal Reports heute in der Regel nur festangestellte Mitarbeiter auftauchen. Externe Mitarbeiter mit ihren Arbeitsanteilen, -kosten und Fähigkeiten werden dort ausgeblendet. Damit steht ein HR-Leitungsteam vor einem Entscheidungsdilemma: Will es sich dem Thema Neuorganisation von Arbeit strategisch widmen, muss es erst einmal Neuland betreten und Instrumente für Skillpools, Netzwerke und eine entsprechende Führungskultur entwickeln. Andernfalls läuft es Gefahr, für 40 Prozent der Arbeit eines Unternehmens keinen Beitrag mehr zu leisten. Wenn durch die oben beschriebene Applifizierung zudem die transaktionale Personalarbeit von Managern und Mitarbeitern selbst erledigt wird, dann läuft die HR-Funktion tatsächlich Gefahr, obsolet zu werden. Betrachten wir also die Bausteine, die die HR-Funktion in einer digitalen Agenda ausgestalten muss, um Letzterem entgegenzuwirken.

Netzwerke und Zusammenarbeit

In einer Welt, in der die Innovationsgeschwindigkeit gleichzeitig mit der Größe und Komplexität von Unternehmen stetig wächst (zur Verdeutlichung: Das kleinste Fortune-500-Unternehmen ist in nahezu jedem Jahr größer als das kleinste des Vorjahres), reichen die gängigen Organisationsmodelle von regionaler, divisionaler Matrix- und Multi-Matrix-Organisation nicht mehr aus, um handlungsfähig zu bleiben. Netzwerkorganisationen und deren Weiterentwicklung, die Schwarm-Organisation, sollen Abhilfe schaffen. Diese Organisationsformen unterstützen die projekthafte Zusammenarbeit in Unternehmen. Und sie fördern die Möglichkeit, externe Mitarbeiter zu Projektarbeiten hinzuzuziehen, insbesondere bei Wissensarbeit. Und schließlich entstehen so im klassischen Unternehmen zwei parallele Organisationsformen: die klassische, die im Durchschnitt 60 Prozent der Arbeit erledigt, und die agile Netzwerk- oder Schwarm-Organisation. Die agile Organisation aufzubauen, ohne dabei die erreichten Skaleneffekte und globalen Wertschöpfungsketten der klassischen zu zerstören, sollte Teil der digitalen Agenda der HR-Funktion sein.

Fähigkeitsmanagement

Mit der teilweisen Abkehr von der stellenbasierten Personalarbeit und der wachsenden Bedeutung der agilen Netzwerk-Organisation rückt ein eher vernachlässigter Teil des Talentmanagements in den Blickpunkt: das Management der Fähigkeiten. Um Netzwerke und virtuelle Skillpools erfolgreich organisieren zu können, braucht es Echtzeit-Wissen hinsichtlich der Skills, die im Unternehmen und darüber hinaus erforderlich bzw. vorhanden sind, sowie Informationen zu den damit verbundenen Kosten und deren Wert. In der Vergangenheit haben Unternehmen versucht, über Katalogisierung und Selbsteinschätzungen die Fähigkeiten der Mitarbeiter transparent zu machen. Diese Versuche sind größtenteils gescheitert: Skill-Kataloge sind für viele Belange der Arbeitsorganisation zu aufwendig zu pflegen, zu langsam in der Anpassung an neu erworbene Fähigkeiten und neue Anforderungskategorien, zudem auch für die praktische Anwendung zu wenig präzise. Nur in Teilbereichen (zum Beispiel bei großen Professional-Services-Unternehmen oder in IT-Abteilungen) werden solche Kataloge in der Praxis erfolgreich angewendet. Künftig werden die bereits besprochenen digitalen Bausteine Personalplanung, prädiktive Analytik und digitales Zuhören allerdings neue Möglichkeiten des Fähigkeitsmanagements eröffnen. Diese zu nutzen und damit erst eine effektive agile Organisation zu ermöglichen, bietet der HR-Funktion große Chancen, einen nachhaltigen Wertbeitrag in einer digitalen Unternehmenswelt zu leisten.

Führung in Netzwerkorganisationen

Dieser letzte Baustein einer digitalen Agenda der HR-Funktion ist der in Umfragen unter Personalchefs am häufigsten genannte und umfasst die Veränderung der Führungskultur. Eine neue Führungskultur erfordert neben den klassischen Führungskategorien *transaktionale Führung* (die Organisation auf die Erreichung operativer Ziele hinsteuern) und *transformative Führung* (die Organisation durch Veränderungen steuern) eine dritte Kategorie, die wir *Netzwerk-Führung* nennen. Zur Einordnung: In einem agilen Organisationsumfeld entfällt die räumliche Nähe zwischen Mitarbeiter und Führungskraft. Auch die Kongruenz von fachlicher und disziplinarer Führung wird aufgehoben. Im Fall externer Mitarbeiter wird die disziplinare Führung gar durch ein Auftraggeber-Auftragnehmer-Verhältnis ersetzt. Damit wird Führung virtueller und indirekter. Transparenz, Führung über Werte, Überzeugung, Fehlertoleranz, Coaching und Mentoring sind geeignete Instrumente der Netzwerk-Führung. Sie einzuführen ist ein umfangreiches, notwendiges Unterfangen und gehört auf die digitale Agenda eines HR-Leitungsteams.

Mit diesen Bausteinen ist einem HR-Führungsteam nun ein umfassendes Modell an die Hand gegeben, mit dem es die eigenen Digitalisierungsziele in einen spezifischen Fahrplan der HR-Funktion übersetzen kann.

4 Konsequenzen für die Ausgestaltung des Personalmanagements

Angesichts der neuen Möglichkeiten, die sich dem Personalmanagement mit der Digitalisierung eröffnen, stellt sich die Frage, wer zukünftig für das Management der Humanressourcen zuständig sein wird. Klar zeichnet sich ab, dass auf eine immer größer werdende Menge HR-relevanter Daten zugegriffen werden kann. In der sich abzeichnenden Welt von Big HR Data können zudem viele Informationen automatisiert bereitgestellt und weiterverarbeitet werden (Strohmeier 2017). Damit wird die Basis dafür gelegt werden, dass Führungskräfte selbstständig und direkt, also ohne weitergehende Unterstützung des HR-Bereichs, agieren können, wie dies bereits weiter oben beschrieben wurde. Dies könnte beispielsweise bei der Personalbeschaffung oder der Qualifizierung der Arbeitnehmer der Fall sein. Der Personalbereich kann sich in diesem Szenario darauf beschränken, bei Bedarf beratend zur Seite zu stehen bzw. ein übergreifendes Controlling sicherzustellen. Insgesamt zeichnet sich ab, dass die bisherige Personalfunktion mit weniger Mitarbeitern klarkommen könnte, wenn es gelingen sollte, systematisch auf verschiedene IT-Optionen und externe Dienstleistungen zurückzugreifen sowie diese sinnvoll zu integrieren. In diesem Kontext stehen dann natürlich einige Make-or-Buy-Entscheidungen an, wenn es darum geht, interne gegen externe Lösungen abzuwägen.

Der HR-Bereich kann sich unter diesen Umständen auf die Aspekte konzentrieren, die von herausragender Bedeutung für die strategische, langfristige Ausrichtung des Unternehmens sind. Er kann sich auf die HR Governance und seine Rolle als veritabler Business Partner fokussieren. Zu den dominanten Aufgaben gehören dann neben der evidenten Personalpolitik und der Förderung der angestrebten Unternehmenskultur insbesondere das Personalmarketing, mit dem die richtigen Mitarbeiter rekrutiert, gebunden und motiviert werden sollen, und die strategische Personal- und Organisationsentwicklung, mit der die mit der Digitalisierung einhergehenden Veränderungsprozesse begleitet werden müssen. Ohne ein professionelles Change Management kann dieser Wandel nicht gemeistert werden. Diese Überlegungen zu den Schwerpunkten des HR-Bereichs decken sich weitgehend mit denen, die bereits von Ulrich, Younger, Brockbank und Ulrich (2012) angestellt worden sind, die den HR-Bereich nicht nur als »Change Champion«, sondern auch als »Technology Proponent«, das heißt als aktiver Technologiebefürworter, gefordert sehen.

Nehmen Arbeitgeber die konsequente Kundenorientierung ernst, dann orientieren sie sich nicht allein an den Erwartungen der Unternehmensleitungen und den technologischen Optionen, sondern legen ebenfalls Wert auf die Betreuung der Beschäftigten mit geeigneten und akzeptierten Dienst- und Beratungsleistungen. Entscheidend ist dabei nicht, was technologisch möglich und auf den ersten Blick wirtschaftlich ist. Vielmehr ist entscheidend, was die Mitarbeiter selbst wollen, denn qualifiziertes Personal ist und bleibt in vielen Organisationen der Engpass, darf daher nicht abgeschreckt oder vergrault werden. In Konsequenz bedeutet das zum einen, dass die digitalen Möglichkeiten jeweils hinsichtlich ihres tatsächlichen Nutzens und der Akzeptanz bei den verschiedenen Betroffenen zu bewerten sind. Zum anderen sollte geprüft werden, inwieweit den Mitarbeitern vom Personalmanagement gruppenspezifische oder individualisierte Angebote unterbreitet werden können, die ihren Bedürfnissen entsprechen.

Die konkrete Aufforderung lautet: Segmentieren! So können für alle Mitarbeiter attraktive Arbeitsbedingungen und Dienste geboten werden. Dies bedeutet auch, eine Kultur mehrerer Geschwindigkeiten zu realisieren und zu akzeptieren. Wichtig ist, diese Entwicklung mit geeigneten Informations- und Kommunikationsmaßnahmen zu begleiten. Letztlich muss es das Ziel sein, benutzerfreundliche Tools bereitzustellen, die immer mehr Beteiligte motivieren, sie systematisch zu nutzen.

Bei konsequenter Umsetzung entsteht ein neues Zielbild der Personalarbeit, das über eine digitale HR-Transformation realisiert werden wird. Die Personalfunktion entwickelt sich dabei immer mehr vom Business Partner zum Entscheidungsunterstützer und Berater (siehe Abb. 2). Dabei werden Teile der Personalarbeit »robotisiert« oder in Apps verlagert. Die verbleibenden Kernaktivitäten werden sich stärker auf den Bedarf an Entscheidungsunterstützung der Endkunden fokussieren. Die Grenzen zum Business und der IT verschwimmen. Und mit der Personalstrategie wird eine zunehmend agile Unternehmensorganisation und -kultur angestrebt.

5 Zukünftige Handlungsfelder

Die Fortschritte der Digitalisierung bieten dem Personalmanagement die Chance, eine differenzierende und differenzierte Strategie zu etablieren und konsequent zu nutzen. Auf diesem herausforderndem Weg gibt es noch einiges zu tun. Nicht alles, was digitalisiert werden kann, muss aber auch zwingend digitalisiert werden (Weigert/Bruhn/Strenge 2017). Es gilt, eine Balance zwischen den unternehmerischen Zielen und den Erwartungen der Mitarbeiter anzustreben sowie eine geschickte Segmentierung der Beschäftigten vorzunehmen, um im Ergebnis allen Ansprüchen gerecht werden zu können.

Voraussetzung für alle diese Aufgaben ist es, dass die Personalverantwortlichen in der Lage sind, die mit der zunehmenden Digitalisierung zu erwartenden Veränderungen in den für sie relevanten Bereichen zuverlässig abzuschätzen. Diese Kompetenz bedingt zweifelsohne eine gewisse Technologieaffinität (Jochmann 2017), zumindest aber die Bereitschaft, sich zügig in diese Gebiete einzuarbeiten und die potenziellen Auswirkungen der neuen Technologien zu analysieren, oder aber, frühzeitig erfahrene Berater einzubinden.

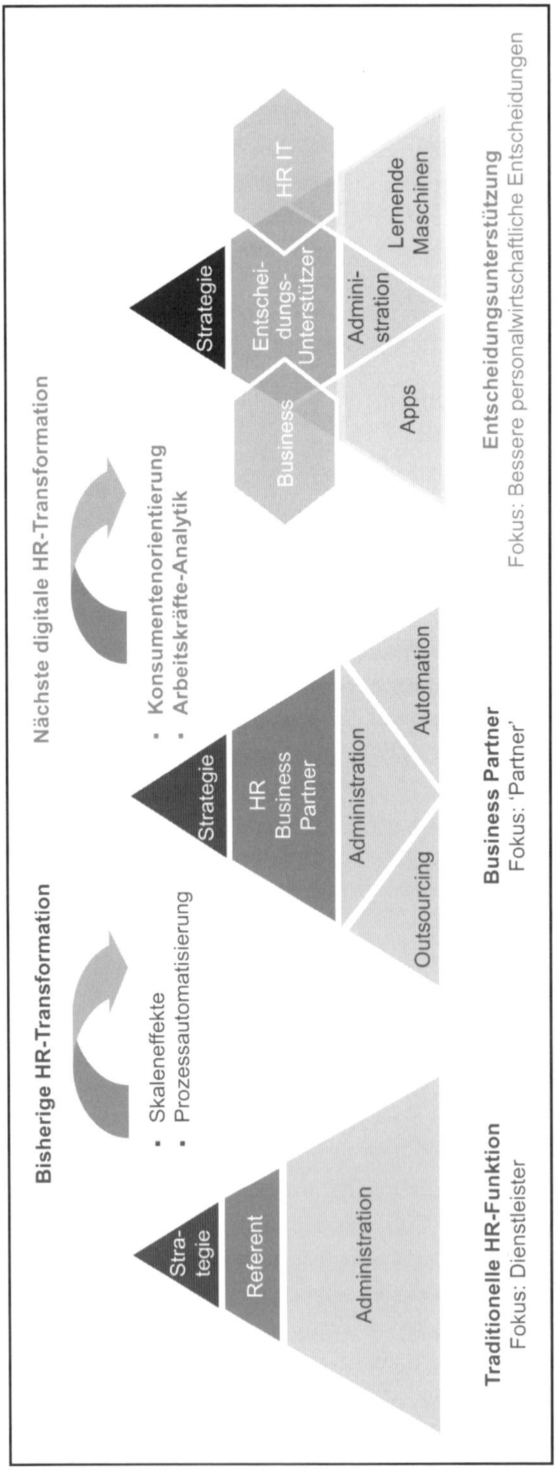

Abb. 2: Kundenorientierte Entscheidungsunterstützung als neues Zielbild der Personalarbeit (TI People 2016)

Quellen

Beck, C. /Bastians, F. (2013): HR-Image 2013, Freiburg.

Bergmann, G. (2016): Auswirkungen von Industrie 4.0 auf Beschäftigung und Qualifizierung, in: HR Performance 6/24, S. 60-61.

Cappelli, P. (2015): Why We Love to Hate HR ... and What HR Can Do About It, in: Harvard Business Review 7-8/93, S. 54-61.

Erevelles, S./Fukawa, N./Swayne, L. (2016): Big Data Consumer Analytics and the Transformation of Marketing, in: Journal of Business Research 2/69, S. 897-904.

Förster, K./Wendler, R. (2012): Theorien und Konzepte zu Agilität in Organisationen, Dresdner Beiträge zur Wirtschaftsinformatik.

Häusling, A./Fischer, S. (2016): Mythos Agilität – oder Realität?, in: Personalmagazin 4/18, S. 30-33.

Jacobs, V./CEB (2015): Maximizing the Impact of Technology on People Processes, Vortrag auf dem ReImagine HR Kongress, Oktober 2015, London; basierend auf einer Studie von CEB aus dem Jahr 2014.

Jochmann, W. (2017): Geschäftsmodelle der Personalfunktion im Wandel, in: Jochmann, W./Böckenholt, I./ Diestel, S. (Hrsg.): HR-Exzellenz, Wiesbaden, S. 357-374.

Scholz, C. (2014): Personalmanagement, 6. Aufl., München.

Strohmeier, S. (2017): Big HR Data – Konzept zwischen Akzeptanz und Ablehnung, in: Jochmann, W./Böckenholt, I./ Diestel, S. (Hrsg.): HR-Exzellenz, Wiesbaden, S. 338-356.

Swift, G. (2012): Human Resource Service Delivery, in: Taylor, S./Woodhams, C. (Hrsg.): Managing People and Organisations, London, S. 1-22.

TI People (2016): A digital agenda for HR. Studie basierend auf Interviews mit Mitgliedern des HR-Führungsteams sowie auf Fallstudienuntersuchungen von: Adidas, Allianz, American Express, Axa, Bank of America, Bayer, Bertelsmann, Bloomberg, BMW, BNY Mellon, Bosch, Bristol-Myers Squibb, Brose, Cisco, Citi, Citizens Bank, Comcast, Continental, Deutsche Bank, DSM, E.ON, GE, Generali, Heineken, Infineon, ING, Jabil, JP Morgan Chase, Jyske Bank, Lufthansa, Macy's, MassMutual, Merck, Metro, Moody's, MunichRe, Nasa, NBC Universal, Pfizer, Pitney Bowes, Qiagen, Roche, SAP, Siemens, Standard & Poors, Statefarm, Swisscom, ThyssenKrupp, TimeWarner, UBS, Unilever. http://www.ti-people.com/wfa-centerpiece-of-a-digital-agenda-for-hr (letzter Aufruf: 14.06.2017).

Ulrich, D./Younger, J./Brockbank, W. (2008): The twenty-first-century HR organization, in: Human Resource Management 4/47, S. 829-850.

Ulrich, D./Younger, J./Brockbank, W./Ulrich, M. (2012): HR from the outside in. New York.

Weigert, M./Bruhn, H.-D./Strenge, M. (2017): Digital HR oder HR Digital - Die Bedeutung der Digitalisierung für HR, in: Jochmann, W./Böckenholt, I./ Diestel, S. (Hrsg.): HR-Exzellenz, Wiesbaden, S. 323-337.

Wunderer, R./Dick, P. (2007): Personalmanagement – Quo Vadis? 5. Aufl., Köln.

Autoren

Prof. Dr. Markus-Oliver Schwaab lehrt an der Business School der Hochschule Pforzheim. Nach dem Ökonomiestudium an der Universität Hohenheim war er in diversen Personalaufgaben tätig. Daneben promovierte er an der Universität Koblenz-Landau. 2000 wechselte er an die Hochschule Pforzheim, deren Business School er seit 2014 als Prodekan dient. Ein Forschungsschwerpunkt ist die zukünftige Ausgestaltung der HR-Funktion.

Kontakt: markus-oliver.schwaab@hs-pforzheim.de

Volker Jacobs hilft Unternehmen bei der Formulierung und Umsetzung ihrer HR-Strategie, insbesondere bei der digitalen Transformation der HR-Funktion. Sein Spezialgebiet ist die Customer Experience von HR. In all diesen Feldern ist er seit Jahren persönlicher Berater von Personalchefs, erfahrener Vordenker, Redner und Autor.

Kontakt: info@ti-people.com

Das Kompetenzset der Zukunft für Personalmanager

Peter Mudra

1 Digitale Transformation als Paradigmenwechsel für die Personalarbeit

Die Personalarbeit hat in vielen Unternehmen in den letzten 15 Jahren deutliche Veränderungen dahingehend erfahren, als sich dort die klassische Personalabteilung mit ihren eher verwaltenden Aufgaben zu einer eng mit dem Business verzahnten Dienstleistungsfunktion weiterentwickelt hat. In dem Maße, in dem sich das Umfeld der Unternehmen ändert und adäquate Transformationsprozesse in der Organisation abzuleiten sind, ergeben sich gerade für das Personalmanagement dezidierte Anforderungen. Dieser Prozess stellt mehr oder weniger eine Konstante für die Aufgabenstellung des Personalbereiches dar. Durch die Vielfalt der Veränderungsdimensionen und eine nie dagewesene Dynamik wird das Personalmanagement gerade in den letzten Jahren – insbesondere durch die mit den sogenannten Megatrends einhergehenden Entwicklungen – außerordentlich gefordert. Zu nennen sind hier die zunehmende Internationalisierung des Wettbewerbsumfeldes und die Dynamik in den jeweiligen Marktsegmenten sowie die Digitalisierung der Arbeitswelt und sich damit verändernde Organisations-, Führungs- und Teamstrukturen. Als weitere relevante Megatrends mit direkter Relevanz für die Personalarbeit in den Unternehmen lassen sich gesellschaftliche Veränderungen wie die demografische Entwicklung und der damit verbundene Engpass bei den Fachkräften sowie sozio-kulturelle Aspekte wie Diversität, Individualisierung, Wertewandel und Sensibilisierung für Nachhaltigkeit nennen. Mit der weitreichenden Digitalisierung und deren Transformation in die Arbeitswelt kommt es nun aktuell zu einer grundlegenden und weitreichenden Herausforderung für die Unternehmen und damit insbesondere auch den Personalbereich. Durch Digitalisierung werden ganze Geschäftsmodelle infrage gestellt (vgl. Schahinian 2017, S. 33). Neue Forschungsergebnisse der US-Notenbank und des MIT Center for Digital Business sehen »die IT-Revolution vor einem neuen Sprung« (DGSV 2015, S. 2).

Treiben oder getrieben werden?

Der digitale Wandel stellt den Personalbereich vor eine seiner größten Herausforderungen. Diese besteht allerdings nicht allein im technischen bzw. technologischen und organisationalen Bereich, auch wenn neben den bisherigen HR-bezogenen Ansätzen der IT-Einbindung als Werkzeuge und Bestandteile von Infrastrukturen zukünftig mit der Chatbot-Technologie und der Nutzung künstlicher Intelligenz (vgl. Pesch 2017, S. 54) eine neue Dimension hinzukommt. Die Neuausrichtung der Personalarbeit im Sinne eines Paradigmenwechsels muss sich grundlegend auch mit den *Kompetenzen* – also der Befähigung – der Personalmanager befassen. Ob man die von Scholz 1999 (S. 233 ff.) apostrophierte »Zukunftsvision« einer »virtuellen Personalabteilung« oder den Ansatz »Digitale Exzellenz für HR« (Bollmer 2015, o.S.) heranzieht, nichts wird wirklich gelingen können, wenn nicht die erforderlichen Kompetenzen bei den Akteuren im HR-Bereich zur Bewältigung der digitalen Transformation vorhanden sind. Eine deutliche Mehrheit der Befragten in einer Studie der zur Porsche-Gruppe gehörenden Management- und IT-Beratung (MHP) erwartet, dass für die Personalmanager ein geändertes bzw. weiterentwickeltes Kompetenzprofil im Kontext der Digitalisierung erforderlich ist (Maechtel 2016, S. 17).

Die in diesem Buch behandelten Organisations- und IT-Perspektiven werden nachfolgend um die Akteursperspektive und hierbei die Betrachtung von geeignet erscheinenden Kompetenzansätzen erweitert.

2 Herausforderungen einer dynamischen Kompetenzentwicklung

Kompetenz kann in einer allgemeinen Beschreibung als die Fähigkeit gesehen werden, Anforderungen zu erfüllen. Grundsätzlich stellt Kompetenz eine Passung zwischen den spezifischen Fähigkeiten – im Sinne von Verhaltensoptionen – eines Menschen und den Anforderungen in einer spezifischen Situation her (Mudra 2004, S. 363). Da sich im Kontext der heutigen Veränderungsgeschwindigkeiten Modifikationen oder sogar grundsätzliche Veränderungen der Anforderungen in spezifischen Situationen immer schwieriger prognostizieren lassen, kommt einem erweiterten Kompetenzansatz eine immer größere Bedeutung zu. Dieser bezieht sich auf die Fähigkeit, Erfahrungsgrenzen überschreiten und komplexe Herausforderungen mittels – idealerweise selbstorganisiertem und kreativem – Handeln lösen zu können.

Als Komponenten von Kompetenz in diesem Sinne nennt Erpenbeck (1997, S. 311):

- die Verfügbarkeit von Wissen,
- die selektive Bewertung von Wissen und seine Einordnung in umfassende Wertbezüge,
- die wertgesteuerte Interpolationsfähigkeit, um über Wissenslücken und Nichtwissen hinweg zu Handlungsentscheidungen zu gelangen,
- die Handlungsorientierung und Handlungsfähigkeit als Zielpunkt von Kompetenzentwicklung,
- die Integration all dessen zur kompetenten Persönlichkeit,
- die soziale Bestätigung personaler Kompetenzen im Rahmen von Kommunikationsprozessen als sozialfunktional sinnvolle, aktualisierbare Handlungsdispositionen,

- die Abschätzung der entwickelbaren und sich entwickelnden Dispositionen im Sinne von Leistungsstufen und Kompetenzentwicklung.

Grundsätzlich wohnt dem Kompetenzansatz sowohl eine *zukunftsoffene* als auch eine *handlungsbezogene* Ausrichtung und Anforderung inne. Hinsichtlich des Handlungsbezugs zielt Kompetenz und deren Entwicklung letztlich immer auch auf das Ergebnis, den sichtbaren Erfolg ab, der als Performanz bezeichnet werden kann. Abbildung 1 zeigt den Zusammenhang und gleichermaßen die Komplexität im Kontext des Konstruktes Handlungskompetenz.

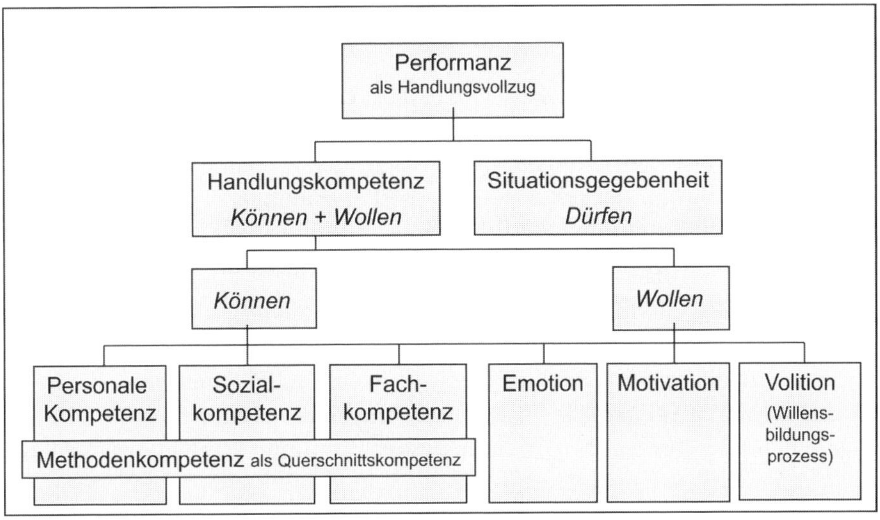

Abb. 1: Performanz als Handlungsvollzug (in Anlehnung an Gessler/Sebe-Opfermann 2016, S. 169)

Zur Klassifikation von Kompetenzen und insbesondere beruflichen Anforderungen oder Verhaltensweisen lassen sich Kompetenzmodelle im Sinne einer Systematik oder Taxonomie erstellen. Hierbei kann unterschieden werden zwischen

a) allgemeinen,
b) funktionsspezifischen,
c) rollenspezifischen und
d) unternehmensspezifischen Kompetenzmodellen.

Über das Erfordernis von Kompetenzmodellen im Kontext des HR-Managements wird schon lange diskutiert (vgl. Sonntag/Schmidt-Rathjens 2004, S. 18), allerdings sind spezifische Kompetenzmodelle für die Personalmanager selbst im deutschsprachigen Raum kaum zu finden. Eines, das eine gewisse Bekanntheit und Reichweite erlangt hat, ist das Kompetenzmodell der Deutschen Gesellschaft für Personalführung (DGFP), das auf mit Experten entwickelten Kompetenzstandards basiert und wissenschaftlich validiert wurde. Es enthält acht Hauptkompetenzfelder mit jeweils drei Subkompetenzfeldern, welche wiederum mehrere Verhaltensbeschreibungen beinhalten. Als erforderliche Hauptkompetenzen führt das Modell folgende auf (DGFP 2008, S. 7 ff.):

- kulturelle Kompetenz
- personalstrategische Kompetenz
- arbeitsrechtliche und sozialpartnerschaftliche Kompetenz
- Beziehungsmanagement mit Externen
- Personalcontrolling und Wertschöpfungsmanagement
- Kompetenzmanagement
- Instrumenten-Management
- Management des Wandels

Seitens der Entwickler des Modells wird explizit darauf hingewiesen, dass es nicht den Anspruch auf Vollständigkeit hinsichtlich aller denkbaren Kompetenzen von Personalmanagern erhebe (ebd., S. 4). Und betrachtet man die Anforderungen der digitalen Transformation, die durchaus als Paradigmenwechsel für die Personalarbeit eingestuft werden kann, so fällt auf, dass das Modell im Korridor eines engen Instrumenten- und Methodenbezugs verhaftet ist, der dieser neuen und breiten Herausforderungsdimension nicht angemessen gerecht zu werden scheint.

Unter Berücksichtigung der dynamischen Herausforderungen der letzten Jahre – insbesondere denen der Digitalisierung – erscheint für den Bereich des Personalmanagements ein Verständnis hin zu einer dynamischen Kompetenzentwicklung angezeigt und zielführend. Es macht in diesem Zusammenhang in einem auf die Vielfalt der Praxis ausgerichteten Vorgehen Sinn, den Blick zunächst weniger auf die Entwicklung umfassender Kompetenzmodelle, sondern auf Settings von einschlägigen zukunftsbezogenen Kompetenzen für die Personalmanager zu richten. Hierüber lassen sich von den in den Unternehmen nicht gleichförmig gegebenen Anforderungen ausgehend individuelle Portfolios erstellen.

3 Zukunftsbezogene Portfolioentwicklung im Kontext der Digitalisierung: Kompetenzsets für Personalmanager

Zur Identifikation von erforderlichen Kompetenzen für die Bewältigung der digitalen Herausforderungen sollte zunächst ein Blick auf die Anforderungen in der spezifischen Berufsrolle gerichtet werden. Becker et al. (2011, S. 12) identifizieren im Rahmen einer Untersuchung als rollenbezogene Anforderungen für akademisch ausgebildete Personalmanager folgende Ausprägungen:

- Prozessmanager
- Wertschöpfungsmanager
- Bindungsmanager
- Wertevermittler
- Veränderungsmanager

- Kompetenzmanager
- Konfliktmanager
- Gestalter der Sozialpartnerschaft
- Ansprechpartner der betrieblichen Interessenvertretung

Ein expliziter Bezug zu den Anforderungen einer sich bereits in den letzten Jahren abzeichnenden Digitalisierung ist hier nicht erkennbar. Auch bei einer Analyse von rund 200 Stellenanzeigen für Personalmanager im Zeitraum 2016/2017 zeigte sich, dass dort ganz überwiegend keine ausdrückliche Ausrichtung auf Anforderungen von Digitalisierungsprozessen in der Arbeitswelt erkennbar war und sich das von den Bewerbern geforderte Kompetenzbündel auf die eher traditionellen Bereiche wie Kommunikationsfähigkeit, Teamfähigkeit, Durchsetzungsvermögen, analytische und konzeptionelle Kompetenz bezog. Dies erscheint mit Blick auf den sich aus der Digitalisierung ergebenden deutlichen Wandel der Berufe und Tätigkeiten, wie ihn die Bundesregierung im Weißbuch-Entwurf »Arbeiten 4.0« sehr deutlich prognostiziert (BMAS 2017, S. 9), bemerkenswert. Geht es doch um jene neuen Mitarbeiter, die den zukünftigen Herausforderungen gewachsen sein sollen.

Im Bereich der Kompetenzentwicklung lässt sich feststellen, dass diese im Kontext der Bewältigung der digitalen Transformation bislang eher auf die Befähigung der Belegschaften (vgl. Bollmer 2015, o.S.) und weniger auf die Befähigung der Personalakteure und Führungskräfte gerichtet ist.

Welche Kompetenzen brauchen Personalmanager im Kontext der digitalen Herausforderungen?

In einem zunächst allgemeinen Zugriff lässt sich diese Frage wie folgt beantworten:

Personalmanager müssen die Befähigung haben, adäquat umgehen zu können mit:

- Innovationen und (neuen) Technologien,
- Wissen, Bildung, Qualifikationen und Kompetenzen,
- Veränderungen, also technischen und sozialen Transformationen, sowie
- gesteuerten Austauschprozessen.

Sie sollten dabei die Menschen im Unternehmen unter Berücksichtigung ihrer Individualität und Vielfalt mitnehmen, zukunftsfähig machen, motivieren sowie zu einem Commitment zu dem Unternehmen bringen.

Um die Einschätzung von Praktikern zu den Kompetenzanforderungen einer von Digitalisierung geprägten Personalarbeit in den Unternehmen zu erhalten, wurden 140 Personalmanager im Jahr 2017 vom Verfasser befragt. Hierbei zeigte sich, dass sich die Befragten der besonderen Herausforderungen, die mit der Digitalisierung im Unternehmen und im HR-Bereich einhergehen, bewusst sind. Als besonders herausfordernd für sich und ihr Arbeitsfeld sehen sie dabei, einen Beitrag zur Veränderungsfähigkeit im Unternehmen zu leisten. Agilität wird hierbei sowohl als Arbeitsweise gesehen, die durch eine Digitalisierung ermöglicht und gleichermaßen erforderlich wird, als auch als eine Form des Managements, für die der HR-Bereich Unterstützung zu leisten hat. Dass der IT-Bereich nicht mehr nur als eine Supporteinheit angesehen wird, sondern dass stattdessen eine enge Verknüpfung zwischen ihm und dem HR-Bereich einen Mehrwert für die Personalarbeit – gerade auch in strategischer Hinsicht – darstellen könnte, wird ebenfalls betont. Zur Bewältigung von digitalen Transformationsprozessen wird die Beschäftigung mit IT-Themen, die über das Grundverständnis von Hard- und Software hinausgehen, als erforderlich angesehen.

Die Befragung zeigt, dass die Personaler im Hinblick auf die Gestaltung einer digital ausgeprägten HR-Organisation eine deutliche Breite von Kompetenzen für erforderlich halten, wobei folgende Themenbereiche herausgehoben wurden: Netzwerken, Kreativität, virtuelles/kollaboratives Arbeiten/systematischer Workflow, Teamwork, laterale Führung, Technikkompetenz, IT-Kompetenz.

Die Einschätzung der Befragten, inwieweit sie über die als erforderlich angesehenen Kompetenzen bereits verfügen, fällt sehr uneinheitlich aus. Während im Bereich der Fähigkeiten zum Netzwerken und dem Teamwork mehr als drei Viertel der Befragten diese als angemessen vorhanden ansehen, trifft dies bei lateraler Führung und Technikkompetenz nur zu rund 60 Prozent zu. Die Kompetenzen im Bereich von Kreativität, virtuellem/kollaborativem Arbeiten sowie Technik- und IT-Kompetenz werden bei weniger als der Hälfte als angemessen vorhanden ausgewiesen.

Als Kompetenzbereiche, die sich die Befragten gerne unter Berücksichtigung des Themas Digitalisierung aneignen würden, wurden genannt:

- Psychologische Kompetenzen im Hinblick auf virtuelles Arbeiten und Führen
- Medizinische/arbeitswissenschaftliche Kompetenzen im Hinblick auf psychische Belastungen (zielgerichtetes Gesundheitsmanagement/Achtsamkeit)
- Informatik-Kompetenzen (Grundlagen bzw. Programmierkenntnisse)
- Innovationsmanagement – auch mit Blick auf Technologiepotenziale für den HR-Bereich
- Organisationstheorien (Geschäftsmodelle), Organisationsentwicklung/Change Management
- Strategische Kompetenzen

Auf der Grundlage einer umfassenden Betrachtung von Kompetenzen und deren Entwicklung wird in Abbildung 2 ein Kompetenzportfolio für Personalmanager dargestellt, das vor dem Hintergrund unternehmens- sowie personenbezogener Gegebenheiten die Zusammenstellung eines Kompetenzsets ermöglichen soll. Anzumerken ist hierbei, dass nach dem hier vertretenen Verständnis ein zukunftsfähiges Kompetenzset für Personalmanager die »Metakompetenz Selbstorganisation« (North/Friedrich/Lantz 2006, S. 137 ff.) – im Sinne der Befähigung zur Überschreitung von Erfahrungsgrenzen und zum Lösen von komplexen Problemen – beinhalten sollte.

Hervorzuheben ist auch der bei diesem Ansatz breit ausgewiesene Bereich der Persönlichkeitskompetenz, die wichtige Verhaltens- und Einstellungsanker für die Berufsrolle des Personalmanagers umfasst und gegenüber früher eine erheblich gestiegene Bedeutung erlangt hat. Mit Blick auf die signifikant gestiegene Anforderung an die Akteure im höheren, aber auch mittleren Management, über strategische Fähigkeiten im Sinne des Einsatzes grundlegender und multipler Verhaltensweisen zur Erreichung langfristiger Ziele zu verfügen, wird der Bereich der »strategischen Kompetenz« hier bewusst als eigenständige Kategorie aufgenommen.

Bei der Zusammenstellung eines Kompetenzsets wird immer auch die Frage der konkreten Berufssituation zu berücksichtigen sein, zum Beispiel dahingehend, ob eher eine Generalisten- oder eine Spezialistenfunktion oder gegebenenfalls eine Ausrichtung nach dem Ansatz des »T-Shaped Professional« (Heinemann 2010, o.S.) gegeben ist. Das Kompetenzportfolio mit seinen Elementen unterliegt einem fortwährenden Weiterentwicklungserfordernis und hat damit eine dynamische Prägung.

Abschließend sei darauf hingewiesen, dass im Kontext der Kompetenzen von Personalmanagern und einer zukunftsgerichteten Personalarbeit möglichst auch die Befugnisse bzw. Berechtigungen – was in Abbildung 1 mit »Dürfen« zum Ausdruck gebracht wurde – mitgedacht werden sollten. Denn die Selbstorganisationsfähigkeit korrespondiert dabei idealerweise mit der Eigenverantwortung und den eingeräumten Freiheitsgraden.

KOMPETENZ-PORTFOLIO FÜR PERSONALMANAGER					
Anforderungen und deren dynamische Entwicklung aus dem **a)** ökonomischen Umfeld **b)** technologischen Umfeld **c)** rechtlich-politischen Umfeld **d)** sozio-kulturellen Umfeld (u.a. Megatrends wie demografische Entwicklung, Wertewandel)	*Meta-Kompetenz SELBSTORGANISATION*				
	Fachkompetenz	**Methodenkompetenz**	**Sozialkompetenz**	**Persönlichkeitskompetenz**	**Strategische Kompetenz**
	BWL / VWL	Projektmanagement	Interaktionsfähigkeit	Eigeninitiative	Systemisches Denken
	Controlling	Zeitmanagement	Kommunikationsfähigkeit (unter Berücksichtigung moderner Kommunikationsmittel/-kanäle	Selbstbewusstsein	Visionskraft
	Personalmanagement	Organisationsfähigkeit	Interkulturelle Kompetenz	Überzeugungsfähigkeit	Analytische Kompetenzen
	Recht: Arbeits-, Sozial- und Datenrecht	Wertschöpfungsprozesse gestalten	Teamfähigkeit	Durchsetzungsvermögen	Konzeptionelle Kompetenzen
	Arbeits- und Organisationspsychologie	Agiles Management	Empathie/Einfühlungsvermögen	Verantwortungsbewusstsein	Innovationsfähigkeit
	Gesundheitsmanagement, Arbeitsschutz	Netzwerkfähigkeit/ Beziehungsmanagement	Kritik- und Konfliktfähigkeit	Veränderungsfähigkeit/ -bereitschaft	Kostenbewusstsein/ wirtschaftliches Bewusstsein
	Pädagogische Grundlagen	Kollaboratives Lernen/ Social Learning	Sozialpartnerschaftliche Kompetenz	Flexibilität	Partizipative Kompetenzen (selbstbezogen, auf andere bezogen)
	Sprachkompetenz	Lösungsorientiertes Agieren	Feedback-Kompetenz	Kreativität	
	Wissensmanagement	Virtuelles/laterales Management	Soziale/emotionale Intelligenz	Unternehmerisches Denken und Handeln	

KOMPETENZ-PORTFOLIO FÜR PERSONALMANAGER					
Anforderungen und deren dynamische Entwicklung aus dem **a)** ökonomischen Umfeld **b)** technologischen Umfeld **c)** rechtlich-politischen Umfeld **d)** sozio-kulturellen Umfeld (u.a. Megatrends wie demografische Entwicklung, Wertewandel)	Digitale Anwendungs- und Informationssysteme (IT-Know-how)	Strukturierungskompetenz		Vertrauensfähigkeit/-bereitschaft	
	Medienwissenschaftliche Grundlagen	Verhandlungsgeschick		»Motivierungsfähigkeit« (bezogen auf sich selbst und andere)	
	Diversity Management	Kreativitätstechniken		Lernfähigkeit	
	Innovationsmanagement	»Instrumenten«-Management			
	Verständnis für »das Geschäft«	Wissenschaftsmethodische Kompetenzen			
	QUERSCHNITTS-KOMPETENZEN: *Veränderungskompetenz* *Führungs- und Steuerungskompetenz* *Ethische Kompetenz*				

Abb. 2: Kompetenzportfolio für Personalmanager

Quellen

Becker, H. L. et al. (2011): Das Studium der Personalwirtschaft – Anforderungen der Praxis und Hochschulangebote. Arbeitspapier Bildung und Qualifizierung Nr. 234, Düsseldorf.

Bundesministerium für Arbeit und Soziales (BMAS) (2017): Diskussionsentwurf Weißbuch Arbeiten 4.0 – Arbeit weiterdenken, Berlin.

Deutsche Gesellschaft für Personalführung e.V. (DGFP) (2008): Was sind erfolgsrelevante Kompetenzen von Personalmanagern? Ergebnisse einer empirischen Studie. Praxis-Papiere Nr. 7/2008.

Deutscher Sparkassen- und Giroverband (DGSV) (2015): Standpunkte der Chefvolkswirte, Berlin.

Erpenbeck, J. (1997): Selbstgesteuertes, selbstorganisiertes Lernen, in: Arbeitsgemeinschaft QUEM (Hrsg.): Kompetenzentwicklung ′97: Berufliche Weiterbildung in der Transformation – Fakten und Visionen, Münster, S. 309-362.

Gessler, M./Sebe-Opfermann, A. (2016): Kompetenzmodelle, in: Müller-Vorbrüggen, M./Radel, J. (Hrsg.): Handbuch Personalentwicklung. Die Praxis der Personalbildung, Personalförderung und Arbeitsstrukturierung, Stuttgart, S. 159-184.

Maechtel, J. (2016): Treiben oder getrieben werden?, in: Personalwirtschaft »Digitale Transformation« – Sonderheft 8/2016, S. 14-17.

Mudra, P. (2004): Personalentwicklung. Integrative Gestaltung betrieblicher Lern- und Veränderungsprozesse, München.

North, K./Friedrich, P./Lantz, A. (2006): Selbstorganisation als Metakompetenz, in: Erpenbeck, J. et al.: Metakompetenzen und Kompetenzentwicklung, QUEM-Report, Heft 95 Teil I., S. 137-194.

Pesch, U. (2017): Mensch, wie kann ich behilflich sein?, in: Personalwirtschaft 4/2017, S. 54-56.

Schahinian, D. (2017): Zeitenwende für Personaler, in: Personalwirtschaft 4/2017, S. 32-40.

Scholz, C. (1999): Die virtuelle Personalabteilung als Zukunftsvision?, in: Scholz, C. (Hrsg.): Innovative Personalorganisation, München, S. 233-253.

Sonntag, K./Schmidt-Rathjens, C. (2004): Kompetenzmodelle – Erfolgsfaktoren im HR-Management?, in: Personalführung 10/2004, S. 18-26.

Autor

Dr. Peter Mudra ist Professor an der Hochschule Ludwigshafen am Rhein und leitet dort den berufsbegleitenden Masterstudiengang MBA Human Resources Management. Seine Arbeitsschwerpunkte liegen neben dem breiten Themenfeld des allgemeinen Personalmanagements im Bereich der Personal- und Organisationsentwicklung, Berufspädagogik und Personalführung. Seit 2010 ist er Präsident der Hochschule.

Kontakt: mudra@hs-lu.de

Digitale HR-Organisation aus rechtlicher Sicht

Markulf Behrendt

1 Rechtliche Rahmenbedingungen

Die Juristerei besitzt den Ruf, nicht besonders fortschrittlich oder gar vorausdenkend zu sein. Jedoch ist es ihr an vielen Stellen gelungen, Regelungen zu schaffen, die auf verschiedene technische Entwicklungsstufen anwendbar geblieben sind. Nehmen wir den einfachen Vertragsschluss als Beispiel. Den Regelungen des Bürgerlichen Gesetzbuches (BGB) zufolge kommt ein Vertrag durch Angebot und Annahme zustande, wobei es sich bei beiden Erklärungen um sogenannte Willenserklärungen handelt. Wann eine Willenserklärung dem Erklärungsempfänger zugeht, wann sie als angenommen gilt, wann sie als abgelehnt anzusehen ist und wann sie mit einem Gegenangebot versehen wird, ist den §§ 104 ff. BGB zu entnehmen. § 130 Abs. 1 BGB bestimmt beispielsweise, dass eine Willenserklärung, die einem anderen gegenüber abzugeben ist, in dem Zeitpunkt wirksam wird, in dem sie diesem anderen zugeht. Und obwohl die Urversion des Bürgerlichen Gesetzbuches aus dem Jahre 1896 stammt, werden diese Paragrafen selbst auf so »moderne« Vertragsschlussformen wie Ersteigerungen bei Ebay oder Kaufaktionen über Amazon angewandt – und zwar mit einem Ergebnis, das dem allgemeinen Rechtsempfinden entspricht und in einer modernen, internationalen Wirtschaftswelt praktikabel ist.

Fraglich ist hingegen, ob auch Gesetzestexte des Arbeitsrechts, wie das Betriebsverfassungsgesetz oder das Bundesdatenschutzgesetz, ausreichend Flexibilität zeigen, eine digitalisierte HR-Organisation ausreichend zu unterstützen und abzusichern.

1.1 Schriftformerfordernisse und Digitalisierung

»Digitalisierung« in seiner Grundform bedeutet aus arbeitsvertraglicher Sicht in einer HR-Organisation auch und zunächst eine Digitalisierung der Arbeitsweise, also dass weitestgehend auf Papier verzichtet werden soll. Doch was heißt das konkret? Arbeitsverträge werden digital abgeschlossen, Aufhebungsverträge ebenfalls, Kündigungen des Arbeitsverhältnisses werden per E-Mail oder – noch moderner, wie bereits vom LAG Hamm zu entscheiden war – per Textnachricht oder gar WhatsApp verschickt, Urlaub wird, wie das LAG Rheinland-Pfalz zu entscheiden hatte, per WhatsApp beantragt und genehmigt, Arbeitszeugnisse nur noch als Word- oder PDF-Dokument versendet … wenn es da nicht das Schriftformerfordernis gäbe.

Was bedeutet »Schriftform«?

§ 126 BGB normiert: »Ist durch Gesetz schriftliche Form vorgeschrieben, so muss die Urkunde von dem Aussteller eigenhändig durch Namensunterschrift (...) unterzeichnet werden.« Dem Schriftformerfordernis genügt es also nicht, wenn eine am Computer gefertigte und nicht ausgedruckte und damit nicht handschriftlich vom Aussteller unterzeichnete Textdatei, die auf einem Datenträger gespeichert oder per E-Mail versandt wird, genutzt werden soll (grundlegend BGH, NJW 1993, 1127; Ebbing CR 1996, 272 ff.; Geis NJW 1997, 3000). § 126a BGB sieht hiervon allerdings eine Ausnahmeregelung vor und bestimmt, dass die gesetzlich vorgeschriebene Form durch die elektronische Form ersetzt werden kann, wenn der Aussteller der Erklärung seinen Namen hinzufügt und das elektronische Dokument mit einer qualifizierten elektronischen Signatur nach dem Signaturgesetz versehen wird. Diese Ersetzungsmöglichkeit soll allerdings nicht unbegrenzt möglich sein; so bestimmt § 126 Abs. 3 BGB wiederum, dass von der gesetzlichen Schriftform nur dann durch die elektronische Form abgewichen werden kann, »wenn sich nicht aus dem Gesetz ein anderes ergibt«. Dies ist beispielsweise der Fall bei solchen Normen, die ausschließlich die Schriftform oder eine strengere Form verlangen oder gar die elektronische Form ausschließen. § 623 BGB bestimmt beispielsweise für die Kündigungserklärung eines Arbeitsverhältnisses: »Die Beendigung von Arbeitsverhältnissen durch Kündigung oder Auflösungsvertrag bedürfen zu ihrer Wirksamkeit der Schriftform; die elektronische Form ist ausgeschlossen.« § 630 BGB regelt hierneben im Zusammenhang mit der Erteilung eines Arbeitszeugnisses: »Bei der Beendigung eines dauernden Dienstverhältnisses kann der Verpflichtete von dem anderen Teil ein schriftliches Zeugnis über das Dienstverhältnis und dessen Dauer fordern. Das Zeugnis ist auf Verlangen auf die Leistungen und die Führung im Dienst zu erstrecken. Die Erteilung des Zeugnisses in elektronischer Form ist ausgeschlossen.« Weitere »strenge« Formvorschriften, die die Schriftform verlangen, finden sich insbesondere in § 14 Abs. 4 TzBfG für den befristeten Arbeitsvertrag oder in § 74 Abs. 1 HGB für das nachvertragliche Wettbewerbsverbot. Einen Formzwang für Kollektivvereinbarungen enthält ferner § 77 Abs. 2 BetrVG, der bestimmt: »Betriebsvereinbarungen sind von Betriebsrat und Arbeitgeber gemeinsam zu beschließen und schriftlich niederzulegen. Sie sind von beiden Seiten zu unterzeichnen; dies gilt nicht, soweit Betriebsvereinbarungen auf einem Spruch der Einigungsstelle beruhen.« Außerhalb des Arbeitsrechts finden sich weitere entsprechende Regelungen nur beispielhaft in den §§ 492 Abs. 1 BGB (Verbraucherdarlehensvertrag), § 766 S. 2 (Bürgschaftserklärung), oder § 780 S. 2 BGB (Schuldversprechen). Als dritte Formvorschrift neben der Schriftform und der elektronischen Form nennt das Bürgerliche Gesetzbuch die Textform (§ 126 b BGB). Diese Norm erfordert lediglich, dass eine »lesbare Erklärung« (also beispielsweise keine Sprachnachricht), in der die Person des Erklärenden genannt wird, auf einem dauerhaften Datenträger angegeben wird.

Was schützt das Formerfordernis?

Im Hinblick auf den Zweck der Formvorschriften ist es anerkannt, dass zu unterscheiden ist (vgl. BAG, NZA 2008, 348): Die Schriftform (§ 126) soll der Beweiserleichterung und dem Schutz des Erklärenden vor übereilten Entscheidungen dienen (Beweis- und Warnfunktion). Sie schafft daneben Gewissheit darüber, was die Parteien vereinbart haben. Aber auch der endgültige Vertragsschluss wird so von noch unverbindlichen Vorverhandlungen abgehoben (Klarstellungsfunktion). Ferner macht sich der Aussteller der Urkunde durch seine Unterschrift erkennbar und identifizierbar (Identitätsfunktion). Es wird darüber hinaus gewährleistet, dass die Erklärung vom Unterzeichner herrührt (Echtheitsfunktion), und der Empfänger der Urkunde soll überprüfen können, ob sie vom Aussteller stammt (Verifikationsfunktion). Die elektronische Form (§ 126a) muss ebenfalls diese wesentlichen Formzwecke erfüllen, weil sie die Schriftform ersetzen kann (NK-BGB/Noack/Kremer § 126a Rn. 3). Die Textform (§ 126b) hingegen erfüllt nicht die klassischen Formzwecke (Warn-, Beweis- und Identitätsfunktion), sondern besitzt lediglich Dokumentations- und Informationsfunktion (Palandt/Ellenberger § 126b Rn. 1). (Zu allem Vorstehenden ErfK/Preis BGB § 127 Rn. 3.)

Auswirkungen auf die Digitalisierung

Eine konsequente Digitalisierung der HR-Organisation würde aller Voraussicht nach nicht bedeuten, angesichts der vorstehenden Ausführungen jegliche Formvorschriften zu ignorieren. Dies hätte ohne Zweifel die unheilbare Nichtigkeit bzw. Unwirksamkeit der jeweiligen Rechtsgeschäfte zur Folge. Ein formunwirksam abgeschlossener befristeter Arbeitsvertrag würde zum Beispiel als unbefristet geschlossen anzusehen sein. Das mündlich abgeschlossene nachvertragliche Wettbewerbsverbot wäre nichtig und damit nicht durchsetzbar (weder vom Arbeitgeber noch vom Arbeitnehmer). Die per E-Mail ausgesprochene Kündigung wäre ebenso unwirksam wie der formlos abgeschlossene Aufhebungsvertrag. Vielmehr ist davon auszugehen, dass die Rechtsgeschäfte zwar noch formgemäß erfolgen, diese »Form« – also das Originaldokument – dann allerdings digitalisiert würde; und sodann, wie es bereits in einer Vielzahl an Unternehmen und internationalen Konzernen üblich ist, gegebenenfalls sogar vernichtet.

Die Vernichtung von Dokumenten

Fest steht bei einem derartigen Vorgehen zunächst, dass die reine »Vernichtung« der Originaldokumente die Wirksamkeit des Rechtsgeschäfts als solches unberührt lässt. Zwar könnte aus den Schutzzwecken »Verifikationsfunktion«, »Identitätsfunktion« und »Echtheitsfunktion« geschlussfolgert werden, dass dem Formerfordernis dann nicht mehr ausreichend Rechnung getragen wird, wenn kein Original mehr existiert. Allerdings bezieht sich das Formerfordernis lediglich auf den Zeitpunkt des Vertragsschlusses bzw. der Abgabe der Willenserklärung, nicht aber auf den gesamten Zeitraum der Vertragslaufzeit. Auch regeln die entsprechenden Normen abschließend, wie der einmal wirksam abgeschlossene Vertrag beendet werden kann (beispielsweise im Falle des Arbeitsvertrages in den §§ 622 ff. BGB, §§ 1 ff. KSchG) – eine (zudem meist noch einseitige) Veränderung in der reinen Vertragsdokumentation führt regelmäßig zu keinen Vertragsänderungen. Fest steht allerdings auch, dass die Vernichtung der Originaldokumente nicht ganz ohne Folgen sein wird, dabei ist davon auszugehen, dass die Nichtexistenz eines Originaldokuments immer dann Diskussionsgegenstand werden wird, wenn sich eine der Vertragsparteien entweder auf die Wirksamkeit oder auf die Unwirksamkeit des Vertrages berufen möchte (zu den Risiken bei der Prozessführung vertieft Lüthge/Springer, BB 2017, 1397). Beispielhaft ist ein Sachverhalt, der dem Urteil des Arbeitsgerichts Berlin vom 03.05.2007, Az. 3 Ca 23 467/06 zugrunde lag: Der Arbeitgeber verfügte nicht mehr über das Original des befristeten Arbeitsvertrages. Auch die klagende Arbeitnehmerin konnte keine originale Ausfertigung mehr darlegen und bestritt, dass der ursprüngliche befristete Arbeitsvertrag die notwendige Schriftform eingehalten hatte. Sie legte dazu ausführlich dar, dass sie zwar zwei originale Ausfertigungen per Post auf Papier erhalten habe, aber zahlreiche Kopien hierfür für verschiedene Stellen angefertigt habe und sich daher nicht mehr sicher sei, nur eine gegengezeichnete Kopie an den Arbeitgeber zurückgesendet zu haben, nicht aber ein gegengezeichnetes Original. Das Arbeitsgericht fand diesen Vortrag offenbar glaubhaft.

Die Problematik ist hier also eigentlich die der späteren Nachweisbarkeit der – formwirksamen – Vornahme des Rechtsgeschäfts, insbesondere im Rahmen eines Urkundsbeweises. Sie existiert damit genauso auch für formfreie Rechtsgeschäfte, die der Rechtssicherheit wegen schriftlich vorgenommen werden (zum Beispiel der klassische unbefristete Arbeitsvertragsschluss), wird aber bei Rechtsgeschäften mit Formzwang besonders virulent. Denn beim Formzwang muss neben der Darlegung und gegebenenfalls dem Beweis, dass das Rechtsgeschäft vorgenommen wurde, auch nachgewiesen werden, dass die Form dafür eingehalten worden ist.

Protokollierung als Alternative?

In der Praxis wird in Einzelfällen mit sogenannten »Beweisketten« gearbeitet. Liegt ein Originaldokument vor und soll es nach erfolgter Digitalisierung trotz bestehender Formvorschrift vernichtet werden (wie zum Beispiel ein befristeter Arbeitsvertrag), dient ein Mitarbeiter oder eine externe Stelle dem Nachweis, dass es dieses Dokument in originaler Form gibt, indem ein entsprechendes Protokoll erstellt wird, in dem die Personen genannt werden, die dies bezeugen können. Sollte es sodann in Zukunft einmal zu einer Situation kommen, in der es auf die Vorlage eines Originaldokuments ankommt, könnten diese Personen als Zeugen fungieren.

Diese Vorgehensweise ist allerdings wenig zielführend und nicht zu empfehlen. So ist die Zeugenaussage über das (frühere) Vorliegen eines Originaldokuments nicht ansatzweise so wertvoll wie die Möglichkeit, das Dokument selbst im Original vorlegen zu können. Auch kann eine Zeugenaussage über viele Fragen, die sich im Zusammenhang mit einem Originaldokument stellen, keinerlei Aussage treffen, wie insbesondere dazu, ob die Unterschrift tatsächlich von dem behaupteten Verfasser stammt. Solle es – beispielsweise im Rahmen einer Entfristungsklage eines bis zum Eintritt ins Rentenalter befristet eingestellten Arbeitnehmers – zum gerichtlichen Streit über das Vorliegen eines Originaldokuments kommen, hilft eine entsprechende Zeugenaussage somit nicht weiter. Aus diesem Grund bildet das Schriftformerfordernis für die Digitalisierung in der Tat eine natürliche Grenze in der Form, als dass digitalisierte Dokumente, die dem Gesetzeswortlaut oder der Rechtsprechung zufolge einer bestimmten Form bedürfen, keinesfalls nach erfolgter Digitalisierung vernichtet werden sollten. In der HR-Organisation bietet sich vielmehr ein Automatismus an, wonach derartige Dokumente nach erfolgter Digitalisierung in- oder extern gelagert werden, um im Notfall sofortigen Zugriff auf sie zu haben. Was die Lagerdauer angeht, sollte sich die Organisation an die gesetzlichen Maximal- und Minimalregelungen halten, die Dauer des individuellen Arbeitsverhältnisses aber in keinem Fall unterschreiten. Dies gilt, wie bereits vorstehend beispielhaft ausgeführt, insbesondere (aber nicht abschließend) für alle befristeten Arbeitsverträge sowie gegebenenfalls Änderungsvereinbarungen zu diesen – da diese in der Regel auf das Renteneintrittsalter befristet sind –, für Aufhebungs- und Abwicklungsverträge, Kündigungen, nachvertragliche Wettbewerbsverbote und Betriebsvereinbarungen und kann auch für andere Dokumente ohne Schriftformerfordernis, deren Beweiswert in einem späteren Prozess wichtig werden kann, sinnvoll sein. Weitere sonstige Dokumente, die nicht dem Schriftformerfordernis unterliegen, wie etwa Urlaubsanträge, Arbeitsunfähigkeitsbescheinigungen oder Beurteilungen im Rahmen eines Mitarbeitergespräches, können demgegenüber rein digital gespeichert werden.

1.2 Digitalisierung und Flexibilisierung

Eine weitere unmittelbare Konsequenz – und Voraussetzung – der Digitalisierung der Arbeitswelt und der HR-Organisation ist die Flexibilisierung der Tätigkeitsausübung und der Art, wie gearbeitet wird. War das eigene Büro oder der feste Arbeitsplatz bislang die Norm und der Bewerber, der nach der Möglichkeit eines »Telearbeitsplatzes« fragte, eher der Exot, ist die Frage, welche Home-Office-Modelle denn zur Verfügung stünden, in Vorstellungsgesprächen inzwischen fast die Regel. Dabei muss es nicht einmal ein Home Office sein, um aus rechtlicher Sicht eine Vielzahl an Fragen aufzuwerfen, etwa: Wie verhält es sich mit der am Abend noch schnell vom Sofa via Tablet versandten E-Mail? Wie ist die Videokonferenz über Skype während des Urlaubs, am Sonntag oder am späten Abend zu werten?

Was ist überhaupt »Arbeit«?

»Arbeit« ist aus rechtlicher Sicht die Erbringung der arbeitsvertraglich geschuldeten Leistung. Da es sich bei dem Arbeitsvertrag um einen Dienstvertrag – und nicht um einen Werkvertrag – handelt, ist kein konkreter Erfolg geschuldet, sondern lediglich eine Dienstleistung »mittlerer Art und Güte«. Wie der Arbeitnehmer diese Leistung erbringt, liegt in der Regelungsfreiheit der Arbeitsvertragsparteien. Unverrückbare Grenzen setzen allerdings eine Vielzahl an Arbeitsschutzgesetzen, von denen in der Praxis aktuell wohl das Bundesurlaubsgesetz (BUrlG) und das Arbeitszeitgesetz (ArbZG) die größte Relevanz besitzen.

Das Arbeitszeitgesetz

Dem Arbeitszeitgesetz zufolge beträgt die maximale tägliche Arbeitszeit acht Stunden (§ 3 ArbZG). Sie kann in Ausnahmefällen auf bis zu zehn Stunden ausgeweitet werden, wenn die durchschnittliche tägliche Arbeitszeit im nachfolgenden 24-Wochen- oder Sechs-Monats-Zeitraum acht Stunden nicht überschreitet. Arbeitszeit, die oberhalb der täglichen acht Stunden liegt, muss somit ausgeglichen werden. Im Falle einer Fünftagewoche erfolgt dies bereits am Samstag, da das Arbeitszeitgesetz von einer Sechstagewoche ausgeht. Dementsprechend ist eine 48-Stunden-Woche ohne zusätzliche Ausgleichszeiten arbeitszeitrechtlich zulässig.

Zwischen dem Arbeitsende und der erneuten Arbeitsaufnahme muss eine sogenannte Ruhezeit von mindestens elf Stunden liegen (§ 5 ArbZG). Wird diese unterbrochen, insbesondere durch eine Wiederaufnahme der Arbeit, beginnt die Elf-Stunden-Frist erneut; sie wird also nicht nur unterbrochen und verlängert sich um die Zeit der Unterbrechung, sondern muss vollständig erneut gewährt werden.

Während der Arbeitszeit sind ferner Ruhepausen zu gewähren (die nicht als Arbeitszeit zählen). Eine Ruhepause von mindestens 30 Minuten ist bei einer Arbeitszeit von mehr als sechs bis neun Stunden, und von 45 Minuten bei einer Arbeitszeit von mehr als neun Stunden einzuhalten (§ 4 ArbZG).

Das Bundesurlaubsgesetz

Von Interesse im Rahmen des Bundesurlaubsgesetzes ist in diesem Zusammenhang, dass der Erholungsurlaub sowohl dem deutschen Gesetzgeber als auch den europäischen Gerichten zufolge ein extrem hohes Gut darstellt, auf den ein Arbeitnehmer nicht ohne Weiteres freiwillig verzichten kann. Insbesondere soll es dem Arbeitgeber unmöglich sein, einmal gewährten Urlaub zu widerrufen oder vom Arbeitnehmer zu verlangen, während des Urlaubs »auf Abruf« zur Verfügung zu stehen.

Folgen für die Digitalisierung

Im Zusammenhang mit der Digitalisierung der HR-Organisation wird damit zu beachten sein, dass diese vorstehenden Grundsätze auch dann eingehalten werden, wenn die HR-Organisation immer weniger zentralisiert ist und die Tätigkeit innerhalb dieser Organisation auch aus dem Home Office oder von unterwegs (aus dem Urlaub) möglich wird. Zu beachten ist insbesondere, dass es sich bei den beschriebenen Regelungen um unverzichtbare Schutzvorschriften zugunsten der Arbeitnehmer handelt. Ein Verstoß gegen die tägliche Maximalarbeitszeit stellt beispielsweise bereits eine Ordnungswidrigkeit dar und kann, wenn er beharrlich erfolgt oder vorsätzlich bei Gefährdung der Gesundheit der Arbeitnehmer, auch schnell gemäß § 23 ArbZG einen Straftatbestand darstellen. Zu beachten ist im Ergebnis insbesondere:

- Auch bei ständiger Erreichbarkeit der Arbeitnehmer muss eine elfstündige Ruhezeit eingehalten werden; im Durchschnitt darf die tägliche Arbeitszeit acht Stunden nicht überschreiten. In der juristischen Fachliteratur wird inzwischen teilweise vertreten, dass minimale Unterbrechungen der Ruhezeit nicht zum tatsächlichen Neubeginn der Frist führen (vgl. Wirtz, BB 2014, 1397, 1401; dazu auch Wiebauer, NZA 2016, 1430). Diese Auffassung verkennt aber recht offensichtlich, dass der Gesetzeswortlaut und -zweck den Arbeitnehmer vor jedweder Störung während seiner Ruhephase schützen soll. Somit stellen auch kurze E-Mails oder Telefonate eine Unterbrechung der Ruhezeit dar mit der Folge, dass die Elf-Stunden-Frist neu zu laufen beginnt.
- Während des Urlaubs kann von einem Arbeitnehmer nicht verlangt werden, auf E-Mails zu antworten, Telefonate zu führen oder sonstigen Tätigkeiten nachzugehen. Arbeitet der Arbeitnehmer dennoch während des Urlaubs (mit Kenntnis oder zumindest Duldung durch den Arbeitgeber), besteht das Risiko, dass ihm nach Rückkehr aus dem Urlaub weitere Urlaubstage zu gewähren sind. Im Extremfall, in dem die arbeitsbezogenen Tätigkeiten den Urlaub dominiert haben, kommt sogar eine Neugewährung des gesamten Urlaubs in Betracht.

1.3 Mitbestimmungsrechte

Im Zusammenhang mit einer Digitalisierung der HR-Organisation wird im kollektiven Arbeitsrecht insbesondere die Einhaltung der dem zuständigen Betriebsrat zustehenden Mitbestimmungsrechte höchste Relevanz haben. Zentrale Norm wird hier § 87 Abs. 1 Nr. 6 BetrVG sein. Dieser bestimmt: »Der Betriebsrat hat, soweit eine gesetzliche oder tarifliche Regelung nicht besteht, in folgenden Angelegenheiten mitzubestimmen: (…) 6. Einführung und Anwendung von technischen Einrichtungen, die dazu bestimmt sind, das Verhalten oder die Leistung der Arbeitnehmer zu überwachen.«

Während der Anwendungsbereich des § 87 Abs. 1 Nr. 6 BetrVG auf den ersten Blick nicht besonders einschränkend klingt, führt die ständige Rechtsprechung des Bundesarbeitsgerichts zur Auslegung von § 87 Abs. 1 Nr. 6 BetrVG zu einer ganz erheblichen Ausweitung dieses Anwendungsbereichs (und damit zu einer Erweiterung des Mitbestimmungsrechts der Betriebsräte): Erfasst sollen nicht nur technische Einrichtungen sein, die – wie der Gesetzeswortlaut ausdrücklich formuliert – *dazu bestimmt sind*, das Verhalten oder die Leistung der Arbeitnehmer zu überwachen, sondern sämtliche technische Einrichtungen, *die dazu geeignet sind*, dieses Verhalten oder die Leistung der Arbeitnehmer zu überwachen. Der Arbeitgeber braucht eine Überwachung der Arbeitnehmer also überhaupt nicht zu beabsichtigen (Fitting BetrVG § 87 Rn. 224-243). Der Zweck dieser Norm ist dem Bundesarbeitsgericht zufolge, die Arbeitnehmer präventiv vor Eingriffen in ihren Persönlichkeitsbereich zu schützen, weswegen es genügen solle, wenn die Einrichtung aufgrund ihrer technischen Gegebenheiten und ihres konkreten Einsatzes objektiv zur Überwachung der Arbeitnehmer geeignet ist. Unerheblich ist, ob dies nur ein Nebeneffekt der technischen Einrichtung ist oder ob die erfassten Arbeitnehmerdaten vom Arbeitgeber ausgewertet werden (BAG NZA 04, 1278; Fitting BetrVG § 87 Rn. 224-243; DKKW-Klebe § 87 BetrVG Rn. 186; GK-Wiese § 78 BetrVG Rn 507 f.). Das Mitbestimmungsrecht entfällt auch dann nicht, wenn der Arbeitgeber erklärt, mit der technischen Einrichtung keine Kontrollen durchführen zu wollen (BAG NJW 84, 1476) oder wenn die Überwachungseinrichtung eine arbeitsnotwendige Maßnahme darstellt (GK-Wiese § 78 BetrVG Rn 517). Die wichtigsten Fälle einer technischen Einrichtung, die dazu geeignet ist, das Verhalten oder die Leistung der Arbeitnehmer zu überwachen, sind in der Praxis

- jegliche Art von Software, da die bei der Nutzung gespeicherten Registry-Dateien es dem Arbeitgeber ermöglichen, die Tätigkeiten der Arbeitnehmer minutiös nachzuverfolgen,
- Kameraüberwachungen, auch wenn die Überwachungseinrichtung von Dritten betrieben wird,
- Online-Fragebögen, das Firmen-Intranet generell, aber auch webbasierte Self Services oder nur einmalig verwendete Online-Fragebögen, einzelne Personalbefragungen oder -prozesse,
- E-Mail-Systeme,
- das Angebot eines Unternehmens-Social-Media-Profils, etwa bei Facebook oder anderen Anbietern (vgl. dazu Greif, NZA 2015, 1106).

»Mitbestimmen« in diesem Zusammenhang bedeutet, dass der Arbeitgeber mit dem Betriebsrat über die Einführung derartiger technischer Einrichtungen verhandeln und eine einvernehmliche Regelung finden muss. Ist eine einvernehmliche Regelung nicht möglich, da sie beispielsweise an Einzelheiten zur Datennutzung scheitert, ist eine sogenannte Einigungsstelle – üblicherweise unter Vorsitz eines Richters am Arbeitsgericht – einzurichten, die, sollte eine Einigung auch hier nicht möglich sein, eine einseitige Entscheidung über das »Ob« und das »Wie« der Einführung der technischen Einrichtung fällt. Beabsichtigt der Arbeitgeber also, eine neue Software zu implementieren oder ein bestehendes Software-System zu ändern (beispielsweise der Wechsel von Pegasus zu Outlook oder umgekehrt), muss mit dem Betriebsrat umfassend verhandelt werden, bevor die geplante Änderung umgesetzt wird. Derartige Verhandlungen umfassen bei der Neueinführung oder der Umwidmung von Software in der Praxis regelmäßig den Datenschutz, Kontrollbefugnisse des Betriebsrats, Einschränkungsmöglichkeiten der Datenverwendung und -verarbeitung, Sicherheit der Daten und des Systems, Umfang der Mitbestimmungsrechte im Falle von Systemänderungen und den Schutz der Arbeitnehmer vor Überlastung aufgrund der Software bzw. vor einer engmaschigen Kontrolle durch den Arbeitgeber (zum Beispiel durch Aufnahme eines Verwertungsverbotes von Informationen, die arbeitsrechtliche Maßnahmen wie eine Abmahnung oder eine Kündigung rechtfertigen könnten). Keine Seltenheit sind in der Praxis vor diesem Hintergrund Fälle, in denen die Verhandlungen über die Einführung neuer Software länger als ein Jahr angedauert haben.

Bei einer Digitalisierung der HR-Organisation sind diese Mitbestimmungsrechte insbesondere dann von Relevanz, wenn die HR-Dokumentation in nur noch digitalisierter Form vorliegen soll und hierfür eine bestimmte Software genutzt wird. Dies gilt aber auch ganz grundsätzlich bei der Einführung jeglicher technischer Mittel, die für eine Überwachung der Arbeitnehmer geeignet sind, wie zum Beispiel Dienstwagen (aufgrund der Navigationssysteme und der oft eingebauten GPS-Systeme), Diensthandys, Tablets, digitalisierte Fortbildungsangebote etc.

2 Fazit

Die Digitalisierung sowohl der Arbeitswelt als auch der HR-Organisation stößt im Arbeitsrecht an ihre Grenzen. Nicht umsonst wird immer wieder der Ruf nach einer Flexibilisierung der Gesetze – insbesondere des Arbeitszeitgesetzes – laut. Zwar hat das Bundesarbeitsministerium mit dem Projekt »Arbeiten 4.0« (abrufbar unter www.arbeitenviernull.de) erste Schritte in diese Richtung gewagt. Auch ist der Punkt Arbeitszeit sowie eine Reform des Arbeitszeitgesetzes bereits im Bundeswahlkampf 2017 thematisiert worden. Konkrete Vorschläge liegen jedoch (noch) nicht vor, jedenfalls würde eine gesetzliche Umsetzung nicht kurzfristig erfolgen.

Während die »reine« Digitalisierung in Form der HR-Dokumentenverarbeitung leicht umgesetzt werden kann, ohne wesentliche rechtliche Fragen aufzuwerfen (sofern die Originale gelagert werden), führt selbst der Ruf der Arbeitnehmer nach mehr Flexibilität im Eigeninteresse nicht zur unbegrenzten Kreativität der Arbeitgeber und der HR-Organisationen. Neue Arbeitszeitmodelle müssen auf ihre Vereinbarkeit mit zwingenden Arbeitsschutzvorschriften hin geprüft werden, und vor der Einführung etwaiger technischer Hilfsmittel ist stets der Betriebsrat zu beteiligen (der allerdings auch außerhalb des rechtlichen »Muss« bei Neuerungen stets involviert werden sollte). Über eine Betriebsvereinbarung wird man um der Rechtssicherheit willen für beide Seiten wohl selten hinwegkommen (vgl. auch Fitting, BetrVG § 87 Rn. 255), für Fälle mit für die Arbeitnehmer weniger einschneidenden Wirkungen ist aber grundsätzlich auch die niederschwellige Regelungsabrede möglich. Darüber hinaus bleibt anzudenken, den Betriebsrat – soweit eine konstruktive Zusammenarbeit über die rechtlichen Vorgaben hinweg möglich ist – auch schon informell von Anfang an schon beim Suchprozess nach praktikablen Lösungen in Gesprächen zu beteiligen.

In Einzelfällen bietet sich auch eine betriebsärztliche Begleitung der Einführung von technischen Neuerungen an, um spätere Überraschungen (etwa aufgrund von Überlastungen) zu verhindern.

Quellen

Bundesministerium für Arbeit und Soziales (BMAS) (2017): Arbeiten 4.0, http://www.arbeitenviernull.de (letzter Aufruf: 12.10.2017).

Däubler, W./Kittner, M./Klebe, T./Wedde, P. (Hrsg.) (2016): BetrVG Kommentar, 15.Aufl., Frankfurt am Main (Zit.: DKKW-Autor).

Ebbing, F. (1996): Schriftform und E-Mail, Computer und Recht, S. 271 ff. (Zit.: Ebbing, CR 1996, 271).

Fitting, K. (Begr.) (2016): Betriebsverfassungsgesetz, Handkommentar, 28. Aufl., München (Zit.: Fitting).

Geis, I. (1997): Die digitale Signatur, Neue Juristische Wochenschrift, S. 3000 ff. (Zit: Geis, NJW 1997, 3000).

Greif, S. (2015): Arbeitsrechtliche Implikationen von Unternehmensfacebookprofilen, Neue Zeitschrift für Arbeitsrecht, S. 1106 ff. (Zit.: Greif, NZA 2015, 1106).

Lüthge H./Springer, N. (2017): Vollständige Digitalisierung von Personalakten: Rechtslage, Risiken und Sicherheitsvorkehrungen bei der Vernichtung von Unterlagen mit Schriftformerfordernis, BetriebsBerater, S. 1397 ff. (Zit.: Lüthge/Springer, BB 2017, 1397).

Müller-Glöge, R./Preis, U./, Schmidt, I. (Hrsg.) (2017): Erfurter Kommentar zum Arbeitsrecht, 17. Auflage, München.

Wiese, G./Kreutz, P. et al. (Hrsg.) (2014): Gemeinschaftskommentar zum Betriebsverfassungsgesetz, 10. Aufl., Köln (Zit.: GK-Autor).

Wirtz, A. (2014): Gestaltungsmöglichkeiten bei der Verlängerung der täglichen Arbeitszeit nach dem ArbZG, Betriebs Berater, S. 1397 ff. (Zit: Wirtz, BB 2014, 1397).

Wiebauer, B. (2016): Arbeitsschutz und Digitalisierung, Neue Zeitschrift für Arbeitsrecht, S. 1430 ff. (Zit: Wiebauer, NZA 2016, 1430).

Autor

Markulf Behrendt leitet als Partner das Hamburger Arbeitsrechtsteam von Allen & Overy, einer unter anderem im Arbeitsrecht weltweit führenden Sozietät. Sein Fokus liegt bei der Beratung zu Restrukturierungen, arbeitsrechtlichen Compliance-Fragen, Corporate Governance und Compliance-Strukturen, komplexen Compliance-Management-Systemen, internen/behördlichen Investigations sowie diesbezüglichen Rechtstreitigkeiten.

Kontakt: markulf.behrendt@allenovery.com

Die europäische Datenschutz-Grundverordnung – Neue Anforderungen an den Datenschutz in der betrieblichen Praxis

Juliana Binder

1 Wann tritt die europäische Datenschutz-Grundverordnung in Kraft?

Die europäische Datenschutz-Grundverordnung (DS-GVO) ist bereits am 25. Mai 2016 in Kraft getreten. Nach der darin geregelten Übergangsfrist kommt sie allerdings erst zwei Jahre nach Inkrafttreten, also ab dem 25. Mai 2018, zur Anwendung. Die DS-GVO regelt ab dem 25. Mai 2018 in der gesamten Europäischen Union den Datenschutz als unmittelbar geltendes Recht. Am 5. Juli 2017 ist zur Anpassung an diese Verordnung jedoch auch eine Neufassung des Bundesdatenschutzgesetzes (BDSG-neu) verkündet worden, die ebenfalls ab dem 25. Mai 2018 gelten wird.

2 Wie wirkt die europäische Datenschutz-Grundverordnung?

Bei der DS-GVO handelt es sich um die umfangreichste und bedeutendste Regulierung des Datenschutzes in der Europäischen Union. Sie beinhaltet zum Teil gravierende Änderungen gegenüber der bisherigen Rechtslage und ermächtigt die Datenschutzaufsichtsbehörden, bei relevanten Verstößen Bußgelder in Millionenhöhe festzusetzen.

Die DS-GVO entfaltet ab dem 25. Mai 2018 in allen Mitgliedsstaaten der Europäischen Union unmittelbare Wirkung (sogenannte »Durchgriffswirkung«) und bedarf keines nationalen Umsetzungsgesetzes. Mit der DS-GVO soll der Datenschutz in Europa in Zukunft einheitlich geregelt werden. Zu beachten ist allerdings, dass die Mitgliedsstaaten an einigen Stellen der DS-GVO durch sogenannte Öffnungsklauseln befugt sind, die Vorschriften der DS-GVO zu konkretisieren und zu ergänzen. Ab dem 25. Mai 2018 gelten in Deutschland primär die Regelungen der DS-GVO und auf Grundlage der Öffnungsklauseln subsidiär die Regelungen des BDSG-neu sowie spezialgesetzliche Regelungen. Die für Unternehmen einschlägigen Regelungen des bisher geltenden Bundesdatenschutzgesetzes (BDSG) werden weitgehend durch die DS-GVO ersetzt.

Die DS-GVO gilt nicht nur für Unternehmen, die ihren Sitz in einem Mitgliedsstaat der Europäischen Union haben. Vielmehr erhebt die DS-GVO den umfassenden Anspruch der Geltung für alle Datenverarbeitungsprozesse, die sich auf personenbezogene Daten europäischer Bürger beziehen. Auch wenn ein Unternehmen nicht in der Europäischen Union niedergelassen ist, fällt, nach dem sogenannten Marktortprinzip, jede Verarbeitung von personenbezogenen Daten von betroffenen Personen aus der Europäischen Union in den Anwendungsbereich der DS-GVO, wenn diesen Waren oder Dienstleistungen angeboten werden oder ihr Verhalten beobachtet wird (Art. 3 Abs. 2 DS-GVO). Auch Unternehmen aus dem nichteuropäischen Ausland müssen künftig prüfen, ob sie europäisches Datenschutzrecht zu beachten haben.

Die zahlreichen Neuerungen gehen einher mit erhöhten Anforderungen, empfindlichen Bußgeldern und Haftungsrisiken, die eine deutliche Verschärfung des Datenschutzrechts bewirken. Unternehmen müssen daher dem Thema Datenschutz künftig einen völlig anderen Stellenwert einräumen als bisher und sollten mit dem erforderlichen Anpassungsprozess baldmöglichst proaktiv umgehen, um empfindliche rechtliche und finanzielle Konsequenzen zu vermeiden.

3 Welche fundamentalen Veränderungen sind zu erwarten?

Mit der DS-GVO treten zahlreiche neue Bestimmungen in Kraft. Einige der wichtigsten Änderungen werden nachfolgend kurz umrissen.

3.1 Drastische Verschärfung der Geldbußen

Bestandteil der DS-GVO ist auch die Einführung von neuen Bußgeldvorschriften, die über die aktuellen im BDSG enthaltenen Regelungen bei weitem hinausgehen. Dies betrifft sowohl eine Erweiterung der bußgeldbewährten Tatbestände als auch die Höhe der Bußgelder. Die Höhe möglicher Geldbußen für Verstöße wurde drastisch verschärft. Die DS-GVO sieht Geldbußen von bis zu zehn Millionen Euro oder im Fall eines Unternehmens von bis zu zwei Prozent des gesamten weltweit erzielten Jahresumsatzes des vorangegangenen Geschäftsjahres vor, je nachdem, welcher der Beträge höher ist (Art. 83 Abs. 4 DS-GVO). Bei bestimmten, besonders schwerwiegenden Verstößen drohen Geldbußen von bis zu 20 Millionen Euro oder, im Fall eines Unternehmens, von bis zu vier Prozent des gesamten weltweit erzielten Jahresumsatzes des vorangegangenen Geschäftsjahres, je nachdem, welcher der Beträge höher ist (Art. 83 Abs. 5 DS-GVO). Dies ist eine große und ernsthafte Veränderung zu den vorher begrenzten Sanktionsmöglichkeiten. Bisher waren Bußgelder von bis zu 300.000 Euro vorgesehen und diese wurden von den Datenschutzaufsichtsbehörden eher moderat verhängt.

3.2 Bestellung eines betrieblichen Datenschutzbeauftragten

Mit dem Inkrafttreten der DS-GVO existiert erstmals eine europaweit verbindliche, verpflichtende Regelung zur Bestellung eines betrieblichen Datenschutzbeauftragten (Art. 37 bis 39 DS-GVO). In Ergänzung zur europarechtlichen (Basis-) Bestellpflicht ermächtigt die DS-GVO die Mitgliedstaaten über eine Öffnungsklausel, strengere Bestellpflichten auf nationaler Ebene vorzusehen.

In Deutschland werden Unternehmen – wie schon nach dem bisher geltenden BDSG – verpflichtet, einen betrieblichen Datenschutzbeauftragten zu ernennen, soweit sie in der Regel mindestens zehn Personen ständig mit der automatisierten Verarbeitung personenbezogener Daten beschäftigen (§ 38 BDSG-neu). Nehmen Unternehmen eine Datenverarbeitung vor, die einer sogenannten Datenschutz-Folgenabschätzung unterliegt (siehe Abschnitt 3.4), oder verarbeiten sie personenbezogene Daten geschäftsmäßig zum Zwecke der personenbezogenen oder auch nur anonymisierten Übermittlung (beispielsweise Auskunfteien, Adresshandelsunternehmen) oder für Zwecke der Markt- oder Meinungsforschung, so haben diese unabhängig von der Anzahl der mit der Verarbeitung Beschäftigten einen Datenschutzbeauftragten zu ernennen.

Die Rolle des betrieblichen Datenschutzbeauftragten kann sowohl von einem beim Unternehmen angestellten Datenschutzbeauftragten als auch auf der Basis eines maßgeschneiderten Vertrages von einem externen Dienstleistungsunternehmen ausgeübt werden. Wenn die Bestellung des Datenschutzbeauftragten verpflichtend ist, genießt der interne Datenschutzbeauftragte besonderen Kündigungsschutz für die Dauer seiner Amtszeit sowie für die Dauer von einem Jahr nach Ende seiner Tätigkeit als Datenschutzbeauftragter, es sei denn, der Arbeitgeber ist zu einer außerordentlichen Kündigung aus wichtigem Grund berechtigt (§ 38 Abs. 2, 6 Abs. 4 BDSG-neu).

Der betriebliche Datenschutzbeauftragte bleibt für die meisten Unternehmen voraussichtlich unabdingbar. Die Bedeutung des Datenschutzbeauftragten nimmt mit der DS-GVO zu. Unternehmen sollten daher prüfen, ob ihre internen Organisationsstrukturen und -prozesse angepasst werden müssen. Der Datenschutzbeauftragte als fachkundiges Beratungs- und Kontrollorgan leistet einen wichtigen Beitrag zur Reduzierung der Unternehmensrisiken. Wer die Pflicht zur Bestellung eines Datenschutzbeauftragten verletzt, riskiert eine Geldbuße in Millionenhöhe.

3.3 Rechenschaftspflicht (Accountability)

Die DS-GVO rückt die Verantwortlichkeit von Unternehmen in den Vordergrund und führt erstmalig die Rechenschaftspflicht (Accountability) als zentralen Grundsatz der Datenverarbeitung auf. Der für die Verarbeitung Verantwortliche ist für die Einhaltung der in Art. 5 DS-GVO geregelten allgemeinen Grundsätze für die Verarbeitung personenbezogener Daten verantwortlich und muss deren Einhaltung auf Verlangen nachweisen können. Zur Erfüllung der umfassenden Rechenschaftspflicht wurden in Änderung gegenüber dem bisherigen Recht zahlreiche zusätzliche Dokumentations- und Nachweispflichten eingeführt. Die Rechenschaftspflicht wird zukünftig einen wichtigen Teil der betrieblichen Compliance darstellen. Insbesondere die Anforderungen an die Transparenz und Nachweisbarkeit der gesetzeskonformen Datenverarbeitung sind gestiegen und stellen viele Unternehmen vor gewaltige Herausforderungen. Unternehmen müssen ein effektives Datenschutzmanagementsystem einführen, um alle relevanten Maßnahmen auf Verlangen jederzeit auch gegenüber einer Datenschutzaufsichtsbehörde nachweisen zu können. Eine unzureichende Dokumentation der datenschutzrechtlichen Umsetzung der DS-GVO kann sich maßgeblich negativ auf die Höhe des festzusetzenden Bußgeldes auswirken.

3.4 Datenschutz-Folgenabschätzung

Die DS-GVO verpflichtet Unternehmen zur Durchführung einer sogenannten Datenschutz-Folgenabschätzung hinsichtlich der geplanten Verarbeitungsvorgänge, falls es wahrscheinlich erscheint, dass die Verarbeitung hohe Risiken für die Rechte und Freiheiten der Betroffenen zur Folge hat (Art. 35 DS-GVO). Die Verantwortlichen sollten einen Prozess etablieren, der bei Einführung einer neuen Datenverarbeitung eine Prüfung der Datenschutzfolgen zum Inhalt hat. Im Rahmen dieser Prüfung wird dann entschieden, ob ein erhöhtes Risiko der Betroffenen besteht. Im positiven Fall muss vor Beginn der Verarbeitung die zuständige Datenschutzaufsichtsbehörde konsultiert werden. Auch unterlassene Datenschutz-Folgenabschätzungen sollten zu Nachweiszwecken dokumentiert werden.

Die Datenschutzaufsichtsbehörden müssen Verarbeitungstätigkeiten veröffentlichen, für die eine Datenschutz-Folgenabschätzung durchzuführen ist (*Blacklist)*, ebenso können diese auch festlegen, dass keine Datenschutz-Folgenabschätzung zu erstellen ist (*Whitelist)*. Die sogenannte Artikel-29-Datenschutzgruppe, ein Zusammenschluss der nationalen Datenschutzaufsichtsbehörden in Europa, hat in einer nicht verbindlichen Erklärung (erste) Leitlinien aufgestellt, nach welchen Kriterien die Datenschutzaufsichtsbehörden voraussichtlich von einer Pflicht zur Datenschutz-Folgenabschätzung ausgehen.

3.5 Technische und organisatorische Sicherheitsmaßnahmen (TOM)

Welche konkreten Sicherheitsmaßnahmen zu ergreifen sind, hängt vom Umfang der Datenverarbeitung und dem Risiko für die Rechte und Freiheiten der betroffenen Personen ab. Verantwortliche müssen also eine eigene Risikobewertung ihrer Datenverarbeitung vornehmen. Die Einhaltung der technischen und organisatorischen Maßnahmen gehört bei Datenverstößen zu den Kriterien, welche die Datenschutzaufsichtsbehörde bei ihrer Entscheidung berücksichtigt, ob und in welcher Höhe ein Bußgeld verhängt wird. Eine sorgfältige Dokumentation, Beachtung und Umsetzung der technischen und organisatorischen Sicherheitsmaßnahmen können bei einer Datenpanne zugunsten des Datenverarbeiters angeführt werden.

3.6 Auftragsdatenverarbeitung

Häufig orientieren sich bestehende Auftragsdatenverarbeitungsvereinbarungen an § 11 BDSG, der bisher die Inhalte einer Auftragsdatenverarbeitung vorgab. Die Pflichten im Auftragsverhältnis haben sich jedoch nunmehr durch die DS-GVO geändert, der Auftragsverarbeiter wird für seinen Verantwortungsbereich stärker in die Pflicht genommen. Die zentrale Vorschrift für den Auftragsverarbeiter ist Art. 28 DS-GVO. Der Verantwortliche darf danach nur Auftragsverarbeiter einsetzen, die hinreichend Garantie dafür bieten, dass geeignete technische und organisatorische Maßnahmen für einen ausreichenden Datenschutz bestehen. Wie bisher muss mit dem Auftragsverarbeiter im Regelfall ein Vertrag über eine weisungsgebundene Tätigkeit geschlossen werden. Ein wichtiger Bestandteil des Vertrages wird jedoch vor allem die Darstellung der erforderlichen Maßnahmen zur Sicherheit der Verarbeitung werden (Art. 32 DS-GVO).

Die Datenschutzaufsichtsbehörden können künftig Bußgelder auch direkt gegen den Auftragsverarbeiter verhängen, wenn die Auftragsverarbeitung nicht den Vorgaben der DS-GVO entspricht, zum Beispiel wenn der Dienstleister ohne Vertrag arbeitet. Eine Neuerung sieht die DS-GVO durch die ausdrückliche Erweiterung der Haftung auf Auftragsverarbeiter vor. Verstößt ein Auftragsverarbeiter gegen die Pflicht zur weisungsgebundenen Verarbeitung, indem er die Daten des Auftraggebers für eigene oder Zwecke Dritter verarbeitet, gilt er insoweit selbst als Verantwortlicher. Ein wichtiger Punkt ist darüber hinaus die künftige gemeinsame (gesamtschuldnerische) Haftung von Auftragnehmer und Auftraggeber gegenüber Betroffenen. Demnach drohen Auftragsverarbeitern bei Verstößen auch Schadensersatzforderungen von Betroffenen.

Da die DS-GVO wichtige neue bzw. erweiterte Anforderungen an die Auftragsdatenverarbeitungen stellt und gemeinsame Verantwortlichkeiten begründet, sollten bestehende Vereinbarungen über die Verarbeitung personenbezogener Daten überprüft und angepasst werden. Die DS-GVO ermächtigt die Datenschutzaufsichtsbehörden, Standardvertragsklauseln für Auftragsdatenverarbeitungsvereinbarungen festzulegen. Es bleibt derzeit abzuwarten, wann diese von den Datenschutzaufsichtsbehörden veröffentlicht werden.

3.7 Verzeichnis von Verarbeitungstätigkeiten

Die nach dem bisherigen BDSG bekannten Dokumentationen (öffentliches Verfahrensverzeichnis und interne Verarbeitungsübersicht) werden mit der DS-GVO abgelöst durch ein (elektronisches oder schriftliches) Verzeichnis aller Verarbeitungstätigkeiten, das grundsätzlich jeder Verantwortliche und – neu – auch jeder Auftragsverarbeiter zu erstellen und zu führen hat. Unternehmen sind danach gehalten, alle Verarbeitungsaktivitäten bezüglich personenbezogener Daten in einem Verarbeitungsverzeichnis zusammenzufassen, wobei dieses die gesetzlichen Pflichtangaben nach der DS-GVO enthalten muss und auf Anforderung der Datenschutzaufsichtsbehörde zur Verfügung zu stellen ist. Abweichend vom BDSG werden künftig auch Auftragsverarbeiter verpflichtet sein, Verfahrensverzeichnisse für solche Verarbeitungsverfahren zu führen, die nicht in eigener Verantwortung, sondern im Auftrag Dritter erfolgen. Verstöße gegen eine fehlende oder nicht vollständige Führung eines Verzeichnisses oder die Nichtvorlage nach Aufforderung durch die Datenschutzaufsichtsbehörde sind mit Geldbußen in Millionenhöhe bedroht.

3.8 Beschäftigtendatenschutz

Die DS-GVO enthält eine Öffnungsklausel, wonach durch Rechtsvorschriften oder Kollektivvereinbarungen spezifischere Vorschriften zur Gewährleistung der Rechte und Freiheiten hinsichtlich der Verarbeitung personenbezogener Beschäftigtendaten im Beschäftigungskontext vorgesehen werden können (Art. 88 Abs. 1 DS-GVO). Diese Formulierung lässt weder eine Verschärfung noch Lockerung, sondern lediglich eine Konkretisierung des Beschäftigtendatenschutzes zu. Es sind keine umfassenden neuen nationalen Regelungen zu erwarten, sondern lediglich eine dem geltenden § 32 BDSG entsprechende Regelung (§ 26 BDSG-neu). Als Beschäftigte gelten, wie bereits im bisherigen Recht gemäß der DS-GVO, auch die Bewerber. Der Beschäftigtendatenschutz erfasst daher auch den Schutz von Bewerberdaten.

Der Beschäftigtendatenschutz wird in § 26 BDSG-neu geregelt und orientiert sich an den bisherigen Regelungen des BDSG. Eine Verarbeitung personenbezogener Daten ist immer dann zulässig, wenn die Verarbeitung nach den geltenden Vorschriften erlaubt ist oder der Betroffene seine ausdrückliche Einwilligung hierzu erteilt hat. Die Einwilligung im Beschäftigtenverhältnis wird in § 26 BDSG-neu ausdrücklich geregelt. Arbeitgeber müssen sicherstellen, dass die Einwilligung trotz des Abhängigkeitsverhältnisses freiwillig abgegeben wird. Dies kann insbesondere dann der Fall sein, wenn dem Arbeitnehmer durch die Einwilligung ein Vorteil entsteht oder die Interessen der Parteien gleich gelagert sind. Vor Abschluss eines Arbeitsvertrages werden Beschäftigte regelmäßig einer größeren Drucksituation ausgesetzt sein, eine Einwilligung zu erteilen. Arbeitgeber sollten vor dem 25. Mai 2018 daher Einwilligungserklärungen von Beschäftigten auf Konformität mit § 26 BDSG-neu überprüfen, um die Freiwilligkeit auf Verlangen nachweisen zu können.

Nach dem BDSG-neu kommt hinzu, dass personenbezogene Daten der Beschäftigten für Zwecke des Beschäftigungsverhältnisses auch verarbeitet werden dürfen, wenn dies zur Ausübung oder Erfüllung der sich aus einem Gesetz, einem Tarifvertrag oder einer Betriebsvereinbarung ergebenden Rechte und Pflichten der Interessenvertretung der Beschäftigten erforderlich ist.

Betriebsvereinbarungen kommen weiterhin als datenschutzrechtlicher Erlaubnistatbestand für spezifischere, also die Mindeststandards der DS-GVO konkretisierende Vorschriften für die Verarbeitung personenbezogener Beschäftigtendaten in Betracht. Bestehende Betriebsvereinbarungen sind bis zum 25. Mai 2018 einer Konformitätsprüfung zu unterziehen, ob sie den strengeren Vorgaben der DS-GVO genügen.

3.9 Einwilligung nach der DS-GVO

Die Anforderungen an die informierte, freiwillige Einwilligung wurden graduell erhöht. Die Einwilligung nach der DS-GVO ist als Rechtmäßigkeitsvoraussetzung für die Verarbeitung personenbezogener Daten nur wirksam, wenn sie freiwillig und informiert erteilt wurde (Art. 6 DS-GVO). Die Schriftform ist nicht mehr erforderlich, aber anders als bisher haben die Verantwortlichen aufgrund der Rechenschaftspflicht die Einhaltung der Rechtmäßigkeitsvoraussetzungen der Datenverarbeitung nachzuweisen. Um dieser Verpflichtung nachzukommen, wird wohl auch zukünftig eine Einwilligung in Schriftform (mit eigenhändiger Unterschrift) oder mindestens in Textform (zum Beispiel E-Mail) oder – bei Internetgeschäften – durch entsprechende Dokumentation des Einwilligungs-Klickverhaltens erforderlich sein. In Erwägungsgrund 42 zur DS-GVO sind diesbezüglich besondere Anforderungen geregelt. Danach sollen Alt-Einwilligungen nur fortgelten, wenn die vorformulierte Einwilligungserklärung in verständlicher, leicht zugänglicher Form, in einer klaren und einfachen Sprache abgefasst ist und keine missbräuchlichen Klauseln beinhaltet. Auch in Zukunft sind Einwilligungen eine wesentliche Rechtmäßigkeitsvoraussetzung für den Umgang mit personenbezogenen Daten. Zu empfehlen ist deshalb, Alt-Einwilligungen vorsorglich soweit wie möglich zeitnah zu aktualisieren.

3.10 Gewährleistung der Betroffenenrechte

Die DS-GVO stärkt in besonderem Maße die Rechte Betroffener einer Datenverarbeitung (Art. 12 ff. DS-GVO). Die in der DS-GVO vorgesehenen Transparenz- und Informationspflichten gehen spürbar über die bisherigen deutschen

Regelungen hinaus. So sind umfangreiche Informationspflichten bei der Datenerhebung, Auskunftsrechte, Rechte auf Berichtigung, Löschung, Einschränkung der Verarbeitung und Datenübertragbarkeit sowie Widerspruchsrechte vorgesehen. Durch die Vervielfachung der Informationspflichten sollten alle Datenschutzerklärungen überarbeitet werden. Auch die Datenschutzerklärungen auf Webseiten müssen bis zum Stichtag entsprechend angepasst werden.

Im Rahmen des Recruitingprozesses haben Unternehmen Bewerber umfassend nach Art. 13 DS-GVO zu informieren. Insbesondere müssen Unternehmen ihren Bewerbern bei Eingang der Bewerbungsunterlagen über die Art der Datenerhebung, wozu auch Angaben zum Verarbeitungszweck sowie zur Dauer des Aufbewahrungszeitraums zählen, informieren.

Zudem haben Bewerber künftig das Recht, von Unternehmen umfangreiche Auskunft über die gespeicherten Daten zu verlangen (Art. 15 DS-GVO). Daher sollte die Zweckgebundenheit bei der Speicherung der Bewerberdaten jederzeit dokumentiert werden.

Schon nach derzeitigem Recht darf die Speicherung personenbezogener Daten nur zweckgebunden (beispielsweise zum Bewerbungsverfahren) erfolgen. Dies gilt auch weiterhin nach der DS-GVO und dem BDSG-neu. Art 17 DS-GVO regelt das Recht auf Löschung (»Recht auf Vergessenwerden«). Nach der Ablehnung eines Bewerbers entfällt der Zweck für die Speicherung der Bewerberdaten. Ein berechtigtes Interesse an einer längeren Speicherung von maximal sechs Monaten besteht, solange noch mit Rechtsstreitigkeiten wie etwa einer Klage eines abgelehnten Bewerbers wegen einer behaupteten Diskriminierung nach dem Allgemeinen Gleichbehandlungsgesetz (AGG) zu rechnen ist. Möchte ein Unternehmen die Bewerberdaten länger aufbewahren (etwa für einen Bewerberpool), muss eine schriftliche Einverständniserklärung des Kandidaten eingeholt werden.

3.11 Verpflichtung zur Meldung von Datenschutzverletzungen

Die Informationspflichten bei Datenpannen, derzeit in § 42 a BDSG geregelt, werden durch Art. 33, 34 DS-GVO deutlich verschärft. Im Rahmen der DS-GVO sind alle Unternehmen dazu verpflichtet, meldepflichtige Datenschutzverletzungen (zum Beispiel Hackerangriffe, Datenklau, unsachgemäßer Umgang mit Daten durch Mitarbeiter) innerhalb von 72 Stunden der zuständigen Datenschutzaufsichtsbehörde zu melden. Im Falle einer Datenschutzverletzung mit hohen Risiken für die Privatsphäre müssen auch die betroffenen Personen informiert werden. Das Vorgehen bei einer Datenpanne muss zudem für nachträgliche Kontrollen der Datenschutzaufsichtsbehörde umfassend dokumentiert werden. Bei Verstößen gegen die Dokumentationspflicht drohen hohe Geldbußen.

4 Bereits auf dem richtigen Weg?

4.1 Fragebogen zur Umsetzung der DS-GVO zum 25. Mai 2018

Das Bayerische Landesamt für Datenschutzaufsicht (BayLDA) hatte am 25. Mai 2017 eine erste große Sensibilisierungsaktion gestartet und einen Fragebogen zur Umsetzung der DS-GVO zum 25. Mai 2018 an zahlreiche Unternehmen in Bayern versandt. Ziel war es, Unternehmen zu signalisieren, welche Anforderungen die DS-GVO stellt und nach welchen Kriterien die Datenschutzaufsichtsbehörden ab dem Mai 2018 konsequent prüfen und kontrollieren werden. Der Fragebogen zur Umsetzung der DS-GVO zum 25. Mai 2018 ist unter www.lda.bayern.de/media/dsgvo_fragebogen.pdf abrufbar und kann einem eigenen DS-GVO-Audit (unternehmensinterne Bestandsaufnahme) dienen.

4.2 Online-Test »Weg zur DS-GVO-Selbsteinschätzung«

Das BayLDA bietet zudem einen eigenständig entwickelten Online-Test unter dem Titel »Weg zur DS-GVO-Selbsteinschätzung« für Unternehmen und deren Verantwortliche an, mit dessen Hilfe diese selbst prüfen können, wie weit sie auf dem Weg zur Erfüllung der gesetzlichen Anforderungen zur richtigen Umsetzung der Datenschutzanforderungen schon fortgeschritten sind. Der Online-Test findet sich unter www.lda.bayern.de/dsgvo.

5 Fazit

Insbesondere aufgrund der drastischen Erhöhung der Bußgelder ist es im Rahmen einer Datenschutz-Compliance unumgänglich, dass Unternehmen ihre Datenschutzpraxis überprüfen und ihr Datenschutzmanagementsystem bis zum 25. Mai 2018 nach den Vorgaben der DS-GVO umfassend überprüfen und im erforderlichen Umfang überarbeiten, andernfalls drohen Bußgelder in Millionenhöhe. Die notwendigen Anpassungsschritte sollten in einem strukturierten Prozess unter Einbindung des Datenschutzbeauftragten und Betriebsrates erfolgen. Es ist empfehlenswert, ein multidisziplinäres Projektteam aus den Bereichen IT, Personal, Recht und Compliance zusammenzustellen und eine Bestandsaufnahme sowie eine Risikoanalyse vorzunehmen. Zudem sollte ein Grobraster für weitere Schritte festgelegt werden, eine Budgetplanung erfolgen und die nach der DS-GVO erforderlichen Überprüfungs- und Überarbeitungsprozesse festgelegt sowie die Umsetzung in zeitlicher und personeller Hinsicht geplant werden. Die Umsetzung der DS-GVO sollte in Unternehmen hohe Priorität haben. Den Kopf in den Sand zu stecken und abzuwarten kann sehr teuer werden.

Autorin

Juliana Binder berät als Rechtsanwältin und Fachanwältin für Arbeitsrecht bei der kleeberg Rechtsanwaltsgesellschaft mbH in München nationale und internationale Unternehmen im gesamten Bereich des individuellen und kollektiven Arbeitsrechts sowie im Datenschutzrecht, und hier insbesondere in der EU-Datenschutz-Grundverordnung. Sie verfügt über langjährige Erfahrung sowohl in internationalen Kanzleien als auch im Bereich Corporate Human Resources eines internationalen Logistikkonzerns.

Kontakt: Juliana.Binder@kleeberg.de

Digital Leadership und Human Resources

Georg Lange, Thomas Faust und Kiran Joseph

The digital revolution is more significant than the invention of writing or even printing.
(Douglas C. Engelbart)

Prelude

Stuttgart, 20. Juli 2019: Die Vorstandsvorlage bei einem großen deutschen Automobilhersteller hat nur einen Punkt: Google hat ein Betriebssystem für Autos entwickelt und stellt es kostenlos dem Markt zur Verfügung. Geely, Volvo, Tata und Land Rover haben sofort reagiert und angekündigt, ab dem nächsten Modelljahr alle Modelle damit auszustatten. Darin sind auch Möglichkeiten für autonomes Fahren auf Level 3 enthalten. Der Vorstand diskutiert heftig, denn die Adaption des neuen Betriebssystems würde zwar Milliardeninvestitionen überflüssig machen, doch die Abhängigkeit von dem Tech-Giganten ins Unermessliche erhöhen. Will man ein zweites Samsung werden? Werden die Kunden auf Dauer überhaupt noch Autos akzeptieren, die nicht auf diesem Betriebssystem basieren? Braucht es vielleicht eine Wahlmöglichkeit? Schnell wird klar: Mit den existierenden Strukturen kann keine geeignete Antwort auf diese Herausforderung gegeben werden. Die Blicke richten sich auf den neuen Chief Human Resources Officer (CHRO). Ihre Kolleginnen und Kollegen möchten wissen, welche Strategie sie anbieten kann. Ein Lächeln huscht über ihr Gesicht – sie ist aus gutem Grund in diese entscheidende Rolle befördert worden. Denn sie hat längst begonnen, auch die Personal- und Führungsstrukturen auf den digitalen Wandel einzustellen. – Wenn Sie wissen wollen wie, dann lesen Sie bitte weiter, ansonsten warten Sie einfach bis 2019.

1 Ein HR-Leadership-Modell für die digitale Transformation

Wenn der Zeitpunkt gekommen ist, dass der Vorstandvorsitzende die Transformation der Führungsstrukturen und Arbeitsweisen aufgrund des digitalen Wandels einfordert, wird die Zeit zu knapp sein. Unternehmen mit traditionellen Strukturen werden diese Transformation in der dann noch verbleibenden Zeit nicht schaffen und verschwinden. Daher ist es die Aufgabe des CHRO, sich so rasch wie möglich ein Mandat zu holen und jetzt anzufangen. Das Mandat ermöglicht den tiefgreifenden Umbau der Unternehmenskultur und der Rollen- und Aufgabenverteilung der Mitarbeitenden für eine nahe Zukunft. Die Führungsstruktur soll dabei erhalten bleiben. Ziel ist die Gestaltung des grundlegenden Wandels, wie Menschen in Organisationen zukünftig agieren können. Die Einstellung eines Chief Digital Officers (CDO) und die Einführung einiger Apps reichen nicht aus, um digital zu sein. Digitalisierung besteht nicht nur darin, Abläufe zu automatisieren und die operative Effizienz zu verbessern. Um eine erfolgreiche und zukunftsorientierte, digitale Transformation zu ermöglichen, braucht es die bestmögliche Kombination aus Führungsqualitäten, Ressourcen und Fähigkeiten, kollektiver Intelligenz, Governance, Technologie und vor allem Kundenorientierung. Es geht darum zu erkennen, dass Roboter und Computer für Effizienz und Produktivität sorgen und die Menschen für Innovation.

Gerade im Personalbereich herrschte und herrscht eine große Unsicherheit, wie mit digitaler Transformation umgegangen werden soll. Es gibt Ansätze zu Berufsbildern, zu modernen Arbeitsplätzen, Umgang mit Generationen und erste Ansätze zu Big Data in Human Resources. Aber ein umfassendes Verständnis zum viel beschworenen Beitrag von HR fehlt. Die Autoren möchten dies ändern und aufzeigen, dass es eine Möglichkeit für HR gibt, diesen Beitrag zu leisten. Wenn HR diese Chance nicht ergreift, wird es in der operativen Bedeutungslosigkeit versinken.

Stuttgart: Unsere CHRO hat die Zeit und sich ergebenden Möglichkeiten genutzt. Deshalb ist sie in der Lage, in der eingangs skizzierten Vorstandssitzung 2019 ruhig zu lächeln, denn die Anfrage trifft sie nicht unvorbereitet. Sie kann aufgrund der bereits laufenden Transformation ihren Kollegen versichern, dass das Unternehmen von der Personalseite her auf einem guten Wege ist. Denn sie ist bereits in der Umsetzung des hier beschriebenen Stufenmodells zur digitalen Transformation ihres Unternehmens in Human Resources.

2 Das Stufenmodell: Übersicht

Angst und *Sorge* sind Worte, die das Führungsteam oft hört, wenn über Digitalisierung gesprochen wird. Die Aktionäre sorgen sich um schrumpfende Gewinne und den Fortbestand des Unternehmens. Die Belegschaft hat Angst, dass große Teile von ihr durch Digitalisierung überflüssig werden. Trotz dieser Ängste und Sorgen haben es einige Unternehmen geschafft, sich in die digitale Welt zu transformieren. Dies ist ihnen gelungen, weil sie trotz der Digitalisierung ihre traditionellen Führungs- und Organisationsstrukturen beibehalten haben und nur innerhalb der hierarchischen Ebenen digitale Transformation zuließen. Das heißt, die Führungs- und Organisationsstrukturen bleiben, und das Führungsverhalten transformiert sich. Dieser Prozess führt dazu, dass die Unternehmenskultur die notwendige Reife entwickelt, um in einer digitalen Umgebung erfolgreich bestehen zu können.

Der Transformationsprozess benötigt Leitlinien. Aus ihren Erfahrungen heraus präsentieren die Autoren nachfolgend ein Stufenmodell als Vorschlag für das Gelingen des Transformationsprozesses im Führungsverhalten. Dies betrifft das ganze Unternehmen, und es ist eine Kernaufgabe von HR, genau diesen Wandel zu gestalten. Es geht also nicht um Technologien und Systeme, sondern um die klassische Domäne von HR: die Organisationsentwicklung.

- *Stufe 1* besteht in einer Horizonterweiterung von HR:
  Was bedeutet Digitalisierung für diesen Funktionsbereich eigentlich? HR macht erste Erfahrungen in Bezug auf benötigte Skills und Kompetenzen im eigenen Feld sowie in Bezug auf die anderen Geschäftsbereiche. Stufe 1 endet mit dem Wissen darüber, was Human Resources sowie die anderen Geschäftsfelder des Unternehmens für die Transformation benötigen – und wenn ein Vorgehensplan zur Umsetzung vorliegt.
- *Stufe 2* ist der Aufbruch in die neue Welt:
  Hier wird der Vorgehensplan umgesetzt. Das neue Führungsverhalten wird in der Organisation eingeführt. Die innovativen Tätigkeiten und Rollen werden fest in die Teams eingegliedert. Stufe 2 endet, wenn die Transformationsziele erreicht sind.
- In *Stufe 3* wird die neue digitale Welt permanent gestaltet:
  Die Organisation erntet jetzt die Früchte der vorgenommenen Transformation. Das sind gesteigerte Wettbewerbsfähigkeit und höhere Effizienz bei niedrigeren Kosten. Die Vorteile werden genutzt und ein Kannibalisierungseffekt tritt ein.
- *Stufe 4* bezeichnet die Optimierung der digitalen Welt:
  Das bedeutet, die Bündelung von Business Intelligence (BI) und künstlicher Intelligenz (KI) – die produktive Zusammenarbeit zwischen Menschen und Computersystemen, die über künstliche Intelligenz verfügen – wird auf eine neue Ebene gehoben. Die daraus entstehenden Optimierungsmöglichkeiten und -aufgaben sind allerdings nie abgeschlossen.

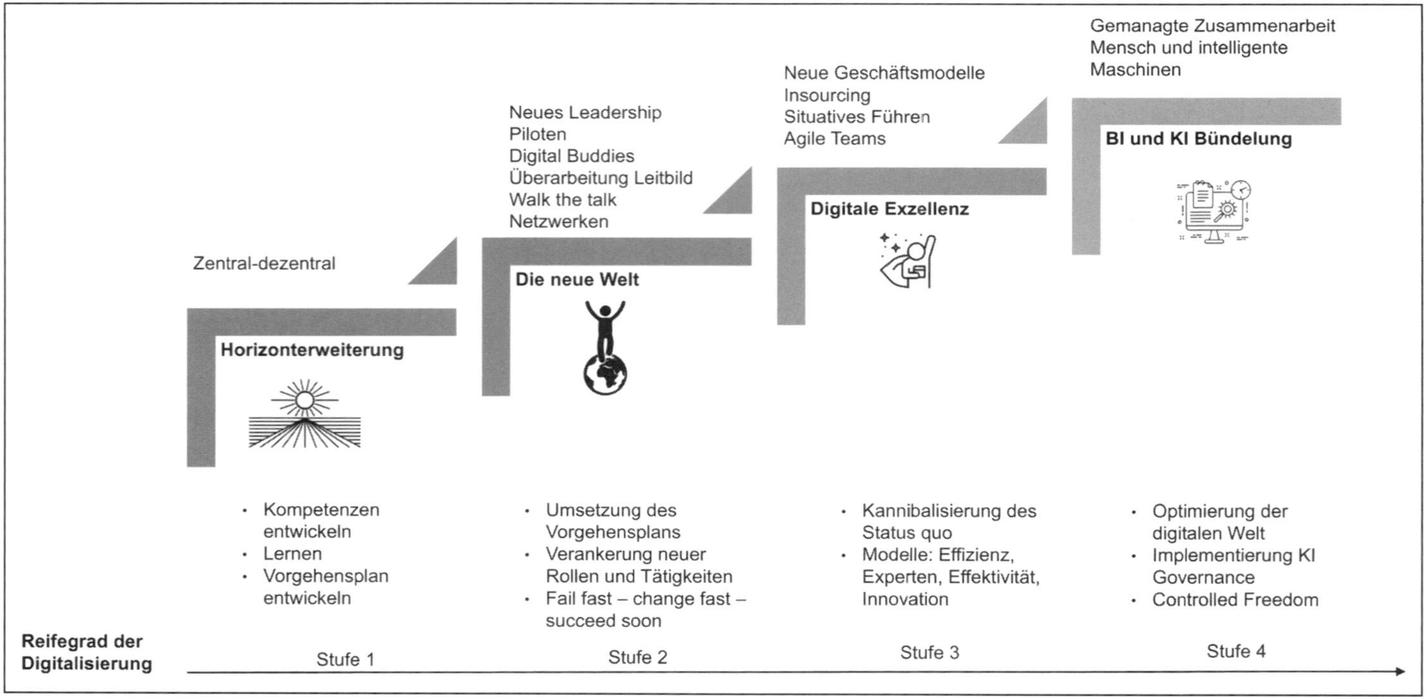

Abb. 1: Das Stufenmodell (Verwendung der Icons mit freundlicher Genehmigung von www.thenounproject.com)

3 Horizonterweiterung: Stufe 1

Erfolgreiche digitale Transformation erfordert eine vorgelebte Führungskultur, die Innovationen unterstützt und Risikobereitschaft sowie Agilität der Mitarbeitenden auf allen Ebenen des Unternehmens befördert. Es geht zuvorderst darum, dass die Führungskräfte eine entsprechende Haltung einnehmen. Diese Maßnahme der Organisationsentwicklung ist eine klassische Domäne von HR und ein grundlegendes Ziel dieser ersten Stufe. Mit anderen Worten:

- Eine authentische kulturelle Veränderung eines Unternehmens hin zur Digitalisierung wird im typischen Top-down-Ansatz vom CEO ausgehend vorangetrieben,
- die notwendigen Ressourcen für die kulturelle Transformation werden bereitgestellt,
- die Transformation hin zu Digitalisierung wird für jede Person im Unternehmen spürbar, sowohl für Führungskräfte als auch für Mitarbeitende in allen Bereichen,
- ein vom Anfang bis zum Ende reichendes intensives Erleben über die ganze Organisation hinweg ist erforderlich, wenn Veränderungsprozesse gelingen sollen,
- das Top-Leadership-Team sollte davon ausgehen, dass Mitarbeitende durchaus auch Interesse und Lust auf effiziente Digitalisierung mitbringen und erwarten.

3.1 Hilfreiche Fragen als Basisarbeit für den Vorgehensplan

Die folgenden Fragen sind für die Horizonterweiterung hilfreich und wichtig:

a. Warum soll oder muss sich das Unternehmen digital transformieren?
b. Wer verlangt direkt oder indirekt eine digitale Ausrichtung?
c. Wie dringlich ist die digitale Transformation?
d. Ist sich das Führungsteam bewusst, was es heißt, digital zu wirtschaften?
e. Hat das Unternehmen eine Führungsstruktur mit klar definierten Verantwortlichkeiten?
f. Ist das Führungsteam bereit, die eigene Haltung zu prüfen und gegebenenfalls eine notwendige Transformation der eigenen Führungskultur anzugehen?
g. Ist die Organisation bereit, Rollen und Kompetenzen neu zu verteilen?
h. Ist die Kultur attraktiv für verschiedene Generationen und nicht nur für Millenials?
i. Ist HR in der Lage, eine solche Organisationsentwicklung anzustoßen, umzusetzen und zu nachhaltigem Erfolg zu führen?
j. Gibt es Analysetools und Möglichkeiten, um die Bereitschaft der Organisation und vorhandene Fähigkeiten der Belegschaft zu evaluieren?
k. Kann sich das Unternehmen auch mit kurzfristig ausgerichteten Strategien und taktischen Maßnahmen auseinandersetzen?

l. Wie steht der Betriebsrat zur digitalen Transformation?
m. Sind die vorhandenen Policies und Prozesse vollständig und unterstützen diese die digitale Transformation?
n. Wie starr sind die internen Richtlinien im Zusammenhang mit Social Media und Big Data?

Die Antworten auf diese Fragen geben Einblick in den Status quo der Organisation. Sobald diese Fragen beantwortet sind, eröffnet sich die Möglichkeit, anders zu denken und zu handeln als bisher. Was heißt das? Nehmen Sie den Stakeholdern die Angst und die Sorge vor der Digitalisierung. Nutzen Sie die Antworten auf die obigen Fragen als Basis für Ihren Vorgehensplan. Dieser kann folgendermaßen aussehen:

a. Klare Sicht auf den digitalen Fußabdruck der bestehenden Organisation
b. Klare Sicht auf alle Stakeholder, die eine digitale Ausrichtung erwarten bzw. verlangen (intern, extern, Markt, technologischer Wandel, Kostendruck etc.)
c. Bereits Getriebener oder noch Selbst-Treiber? Gegebenenfalls ist eine gewisse Betriebsblindheit zu überwinden!
d. Klare Sicht auf die vorhandenen Fähigkeiten und Fertigkeiten der Unternehmensleitung
e. Klare Sicht auf das Organigramm und eindeutige Zuordnung aller Mitarbeitenden in ihre Jobfamilien
f. Mindset, um Lösungen mit disruptiver Natur zu entwickeln
g. Jeder Jobfamilie kann ein Arbeitsmodell zugeordnet und in der Organisation konsequent durchgesetzt werden.
h. Neue generationenunabhängige Kultur propagieren mit dem Credo: »Do faster, fail faster, succeed sooner.«
i. Gemäß einer Studie der Boston Consulting Group von 2017 sind nur sechs Prozent aller HR-Abteilungen in der Lage, eine digitale Transformation »zu stemmen« (Harvard Business Manager, Juli 2017). Es ist deshalb davon auszugehen, dass es neue und andere Ressourcen in Human Resources braucht, die eingeplant und akquiriert werden müssen.
j. Klare Konzepte für KPIs, um dezentral geführten Einheiten Mittel zur Steuerung an die Hand zu geben und zentralen Einheiten ein übergreifendes Controlling zu ermöglichen
k. Nutzung des Transformationsmodells: Ein klarer Vorgehensplan wird der Organisation (Führungskräften und Mitarbeitenden) die notwendige Sicherheit geben – Stichwort: Verhaltensänderung (Behavioral Change).
l. Einbinden in den Transformationsprozess
m. Akkuratesse als Schlüssel zum Transformationserfolg
n. Aufklärungsbedarf nachkommen und Betriebsvereinbarungen abschließen

Wenn signifikanter Handlungsbedarf besteht (Basisarbeit Punkte a bis l), muss entschieden werden, ob dieser in den Vorgehensplan integriert werden soll. Es bietet sich durchaus auch an, zum Beispiel Policies und Prozesse oder Analysetools unabhängig vom Vorgehensplan auf den erforderlichen Stand zu bringen. Human Resources wird wahrscheinlich in diesem Zusammenhang weitere – für das eigene Unternehmen relevante – Punkte dazufügen.

Ziel ist es, dass Vollständigkeit in allen Dimensionen erreicht wird. Warum? Das liegt schon im Wort »Digital« – welches überspitzt gesagt bedeutet: alles (1) oder nichts (0). Digitalisierung kann nur gelingen, wenn diese Vollständigkeit erreicht ist, da sie immer nur innerhalb der ihr einmal gegebenen, eigenen Vollständigkeit agieren kann. Mit anderen Worten: Was bereits in der Planung vergessen wurde, bleibt draußen und schmälert das Ergebnis. Dies sind die technischen und strukturellen, logischen Inhalte eines Vorgehensplans. Im Vorgehensplan kann jedoch nicht nur die Basisarbeit enthalten sein, sondern es müssen auch Führungsstruktur und Führungsverhalten ausdrücklich als organisatorische Entwicklungsmaßnahme adressiert werden.

3.2 Führungskultur für das digitalisierte Unternehmen

Mit Blick auf die vierte industrielle (digitale) Revolution ist es wichtig zu verstehen, dass die Mehrheit der großen Unternehmen über die letzten drei Jahrzehnte mehrfach Transformationsphasen durchgemacht hat. In den 1990er-Jahren war der Trend, möglichst viele operative Tätigkeiten für ein besseres EBITDA auszulagern. Zehn Jahre später stellten die Unternehmen fest, dass die Ressourcen verschwunden waren, gerade wegen des Outsourcings. Die Antwort darauf war, mehr und mehr Governance in die bestehenden Prozesse zu bringen, die Hierarchiestruktur breiter statt tiefer zu fächern und die Kontrolle über die ausgelagerte Umgebung zu erlangen. Trotz anfänglicher Kritik wurden Matrixstrukturen, die auch ausgelagerte Strukturen beinhalteten, wieder populärer. Die wiedererlangte Stärke der Unternehmen wurde und wird jedoch bedroht durch einen Boom, der 2007 mit der Einführung von Smartphones und der Verfügbarkeit erschwinglicher Informationstechnologie begann.

Es begann die Zeit des Aufstiegs der »digitalen Einhörner«. Etablierte Unternehmen wurden durch die schiere Agilität und die disruptive Natur der Start-ups bedroht und zum Teil regelrecht überrollt. Das Verschwinden von Nokia ist ein bedeutendes Beispiel. Wie kam es dazu? Der Herausforderer Apple besaß eine schlanke Führungs- und Risikostruktur mit einem charismatischen CEO an der Spitze und einem großen Gespür, Kundenanforderungen neu zu kreieren. Apple war und ist bis heute ein Beispiel dafür, wie ein Unternehmen mit traditionell hierarchischer Führungsstruktur, aber mit einem agilen Führungsverhalten und einer entsprechenden -kultur, Digitalisierung erfolgreich nutzt.

Der Erfolg von Apple kann nicht nur seinem CEO und Gründer zugeschrieben werden. Um die Mechanismen der erfolgreichen digitalen Transformation zu verstehen, müssen die richtigen Schlüsse aus den Erfolgsanalysen von Silicon-Valley-Unternehmen gezogen werden. So waren im Sommer 2016 Apple, Google, Amazon und Facebook an den Börsen mit rund 1.411 Milliarden US-Dollar bewertet – die DAX 30 Unternehmen mit 1.086 Milliarden US-Dollar. Die »Ökosysteme« dürften jedoch vergleichbar sein. Wie groß ist VW mit seinen Zulieferern? Wie groß ist Apple mit seinen Zulieferern? Wenn man alle Zulieferer von Apple sowie alle IT-Entwickler auf der Basis des Apple-Betriebssystems iOS dazunimmt, dann dürfte die Zahl der Menschen, die durch Apple ein Einkommen beziehen, mit der von VW und seinen Zulieferern vergleichbar sein.

In traditionellen Führungsmodellen wie Top-down und Matrix geht es im Kern darum, Governance zu etablieren und volle Kostenkontrolle zu erlangen. Erschwerende Hemmnisse liegen im Top-down-Ansatz, in der Distanz der Führung zu Mitarbeitenden – und in der Matrix, in der die disziplinarische und fachliche Führung getrennt sind.

Wie kann es gelingen, dass sich eine traditionelle Matrix-Organisation die Vorteile einer digitalen Umgebung zunutze macht? Ein erfolgreicher Weg ist, die Führungsstrukturen möglichst zu erhalten und nur das Führungsverhalten, die Führungskultur zu ändern. Das bislang erfolgreichste Apple-Produkt, das iPhone, kann hierfür als Beispiel dienen. Dieses war keinesfalls die Idee von Steve Jobs, sondern von einigen seiner besten Leute, wie beispielsweise Scott Forstall oder Tony Fadell. Es wäre jedoch falsch, einfach Apple kopieren zu wollen.

3.3 Der zentral-dezentrale Ansatz

Ein wirksames Führungsverhalten liegt in einem Ansatz, der sich mit *zentral-dezentral* beschreiben lässt. Folgendes Beispiel führt dies aus:

> Sie kaufen einen Kasten mit Lego-Bausteinen. Daraus wählen Sie jene Lego-Bausteine aus, mit denen Ihre Kinder Ihrer Ansicht nach spielen sollten. Damit nehmen Sie die Rolle der *Zentrale* ein. Diejenigen, von denen Sie denken, dass Ihre Kinder nicht damit spielen sollten, geben Sie nicht heraus. Ihre Kinder können frei entscheiden, was sie mit den freigegebenen Bausteinen machen wollen. Damit nehmen Ihre Kinder eine *dezentrale* Rolle ein. In diesem Sinne funktioniert der *zentral-dezentrale Ansatz.*

Ganz so einfach ist es für ein Unternehmen natürlich nicht. Deshalb der Reihe nach: Die Geschäftsleitung wählt die Bausteine aus, mit denen die Mitarbeitenden arbeiten können. Sie gibt Anzahl, Größe und Farbe vor. Das ist die *zentrale* Führungsaufgabe der Geschäftsleitung in einem digital transformierten Unternehmen. Wie die Mitarbeitenden die ihnen zur Verfügung stehenden Bausteine verwenden, um die ihnen zugewiesenen Aufgaben zu erfüllen, bleibt ihnen überlassen. Es zählt nur das Erreichen eines vorgegebenen Ergebnisses. Das heißt, die Mitarbeitenden entscheiden *dezentral*, welche Steine sie nutzen. Darüber hinaus können in dafür freigegebenen Hierarchieebenen eigene digitale Agenden entwickelt und umgesetzt werden.

Ziel dieser Führungskultur ist es, Verantwortungen und Entscheidungen auch in untere Hierarchieebenen zu verlagern – *dezentral* – und das dort vorhandene Potenzial zu nutzen. Dass dies gut funktionieren kann, zeigen Unternehmen, die mit Scrum- und Holocracymodellen arbeiten (die zusammenfassend Multi-Speed-Multicore-Modelle genannt werden).

Das Modell *zentral-dezentral* geht mit diesen und anderen neuen Führungs- und Business-Intelligence-Ansätzen Hand in Hand und ermöglicht sie. Diese Ansätze und die daraus entstehenden digitalen Geschäftsprozesse folgen einem schlanken Design, das eine schnellere Entscheidungsfindung und eine größere Agilität ermöglicht. Dies erfordert allerdings eine viel höhere Mitarbeiterbeteiligung.

Im *zentral-dezentralen Ansatz* konzentriert sich das Führungsteam demnach auf die Blaupause und den Kern des Geschäftsmodells, während die vorgesehenen Führungsebenen sich auf ihre jeweiligen Geschäftsmodell-Elemente fokussieren, um das Geschäft voranzubringen und zu betreiben. Eine gute Analogie bieten Ameisen – sie agieren *dezentralisiert*, um eine *zentrale* Aufgabe zu erfüllen: nämlich Lebensmittel in das Zentrum des Baus zu bringen und für das Fortbestehen des Volkes zu sorgen.

Funktion	Rolle	Entscheidungsfreiheit	Handlungsfreiheit	Übersicht	Digitaler Effekt
Board	Zentral	Volle Freiheit	Volle Freiheit	Voll	Gering
Top - management	Zentral	Fast volle Freiheit	Fast volle Freiheit	Relevanter Verantwortungs-bereich	Niedrig
Mittel-management	Zentral-dezentral	Controlled Freedom durch KI-Einfluss und das genutzte Modell	Controlled Freedom, kann Entscheidungen beeinflussen	Relevanter Verantwortungs-bereich	Mittel bis hoch
In Scope für zentral-dezentral	Dezentral	Controlled Freedom durch KI-basierte Empfehlungen und das genutzte Modell	Controlled Freedom, Entscheidungen müssen befolgt werden	Relevante Team-aktivitäten	Hoch
Außerhalb des Scopes für zentral-dezentral	Basierend auf der genutzten Technologie	Keine Freiheit	Ergebnisgetrieben	Relevante zugeordnete Aufgaben	Hoch

Abb. 2: Rollenentwicklung (Verwendung der Icons mit freundlicher Genehmigung von www.thenounproject.com)

3.4 Der Vorgehensplan

Der Vorgehensplan für die Transformation muss mindestens folgende Punkte für die notwendige Organisationsentwicklung hin zum zentral-dezentralen Ansatz beinhalten:

- Entwicklung des Führungsteams in zentrale Rollen
- Identifizierung von Hierarchieebenen und Unternehmensbereichen, die dezentrale Rollen einnehmen können, und Verankerung der Ergebnisse in Job-Familien
- Identifizierung von Hierarchieebenen und Unternehmensbereichen, die keine oder nur sehr kleine dezentrale Rollen einnehmen können, und doch von der Digitalisierung stark betroffen sind (beispielsweise Mitarbeitende in der Produktion, die zukünftig mit Augmented Reality Tools arbeiten müssen) und Verankerung der Ergebnisse in Job-Familien
- Identifizierung von Geschäftsbereichen für erste Gehversuche (Piloten) mit dem Potenzial für dauerhafte Transformation
- Entwicklung der gewählten Job-Familien in die dezentrale Rolle
- Identifizierung von Geschäftsbereichen, die nicht, indirekt oder erst später digitalisiert werden
- Erneuern von Vision und Mission Statements der Organisation, damit sie die digitale Transformation gemäß Scope darstellen
- Verkürzung des strategischen Planungszyklus, zum Beispiel mit Predictive Analytics
- Testen der neuen Rollen in Piloten
- Einführung von informationsbasierten Geschäftsmodellen, da die neuen Produkte und Dienstleistungen vollständig daten- und informationsbasiert sind (ermöglicht Skalierbarkeit in der Zukunft)
- Befähigung von HR, die Verlagerung der Organisation in einen zentral-dezentralen Modus zu bringen
- Prüfung der Machbarkeit und des Risikos einer Transformation

Der Vorgehensplan muss auch eine Methodik für das Change Management vorschlagen. Die Schaffung eines digitalen Geschäftsbereichs, um die Digitalisierung zu starten, ist hier nicht der Schlüssel – aber eine Möglichkeit der organisationalen Verankerung, den viele Unternehmen gehen. Eine andere Möglichkeit ist es, den Piloten zeitliche und finanzielle Ressourcen für Innovationen bereitzustellen. Beides benötigt zusätzliche, flankierende kulturelle Unterstützung.

Kurz gesagt: Stufe 1 gibt Ihnen Einblicke über die allgemeine Vielfalt Ihres Unternehmens sowie in die digitale Kompetenz der Mitarbeitenden. Sie ermöglicht dem Führungsteam, ein Gespür dafür zu entwickeln, wie es die kollektive Intelligenz des Unternehmens nutzen kann, um komplexe Herausforderungen zu meistern. Die Sicherstellung der Unterstützung des CEOs sowie der Einsatz eines engagierten zentralen Teams ist nötig, um das neue digitale Wachstum zu unterstützen.

Idealerweise kommt der Anstoß zur Digitalisierung durch das Topmanagement. Human Resources muss von Anfang an seinen Beitrag definieren – der beschriebene Vorgehensplan soll dabei helfen. Das Management muss von der Notwendigkeit überzeugt sein, um ausreichende Ressourcen für Human Resources und deren Aufgaben für die digitale Transformation bereitzustellen. Gerade große Unternehmen tun sich oft mit den Themen Kulturwandel und Change Management schwer.

4 Aufbruch in die neue Welt: Stufe 2

Stuttgart: Unsere CHRO hat ihren Vorgehensplan längst erstellt und sich vom CEO das Mandat für die Umsetzung in HR bereits 2018 geholt. HR ist deshalb parat, den Vorgehensplan nun auch im ganzen Unternehmen umzusetzen.

Es gibt drei Hauptaufgaben in dieser Stufe:

- den Vorgehensplan umzusetzen,
- den Wandel im Führungsverhalten herbeizuführen und
- bei den Mitarbeitenden das neue Arbeitsmodell zentral-dezentral einzuführen.

Die Umsetzung des Vorgehensplans ist eine klassische Domäne von Human Resources und kann innerhalb der Organisationsentwicklung (Organisational Development – OD) erfolgen. Auch wenn die zweite und dritte Aufgabe natürlich im Vorgehensplan enthalten sind, bedürfen sie besonderer Aufmerksamkeit von OD – denn es geht hier um einen Kulturwandel. Dieser soll durch einen Behavioral Change der Führungskräfte und nachfolgend der Mitarbeitenden herbeigeführt werden, was einen Paradigmenwechsel bedeutet.

Worauf muss bei der Umsetzung des Vorgehensplans hinsichtlich des Wandels im Führungsverhalten besonders geachtet werden? Die folgende Tabelle gibt eine Übersicht für das mittlere Management und die Geschäftsleitung.

Aufgaben	Management	Leadership	Struktur
Agenda entwickeln	Pläne und Budgets: Über Maßnahmen und zeitliche Abläufe entscheiden, Ressourcen bereitstellen	Richtung vorgeben: Vision; Strategien zur Veränderung entwickeln	Ressourcen bereitstellen: Eigene Einheiten versus interne Ressourcen für Innovation
Mitarbeiter entwickeln	Organisieren und Mitarbeiter einsetzen: Über Strukturen entscheiden, Mitarbeiter einsetzen, Vorgehen entwickeln	Mitarbeiter mit Vision ausrichten: Vision kommunizieren, Akzeptanz in den Teams herstellen	Kompetenzen: nötige Kompetenzen erkennen und Plan zur Bereitstellung entwickeln
Ausführen	Controlling und Problemlösung: Ergebnisse nachverfolgen, korrigierende Maßnahmen ergreifen	Motivieren und inspirieren: Mitarbeiter befähigen, Hindernisse zu überwinden	Aufgabenbezogenen Mitarbeitereinsatz ermöglichen (Netzwerkansatz)
Resultate	Konsistenz und Vorhersagbarkeit	Wandel	Innovation und Gewinn

Abb. 3: Management, Leadership und Struktur

Während durch die Digitalisierung die Rollen der Geschäftsleitung und des Managements gleich bleiben – wenn auch mit verbesserten Instrumenten –, verändern sich die Funktionen und das Verhalten des Managements hinsichtlich der Mitarbeitenden deutlich. Es geht um einen wirklich tiefgreifenden Behavorial Change. Dieser Veränderungsprozess geht Hand in Hand mit dem Ergebnis der digitalen Organisationstransformation. Die gegenseitige Unterstützung von Management und Geschäftsleitung im Change-Prozess ist wichtig, besonders bei den folgenden Themen:

- Arbeit und Führung von virtuellen Teams,
- Berücksichtigung der Diversität von Ländern, Standorten und Teams mit unterschiedlichen Arbeitsweisen, Werten, kulturellen Hintergründen und Generationen,
- Motivation von Belegschaften, die durch Restrukturierungen deutlich geschrumpft sind und nicht selten ein höheres Arbeitspensum haben, da manchmal Prozesse und IT noch nicht den gewünschten Standard besitzen,
- Ausbalancieren der zentralen Anforderungen hinsichtlich Innovationen und operativer Ergebnisse.

HR spielt eine wichtige Rolle, da es die Sicherstellung des Behavioral Change begleitet. Denn die größte Veränderung findet auf der Ebene der Mitarbeitenden statt, da diese mit dem neuen Arbeitsmodell zentral-dezentral konfrontiert werden.

4.1 Testen der neuen Rollen in Piloten

Mittels Identifizierung von geeigneten Einheiten für erste Piloten werden Management und Mitarbeitende direkt in den Change-Prozess eingebunden. Damit beginnt auch die eigentliche digitale Transformation. Denn die Erkenntnisse aus den Piloten ermöglichen eine Ausweitung auf andere, ausgewählte Bereiche der gesamten Organisation. Die Piloten dienen dazu, schnell einen kontrollierten, organisatorischen Lerneffekt herbeizuführen. Auf sie kann nicht verzichtet werden!

Die zentralen Rollen übertragen den zuvor identifizierten dezentralisierten Bereichen die neuen Kompetenzen. Das heißt: Das zuvor designte Modell geht live und führt zu einer Erhöhung der Selbstverantwortung innerhalb der Hierarchie-Ebenen. Es ist eine Notwendigkeit für die ganze Organisation, sich zunehmend auf die Rationalisierung der Entscheidungsfindung ohne direkte Beteiligung zu vieler Funktionen hinzuentwickeln.

Der Aspekt der »Befähigung« aller beteiligten dezentralen Bereiche und vor allem ihrer Mitarbeitenden zum selbstverantwortlichen Planen und Handeln steht im Mittelpunkt. Selbstverantwortliches Planen und Handeln umfasst beispielsweise Auftragssteuerung, Personaleinsatzplanung, Qualitätskontrolle und Behebung von Störungen und Schwankungen im Arbeitssystem selbst. Die interne Steuerung obliegt den Mitarbeitenden der Piloten also selbst. Zur Befähigung benötigen sie allerdings eine Reihe von Smart Tools – Business-Intelligence-Systeme mit Dashboards beispielsweise –, die sie in der Steuerung unterstützen.

Da es in Unternehmen immer Bereiche geben wird, die nicht oder kaum nach dem zentral-dezentralen Modell arbeiten, müssen bereits in den Piloten die zentralen Rollen dafür sorgen, dass alle Rollen und Bereiche möglichst reibungslos zusammenarbeiten. Wie zuvor schon einmal erwähnt, werden sich beispielsweise Produktionsprozesse durch Augmented-Reality-Verfahren stark verändern, und der in Stufe 3 beschriebene Kannibalisierungseffekt tritt auch für Mitarbeitende dieser Bereiche ein. Die Stufen 1 und 2 sind hier von Operational Excellence erbracht und von HR begleitet worden.

Die Mitarbeitenden der Piloten müssen so zusammengestellt sein, dass sie immer mehr Kompetenzen ansammeln, um dezentral arbeiten zu können. Es ist sinnvoll, wenn ihnen »Digital Transformation Buddies« zur Seite stehen, um den Wandel der Job Families in der Realität voranzutreiben. Sie geben Anleitung, Unterstützung und Inputs und gewährleisten damit eine echte Entwicklung. Die Buddies sollen auch sicherstellen, dass sich die Organisation von der risikoaversen Mentalität wegbewegt, Misserfolge akzeptiert und die Mitarbeitenden dazu ermutigt, höhere Risiken einzugehen. Das reine Bestehen dieses Buddy-Teams trägt dazu bei, die digitale Kompetenz des Unternehmens immer weiter zu erhöhen. Die Buddies bleiben auch nach dem Ende der Transformationsreise im Unternehmen. HR sollte es sich keinesfalls nehmen lassen, diese Buddies bereitzustellen und für sie verantwortlich zu sein. Zum Beispiel hat General Electric den Führungskräften 500 Trainer dauerhaft zur Seite gestellt, um Konzepte wie Risikobereitschaft und Lernen aus Fehlern umzusetzen.

4.2 Auswertung und Steuerung der Piloten

Es müssen klare Erfolgskriterien für die Piloten festgelegt werden. Während der Pilotphase muss ein konstantes Monitoring des Transformationsprozesses und der erzielten Ergebnisse erfolgen. Um den Erfolg zu messen, ist unter anderem Folgendes wichtig:

- Verhaltenskennzahlen zu entwickeln und zu messen, damit man nicht nur auf finanzielle Kennzahlen angewiesen ist und
- technisch und personell in der Lage zu sein, von den Informationen und Einsichten zu profitieren, die gesammelt und erlangt werden.

Schon mit Beginn der Piloten muss der in Stufe 1 entwickelte Change-Prozess umgesetzt werden. In der praktischen Anwendung des Change-Prozesses müssen die folgenden Aspekte zusätzlich einbezogen werden und gegebenenfalls die Piloten laufend angepasst werden. Das kann bedeuten, dass es unterschiedliche Strukturen in Pilot- und Nichtpilotbereichen gibt.

- Compensation und Benefits an der neuen Kultur ausrichten: Das System muss geeignet sein, hohe dezentrale Freiheitsgrade zu honorieren.
- Talent Management und strategische bzw. operative Personalplanung an der zunehmenden Unsicherheit und kürzeren Planungszyklen ausrichten (Talent on Demand)
- »Richtige« Mitarbeitende identifizieren und entwickeln bzw. einstellen – besonders im Hinblick auf die kulturelle Passung – und dafür sorgen, dass sie entsprechend freie Hand haben
- Mobilität der Mitarbeitenden erleichtern: geografisch und organisational
- Generationenmanagement: Umgang mit der Lässigkeit und der Geschwindigkeit der Millenials und der Erfahrung der Generation X und früher
- Lernziel der Organisation: fail faster – change faster – succeed sooner

Dieses Mindset und all die oben aufgelisteten Aspekte sind essenzielle Bestandteile des Behavioral Change und gehören schon deshalb unter die Kontrolle von HR.

Es darf letztendlich keinen Misserfolg der Piloten geben. Sondern, falls erforderlich, sind alle Maßnahmen nicht nur erlaubt, sondern zu ergreifen, um die Piloten zum Erfolg zu führen. »Geht nicht – gibt's nicht!« Es bietet sich in diesem Behavioral Change an, die Anzahl der Piloten stetig zu steigern, bis sie schließlich alle identifizieren Bereiche erfasst haben.

4.3 Kritische Erfolgsfaktoren

Es lohnt sich für Human Resources, das Kulturleitbild (Backbone) der Organisation zu prüfen, anzupassen und in die neuen Skills zu übersetzen. Sollte es im Unternehmen noch keines geben, so ist nun der richtige Zeitpunkt, um dringend eines zu entwickeln und einzuführen. Der Backbone muss aktiv den Führungskräften und allen Mitarbeitenden vermittelt werden. Den Führungskräften kommt eine starke Vorbildrolle im Vorleben des Kulturleitbildes zu. Das Kulturleitbild soll berücksichtigen, dass Mitarbeitende inzwischen selbst digitale Fähigkeiten haben, und verstehen, was Kunden an Produkten, Dienstleistungen und Lösungen suchen, die möglicherweise die digitale Transformation beschleunigen könnten. Angepasst an das Kulturleitbild, müssen zudem Methoden zur Erfassung von Skills und zur Analyse der aktuellen und zukünftigen Lücken auf Skillebene entwickelt werden.

Bei zu geringer Geschwindigkeit kann Human Resources mit Job Rotation, zunehmender Projektarbeit und dynamischen Zielvereinbarungssystemen die Handlungsgeschwindigkeit der Mitarbeitenden und der Organisation erhöhen.

Eine der entscheidenden Auswirkungen des Behavioral Change ist das verbesserte – natürliche – Networking von Mitarbeitenden. Von HR sollte die Initiative ausgehen, sowohl über moderne Bürokonzepte wie auch technische Plattformen. Darüber hinaus können Foren und Groups of Excellence etabliert werden. Es gilt also, die individuelle Vernetzung räumlich, technisch und zeitlich zu ermöglichen und zu fördern.

Kurz gesagt, Stufe 2 ist dann abgeschlossen, wenn Ihr Unternehmen Folgendes erreicht hat:

- Der Vorgehensplan, der Change-Prozess und die kritischen Erfolgsfaktoren – insbesondere das Kulturleitbild – sind klar in Ihren strategischen Plan integriert und kaskadiert über die relevanten Geschäftsfunktionen implementiert, das heißt, der Transformationsprozess ist vorderhand umgesetzt.
- Die Business-Intelligence-Ansätze und die Betriebsmodelle sind wendig und flink genug, um in einem Multi-Speed-Multicore-Modell zu arbeiten.

Die vollständige Umsetzung des Vorgehensplans ist wichtig, damit die zuvor bereits erläuterte »digitale Vollständigkeit« erreicht wird und der Plan nicht einfach immer verlängert wird. Nach erfolgreichem Abschluss der Stufen 1 und 2 ist Ihr Unternehmen bereit, in die Stufe der digitalen Exzellenz einzutreten.

5 Digitale Exzellenz: Stufe 3

Im traditionellen Verständnis von Change-Prozessen ist der Erfolg dann erzielt, wenn der Prozess abgeschlossen ist und alle nach einem neuen Modell führen und arbeiten. In der digitalen Welt sind die Innovationszyklen deutlich kürzer, wofür vom Unternehmen beispielsweise Scrum- und Holocracy-Modelle herangezogen werden. Das bisher in Stufe 2 Erreichte muss also durch stetigen Wandel und Anpassung »fit for purpose« gehalten werden.

5.1 Der Kannibalisierungseffekt

Im englischsprachigen Raum bezeichnet »Kannibalisierung« in der Betriebswirtschaftslehre einen Prozess, bei dem Teams durch Effizienzsteigerungen und erhöhte Routine weniger Mitarbeitende für denselben Output benötigen. Der Kannibalisierungseffekt – also der geringere Bedarf an Mitarbeitenden – in den heute bestehenden Organisationseinheiten ist ein Merkmal der Digitalisierung und unausweichlich.

HR hatte in den vorherigen Stufen sichergestellt, dass alle Mitarbeitenden voll mit der Organisation in Einklang stehen, um die Ziele der neuen digitalen Strategie zu erreichen. Jetzt kommt auf HR eine neue Aufgabe zu. In der Stufe 3 sollen Führungskräfte lernen, die Auswirkungen einer möglichen Kannibalisierung einzuschätzen und zu nutzen. Die Führungskräfte haben die Möglichkeit, Teams neu zu ordnen bzw. neu zusammenzustellen. Unter Umständen bedeutet das auch, dass davon betroffene Mitarbeitende neue Aufgaben im Unternehmen finden oder abgebaut werden müssen.

Für die verbleibenden Mitarbeitenden, die vom Auf- und Abbau von Kompetenzen und Kapazitäten betroffen sind, muss HR für sorgfältige Betreuung und gegebenenfalls rechtzeitig für Qualifizierung sorgen. Dafür ist eine strategische Personalplanungsfunktion wahrscheinlich notwendig. Aussagekräftige Planungen ermöglichen Human Resources die Steuerung des Change-Prozesses, sodass die guten Leute bleiben und nicht die Ersten sind, die gehen.

5.2 Die Chancen

Mit dem neuen Geschäftsmodell eines digitalisierten Unternehmens kann es gelingen, in bestehenden Märkten zu wachsen und weitere zu erschließen. Es gibt Unternehmen, die davon ausgehen, dass es eben nicht zu einer Abnahme der Gesamtbeschäftigung kommen wird – sondern stattdessen zu einer Verschiebung der Aufgaben und der dazu benötigten Kompetenzen. Es kann sogar sein, dass es zu Insourcing-Effekten kommt, die sich im Heimatland eines Unternehmens positiv auf die Beschäftigungslage auswirken.

Ein Beispiel ist die roboterisierte Produktion von Outdoorbekleidung von MAMMUT, Seon, die nun wieder in der Schweiz betrieben wird, da hier die benötigten qualifizierten Kräfte sitzen. Auch können oft outgesourcte Tätigkeiten (Finanzen, HR Administration, Informationstechnologien etc.) viel stärker in digitaler Form automatisiert erbracht werden. Diese Dienstleistungen können dann durchaus zurück in die Unternehmen wandern – oder werden erst gar nicht outgesourct.

Unterm Strich werden weniger Mitarbeitende benötigt, aber im Unternehmen verbleiben unter Umständen mehr Mitarbeitende als im Outsourcingmodell. Da der deutschsprachige Raum einen Nettoverlust an Arbeitskräften aufgrund der demografischen Entwicklung verkraften muss, wird durch solche Umschichtungen zu höher qualifizierten Tätigkeiten auch ein Beitrag der Zukunftssicherung geleistet.

5.3 Situationsbezogene Führung und agile Arbeitsorganisation

In diesem Stadium der digitalen Exzellenz beginnt der Nutzen der digitalen Transformation Rendite zu generieren (und gleichzeitig kann sich das Führungsteam auf den nächsten großen Sprung in Richtung der Business Intelligence und künstlichen Intelligenz in der Stufe 4 vorbereiten). Alle Mitarbeitenden der Organisation sind voll auf die neue, agile Strategie der Organisation ausgerichtet. Alle Ressourcen sind in einer Weise zugewiesen, die es ermöglicht, sie einer Aufgabe zuordnen zu können, der eine auf den ständigen Wandel ausgerichtete Strategie zugrunde liegt. Die Zukunft wird »Strategien in einem sich ständig verändernden Modus« bringen, und die Organisationen und Teams müssen sich taktisch anpassen – und schnell. Dies wird passieren, sobald Sie die Ebene der situativen

Führung erreicht haben, denn dann werden die Mitarbeitenden und die Führung wissen, wie sie sich eigenständig verhalten müssen, um gemeinsam Ziele zu erreichen.

Situative Führung bedeutet eine der Situation angepasste, stetige organisatorische Neuausrichtung der Teams, sodass die Arbeit noch agiler, schlanker und wendiger gestaltet wird. Dies bedeutet einen gravierenden Einschnitt für die zentralen Rollen, denn die Verantwortungen werden damit ebenfalls öfters wechseln. In diesem Zusammenhang ist es empfehlenswert, darüber nachzudenken, Matrixorganisationen hinsichtlich der Führungsverantwortung neu aufzustellen. Das heißt, dass nicht nur fachliche Verantwortung innerhalb der Matrix, sondern auch disziplinarische Verantwortung – zumindest zeitweilig – übertragen wird. Führungsmodelle auf Zeit sind ein weiterer radikaler Schritt im Behavioral Change und führen hin zu einer agilen Organisation. Für bestimmte Situationen werden Führungskräfte eben für diese Situation ernannt. Neue Situationen erfordern dann neue Manager. Das hat auch den Vorteil, dass die hohe Belastung der Führungskräfte zeitlich begrenzt wäre.

5.4 Arbeitsmodelle

In diesem Stadium können die zentralen und dezentralisierten Rollen als entscheidendes Element der Führungsarbeit greifen, aufeinander aufbauend zu den unten vorgeschlagenen Modellen. Diese zeichnen sich durch einen verstärkten Einsatz von Technologie aus und stellen einen wichtigen Schritt dar, künstliche Intelligenz (KI) als Steuerungsinstrument in Unternehmen systematisch einzusetzen. Deshalb dürfte es sich lohnen, bereits vorhandene Modelle entsprechend weiterzuentwickeln.

- *Effizienzmodell* (nach Nash-Sutcliffe): In diesem Modell werden alle Rollen ihre Routine-Aktivitäten auf der Grundlage von klar definierten Aufgaben durch Maschinen (im weitesten Sinne durch Technologie) erbringen lassen, die eindeutig von KI verstanden und optimiert werden können.
- *Expertenmodell* (nach Expertmodels.com): In diesem Modell werden sich die Teams auf komplexere Aufgaben konzentrieren, die schwerer von KI zu verstehen sind. Sie haben jedoch konsistente Datenpunkte, die vom Führungsteam genutzt werden, um Prognosen treffen zu können sowie Strategien und Maßnahmen vorzuschlagen. Letztlich gelingt es darüber, auch diese ursprünglich komplexeren Aufgaben in ein Effizienzmodell zu überführen.
- *Effektivitätsmodell* (nach Neill Smith): In diesem Modell wird die Qualität des Umgangs mit dem Wissen, das in den Teams vorhanden bzw. aufgebaut worden ist, nochmals deutlich erhöht, um es in Expertenmodellen und dann in Effizienzmodellen abbilden zu können.
- *Innovationsmodell* (wie beispielsweise vom Fraunhofer IAO vorgeschlagen): In diesem Modell geht es darum, nun Strukturen zu schaffen, mit denen kon-

tinuierlich Innovationen entwickelt werden. Diese Innovationen sind dann bis ins Effizienzmodell hinunter zu kaskadieren.

Je nach Anforderungen der verschiedenen Bereiche kann ein Unternehmen auch mehrere der oben genannten Modelle anwenden. Das ist ein evolutionärer Prozess, der sich mit dem schrittweisen Ausrollen der Piloten zeigte. Die Rahmenbedingungen für den Einsatz von KI werden damit wie von selbst mitgeschaffen. Dabei werden die Vorgaben und Algorithmen zentral gesteuert, sodass die dezentralen Einheiten entlastet werden – allerdings auch in ihrer Zielerreichung den Vorgaben folgen müssen. Dabei ist es wichtig zu beachten und festzulegen, wie viel Ermessensspielraum die Mitarbeitenden haben, um algorithmusbasierte Entscheidungsempfehlungen nach eigenem Ermessen umzusetzen. Hier wird sich ein Widerspruch auftun zwischen der Freiheit von zum Beispiel Scrum und den Notwendigkeiten, dem Unternehmenszweck zu dienen. KI hilft in der nächsten Stufe, diesen Widerspruch aufzulösen. Human Resources sollte allerdings sehr genau lernen und beobachten, wie und wo sich diese Widersprüche zeigen. Spätestens in dieser Stufe gilt es, ein KI-Governancemodell zu entwickeln, sodass es in der abschließenden Phase einsatzbereit ist.

Kurz gesagt: Stufe 3 führt zu den am meisten sicht- und spürbaren Veränderungen im Unternehmen, wovon hauptsächlich die Mitarbeitenden betroffen sind. HR hat einen sehr guten Job gemacht, wenn der Wandel schlussendlich von allen Betroffenen als positiv wahrgenommen wurde.

6 Optimierung der digitalen Welt: Stufe 4

Stuttgart, 21. Juli 2020: Die einzige Vorlage für die Vorstandssitzung am heutigen Tage ist die Nutzung von Augmented-Reality-Daten. Nach wiederum hitziger Debatte richten sich die Augen wieder auf die CHRO. Sie sagt nur einen Satz: »Wir können damit umgehen und sie vollumfänglich nutzen.« Konsterniert fragt der COO: »Was sagt der Betriebsrat dazu?« Und die CHRO lächelt und antwortet: »Der hat die vollumfängliche Nutzung sogar vorgeschlagen.«

Was hat Human Resources also alles richtig gemacht in den vergangenen drei Jahren? Nachdem die Stufen 1 bis 3 bereits 2019 umgesetzt waren, hat sich Human Resources darauf fokussiert, KI und BI (Business Intelligence) mit den Beschreibungen in den Job Families zu verknüpfen, auf alle Mitarbeitenden anzuwenden und den Nutzen daraus zu ziehen.

6.1 Bündelung von KI und BI

Die vorherigen Arbeitsmodelle sind durch eine ständige Zunahme der Nutzung von KI-Ressourcen gekennzeichnet. Stufe 4 hat die Operationalisierung der direkten Zusammenarbeit aller Rollen mit KI zum Gegenstand. Technologische

Entwicklungen, die von Moore's Law geprägt sind, sich also im sogenannten Internet of Things oder Web 4.0 finden, stellen eine sich exponentiell steigernde Leistungsfähigkeit bereit. Das bedeutet, dass Technologie zunehmend Fähigkeiten erlangt, die bisher nur Menschen beherrschen konnten. Insbesondere die großen Fortschritte in den Berechnungsfähigkeiten in Bereichen wie Bild- und Sprachverarbeitung, Kommunikation der Entscheidungsfindung etc. definieren menschliche wie technologiebasierende Rollen neu. Beispielsweise kann kognitives Rechnen als ein gleichwertiger oder sogar besserer Ersatz für routinemäßige menschliche Wahrnehmungsaufgaben angesehen werden.

Kognitive Technologien sind darauf ausgerichtet, eine breite Palette von Arbeitstätigkeiten zu automatisieren oder zu erweitern, die heute weitgehend von Menschen durchgeführt werden, etwa von Arbeitern, Wissenschaftlern und auch Medizinern. Ein Merkmal dieser Technologien ist, dass sie auf künstlichen Intelligenzformen basieren. Business-Intelligence-Lösungen werden benötigt, um die notwendigen großen Daten- bzw. Informationsmengen bereitzustellen, welche die KI benötigt (vgl. auch Abschnitt 5 zur Nutzung von KI im Personalmanagement). Kurz beschrieben: Business Intelligence bezeichnet Verfahren und Prozesse zur systematischen Analyse (Sammlung, Auswertung und Darstellung) von Daten in elektronischer Form (Dedić et al. 2016).

Andererseits ist es jedoch so, dass es bis heute und auch in absehbarer Zukunft keine Technologie geben wird, die den Menschen im Zusammenspiel und Einsatz aller seiner Fähigkeiten ersetzen kann. Ihm wird vielmehr die Aufgabe zuwachsen, die einzelnen BI- und KI-Technologien zu bündeln und als Intermediär zwischen ihnen zu fungieren.

Je höher der Grad an Analysemöglichkeiten wird, umso einfacher sind diese Prozesse umzusetzen und umso mehr Freiheiten haben alle Rollen. Es muss ein vertiefter Informationsfluss in vertikaler und horizontaler Richtung hergestellt werden. Das rasche Gewinnen und Nutzen der Erkenntnisse aus diesem Informationsfluss sind Teil der neu gewonnenen Agilität.

Das gerne herangezogene Hindernis von großen Investitionen hat sich in der Praxis nicht bewahrheitet. Denn es hat sich gezeigt, dass Mitarbeitende sehr gerne bereit sind, ihre eigenen digitalen Geräte »mitzubringen« (bring your own device). Insbesondere in Schwellenländern wurde die Erfahrung gemacht, dass Unternehmen deutlich sparen können, wenn sie bewusst darauf zugreifen. Das bedeutet auch Arbeit jederzeit, von überall, mit jedem Gerät zu ermöglichen. Die BI- und KI-Bündelung setzt also voraus, dass die eingesetzten Technologien im Unternehmen mit BI- und KI-Merkmalen ausgestattet werden. Dies kann in Etappen geschehen, um Risiken, Herausforderungen und Vorteile zu überprüfen und neu auszurichten.

6.2 Widersprüche auflösen und Leitplanken setzen

Noch einen Schritt weitergedacht: KI wird es sehr wahrscheinlich ermöglichen, automatisiert Entscheidungen zwischen zwei widersprüchlichen Handlungsalternativen zu fällen. Diese können einerseits von Mitarbeitenden kommen, die beispielsweise ein Scrum-Modell anwenden, und andererseits aus den Unternehmenszielen. Wenn KI in so einem Fall geeignete Handlungsalternativen vorschlagen kann oder sich auf eine Seite »schlägt,« nimmt das allen Rollen Arbeit ab und erhöht die Geschwindigkeit und Agilität. Dennoch müssen letztlich die Mitarbeitenden motiviert und das Leadership zufriedengestellt sein.

Dies kann gelingen, wenn die letztendlichen Entscheidungen an den Unternehmenszielen sowie der neuen Unternehmenskultur ausgerichtet werden. Somit kann das, was Lanwehr et al. (2017) als »Controlled Freedom« beschreiben, hergestellt werden. Hierbei handelt es sich um einen Ansatz, der die Handlungsalternative der Mitarbeitenden, die Unternehmensziele und den Input von KI miteinander verbindet. Alle vorgeschlagenen Aktivitäten werden anhand von zwei Dimensionen beschrieben:

- Dimension 1 mit den Polen Flexibilität und Stabilität sowie
- Dimension 2 mit den Polen interner und externer Fokus.

Anhand der Dimensionen ergeben sich die vier Ausprägungen Kooperation, Kreativität, Kontrolle und Konkurrenz, denen jeweils zwei Rollen (eine zentrale und eine dezentrale) zugeordnet werden. Vereinfacht gesagt: Dort, wo die größte Ausgewogenheit aller Aspekte festgestellt wird, liegt der größte Erfolg für alle Beteiligten. Damit werden allen, den zentralen, den dezentralen und den KI-Rollen, Leitplanken gesetzt und jede Form von Fehlentwicklung wird vermieden. Dies kann in einem Dashboard sehr gut dargestellt werden. Für die Aufgabenerfüllung kann noch betrachtet werden, wer die Rollen am besten ausfüllen kann, sodass sich ein Ressourcen-Zuordnungsmodell ergibt. Kann eine Rolle nicht ausgefüllt werden, besteht Handlungsbedarf, diese Lücke zu schließen. Letztlich kann eine Potenzialanalyse noch Auskunft darüber geben, wer welche Rollen ausfüllen kann – was eine genaue Ressourcenplanung ermöglicht. Die letztlich beschlossenen Aufgaben lassen sich dann an Situationen, Länder und Organisationseinheiten anpassen und ermöglichen die zentrale Steuerung der dezentralen Einheiten. Für die Motivation der Mitarbeitenden ist es also wichtig, dass die Entscheidungsfindung nicht komplett durch die zentralen Rollen oder durch KI übernommen wird – sondern unterstützt. Von den dezentralen Rollen verlangt das allerdings, dass sie den Einfluss von KI auf Scrum- und Holocracy-Modelle als zusätzlichen Input aktiv integrieren.

Damit sind wir beim Governancemodell. Es ist wichtig, klare Regeln für die Zusammenarbeit zwischen Menschen und Maschinen sowie Programmen, die Entscheidungen treffen, zu definieren. Auch in Bezug darauf, wie viel Ermessensspielraum die Mitarbeitenden haben, diesen Vorschlägen nicht zu folgen. Diese geregelte Zusammenarbeit zwischen Mensch und Maschine in ihren Arbeitsmodellen ist der Kern von BI- und KI-Bündelung. Ein alltägliches Beispiel ist ein Auto-Navigationssystem. Manchmal wissen Sie aus Erfahrung oder intuitiv, dass es schnellere Wege gibt als jene, die das Navigationssystem Ihnen aufzeigt. In einem Unternehmenskontext ist es von Vorteil, wenn die Mitarbeitenden wissen, ob und inwieweit sie anders vorgehen dürfen, als es das Programm vorschlägt. Human Resources ist eine der wenigen Instanzen, die für diese Art von Governance entscheidenden Input liefern kann. Dafür haben die Autoren das in Abbildung 4 gezeigte Governance-Modell (in Anlehnung an Jones) entwickelt.

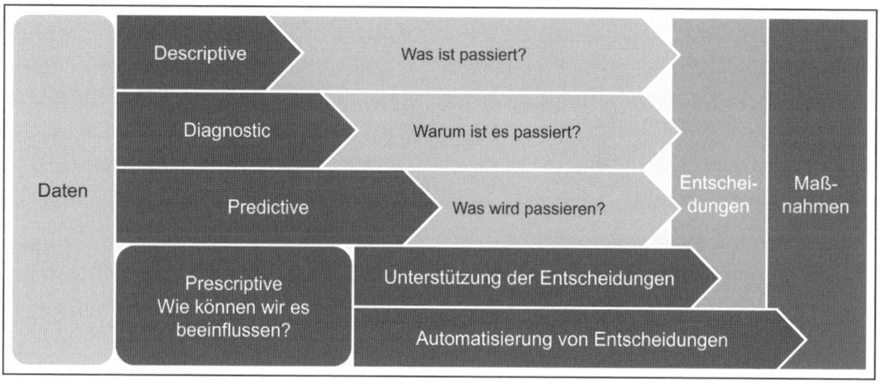

Abb. 4: Governance-Modell (nach Jones 2014)

7 Es geht immer weiter

Einer der spannendsten Aspekte wird es sein, wie der Spagat zwischen der »machbaren« Kulturänderung und der gebotenen Eile gelingt. Dabei wird die Unterstützung der Unternehmensleitung der entscheidende Erfolgsfaktor für HR sein, denn Ressourcen werden benötigt. Die bekam unsere CHRO zur Verfügung gestellt. Deshalb fragen Sie danach. Und zu guter Letzt: Das Experimentieren, die Wiederholungen und das Lernen sollten zu den Kernelementen Ihrer Führungsarbeit werden.

Rondo

Stuttgart, 23. Dezember 2020: Unsere CHRO zieht ein Fazit. Das letzte Jahr war aufreibend gewesen – aber auch nicht so, wie es hätte werden können. Dank der guten Vorbereitung ist die letzte Stufe der Digitalisierung in vollem Gange. Die Kunden nehmen die neuen Autos und Services begeistert auf. F&E, Einkauf, Produktion, Vertrieb und die administrativen Units sind vernetzt – auch über die Unternehmensgrenzen hinweg. Die Mitarbeiter zeigen deutlich ihre Zufriedenheit und das Engagement erreicht neue Höchstwerte. Das Management zieht mit. Und nicht ganz unwichtig, die Finanzmärkte honorieren es. Die CHRO blickt zurück: Die Stufe 1 hat mit dem umfassenden Plan den Grundstein gelegt. Die Organisation konnte sich dem Thema nähern. In der Stufe 2 gelang es tatsächlich, die Mitarbeiter und vor allem das Management zu einer übergreifenden, kollektiven und kollaborativen Arbeit an den digitalen Themen zu bewegen. Dadurch fielen die Einschnitte und die neuen Arbeitsweisen nicht schwer, die notwendig waren, um die digitale Exzellenz in der Stufe 3 zu verankern. Und dank der guten Mitarbeiter und der richtigen Technik arbeiten seit der Stufe 4 nun Mensch und Maschine tatsächlich Hand in Hand. Und dann klingelt das Telefon: Der Aufsichtsratsvorsitzende bedankt sich persönlich für die tolle Leistung und den entscheidenden Beitrag, den HR geleistet hat. Er wünscht ihr frohe Weihnachten und sie lächelt.

Quellen

Capelli, P. (2008): Talent on Demand, Brighton, Massachusetts.

Charan, R. (2017): Und tschüss, HR, Harvard Business Manager 2/2017, http://www.harvardbusinessmanager.de/blogs/und-tschuess-hr-was-sich-aendern-muss-a-1137595.html (letzter Zugriff: 12.10.2017).

Dedić, N./Stanier, C. (2016): Measuring the Success of Changes to Existing Business Intelligence Solutions to Improve Business Intelligence Reporting. Lecture Notes in Business Information Processing. Springer International Publishing Volume 268.

Edmonson, A. C. (2014): Teaming: How Organizations learn, innovate and compete in the Knowledge Economy, San Francisco.

Hess, E. D./Ludwig, K. (2017): Humility is the New Smart – Rethinking Human Excellence in the Smart Machine Age, Oakland.

IAB (2016): Digitalisierung der Arbeitswelt, Bundesministerium für Arbeit und Soziales, Berlin.

Jones, A. (2014): Data Analytics for Business Leaders Explained, http://www.kdnuggets.com/2014/09/data-analytics-business-leaders-explained.html (letzter Aufruf: 12.10.2017).

Kahnemann, D. (2017): Thinking fast and slow, New York.

Kiel, U. (2017): Arbeitsorganisation »teilautonome Gruppenarbeit«, http://h-faktor.de/project/arbeitsorganisationsgestaltung-teilautonome-gruppenarbeit/ (letzter Aufruf: 12.10.2017).

Lanwehr, R/Saar, H/Voelpel, S. (2017): Spielfeld Arbeitsplatz, Erlangen.

Müller-Stevens, G./Linz, C./Zimmermann, A. (2017): Fit für die Zukunft; Harvard Business Manager, Juli 2017.

Quinn, R.E./Faermann, S./Thompson, M.P./McGrath, M.R. (2014): Becoming a Master Manager: A Competency Framework, 6. Aufl., New York.

Autoren

Georg Lange, MBA, MAS HR, ist ein Senior Executive mit 20 Jahren globaler Erfahrung in Human Resources. Er kann HR-Abteilungen nicht nur führen, sondern auch erfolgreich transformieren, digitalisieren, die User Experience verbessern und die Kosten senken. Er gilt international als Experte für den Einsatz von künstlicher Intelligenz und Blockchain in HR. Georg Lange ist ein gefragter Vortragssprecher und publiziert regelmäßig.

Kontakt: k.georg.lange@me.com
www.linkedin.com/in/georg-lange-ch

Thomas Faust, M.Sc., ist Berater für strategisches Personalmanagement und HR-Analytics. Sein Fokus liegt auf der Analyse und dem Management von Kompetenzen und Fähigkeiten von Mitarbeitenden vor dem Hintergrund der Zusammenarbeit mit Maschinen. Mittels künstlicher Intelligenz verknüpft er Geschäftspläne mit Personaldaten für die Gewinnung von geschäftsrelevanten Informationen. Dafür hat er einen Business Excellence Award gewonnen.

Kiran Joseph, MBA, führt ein Digital Innovation Lab, das seiner Organisation hilft, die digitale Transformation zu beschleunigen, neue digitale Geschäftsmodelle zu entwickeln und die interne Zusammenarbeit zu verbessern. Er hat dabei den Nutzengewinn für die Organisation, die Kunden und die Mitarbeitenden stets im Fokus.

Digitale HR-Prozesse im Fokus

Das Recruiting ist tot, lang lebe das Recruiting – Trends moderner Personalbeschaffung

Stefan Schaus und Markku Klingelhöfer

1 Hintergrund

Die bisher gängigen Formen des Recruiting wie beispielsweise »Post and Pray« funktionieren in der heutigen Zeit nur noch bedingt. Neue Methoden und Konzepte sind notwendig, da sich die Arbeitsmarktsituation von einem Arbeitgebermarkt zu einem Bewerbermarkt entwickelt hat. Für Unternehmen gilt es heute, zunächst die Aufmerksamkeit eines Kandidaten zu erlangen, bevor der Kandidat überhaupt zu einer Bewerbung bewegt werden kann. Digitale Innovationen und Ansätze des modernen Online-Marketings lassen sich auch im Recruiting einsetzen.

So können Social-Media-Plattformen wie Xing, LinkedIn, Twitter, Facebook und andere Anwendungen für das Recruiting und Employer Branding eingesetzt werden. Das Aachener Unternehmen Precire Technologies GmbH arbeitet aktuell an einer Software, die in einem 15-minütigen Telefoninterview anhand der Sprache analysiert, welche Persönlichkeitsmerkmale ein Bewerber hat. Von größer werdendem Interesse ist in diesem Zusammenhang auch der sogenannte Cultural Fit. Ob ein Kandidat zu einem Unternehmen passen könnte, lässt sich inzwischen in einem Online-Self-Assessment herausfinden.

Ein stark wachsender Trend ist auch das Thema Active Sourcing. Laut ICR Recruiting Trends 2017 geben 51 Prozent der befragten Unternehmen an, dass sie zusätzlich zu klassischen Recruitingkanälen auch den der Direktansprache über soziale Netzwerke nutzen (vgl. Brickwedde/ICR 2016). Sind die richtigen Kandidaten identifiziert, gilt es diese zu einer Bewerbung zu motivieren. Dazu sind entsprechende Bewerberportale einzusetzen. So spielen moderne Bewerbermanagement-Systeme eine wachsende Rolle. Diese funktionieren inzwischen häufig auch in Verbindung mit Mobile Recruiting, sodass sich Bewerber mit ihrem Xing- oder LinkedIn-Profil per One-Click (hierbei bezieht das Bewerbermanagement-System Daten aus den Online-Profilen) bewerben können. Auch in der Personalauswahl ergeben sich – aus dem Anspruch heraus, schnellere Prozesslaufzeiten zu erarbeiten – innovative Ansätze.

Der moderne Recruitingprozess unterscheidet sich also nicht in seiner Grundstruktur von den klassischen Ansätzen, sondern in seinen Teilprozessen. Es geht nach wie vor darum, Menschen für eine Tätigkeit in einem Unternehmen einzustellen. Durch die Veränderung des Arbeitsmarktes sind jedoch innovative Ansätze gefragt, um das Unternehmen bekannt zu machen. Es sollen sich demnach nicht nur aktiv suchende Bewerber angesprochen fühlen, die bereits auf der Suche nach einer neuen Anstellung sind, sondern auch die passiv suchenden Kandidaten auf die Vakanzen gelenkt werden, denn oftmals lässt sich aus der Anzahl der aktiv Suchenden der Personalbedarf nicht decken. Re-Targeting, One-Klick-Bewerbungen, Online-Self-Assessments sind nur wenige Beispiele für die neue digitale Welt des Recruitings.

2 Trends und Tools

2.1 Talent Relationship Management

»Das Talent Relationship Management (TRM) beschreibt die aktive und frühzeitige Kontaktaufnahme zu potenziellen Kandidaten mit dem Ziel, eine Beziehung aufzubauen und diese nachfolgend systematisch zu pflegen. Durch den damit zusammenhängenden Aufbau eines Talentpools erfolgt die Besetzung einer Funktion in kurzer Zeit sowie mit einer von Anfang an hohen Qualität« (Ullah/Witt 2015, S. 165). Während sich also das klassische Talent Management mit strategischen Maßnahmen und Konzepten befasst, aber dennoch einen situativen Entwicklungscharakter hat, wird das TRM um den Bereich Relationship im Sinne von *Beziehung* ergänzt.

Folgerichtig beschreibt Trost zwei unterschiedliche Ausrichtungen von Recruitingprozessen: den situativen Prozess mit einer Vakanzorientierung und einen langfristigen und nachhaltigen Prozess mit einer Talentorientierung, wie Abbildung 1 zeigt.

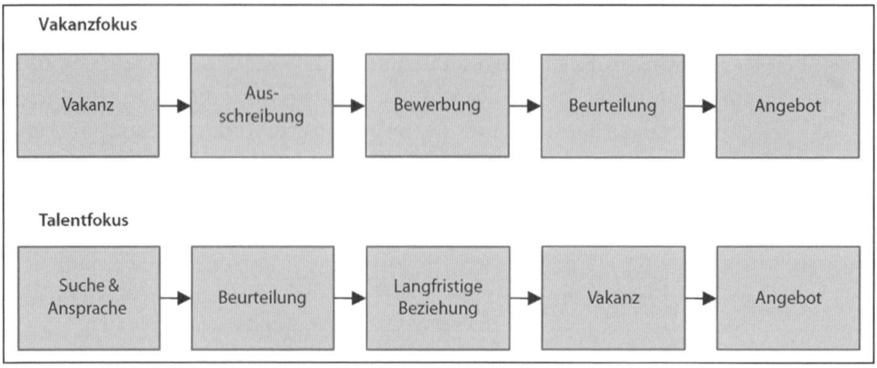

Abb. 1: Vakanz- versus talentfokussierte Recruiting-Prozesse (Trost 2012, S. 19)

Dabei wird in der traditionellen vakanzorientierten Herangehensweise dann gehandelt, wenn eine Vakanz bereits entstanden ist. Es folgt eine Stellenausschreibung, die geschaltet wird in der Hoffnung auf einen Bewerbungseingang, die Prüfung und Beurteilung der Bewerber und schließlich ein Vertragsangebot für den vermeintlich besten Kandidaten, während den restlichen Bewerbern abgesagt wird, ohne die Verwendbarkeit für weitere Vakanzen zu prüfen.

Der zweite Ansatz in der obigen Abbildung stellt das Talent in den Fokus. »Nicht für eine Vakanz wird ein Talent gesucht, sondern umgekehrt« (Trost 2012, S. 19). Trost beschreibt, dass in jeglicher Kommunikation der Geschäftsführung, der Personalabteilung und auch eines jeden Mitarbeiters mit Externen eine Art Bewerbungsgespräch geführt wird. Dabei ist jeder dazu angehalten, Talente zu identifizieren und für einen möglichen Talentpool zu interessieren. Somit soll eine langfristige Beziehung mit einem Talent aufgebaut werden, bei der die Karriereziele des Kandidaten berücksichtigt werden sollen. Der Vorteil einer Besetzung über den Talent-Management-Ansatz steckt in den geringeren Kosten der Rekrutierung und in der Bindung und Wertschätzung der bestehenden Mitarbeiter.

Gerade hier können Bewerbermanagement-Systeme und auch Active-Sourcing-unterstützende Systeme wie zum Beispiel der »Xing Talentmanager«, der »LinkedIn Recruiter« oder auch die plattformübergreifende Sourcing-Software »Talentwunder« einen Mehrwert bieten. Talentwunder erlaubt es beispielsweise, frei verfügbare Daten aus 51 Online-Netzwerken zusammenzuführen, wie etwa Xing und LinkedIn, aber auch aus speziellen Netzwerken, wie Slideshare, GitHub oder freelance.de. Auf diese Weise kann die Suche auf eine Plattform beschränkt und somit sehr stark vereinfacht werden.

Es lassen sich Projekte zu einzelnen Vakanzen anlegen und Talente darin organisieren. Dies funktioniert in der Regel auch kollaborativ, sodass Sourcer – also Spezialisten, die aktiv potenzielle Kandidaten identifizieren – an unterschiedlichen Orten gemeinsam an Projekten arbeiten können. Eine gemeinsame Datenbank hilft dabei, Redundanzen aus eventuell bisher bestehenden Talentpools in Excel-Tabellen zu vermeiden.

2.2 Candidate Experience Management

»Candidate Experience Management (CXM) bezeichnet die aktive Gestaltung aller Kontaktpunkte des Bewerbers (Candidate Touchpoints) mit dem Unternehmen mit dem Ziel, einen positiven Gesamteindruck zu hinterlassen. Aus Sicht des Bewerbers als Kunde eines Unternehmens werden am Vorbild des Customer Experience Managements Systeme, Menschen und Prozesse schrittweise analysiert und interpretiert. Im Mittelpunkt steht das Erleben des Bewerbers« (Verhoeven 2016, S. 12).

Diese Definition ergänzt die Candidate Experience um die Messbarkeit und Steuerung der Erlebnisse eines Bewerbers während des Bewerbungsprozesses. Wie im Customer Experience Management gibt es auch im Candidate Experience Management eine *Journey*, die jeder Bewerber durchläuft. Die Candidate Journey (CJ) ist die Bezeichnung für die Summe an direkten und indirekten Touchpoints, über die ein Bewerber während des kompletten Prozesses mit einem Unternehmen in Berührung kommt. Die CJ umfasst im weitesten Sinn sechs Phasen:

1. Anziehung
2. Information
3. Bewerbung
4. Auswahl
5. Onboarding
6. Bindung

Demnach wird beispielsweise durch eine Imageanzeige der Wunsch nach einem Jobwechsel geweckt. Über die Karriereseite, den Social-Media-Auftritt des Unternehmens oder auf Empfehlungsplattformen wie etwa Kununu oder Glassdoor können Informationen zu einem möglichen Arbeitgeber eingeholt werden. Kununu ermöglicht Mitarbeitern und Bewerbern eine strukturierte Rückmeldung nach Entscheidungskriterien, wie etwa Arbeitsatmosphäre, Vorgesetztenverhalten und Karriere. Glassdoor bietet zusätzlich die Möglichkeit, Gehälter anzugeben, sodass sich Mitarbeiter und Bewerber über das Entgeltniveau eines Unternehmens informieren können. Sind diese aus Sicht des Bewerbers interessant, kann er eine Bewerbung per Mail oder auch über ein Onlinetool an das Unternehmen senden und der Auswahlprozess wird gestartet. Nach kurzer Zeit sollte sich das Unternehmen melden und zum Interview einladen. Verläuft das Interview erfolgreich, wird per Mail ein Vertragsangebot versendet. Wird es angenommen, startet das Onboarding- und Mentoringprogramm.

Ergänzend kann hier der sogenannte Net Promoter Score (NPS) herangezogen werden. Der Net Promoter Score stellt eine stark vereinfachte Abfrage der Bewerbererlebnisse dar. Die zentrale Frage an Bewerber lautet dabei »Würden Sie (Produkt/Marke/Dienstleistung oder beispielsweise einen Arbeitgeber) einem guten Freund oder Verwandten weiterempfehlen? Die Antwortskala reicht von 0 (sehr unwahrscheinlich) bis 10 (sehr wahrscheinlich). Der Score berechnet sich dann als: NPS = Anteil an Promotoren in Prozent minus Anteil an Detraktoren in Prozent.

Die Einteilung in Promotoren und Detraktoren zeigt Abbildung 2.

NPS-Klassifizierung	Bedeutung
Promotoren (9–10)	Sie sind die wahren Fans der Marke. Bei ihnen geht man davon aus, dass sie auch anderen Menschen von ihren positiven Erfahrungen erzählen. Sie werden Sie als Arbeitgeber sehr wahrscheinlich weiterempfehlen. Möglichst viele Promotoren zu kreieren, ist das Ziel des Net-Promoter-Systems.
Neutrale (7–8)	Sie sind genau in der Mitte – sie schaden Ihnen nicht, werden Sie aber auch nicht unbedingt als Arbeitgeber weiterempfehlen.
Detraktoren (0–6)	Sie sind nicht wirklich begeistert von der bisherigen Erfahrung. Sie werden Sie als Arbeitgeber wahrscheinlich nicht weiterempfehlen. Im schlimmsten Fall werden sie sogar Negatives über Sie berichten.

Abb. 2: NPS-Klassifizierung (nach Verhoeven 2016, S. 40)

Anhand dieser Klassifizierung und der Berechnung können Werte zwischen -100 und +100 entstehen, wobei ein Wert größer null als »gut« und ein Wert größer 50 als »exzellent« bewertet wird.

Betrachtet man nun die beiden Komponenten Talent Relationship Management und Candidate Experience Management, so entsteht ein weiterer Ansatz, wenn die beiden Methoden kombiniert genutzt werden. Ändert man den Fokus im Recruiting von einer Vakanzorientierung hin zu einer talentorientierten Arbeitsweise und misst an möglichst zentralen Touchpoints die Bewerbererlebnisse über einen Net Promoter Score, so können TRM-Maßnahmen überwacht und gesteuert werden. Diese zentralen Touchpoints können beispielsweise sein:

- Hochschulmessen,
- Website-Besuche,
- Ansprache durch einen Active Sourcer,
- regelmäßige Abfragen im Talentpool,
- Absagen nach Interviews,
- Onboardingveranstaltungen
- oder auch Probezeitendgespräche.

Die erhobenen Erkenntnisse fließen wiederum in die strategische Ausrichtung des TRM, des Employer Branding und des Bewerbermanagements ein.

2.3 Social Media im Recruiting

Die Liste an Social-Media-Plattformen ist lang. Sie reicht von grundsätzlich eher privat genutzten Netzwerken wie Facebook, Twitter, Instagram, Snapchat und Musical.ly über professionelle Netzwerke wie Google+, Github, Stackoverflow, Researchgate, LinkedIn und Xing bis hin zu Netzwerken wie MeetUp, bei dem Online- und Offline-Nutzung nahezu verschwimmen.

Ende 2016 nutzten rund 1,9 Milliarden Menschen Facebook. Das entspricht 25,67 Prozent der Weltbevölkerung. Jeder Dritte mit Zugang zum Internet nutzt Facebook aktiv. Die dominierende Altersgruppe ist die der 18- bis 34-Jährigen. Diese Altersgruppe entspricht wiederum sehr genau der Rekrutierungszielgruppe vieler Unternehmen.

Gerade das weltweit größte Netzwerk bietet sich also an, um das sogenannte Re-Targeting zu betreiben. Hier wird beispielsweise mit einem Employer-Branding-Video gearbeitet, das sehr stark auf eine Zielgruppe ausgerichtet ist. Im nächsten Schritt werden lediglich die Personen betrachtet, die sich dieses Video etwa zu 95 Prozent angeschaut haben. Hier ist davon auszugehen, dass diese Personen ein starkes Interesse an dem Video und damit an dem Arbeitgeber haben. Von diesen Personen kann via Facebook-Algorithmus ein statistischer Zwilling erstellt werden. Ein Prozent der Nutzer mit der höchsten Übereinstimmung mit der »95-Prozent-Zielgruppe« wird der neuen Zielgruppe von »virtuellen Doppelgängern« hinzugefügt. Diesen Personen wird nun ein weiteres Employer-Branding-Video gezeigt. Wer nun dieses zweite Video ebenfalls zu 95 Prozent angesehen hat, passt sehr stark zu dem beworbenen Produkt bzw. zur beworbenen Stelle. Von hier aus können für diese sehr spitz zugeschnittene Zielgruppe gezielt Stellenanzeigen geschaltet werden. Auf diese Art lassen sich die riesigen Datenmengen von Facebook auch gezielt im Recruiting einsetzen.

Der Erfolg einer Social-Media-Kampagne, ganz gleich auf welcher Plattform, hängt jedoch von einer nachhaltigen Strategie ab. Unternehmen, die Social Media für ihr Recruiting nutzen wollen, müssen sich darüber klar werden, wer die Zielgruppe ist, wo diese sich aufhält, was sie interessiert und natürlich auch, wie sie erreicht werden kann.

Mit einem professionellen Fokus können über Facebook, Twitter und Instagram Informationen über potenzielle Arbeitgeber eingeholt werden. Dieser potenzielle Arbeitgeber hat eventuell auf Xing und LinkedIn Stellen ausgeschrieben, auf die man sich mit einem Profil der beiden Plattformen direkt bewerben kann. Umgekehrt kann aber auch eine private Person auf Twitter zu berufsrelevanten Themen schreiben und so das Augenmerk des potenziellen Arbeitgebers auf sich lenken und somit Interesse an der eigenen Person wecken.

Aus der Sicht des Unternehmens gibt es keine Trennung mehr zwischen Portalen, bei denen sich Nutzer ausschließlich für private Zwecke anmelden, oder Portalen, bei denen sich Nutzer ausschließlich professionell bewegen. Facebook und Instagram bieten heute Möglichkeiten, nicht nur die klassische Produktwerbung zielgruppenorientiert zu schalten, sondern auch Stellenausschreibungen und vor allem interessante Inhalte zu bewerben. Besonders Instagram bietet die Möglichkeit, über Bilder ein gewünschtes Image des Unternehmens und einzelner Berufsbilder zu vermitteln. Der weitgehende Verzicht auf Texte erlaubt eine unmittelbare und über die Bilderwelten auch emotionalere Ansprache potenzieller Bewerber. Gemessen an der Anzahl der Follower sind hier zum Beispiel die Kanäle »Bundespolizeikarriere«, »Lorealtalent« und auch der Kanal der Bundeswehr »DieRekruten« zu nennen.

Über Facebook hinaus besteht Social Media vor allem aus Messengern – wie zum Beispiel WhatsApp –, die zur schnellen Kommunikation mit einzelnen Personen genutzt werden oder auch zur Kommunikation in oder mit Gruppen.

MeetUp fällt in dieser Reihe eine gesonderte Rolle zu. MeetUp ist eine Plattform, auf der sich Personen mit gleichen Interessen zu persönlichen Treffen organisieren können. Diese Treffen können Spieleabende sein, es können aber auch Karrierethemen oder technische Probleme besprochen werden. Ein Blick auf die Umkreissuche von MeetUp zeigt, wo es beispielsweise berufsbezogene Stammtische in der Nähe gibt, an denen regelmäßig mehrere Personen teilnehmen. Diese Plattform ist auch für Recruiter interessant. Idealerweise schaffen es Unternehmen, einen Repräsentanten als Markenbotschafter in diese Gruppen zu integrieren.

Eine Alternative wäre es auch, ausgewählten Gruppen die Möglichkeit zu bieten, die Treffen in den Räumlichkeiten der Firma zu organisieren und gegebenenfalls zusätzlich die Bewirtungskosten zu sponsern.

Snapchat ist eines der am stärksten wachsenden sozialen Netzwerke. Es handelt sich dabei um eine mobile Anwendung, die es ermöglicht, Chats, Fotos, Videos und sogenannte Storys mit allen Followern oder nur mit einzelnen Personen zu teilen. Das Besondere daran ist, dass die Daten nach dem Abruf bzw. die Storys nach 24 Stunden gelöscht werden. Auch in diesem sozialen Netzwerk verändert sich die Altersstruktur der Nutzer. Inzwischen sind 38 Prozent der Nutzer zwischen 25 und 34 Jahre alt. Die Tendenz, auch Ältere für Snapchat zu gewinnen, ist steigend, wodurch diese Plattform auch für heutige Absolventen, Young Professionals und Professionals interessant wird. Einige Unternehmen nutzen Snapchat inzwischen sehr professionell im Arbeitgebermarketing für die Rekrutierung von Auszubildenden. So überlassen die Employer-Branding-Verantwortlichen bei REWE und der Techniker Krankenkasse regelmäßig den Kanal ihren Azubis. Diese *snappen* dann aus ihrem Tagesablauf, berichten von Präsentationen und zeigen, wie sich die Ausbildung bei diesen Unternehmen gestaltet.

Snapchat gehört zu den sogenannten *SoLoMo-Netzwerken.* SoLoMo steht für: Social, Local und Mobile. Hierbei bietet Snapchat noch eine zusätzliche Facette, die im Sinne des Arbeitgebermarketings genutzt werden kann. Neben Stickern und Filtern, die überall verfügbar sind, gibt es auch sogenannte Geofilter. Diese stehen lediglich an bestimmten Orten zur Verfügung. Mit diesen Filtern kann im Netzwerk geteilt werden, wo man sich gerade befindet. Die Geofilter lassen sich direkt bei Snapchat unter www.snapchat.com/on-demand buchen. Dazu muss ein Unternehmen einen entsprechenden Filter designen, den Ort und die Zeit auswählen und zum Schluss den Kauf abschließen. Dabei können Unternehmen, je nach Marktaggressivität, unterschiedliche Strategien verfolgen:

- *Der eigene Karrieretag*: Hier besteht die Möglichkeit, den Geofilter auf das eigene Unternehmensgebäude bzw. an den Austragungsort des Karrieretages zu legen, mit dem Ziel, möglichst viele Nutzer dazu zu bewegen, mit dem Geofilter bearbeitete Bilder in das eigene Netzwerk zu tragen.
- *Die Recruitingmesse:* Mit einem entsprechenden Geofilter könnte aufgrund des bisher geringen Nutzungsgrades im Recruiting durch Aussteller bei einer Jobmesse sehr gut gearbeitet werden. Über diesen Filter können Snapchat-Nutzer auf den eigenen Stand aufmerksam gemacht werden.
- *Der Karrieretag der Konkurrenz*: Die aggressivste Variante ist sicherlich, am Karrieretag der Konkurrenz einen eigenen Filter auf das Firmengebäude der Konkurrenz zu legen.

Social Media hat sich über die Zeit sehr stark entwickelt. Schaut man sich einen Facebook Newsfeed – also die Statusmeldungen der Freunde – im Verlauf der letzten Jahre an, stellt man fest, dass sich dessen Struktur drastisch verändert hat. In den frühen Jahren von Facebook fand man vornehmlich Texte im eigenen Newsfeed. Dieser Text wurde nach und nach mit Bildern ergänzt, bis der Text nahezu vollständig durch Bilder ersetzt wurde. Größere mobile Bandbreiten ermöglichten gemeinsam mit der wachsenden Displaygröße der Smartphones die Einbindung von Videos im Newsfeed. Auf der Website www.betfy.co.uk/internet-realtime lässt sich ein Eindruck gewinnen, wie viele Daten innerhalb kürzester Zeit auf Youtube produziert und konsumiert werden.

Employer-Branding-Videos, die über Youtube oder andere Plattformen verbreitet werden, haben inzwischen einen festen Platz zur Steuerung der Außenwahrnehmung eines Unternehmens. Die Videoplattformen bieten sich vor allem dafür an, die im Employer Branding produzierten Videos zu präsentieren und an eine große Range potenzieller Mitarbeiter zu verteilen. Dabei ist wichtig, dass die Inhalte aktuell und zeitgemäß sind. Wenn hierbei die sogenannten Tags, also die den Videos zugeordneten Schlagworte, richtig eingesetzt werden, kann die Reichweite der Videos auch über Suchmaschinen erweitert werden. Demnach sollten alle Informationen zu dem Video selbst auch in den Tags gefunden werden.

Als Beispiel für ein gutes Recruitingvideo sei das des amerikanischen IT-Unternehmens Zendesk erwähnt. Zendesk zeigte bereits im Jahr 2014 einen realistischen, ungeschönten und humorvoll-selbstironischen Einblick in die tägliche Arbeit im Unternehmen (vgl. www.youtube.com/watch?v=JnU42pJKO7Y).

Doch auch dieses Medium entwickelt sich weiter. Heute können Bewegtbilder noch erlebbarer gemacht werden. Das August-Wilhelm Scheer Institut für digitale Produkte und Prozesse in Saarbrücken (kurz AWSi) erforscht seit einiger Zeit die Anwendung von Virtual Reality. In der Spieleindustrie wird diese Technologie bereits genutzt, um Spieler noch intensiver in die Spielewelt einzubeziehen. Das AWSi befasst sich mit einer Erweiterung der realen Bilder um zusätzliche 3D-Elemente, die durch eine Virtual-Reality-Brille erlebbar werden. Die Erweiterung der aufgenommenen Realität mit zusätzlichen digitalen Informationen erzeugt dabei einen besonderen Mehrwert. So können etwa Employer Branding Videos, in denen Mitarbeiter bei der Arbeit zu sehen sind, erweitert werden durch Informationen zu Ausbildungsweg, Tätigkeit oder auch genutzten Tools. Auf diese Weise können Interessenten sich individuell in einer Arbeitsumgebung umschauen und weitere Informationen zu potenziellen neuen Kollegen erhalten.

Hierzu gibt es erste Anwendungsfälle im Recruiting. Während herkömmliche Videos lediglich ein Abbild eines Unternehmens erzeugen, kann der Betrachter mit einer Virtual-Reality-Brille und dem entsprechend gedrehten 3D-Video ein »Besucher« des Unternehmens werden. Die Grenze zwischen Betrachter und Besucher wird aufgehoben. Der Recruiting-Blogger Gero Hesse berichtet auf saatkorn.de in einem Interview mit Björn Thomsen von Jobware, wie Virtual

Reality bereits erfolgreich eingesetzt wird. Ein grundsätzlicher Treiber des Themas ist die einfache Einsetzbarkeit und Verfügbarkeit von Virtual Reality. Jobware hat in diesem Zusammenhang ein Experiment mit der Hochschule RheinMain gestartet und mittels einer Hautwiderstandsmessung die Emotionen der potenziellen Bewerber gemessen. Die Ergebnisse des Experiments zeigen, dass rund ein Drittel aller Teilnehmer Virtual-Reality-Videos für eine sinnvolle Ergänzung von Stellenanzeigen (oder Karriereseiten) halten. Zugleich zeigt sich eine deutlich höhere Emotionalisierung, je ausgereifter die Technik ist. Cardboard-Brillen schneiden dabei besser ab als Smartphones alleine, jedoch Head-Mounted Displays (wie beispielsweise eine Oculus Rift) besser als Cardboards (Hesse/Thomsen 2016).

Während die klassischen Recruiting-Videos die Grundlage schaffen, um über potenzielle Arbeitgeber zu informieren, kann die Erweiterung dieses Mediums – in eine erlebbare virtuelle Realität – genutzt werden, um einen emotionaleren Zugang zu eröffnen. Aus einem »Look« wird ein »Look and Feel«.

3 Mobile Recruiting und die Wahl des richtigen Bewerbermanagementsystems

Ein Bewerbermanagementsystem dient zunächst der Verwaltung von Bewerberdaten. In einem solchen System werden alle Bewerberdaten, ob elektronisch oder analog, erfasst und für die normale Bearbeitungsdauer gespeichert. Das System unterstützt dabei die Versendung von zum Beispiel Einladungen, Absagen und Zwischenbescheiden. Die Software sollte den gesamten Bewerbungsprozess abbilden können. Dazu gehören das Ausschreiben einer Stelle, der Bewerbungseingang und die Weiterverteilung im Unternehmen bis hin zum Erstellen von Absagen. Der Bewerbungseingang sollte über mehrere Wege erfolgen können. Sei es per E-Mail, über ein standardisiertes Onlineformular oder auch die Verarbeitung und Digitalisierung von Printbewerbungen. Darüber hinaus sollte das System die Möglichkeit bieten, Bewerber, die nicht eingestellt werden konnten, gegebenenfalls in einen Talentpool aufzunehmen und diesen auch zu pflegen und zu verwalten.

Standard-Onlineformulare haben sich über die Zeit hinweg stark verändert. Da für unterschiedliche Positionen unterschiedliche Anforderungen gelten, gibt es kein einheitliches Formular mehr, das allen Anforderungen gerecht wird. Dennoch bieten Online-Bewerbungen vor allem Unternehmen einen großen Vorteil. Die Bewerbungsdaten liegen direkt im Bewerbermanagementsystem vor und können weiterverarbeitet werden, während E-Mail-Bewerbungen zunächst durch einen Mitarbeiter erfasst werden müssen.

Doch genau an diesem Punkt entstehen sehr große Unterschiede zwischen den Ansprüchen des Unternehmens und den Ansprüchen der Bewerber. Aus Effizienzgründen präferiert ein Großteil der Recruiter den Bewerbungseingang über das Online-Formular; Bewerber hingegen bevorzugen Bewerbungen per E-Mail (vgl. Abbildung 3 und 4).

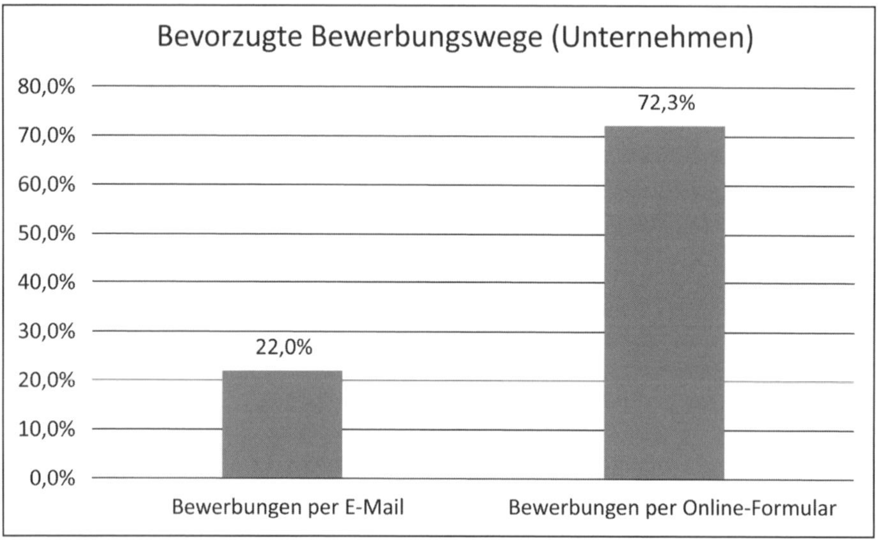

Abb. 3: Bevorzugter Bewerbungsweg für Unternehmen (Verhoeven 2016, S. 19)

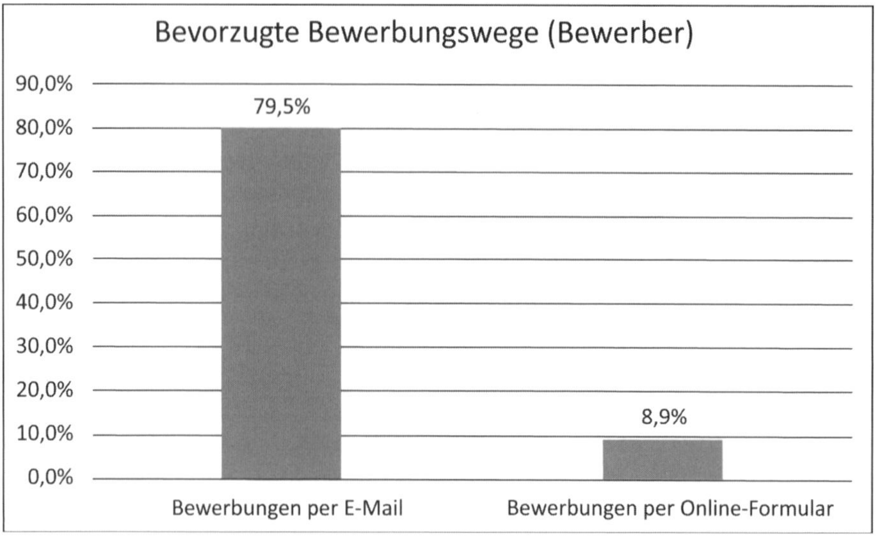

Abb. 4: Bevorzugter Bewerbungsweg für Bewerber (Verhoeven 2016, S. 19)

Wie sich der Prozess im Sinne der Bewerberpräferenzen einfach gestalten lässt, kann man zum Beispiel von der Dating-App Tinder lernen. Laut eigener Aussage hat Tinder innerhalb von drei Jahren eine Nutzeranzahl von zwei Millionen Usern erreicht. Um sich bei der App zu registrieren, ist lediglich ein Facebook-Account notwendig. Nach der Erstanmeldung können bereits die ersten Bilder gesehen und entweder nach links oder nach rechts gewischt werden, um das eigene Interesse oder Desinteresse an einer Person zu äußern.

Eine sehr ähnliche Herangehensweise verwendet das Start-up-Unternehmen Truffls im Zusammenhang mit Recruiting. Auf Truffls können Unternehmen Stellenausschreibungen veröffentlichen und zu den jeweiligen Ausschreibungen gewisse Anforderungen und Merkmale formulieren. Der private Nutzer der App hinterlegt ebenfalls einige Interessen und Skills. Zusätzlich kann er vom Smartphone oder vom PC aus dem Profil Dokumente hinzufügen. Auf Basis eines Matching-Algorithmus bekommen die Nutzer passende Jobs angezeigt. Mit einem Wisch nach rechts auf dem Smartphone signalisiert der Nutzer dem Unternehmen Interesse. Das Unternehmen kann nun darauf reagieren und Kontakt mit dem Interessenten aufnehmen (vgl. www.truffls.de). So können Bewerber mobil und ortsunabhängig ihr Interesse signalisieren und die bei Truffls hinterlegten Bewerbungsunterlagen einreichen. Je mehr Angebote ein potenzieller Bewerber annimmt und ablehnt, desto genauer und passender werden die Vorschläge, die das System automatisch durch die Kenntnis der Nutzerpräferenzen generieren kann.

Einen Mittelweg zwischen Tinder-Algorithmus und E-Mail-Bewerbung stellt die One-Klick-Bewerbung dar. Hierzu stimmt der Bewerber dem Zugriff auf seine Daten beispielsweise auf Xing oder LinkedIn zu. Der dort geführte Lebenslauf deckt bereits einen Großteil der notwendigen Informationen ab. Das Unternehmen hat danach die Möglichkeit, noch fehlende Unterlagen anzufordern. Die Scheer GmbH setzt diese Möglichkeit inzwischen sehr erfolgreich auf Messen ein, sodass sich Kandidaten mit ihren Smartphones oder Tablets direkt am Messestand bewerben können.

Warum aber finden sich trotz der aktuellen App- und Social-Media-Trends immer noch so viele Stellenanzeigen auf Stepstone, Monster und vergleichbaren Internet-Jobbörsen? Das Geschäftsmodell einer Jobbörse sieht grob zusammengefasst so aus, dass ein Unternehmen Geld dafür zahlt, das eine Stellenanzeige veröffentlicht wird und sich Kandidaten auf diese Ausschreibung hin bewerben. Wo kommt allerdings der Traffic auf einer solchen Jobbörse her, wenn wir eigentlich davon ausgehen, dass es in Zeiten des War for Talent immer weniger aktiv suchende Kandidaten gibt?

Die Abbildung 5 gibt Aufschluss darüber, woher die Besucher einer Jobplattform kommen. In diesem Beispiel finden sich Zahlen von Monster und Stepstone als zwei der größten Anbieter.

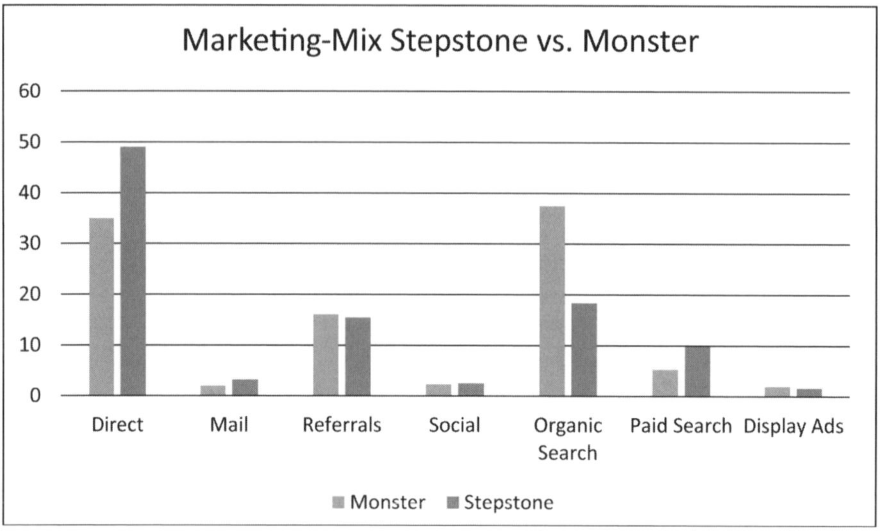

Abb. 5: Traffic-Quellen Monster und Stepstone (www.similarweb.com)

Die Grafik zeigt, dass jeweils mehr als 15 Prozent der Seitenbesucher von einer Metasuchmaschine wie etwa jobrapido, Kimeta oder jobworld stammen, bei denen die Jobbörsen selbst ihren Besucher-Traffic einkaufen.

Das bedeutet, dass potenzielle Bewerber nicht direkt über die Seiten Monster und Stepstone nach geeigneten Stellenanzeigen suchen, sondern über ein sehr gutes Google-Ranking über Metasuchmaschinen auf diese Seiten gelenkt werden. Wenn das der Fall ist, können potenzielle Bewerber auch direkt von der Metasuchmaschine auf die Karriereseiten einzelner Unternehmen verwiesen werden, was ein großes Kosteneinsparungspotenzial für die Unternehmen bedeuten würde und den Recruitingprozess beschleunigen könnte.

Das Hamburger Unternehmen Wollmilchsau hat inzwischen ein Geschäftsmodell entwickelt, zielgerichtet Traffic auf die Stellenanzeigen eines Unternehmens zu lenken und dabei auf große Player wie Stepstone und Monster zu verzichten. Durch den sogenannten Jobspreader von Wollmilchsau können die großen Stellenbörsen ausgehebelt werden, da sich der Jobspreader als Plattform direkt an die Metasuchmaschinen wie Kimeta, Indeed etc. richtet. Abbildung 6 veranschaulicht dieses Modell.

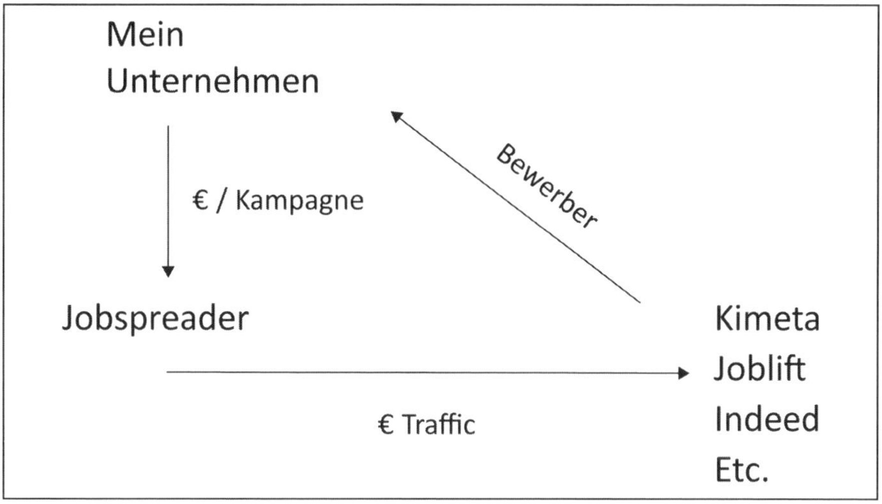

Abb. 6: Geschäftsbeziehung zwischen Unternehmen, Jobspreader und Jobsuchmaschinen

Durch den Wegfall der großen Stellenbörsen können erhebliche Kosten eingespart werden. Und für Unternehmen tritt der Effekt ein, dass durch die direkte Betreuung eines Kampagnenmanagers die Auswirkungen eines sehr genauen Targeting unmittelbar spürbar sind. Aus unserem eigenen Test lässt sich herausstellen, dass die Qualität der Bewerbungen spürbar zunimmt. Sollte – wie zu erwarten ist – die Bedeutung von Metasuchmaschinen zunehmen, wird das mittelfristig das Geschäftsmodell reiner Jobbörsen wie Monster und Stepstone infrage stellen.

4 Fazit und Ausblick

Zusammenfassend lassen sich einige Trends antizipieren, die das zukünftige, digitale Recruiting prägen werden:

1. »Post and Pray« verliert an Bedeutung. Moderne Recruiter können heute nicht mehr nur Bewerbungsverwalter sein. In dieser Rolle geht es immer mehr darum, auch die Zusammenhänge zwischen Portalen, Plattformen und IT-Innovationen zu verstehen.
2. Recruiting arbeitet zunehmend mit einem Talent- anstelle eines Vakanzfokus. Zunehmend werden nicht Stellen besetzt, sondern Stellen für identifizierte Talente bereitgestellt. Recruiter und Sourcer müssen demnach viel stärker vernetzt denken und auch die unterschiedlichen Jobprofile im Unternehmen verstehen.
3. Prozesse werden weiter digitalisiert und beschleunigt. Dazu zählen Themen wie HR Analytics und Data-driven Recruiting. Bereits heute werden sehr große Datenmengen erhoben, allerdings noch nicht in ihrem vollen Potenzial genutzt.

4. Wesentliche Rollen in der Personalbeschaffung werden zukünftig die des Recruiters und die des Sourcers sein. Der Recruiter muss sich zukünftig viel stärker mit Datenanalysen befassen, um erfolgreiche Kanäle zu identifizieren. Der Sourcer hat einen stärkeren vakanzorientierten und kandidatenindividuellen Ansatz zu verfolgen.

Quellen

Brickwedde, W./ Institute for Competitive Recruiting (ICR) (2016): Was sind die Recruiting Trends für 2017?, https://www.competitiverecruiting.de/ICR-Recruiting-Trends-2017-datenbasiert-2012-2013-2014-2015-2016.html#.WUFD3OvyiUk (letzter Aufruf: 14.06.2017).

Hesse, G./Thomsen, B. (2016): Virtual Reality im Personalmarketing: Beispiel Jobware, https://www.saatkorn.com/virtual-reality-beispiel-jobware/ (letzter Aufruf: 02.03.2017).

SimilarWeb: https:// www.similarweb.com (letzter Aufruf: 27.06.2017).

Trost, A. (2012): Talent Relationship Management. Personalgewinnung in Zeiten des Fachkräftemangels, Berlin/Heidelberg.

Truffls GmbH: https://truffls.de/de/ (letzter Aufruf: 09.03.2017).

Ullah, R./Witt, M. (2015): Praxishandbuch Recruiting. Grundlagenwissen, Prozess-Know-How, Social Recruiting, Stuttgart.

Verhoeven, T. (Hrsg.) (2016): Candidate Experience. Ansätze für eine positiv erlebte Arbeitgebermarke im Bewerbungsprozess und darüber hinaus, Wiesbaden.

Autoren

Stefan Schaus ist verantwortlich für das Recruiting der Scheer GmbH. Bereits während seines berufsbegleitenden Masterstudiums an der Hochschule für Technik und Wirtschaft des Saarlandes übernahm er die Verantwortung für Recruiting, Active Sourcing und die Ausrichtung der Employer Brand. Heute treibt er gemeinsam mit seinem Team das Unternehmenswachstum voran.

Kontakt: stefan.schaus@scheer-group.com

Markku Klingelhöfer ist Professor für Betriebswirtschaftslehre mit dem Schwerpunkt Personal an der Hochschule für Technik und Wirtschaft des Saarlandes (htw saar). In seiner über elfjährigen Industriekarriere leitete er unter anderem die Personalbeschaffung und das Personalmarketing der Merck KGaA in Darmstadt.

Kontakt: Markku.Klingelhoefer@htwsaar.de

Unternehmerische Lernkultur und Weiterbildung in Zeiten der Digitalisierung

Christian Wachter

Bereits unser Alltag lässt uns kaum eine Wahl: Da wir in sich permanent verändernde Prozesse eingebunden sind, wird Lernen zur alltäglichen Notwendigkeit. Der Austausch mit anderen, das Vergleichen von Sichtweisen, das Ziehen von Parallelen und das Infragestellen von Behauptungen lassen es in uns köcheln, inspirieren uns und bringen uns dazu, immer wieder neue Ideen hervorzubringen. Interessanter als die Frage danach, ob wir lernen – denn das tun wir alle ständig – ist deshalb die Frage nach dem »Wie?«, sprich nach der Qualität und den Möglichkeiten eines modernen Lernens, das den Erfordernissen aktueller und künftiger Arbeits- und Gesellschaftskontexte gerecht wird.

1 Herausforderungen für den Bereich Learning & Development

Arbeit als Teil einer modernen Wissensgesellschaft hebt den Stellenwert kontinuierlichen, lebenslangen Lernens auf ein noch höheres Niveau, als es noch vor ein oder zwei Jahrzehnten der Fall war. Längst lernen wir nicht nur in institutionell organisierten Weiterbildungen, sondern auch am Arbeitsplatz, während des Austauschs mit Kunden, Lieferanten und Partnern, durch eigene Recherche im Netz oder das Anschauen von Online-Tutorials auf Youtube, Vimeo oder anderen Video-Plattformen. Das Wissen in den Köpfen einzelner Mitarbeiter und innerhalb ganzer Organisationen ist die Währung, mit der nicht nur die Karrieren Einzelner stehen und fallen, sondern auch der Erfolg von Unternehmen, Organisationen, Institutionen, wenn nicht gar ganzer Volkswirtschaften. Aus diesem Grund ist es unerlässlich, dass alle Akteure zu Gestaltern der Wissensgesellschaft von morgen werden. Je offener und aufmerksamer sich Lerner, Weiterbildungsverantwortliche, Anbieter von Weiterbildungslösungen, Bildungspolitiker sowie Trainer, Lehrer und Dozenten schon jetzt im Hinblick auf dieses wichtige Thema sowie die zahlreichen damit verbundenen Fragestellungen austauschen, desto nachhaltiger kann sich unsere Wissensgesellschaft für die Zukunft positionieren.

Eine wesentliche Herausforderung für den Aufbau dieser neuen Wissensgesellschaft liegt, getrieben durch die vierte industrielle Revolution, in der Schaffung einer reibungslosen Kommunikation zwischen Mensch, Maschine und Produkt. Denn mit moderner Kommunikationstechnologie ausgestattete Produktionseinheiten verstehen schon seit einigen Jahren, was ihnen »gesagt wird«. Produktionsstraßen kennen ihre eigenen Prozesse und »Smart Products« wissen selbst am besten über ihre Eigenschaften Bescheid. Die Menschen, die an der Schnittstelle zur intelligenten Produktionsumgebung ihre täglichen Aufgaben verrichten, stellt dies vor die Herausforderung, ein möglichst effizientes Kommunizieren und Interagieren mit der Maschine zu erlernen.

Brauchen wir künftig komplementäre Kompetenzen, um in diesem Kontext zu bestehen und Prozesse effektiv gestalten zu können? Derartig einschneidende Veränderungen moderner Arbeitskontexte deuten auf die Notwendigkeit hin, das spezifische Know-how, das nicht nur im Bereich der Produktion notwendig ist, aufzubauen und auf dem neuesten Stand zu halten. Ebenso ergibt sich durch die immer digitaler werdenden Lebens- und Arbeitswelten die Notwendigkeit, neben den Grundkompetenzen Lesen, Schreiben und Rechnen den Umgang mit digitalen Medien bereits in der Grundschule zu vermitteln.

So, wie die Digitalisierung die Art und Weise prägt, wie sich Individuen informieren und wie sie kommunizieren, hat sie auch einen maßgeblichen Einfluss darauf, wie heute gelernt wird, wie künftig gelernt werden wird und welchen Anspruch insbesondere junge Lerner an ein zeitgemäßes Lernen haben. Neben dem inzwischen überdehnten und mitunter abgenutzten Begriff »E-Learning«, der vom bloßen Einstellen von Powerpoint-Präsentationen in ein Lernportal bis hin zu komplexen Web-basierten Lernspielen unzählige Ansätze umfasst, treten heute umfassende und bis ins kleinste Detail durchdachte Lernkonzepte, die auf ein nachhaltiges Funktionieren guter Weiterbildung abzielen. Mit dem Begriff »Funktionieren« ist damit nicht zuletzt gemeint, Lerner durch ansprechende, sachgerechte und didaktisch stimmige Lerninhalte zu überzeugen und zu begeistern. Das Thema Game-based Learning ist ein Beispiel für ein Konzept, bei dem Didaktik und Technologie ineinandergreifen und ebensolche hoch ansprechenden Lernformate hervorbringen. Das Beispiel Pokémon Go hat es deutlich gezeigt: Die Menschen lieben es, zu spielen. Das gilt auch für den Weiterbildungsbereich: Game-based Learning und Gamification werden in den kommenden Jahren eine wichtige Rolle spielen.

Während Lernspiele und Simulationen sehr gezielt eingesetzt werden, findet Gamification immer häufiger Eingang in Lernprogramme und -systeme. Auch wenn sich diese noch häufig auf einfache Mechaniken wie Leaderboards und Quizzes beschränken, sind sie als motivationssteigernde Elemente im E-Learning nicht mehr wegzudenken und werden, gerade in Kombination mit VR/AR, weiter an Relevanz gewinnen. Hier entsteht ein echter Mehrwert durch die Möglichkeit, einen realen Arbeitsplatz virtuell abzubilden und mit einem bewährten didaktischen Konzept zu verknüpfen. Ein solches Konzept kann beispielsweise darin bestehen, den Lerner Schritt für Schritt aufeinander aufbauende Aufgaben lösen zu lassen, durch die dieser am Ende eine bestimmte Kompetenz erlangt. Dabei ist es besonders wichtig, dass die dargestellten Lerninhalte themen- und zielgruppenorientiert auf die Bedürfnisse der Lerner antworten.

Es wäre daher wenig sinnvoll, Lagermitarbeiter im Supermarkt ohne direkten Kundenkontakt Lernmodule durcharbeiten zu lassen, bei denen es um das erfolgreiche Führen von Kundengesprächen geht, oder die obligatorischen Sicherheitstrainings ohne jegliche praktische Unterweisung lediglich in Form von Online Multiple Choice Tests anzubieten. Um gute digitale Weiterbildungsangebote zu entwickeln, reicht es also nicht aus, irgendwelche Inhalte beliebig zu digitalisieren, sondern es muss ein harmonisches Zusammenspiel zwischen Lernerbedürfnissen, zu vermittelnden Inhalten und der eingesetzten Technologie entstehen.

Immer wichtiger wird es darüber hinaus werden, Lernenden sofort dann, wenn ein Weiterbildungsbedarf entsteht, kleine bzw. kleinste Lerneinheiten für genau diesen Bedarf ebenso wie verlässliche und anerkannte Zertifikate bereitzustellen. Ein solches Aufbrechen größerer Inhalte in kleinere Lernhäppchen bietet den Vorteil, dass Lerner mit einer weitaus höheren Wahrscheinlichkeit genau den Inhalt durcharbeiten, der für sie wirklich relevant ist. Selbstverständlich ist dies wesentlich effizienter, als Mitarbeiter mehrstündige Trainings absolvieren zu lassen, von denen sie größere Teile nie werden anwenden können. Zudem lassen sich die Mini-Trainings weitaus besser erinnern als mehrstündige Online- oder Präsenzseminare, womit den Lernern nicht zuletzt der Transfer in die Praxis leichter von der Hand geht.

Daran, wie viel des Gelernten den Mitarbeitern bei ihren täglichen Aufgaben wirklich zugutekommt, misst sich schon heute der Erfolg von Weiterbildungsabteilungen in Unternehmen, und er wird sich auch künftig verstärkt daran messen. Ziel eines erfolgreichen Weiterbildungsmanagements – sei es in Unternehmen oder anderen Organisationen – sollte es deshalb neben der zeitnahen Produktion und Bereitstellung kurzer Lerneinheiten sein, diese möglichst bewusst an die richtigen Zielgruppen zu verteilen, das heißt, möglichst personalisierte Lernangebote zu schaffen. Diese Notwendigkeit leuchtet ein, wenn man sich vor Augen führt, wie viele verschiedene Rollen es gerade in mittelständischen und großen Unternehmen gibt und welche Vielzahl von Lernbedarfen daran hängt. Die zentrale Frage dabei ist, für wen ein bestimmter Inhalt einen echten Mehrwert bietet und welche Lernergruppen dieser Inhalt im Alltag entlastet bzw. unterstützt.

Hinzu kommt, dass insbesondere hoch qualifizierte Lerner von Weiterbildungsformaten und denen, die sie bereitstellen, erwarten, sie für immer anspruchsvollere und hochkarätigere Positionen zu qualifizieren und sie damit gezielt in der Weiterentwicklung ihrer Karriere zu unterstützen. Getrieben durch diesen Anspruch, stehen Anbieter digitaler Weiterbildungslösungen derzeit vor der Herausforderung, technische Lösungen sowie geeignete Strukturen zu entwickeln, um Mitarbeiter unter dem Stichwort »lebenslanges Lernen« gezielt und kontinuierlich bei dem Aufbau ihrer Kompetenzen zu unterstützen. In Zeiten moderner Produktion wird es für Mitarbeiter immer schwieriger, ihre Arbeit wirklich in- und auswendig zu beherrschen. Der Grund: Die Stückzahlen sind klein, die Maschinen unterschiedlich, die Prozesse veränderlich. Deshalb muss sich auch die Ausbildung verändern. Und das tut sie, indem heute weniger auf Vorrat gelernt wird, sondern mehr in der konkreten Arbeitssituation.

Auf Unternehmensseite stellen sich die Fragen, wer das Thema digitale Transformation im Bildungsbereich verantworten soll und wie sich die notwendigen Veränderungen frühzeitig erkennen lassen. Damit sich die Mitarbeiter für Inhalte interessieren, müssen diese personalisiert sein, nicht nur zu ihrer Arbeitssituation passen, sondern ihnen im jeweiligen Moment einen Mehrwert bieten. Die punktgenaue Relevanz ist einer der Erfolgsschlüssel für ein gelungenes Bildungsmedium.

2 Treiber für digitale Lernmedien

Die Entwicklung wird von den Herausforderungen getrieben, die unsere heutige Zeit mit sich bringt. Eine Studie von Roland Berger zeigt aufkommende Herausforderungen im Bereich Corporate Learning auf und skizziert, wie digitale Weiterbildungsprogramme helfen, diese zu meistern (Berger 2014). So ist einer der Treiber für E-Learning und digitale Lernmedien auch der steigende Zeit- und Kostendruck in Unternehmen. Die Effizienzsteigerung steht klar im Vordergrund. In diesem Zusammenhang wird das in den Arbeitsalltag integrierte »Workplace Learning« zunehmend bedeutsamer. Dieses hilft, sowohl Zeit als auch Kosten gegenüber Präsenztrainings zu sparen. Weiterhin verändert sich mit der »Generation Y« auch die Nachfrage nach Aus- und Weiterbildung. Die Digital Natives sind es gewohnt, Wissen online jederzeit verfügbar zu haben, und setzen digitale Weiterbildungsangebote ihres Arbeitgebers voraus. Schließlich verlangt der Globalisierungsdruck, der vor allem auch kleine und mittlere Unternehmen in den letzten Jahren immer stärker betrifft, dass die Lernangebote des Unternehmens unter anderem auch weltweit zugänglich sind.

Doch nicht nur in Bezug auf den Content fordern die Mitarbeiter die Unternehmen heraus. Sie erwarten Antworten in Echtzeit und zwingen den Unternehmen in der Kommunikation ein bisher ungekanntes Tempo auf. Das Kommunikationsverhalten des Alltags wird unmittelbar auf das Unternehmen übertragen. Diese Herausforderung verstärkt sich umso mehr, wenn Kunden, Partner und Lieferanten in die Aus- und Weiterbildungsaktivitäten einbezogen werden. Sogenannte Extended-Enterprise-Szenarien sind für die Weiterbildungsverantwortlichen wichtige Positionierungs- und Differenzierungsmerkmale.

Was müssen Unternehmen ihren Mitarbeitern wie auch ihren Kunden also bieten, um in Zukunft Erfolg zu haben? Sie müssen den Menschen – jeden einzelnen – in den Mittelpunkt stellen und Lernerlebnisse schaffen, die ihm in Erinnerung bleiben und ihn an sich binden. Ein gutes Training oder ein gutes Produkt anzubieten, genügt dafür nicht mehr. Die Schnittstelle zwischen beiden Welten bietet den Raum für eine echte Revolution im Bildungsbereich. Assistenten werden dabei helfen, alltägliche Aufgaben zu erledigen: im Web oder Intranet suchen, Wissensfragen beantworten, passgenaue Betriebs- oder Wartungsanleitungen heraussuchen und einiges mehr. Apples Siri oder Microsofts Cortana zeigen, wie sich dieses Feld weiterentwickeln wird.

Für Arbeitskräfte, die heute Produktionsprozesse steuern, bedeutet das (vgl. Picot/Neuburger 2013):

- Die Arbeitsorganisation wird hinsichtlich der Arbeitszeit und des Arbeitsplatzes flexibler werden. Arbeitskräfte müssen darauf vorbereitet sein, sich kurzfristig und ad hoc mit Tätigkeiten zu beschäftigen, deren Inhalt sich im Zuge des Arbeitsablaufs ändern könnte. Sie müssen also Kompetenzen entwickeln, die es ihnen ermöglichen, Probleme direkt zu lösen, wenn sie mit diesen konfrontiert werden.
- Arbeitsprozesse werden zunehmend digitalisierter, dezentralisierter und weniger hierarchisch aufgebaut sein.
- Die Aufgaben werden sich verändern und mit ihnen auch die erforderlichen Qualifikationen und Fähigkeiten.

3 Wie werden Jobs in Zukunft aussehen? Welche Schulungen werden nötig sein?

Welchen Einfluss werden die durch die vierte industrielle Revolution verursachten Änderungen auf die Mitarbeiter in der Produktion haben? Werden die Systeme den Menschen steuern und werden Steuerungs- und Kontrollaufgaben von der Technologie übernommen? In diesem Fall würden Mitarbeiter überwiegend auf die Bedürfnisse des Cyber Physical System (CPS) reagieren und hauptsächlich ausführende Arbeiten übernehmen.

Werden Jobs in Zukunft fordernder sein, weil von den Mitarbeitern zunehmend mehr Flexibilität verlangt wird? Die von gelernten Fachkräften in der Werkshalle einer Fabrik durchgeführte Arbeit wird sich in Zukunft stark von der in heutigen Fabriken unterscheiden. Folglich werden auch die Qualifikationen und die Fähigkeiten derjenigen, die die anfallenden Arbeiten in der Fabrik der Zukunft übernehmen werden, andere sein. Aufgrund der Allgegenwart von Informationen und Daten und der Integration der verschiedenen Geschäftsprozesse müssen sich die Mitarbeiter Wissen und Verständnis über ihre Organisation und die darin ablaufenden Prozesse sowie die verwendeten Technologien aneignen.

Wenn Menschen Systeme zur Unterstützung der Entscheidungsfindung verwenden würden, könnte die gesamte Bandbreite der intelligenten Geräte, wie zum Beispiel Tablets, Wearables oder Smartphones, dem Mitarbeiter exakt die Information zur Verfügung stellen, die genau in diesem Augenblick oder in einer bestimmten Situation benötigt wird. Oder könnten die Systeme es den Menschen abnehmen, Routineaufgaben zu übernehmen, damit diese sich auf kreative, wertschöpfende Tätigkeiten konzentrieren können? Auch in dieser Situation müssten passende Schulungs- und Qualifizierungsmaßnahmen konzipiert und umgesetzt werden.

Wie das Szenario auch immer aussehen wird: Arbeitskräfte werden in Produktionsprozessen nach wie vor eine wesentliche Rolle spielen. Deshalb steht das »Internet der Dinge« auch für mehr als nur Konnektivität. In Zukunft werden Daten intelligent von Gegenständen und Menschen beschafft, gespeichert und verteilt werden. Traditionelle Aufgaben von Produktionsmitarbeitern und sogenannten Knowledge Workers werden mehr denn je ineinander übergehen (Spath 2013).

Die Rolle des Wissens gewinnt an Relevanz. Wissen nimmt häufig die Form des Praxiswissens an: »Learning by Doing« und »Learning by Using«, also Lernen durch Handeln und Lernen durch Anwenden. Menschen sind mit diesem Wissen ausgestattet und die treibende Kraft für Innovationen. Somit stellt sich die Frage: Über welche Arten von Fähigkeiten sollten Menschen im besten Fall verfügen?

4 Schulungen und die Fortsetzung der beruflichen Entwicklung

Das »Internet der Dinge« wird die Stellenbeschreibungen und die Kompetenzprofile radikal revolutionieren. Das Bedürfnis nach Mitarbeiterengagement in operativen Aufgaben, wie beispielsweise der Produktion, der Lagerhaltung, der Logistik und der Wartung, wird sich ebenfalls verändern. Folglich werden neue Fähigkeiten bei der Arbeit mit CPS benötigt. Der Bedarf an Mitarbeitern mit Kompetenzen im Bereich Software-Entwicklung und IT-Technologie wird steigen, weil Software, Konnektivität und Analysefunktionen immer mehr an Einfluss gewinnen werden. Diese Kompetenzrevolution ist eine der wesentlichen Herausforderungen, die vor uns liegen, weil Mitarbeiter, Lieferanten und Kunden mit den zusätzlich benötigten Fähigkeiten ausgestattet werden müssen.

Deshalb sind angemessene Schulungsstrategien notwendig. Auch das Arbeitsumfeld sollte so organisiert sein, dass es arbeitsplatzbasiertes Lernen fördert und auf diese Weise lebenslanges Lernen ermöglicht. Beispiele liefern heute schon Augmented-Reality-Anwendungen, die kontextsensitiv notwendige Arbeits- oder Handlungsanweisungen darstellen und auf diese Weise eine direkte Verknüpfung zwischen dem Arbeits- und dem Lernprozess schaffen.

Ob per Tablet, Smartphone oder Wearable: Mitarbeiter werden bei der Durchführung ihrer Aufgaben unterstützt. In die digitale Welt der Fabrik integriert, das heißt, in das Internet der Dinge eingebunden, werden alle Akteure in der Lage sein, die Produktionsprozesse durch die Analyse der von den Endgeräten bereitgestellten Daten und Informationen zu kontrollieren und zu überwachen. Intelligente Hilfssysteme mit optimierter Mensch-Maschine-Steuerung werden es darüber hinaus ermöglichen, trotz sehr komplexer Situationen in den Werks- und Produktionshallen qualifizierte Entscheidungen in kürzester Zeit zu treffen.

Dies bedeutet aber auch, dass Unternehmen neue Fähigkeiten in den Bereichen Analytics und effizientes Datenmanagement entwickeln und in die Produktions-

und Arbeitsprozesse integrieren müssen, um für die vor ihnen liegenden Änderungen gerüstet zu sein. Nicht nur Konzerne, auch kleine und mittelständische Unternehmen werdend dahingehend reagieren müssen, um wettbewerbsfähig zu bleiben.

5 Das Internet der Dinge und sein Einfluss auf die Weiterbildungsbranche

Doch wie gestaltet sich der Einstieg in ein digitales Bildungskonzept? Der Appell lautet klar: »Don't call it e-learning!« – Viele Mitarbeiter hegen schnell Bedenken bezüglich schneller bzw. radikaler Veränderungen. Daher ist es wichtig, die neuen Technologien stimmig in die im Unternehmen gelebte Lernkultur zu integrieren und nicht zu versuchen, eine komplett neue Kultur zu schaffen. Bereits angebotene Präsenztrainings und neu hinzukommende Online-Trainings sollten aufeinander aufbauen, statt strikt voneinander getrennt zu werden. Weiterhin ist es für einen erfolgreichen Einstieg in die Online-Trainingswelt wichtig, Fürsprecher für das Thema im Unternehmen als Multiplikatoren zu gewinnen und auf eine maximale Komplexitätsreduktion zu fokussieren. So sollten die Online-Trainings beispielsweise jederzeit von jedem beliebigen Gerät aus mit nur wenigen Klicks erreichbar sein, ohne dass dabei beim Nutzer Fragen zur Bedienung entstehen.

Die Komplexität der industriellen IT-Landschaften wird ebenso weiter zunehmen wie die Relevanz der IT für Unternehmensabläufe und Produktionsprozesse. In der industriellen Produktion vollzieht sich ein Trend zu einem höheren Informationsgrad auf allen Produktionsebenen. Sensoren, Maschinen und ganze Produktionssysteme werden intelligenter und kommunizieren untereinander sowie mit den Menschen über Schnittstellen. Hierdurch entstehen Potenziale für eine flexiblere, schnellere und effizientere Produktion. In diesem Kontext entwickeln sich auch Augmented- und Virtual-Reality-Anwendungen im digitalen Lernen vom Hype zum nachhaltigen Trend. Die Fortschritte, die insbesondere im letzten Jahr sowohl bei Steuergeräten als auch bei praktischen Anwendungen erzielt wurden, sind sehr beeindruckend und vielversprechend. Sowohl Augmented als auch Virtual Reality finden immer stärkere Anwendung auch in der Wirtschaft.

Damit wachsen sowohl die Akzeptanz für diese neuen Formate und Medien als auch die Verbreitung entsprechenden technischen Equipments. In den nächsten zwei bis drei Jahren wird dieser Bereich dabei eine kritische Masse erreichen, die eine Entwicklung kommerzieller Produkte zunehmend lohnend erscheinen lässt.

Regelmäßig kündigen Unternehmen neue Anwendungsszenarien an, um ihren Kunden ganz besondere Erlebnisse zu bieten. Das Online-Auktionshaus Ebay eröffnete 2016 seinen ersten VR-Store und machte somit das Shoppen in der virtuellen Welt möglich. Die »Digital Box« von Lego zeigt schon im Geschäft, was

Hobbykonstrukteure Stein für Stein entstehen lassen können: Ein Scan des Kartons genügt und das fertige Objekt in 3D erscheint (Hoppe 2016). Mit der IKEA Augmented Reality App können Besucher des schwedischen Möbelhauses bereits seit 2013 das neue Sofa ins heimische Wohnzimmer integrieren und prüfen, ob es zur Einrichtung passt. Erst im April 2017 kündigte der Social-Media-Gigant Facebook die Facebook Glasses an. Dank dieser Brille müssen Facebook User zukünftig das heimische Sofa nicht mehr verlassen, um eine spontane Runde Schach mit den Freunden zu spielen.

Dies sind nur einige Beispiele. Ganze Branchen verändern sich durch die neuen Möglichkeiten. Augmented Reality haucht der Druckindustrie beispielsweise neues Leben ein, indem die Technik Verlagsprodukte aufwertet. In Kinderbüchern stapfen nun dank zugehöriger AR-App Dinosaurier über die Seiten und Vogelstimmen werden hörbar (Küchemann 2015). Die Elemente werden aktiviert, sobald die Kamera des Smartphones oder Tablets auf eine spezielle Stelle des Buchs anspricht. Auch in der Tourismusbranche finden sich zahlreiche Anwendungsbeispiele: Bei einem Hamburger Reisebüro können Kunden, die noch keine erfahrenen Kreuzfahrtreisenden sind, virtuell über das Deck der MS Europa flanieren, Preise für verschiedene Kabinen werden bei Betreten des Raumes automatisch angezeigt. Ist die Reise einmal gebucht, liefern interaktive Reiseführer-Apps unterwegs die passenden Informationen zu Sehenswürdigkeiten (Balssen 2017).

Es entstehen neue Berufsbilder und Berufe, neue Kompetenzen werden gebraucht. Produktionshallen verändern sich, Maschinen kommunizieren untereinander und mit den Mitarbeitern.

6 Augmented Reality und Virtual Reality als Treiber für neue Ausbildungskonzepte

Die neuen technischen Möglichkeiten verändern die Art und Weise, was und wie gelernt wird. Lernen findet zusehends situativ am Arbeitsplatz statt, und zwar dann, wenn ein konkreter Bedarf besteht. In Ausbildungs- und Trainingsszenarien passen sich Lerninhalte dynamisch an den Lernenden und die Lernumgebung an. Der Fokus liegt auf Interaktion. Die Lerninhalte werden situativ in unmittelbarem Bezug zu realen Anwendungsfällen bereitgestellt, wodurch die Verknüpfung von theoretischem Fachwissen und praktischen Handlungskompetenzen unterstützt wird (Erle 2017). Aber auch im Arbeitsprozess findet eine direkte Unterstützung der Mitarbeiter statt, um in bestimmten Arbeitssituationen schneller und effizienter reagieren zu können. In diesen Zusammenhang spricht man von Performance Support.

Performance Support ist dazu da, dem Nutzer »on Demand« und »on the Job« zu helfen, konkrete Probleme zu lösen (Masie 2017). Performance Support ist nicht mit Lernen im traditionellen Sinne gleichzusetzen, kann aber Lernprozesse auslösen und unterstützen, wenn der Weg zur Lösung des Problems auch verinnerlicht wird. Schließlich nimmt das Gehirn bis zu 70 Prozent seines Wissens beim konkreten Handeln auf. Ein Fünftel des Wissens erwerben wir, indem wir anderen über die Schulter schauen, sodass nur 10 Prozent für klassische Schulungen bleiben, so die Kernaussage der weitverbreiteten und viel zitierten 70:20:10-Formel (Lombardo 1996).

Performance Support setzt dann an, wenn eine konkrete Frage oder ein spontanes Problem besteht. So, wie es die mit mobilen Endgeräten aufgewachsene Generation der Digital Natives gewohnt ist, spontan auftretende Fragen auf ihrem Smartphone oder ihrem Tablet zu googeln. Zudem wollen Mitarbeiter in Zeiten moderner Arbeitsmodelle mit flexiblen Arbeitszeiten und eigenständiger Zeiteinteilung immer mehr zeit- und ortsunabhängig lernen. Studien belegen:

- 74 Prozent aller Personaler sehen mobiles Lernen als festen Bestandteil der Weiterbildung (TNS Infratest 2017).
- 86 Prozent aller E-Learning-Experten schätzen die Bedeutung von mobilen Anwendungen und Apps als zentral für das Lernen im Unternehmen ein (mmb Learning Delphi 2017).

Die Fragen, die wir Suchmaschinen im Alltag für gewöhnlich anvertrauen, sind meist wenig komplexer Natur, beispielsweise solche nach Vokabeln oder Definitionen. Wir erwarten, dass das Wissen, welches wir erhalten, anschlussfähig ist – sprich, wir wollen sofort etwas damit anfangen können. Hinzu kommt im Berufsalltag, dass Mitarbeiter ein enormes Arbeitspensum zu bewältigen haben und meist nur etwa 20 Minuten die Woche für Lernaktivitäten bleiben. Stundenlange E-Learning-Kurse sind hier nicht mehr zeitgemäß (Bersin 2017).

Microlearning ist eine Sammelkategorie für Lerninhalte, die während der Arbeit zur schnellen Informationsaufnahme und zum Lösen konkreter Probleme genutzt werden können. Microlearning-Inhalte sollten nur wenige Minuten lang sein und sich gut in berufliche bzw. Alltagsaktivitäten integrieren lassen. Die zu vermittelnden Inhalte dürfen nicht zu komplex sein und müssen für die Zielgruppe ohne weitere Informationen verständlich sein. Eine plakative Aufbereitung der Inhalte unterstützt die zügige Informationsaufnahme. 87 Prozent aller E-Learning-Experten schätzen die Bedeutung dieser Lernform als zentral für das Lernen im Unternehmen ein (mmb Learning Delphi 2017).

Die modernen Technologien, insbesondere Augmented Reality, ermöglichen mobiles Lernen on the Job in kleinen Microlearning-Häppchen. Unterschiedliche Szenarien sind denkbar: Mitarbeiter können per mobiler AR-Anwendung nicht nur kurze und verständliche Informationen zur Einstellung der Maschine bei Fertigung einer neuen Serie erhalten, sondern auch Anweisungen zu den nächsten Arbeitsschritten, Warnungen zu möglichen Risiken, Hinweise auf vorzunehmende Wartungsarbeiten oder ganz einfach nützliche Zusatztipps. Wichtig ist dabei jedoch immer, dass der Einsatz der Technik lerndramaturgisch konsistent ist und die didaktischen Grundlagen, etwa eine pädagogische Angemessenheit von Feedback, erfüllt sind (Baumgartner 2014). Um den maximalen Erfolg der Maßnahmen zu erzielen, müssen Unternehmen Technologien, Geräte, Inhalte und die richtige Trainingsstrategie zu einem umfassenden Lösungsansatz zusammenführen.

Unternehmen, die auch in Zukunft für ihre Mitarbeiter und Kunden relevant sein möchten, haben keine andere Wahl, als sich der Herausforderung der digitalen Transformation zu stellen und ihre Organisation entsprechend auszurichten. Schließlich sind es nicht nur neue technische Möglichkeiten, sondern die Menschen, die mit ihren gestiegenen Erwartungen die Transformation fordern – und mit ihrem Verhalten die Märkte verändern.

Quellen

Balssen, G. (2017): Virtual? Augmented? Reality? Zum Stand der Dinge zweier viel diskutierter Trends für die Branche. DRV Reisen 4.0 vom 07.03.2017, https://reisenviernull.de/virtual-augmented-reality/ (letzter Aufruf: 05.10.2017).

Baumgartner, P. (2014): Microlearning als Instrument der Personalentwicklung, Personalmanager 1/2014.

Bersin, J. (2017): Watch Out, Corporate Learning: Here Comes Disruption, in: Forbes vom 28.03.2017, https://www.forbes.com/sites/joshbersin/2017/03/28/watch-out-corporate-learning-here-comes-disruption/#3e2ec975dc59 (letzter Aufruf: 05.10.2017).

Erle, C. (2017): Lernen in der Arbeitswelt 4.0 (Teil 4) – Augmented Reality, Management Circle Blog vom 05.05.2017, http://www.management-circle.de/blog/lernen-in-der-arbeitswelt-4-0-teil-4-augmented-reality/ (letzter Aufruf: 05.10.2017).

Hoppe, C. M. (2016): Augmented Reality am POS, http://www.konsum-marketing.de/point-of-sale/augmented-reality-am-pos/. (letzter Aufruf: 05.10.2017).

Küchemann, F. (2015): Augmented Reality für Kinder. Dieses Bilderbuch gebiert Ungeheuer, in: Frankfurter Allgemeine Zeitung vom 15.06.2015, http://www.faz.net/aktuell/feuilleton/familie/augmented-reality-im-bilderbuch-13646980.html (letzter Aufruf: 05.10.2017).

Lombardo, M. M./Eichinger, R. W. (1996): The Career Architect Development Planner, Minneapolis.

Masie, E. (2017): What is Performance Support? https://masie.com/Performer-Support-Lab/what-is-performer-support.html (letzter Aufruf: 13.10.2017).

mmb Learning Delphi (2017): Corporate Learning wird zum Cyber-Learning, http://www.mmb-institut.de/mmb-monitor/trendmonitor/mmb-Trendmonitor_2017_I.pdf (letzter Aufruf: 05.10.2017).

Picot, A./Neuburger, R. (2013): Arbeit in der digitalen Welt – Zusammenfassung der Ergebnisse der AG1-Projektgruppe anlässlich des IT-Gipfels-Prozesses 2013, Ludwig-Maximilians-Universität München.

Roland Berger Strategy Consultants GmbH (2014): Corporate Learning Goes Digital, München, https://www.rolandberger.com/publications/publication_pdf/roland_berger_tab_corporate_learning_e_20140602.pdf (letzter Aufruf: 05.10.2017).

TNS Infratest-Studie (2017): Weiterbildungstrends in Deutschland 2017, http://www.sgd.de/weiterbildungstrends.php (letzter Aufruf: 05.10.2017).

Spath, D. (Hrsg.) (2013): Fraunhofer-Institut für Arbeitswirtschaft und Organisation IAO: Produktionsarbeit der Zukunft – Industrie 4.0, http://microsites.schott.com/d/studentchallenge/c7d319bc-3fd9-40d2-85c2-636906b2c2f0/1.0/produktionsarbeit_der_zukunft_-_industrie_4_0__fraunhofer_studie.pdf (letzter Aufruf: 05.10.2017).

Autor

Christian Wachter ist Vorstandssprecher der IMC AG mit Sitz in Saarbrücken. Seine Schwerpunkte liegen in Strategie, Vertrieb und Business Development. Im Rahmen seiner Beratertätigkeit für zahlreiche internationale Unternehmen hat er Kunden dabei unterstützt, ihr Weiterbildungskonzept durch die Einführung von Learning-Management-Systemen zu verbessern. Vor seinem Einstieg bei IMC war Christian Wachter wissenschaftlicher Mitarbeiter am Deutschen Forschungszentrum für Künstliche Intelligenz (DFKI) der Universität des Saarlandes.

Kontakt: christian.wachter@im-c.de

Personalcontrolling – neue Chancen durch Digitalisierung

Fred Schübbe

In den letzten zwei Jahrzehnten entstand, zunächst beginnend mit einem statischen Berichtswesen, das Personalcontrolling als Teilfunktion des HR-Managements. Seitdem hat es sich ständig weiterentwickelt. Heute kann es dem Management wertvolle Unterstützung bei strategischen Planungen und Entscheidungen bieten. Da es eine faktenbasierte Steuerung der Ressource Personal ermöglicht, kann das Personalmanagement inzwischen längst als akzeptierter Business Partner am Tisch der Entscheider Platz nehmen. Die tatsächliche Ausprägung des Personalcontrollings in den Unternehmen ist allerdings vielfältig. Dies gilt sowohl für den Stellenwert innerhalb des Personalmanagements als auch für die Leistungsfähigkeit und das Produktportfolio. Durch die Digitalisierung von Personalprozessen erwächst dem Personalcontrolling jedoch die Möglichkeit, sehr schnell eine neue Entwicklungsstufe »Personalcontrolling 4.0« zu erreichen.

1 Neue Möglichkeiten – neue Anforderungen

Beschäftigt man sich mit Personalcontrolling, begegnet man der Frage nach Digitalisierung oft etwas ratlos. Wie, wenn nicht digital, sollte ein Personalcontrolling denn sonst sein? Auch in seiner rudimentärsten Ausprägungsform ist das Personalcontrolling im Kern die Sammlung und die Auswertung von Daten, die irgendwo gespeichert sind. Dennoch wird das, was gemeinhin als Digitalisierung bezeichnet wird, das Personalcontrolling auf eine neue Stufe heben, sodass es immer weniger mit dem rückwärtsgewandten Berichtswesen gemein hat, das noch vor einiger Zeit den Kern des Personalcontrollings ausmachte. Sobald eine bisher manuell bzw. analog durchgeführte Tätigkeit durch einen digitalisierten Prozess ersetzt wird, entstehen vielfältige, auswertbare Daten. Sie entstehen nicht, weil sie speziell erhoben wurden, sondern einfach dadurch, dass ein Prozess angewendet wird, quasi nebenbei. Aus dem täglichen Leben sind viele Beispiele geläufig, etwa die Sammlung von Bewegungsdaten von Navigationsgeräten in Fahrzeugen zur Verkehrsflussdarstellung oder die Analyse des Käuferverhaltens bei Onlineshops. Die bekanntesten, jetzt schon realisierten Beispiele des HR-Umfelds finden sich in der Verwendung digitaler Recruitingkanäle, der Nutzung von Jobportalen und von Bewerbersoftware. Die Ausstattung von Gegenständen, Werkzeugen und Maschinen mit Sensoren (Internet of Things), die Daten über die Nutzung sammeln, wird darüber hinaus bisher unbekannte

Datenvolumina erzeugen, deren Auswertung und betriebliche Nutzung bisher kaum realistisch einschätzbar ist. Die Analyse dieser neu verfügbaren, größtenteils unstrukturierten Datenbestände (Big Data) wird neue Möglichkeiten, aber auch neue Herausforderungen für die Unternehmenssteuerung und damit für das Personalcontrolling schaffen. In diesem Zusammenhang wird vielfach der Begriff People Analytics verwendet. Er bezeichnet entweder das konventionelle, aber weit entwickelte Personalcontrolling oder aber die oben beschriebene nächste Ausbaustufe durch die zusätzliche Verwendung von Daten, die erst durch digitalisierte Prozesse entstehen.

Bislang bilden fast ausschließlich die Mitarbeiterdaten in den Personalsystemen die Basis für ein Personalcontrolling. Sie bestimmen die Themen, mit denen sich das Personalcontrolling beschäftigt. Mehr oder weniger detailliert werden Kennzahlen erhoben, mit denen die Strukturen innerhalb der Belegschaft sichtbar gemacht werden. Aus diesen Strukturen werden in einem entwickelten Personalcontrolling, das sich nicht nur auf ein Reporting beschränkt, Bewertungen abgeleitet und Zukunftsprognosen erstellt.

Andere Themen, die für das Personalmanagement von großer Bedeutung sind, bleiben jedoch aufgrund fehlender Quantifizierungsmöglichkeiten vom Personalcontrolling bislang weitgehend unbeachtet. Hierzu zählen unter anderem das Engagement, die Zufriedenheit, die Motivation und die Loyalität der Mitarbeiter. Da aufgrund des anhaltenden und sich verschärfenden Engpasses der Ressource Personal auf vielen Arbeitsmärkten diesen »weichen Faktoren« mehr Aufmerksamkeit geschenkt werden muss, ist es fast als Glücksfall zu bezeichnen, dass gleichzeitig durch die Digitalisierung neue Möglichkeiten entstehen, diese Faktoren zu messen und dadurch eine Grundlage für deren Beeinflussung zu erhalten.

Hat man also bisher ohne diese Auswertungsmöglichkeiten nicht gewusst, wie es den Mitarbeitern im Unternehmen geht? Hatte man keine Vorstellung von ihrer Motivation und ihrer Zufriedenheit? »Ich kenne doch meine Leute!«, würde so mancher Entscheidungsträger sagen, wenn man über die Notwendigkeit einer objektiven Messung dieser Daten spricht. Dabei werden zwei Probleme übersehen. Zum einen ist eine Bewertung aus dem »Bauchgefühl« heraus nur aus Sicht des jeweils Messenden zutreffend. Die Datenerhebung macht die subjektive Bewertung anhand persönlicher Präferenzen, Einschätzungen und eigener Befangenheit zur Realität. Zum anderen haben Entscheidungsträger oft nicht mehr die langfristige persönliche Beziehung und Nähe zu den Mitarbeitern. Kürzere Verweilzeiten auf Positionen und die Zentralisierung von Entscheidungsbefugnissen im Rahmen größerer Organisationsstrukturen lassen eine persönliche Bewertung der Situation durch die Entscheidungsträger kaum noch zu.

2 Verändertes Berufsbild

Die unter dem Begriff Personalcontrolling subsumierten Tätigkeiten sind in größeren Unternehmen meist auf mehrere Funktionsbereiche verteilt und dann nicht in einer Hand. In anderen, meist kleineren Unternehmen wiederum verantwortet der Personalcontroller die gesamte Kette der Aktivitäten von der Datenextraktion bis zur Managementberatung, was zwar aufgrund fehlender Schnittstellen effizient ist, jedoch eine große Herausforderung für das benötigte Kompetenzportfolio des Personalcontrollers darstellt.

Eine erhebliche Erweiterung wird das benötigte Kompetenzspektrum durch die Digitalisierung und die damit einhergehende Verfügbarkeit von neuen Datenarten und -mengen erfahren. Auch im HR-Umfeld werden Datenwissenschaftler (Data Scientists) zum Einsatz kommen, Spezialisten mit einer anspruchsvollen Mischqualifikation, die so erst seit einigen Jahren an Hochschulen vermittelt wird. Sie umfasst neben Mathematik, IT, Kenntnissen über Datenbanken und Management auch zunächst fachfremd anmutende Bereiche wie Psychologie, Kommunikation und Design. Da alle Qualifikationen kaum bei einer Person anzutreffen sein werden, werden Data Scientist Teams Aufgaben übernehmen und sie je nach Schwerpunkt unter den Teammitgliedern aufteilen. Data Scientists sind in der Lage, Daten zu analysieren, die nicht die bisher im Personalwesen vorherrschenden vergleichsweise einfachen tabellenartigen Strukturen aufweisen. Sie greifen auf die in Form von Protokolleinträgen, Social-Media-Beiträgen, Bildern, Bewegungsdaten usw. vorliegenden Informationen zu, werten diese aus und schaffen Verknüpfungen zu den »konventionellen« Personaldaten. Mittels »Knowledge Discovery in Databases« oder »Data Mining« machen sie Zusammenhänge sichtbar, die bisher bestenfalls erahnt, aber nicht belegt werden konnten. Aller Voraussicht nach werden diese Experten den Personalcontroller im Unternehmen nicht ersetzen, sondern eher ergänzen. Es bleibt auch abzuwarten, ob sich die Funktion des Datenwissenschaftlers im HR-Bereich ansiedelt oder ob solche Spezialisten nicht vielmehr bereichsübergreifend, eventuell sogar außerhalb des Unternehmens, tätig sein werden und jeweils auftragsbasiert arbeiten. Schon jetzt spezialisieren sich Dienstleistungsfirmen auf diese neuen Services und stellen Technologien zur Verfügung, die beispielsweise frei formulierte mehrsprachige Antworten in Befragungen in Echtzeit analysieren (Organization View 2017).

3 Personalcontrolling als End-to-End-Prozess

Betrachtet man das Personalcontrolling als End-to-End-Prozess, erkennt man eine Tätigkeitskette, deren einzelne Elemente zeitlich aufeinanderfolgend abgearbeitet werden. Sie beginnt mit der Datenauswertung, ihr folgt die Analyse der zu Informationen aufbereiteten Daten. Anschließend werden aus den Analysen Aussagen getroffen, die das Management in die Lage versetzen, Entscheidungen zu treffen. Der Gesamtprozess wird durch die Verwendung mehrerer, für die jeweilige Teiltätigkeit geeigneter IT-Systeme unterstützt.

Abb.1: Tätigkeitskette Personalcontrolling

3.1 Datenauswertung

Die Tätigkeitskette beginnt mit der Auswertung der Daten entweder direkt aus dem sogenannten Primärsystem (vielfach ein integriertes System für Stammdaten, Entgeltabrechnung und Zeitwirtschaft) oder aus einem vorhandenen Business Warehouse, in das in regelmäßigen Abständen Daten aus dem Primärsystem transferiert werden, um für Auswertungszwecke zur Verfügung zu stehen. Unberücksichtigt bei dieser Betrachtung bleiben zunächst die derzeit neu entstehenden Datenwelten, die Big Data. Die Skills, die für diese Auswertungen benötigt werden, sind gleichermaßen fachlicher und technischer Natur. Denn bevor eine Auswertung aus einem System programmiert werden kann, muss die fachliche Vorgabe verstanden und in eine technische Formulierung übersetzt werden. Hier gehen die Meinungen weit auseinander, ob dies Anforderungen sind, die man an einen Personaler stellen kann. Abhängig von der fachlichen Prägung der Entscheidungsträger im HR-Bereich wird die Notwendigkeit von IT-Skills immer noch oft infrage gestellt. Der Personaler, der damit kokettieren kann, von IT nichts zu verstehen, dürfte zwar immer mehr der Vergangenheit angehören, trotzdem finden sich in Personalabteilungen noch nicht die stärksten Affinitäten zu technisch anmutenden Tätigkeiten. Sind fachliche und technische Skills nicht in Personalunion vorhanden, besteht die Gefahr, dass Vorgaben nicht verstanden und dann falsch umgesetzt werden. Wird dies nicht bemerkt, kann dieser am Beginn der gesamten Tätigkeitskette entstehende Fehler zu falschen Schlüssen und darauf basierenden falschen Entscheidungen führen.

Abbildung 2 zeigt beispielhaft, wie eine fachliche Vorgabe in eine vom IT-System verstandene Formulierung übersetzt wird. Ist das Know-how hierfür beim Personaler selbst vorhanden, entfällt eine Schnittstelle sowie die Gefahr von Missverständnissen und Fehlinterpretationen. Sehr hilfreich ist, dass viele Auswertungsprogramme bereits eine nutzerfreundliche Bedienungsoberfläche aufweisen, mit der mehr oder weniger intuitiv zumindest Standardauswertungen ohne Programmierkenntnisse abgerufen werden können.

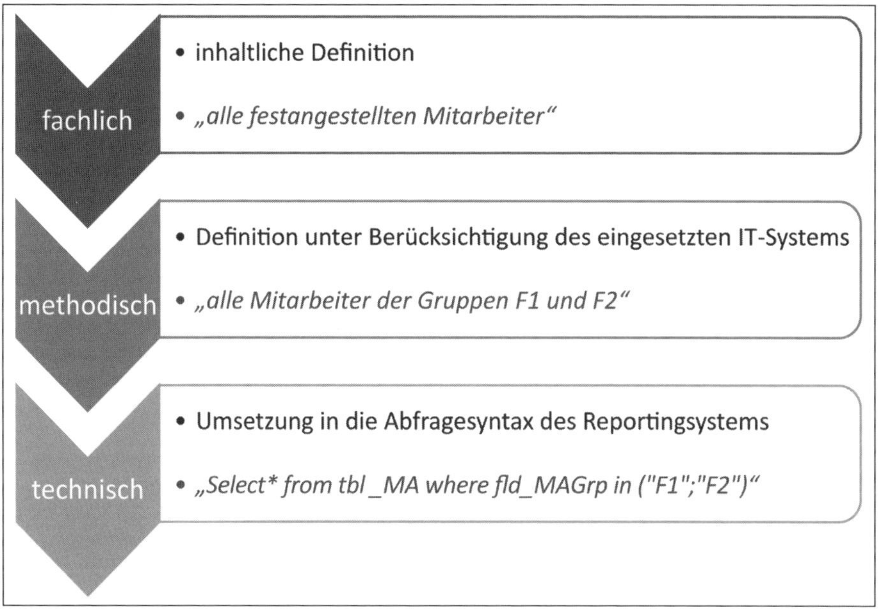

Abb. 2: Beispielhafte Übersetzung einer fachlichen Anforderung in eine technische Formulierung

Die derzeit erkennbare Weiterentwicklung der Systeme wird die Vielfalt der abrufbaren Auswertungen erheblich ausweiten. In einer Welt digitalisierter Prozesse wird nicht nur das Spektrum der auszuwertenden Daten wesentlich erweitert. Die Entwicklung von Systemen mit künstlicher Intelligenz wird auch dazu führen, dass die dargestellten Übersetzungsarbeiten nicht mehr für jede einzelne Auswertung erforderlich sind, sondern eher einen Einmalaufwand bei der Entwicklung und Inbetriebnahme von Systemen darstellen. Systeme werden lernen, die in natürlicher Sprache formulierten Anforderungen zu verstehen und Antworten zu geben. Die Notwendigkeit für Personaler, technisches Know-how – zum Beispiel Kenntnisse über die Abfragesyntax bei Auswertungen oder Excel-Datenbankfunktionen – vorzuhalten, wird sich dann erübrigen. Nur wenige Spezialisten, die an der Schnittstelle zur IT generelle Vorgaben machen oder Systeme an die Gegebenheiten im Unternehmen anpassen (»customizen«) müssen, werden vertiefte IT-Kenntnisse benötigen.

3.2 Datenanalyse

Im nächsten Schritt gilt es, die ausgewerteten Daten zu analysieren. So werden zeitliche oder räumliche Vergleiche angestellt oder die Einhaltung von Grenzwerten überwacht. Das Bilden von Kennzahlen gehört in diesen Bereich und stellt neben dem klassischen Berichtswesen die bislang stärkste Säule des Personalcontrollings dar. Die sinnvolle Gegenüberstellung von Zahlen ermöglicht es, große Datenmengen so zu verdichten, dass auf einen Blick die Kritikalität einer Situation oder der Grad einer Zielerreichung erkannt wird. Mit fortschreitender Digitalisierung der Personalprozesse entstehen viele neue Möglichkeiten der Kennzahlengestaltung, insbesondere für die Darstellung der Prozesseffizienz. Sind bei klassischen Kennzahlen (zum Beispiel Fehlzeitenquote, Fluktuationsrate etc.) die Mitarbeiter das Betrachtungsobjekt, geht es hier eher um die Beobachtung der Tätigkeit der Personalabteilung. Mit zunehmender Ökonomisierung der Personalarbeit ist das HR-Management gefordert, seinen Wertbeitrag im Unternehmen nachzuweisen. Die ehemals hoheitliche Aufgabe entwickelt sich zu einer Businessfunktion, die ebenso wie andere darlegen muss, dass sie mit einem bestehenden Budget bestmöglich wirtschaftet bzw. die gegebenen Ziele mit möglichst wenig Aufwand erreicht. Digitalisierte Prozesse im HR-Bereich machen die Personalarbeit messbar und haben in den letzten Jahren das Personalcontrolling um ein neues Tätigkeitsfeld erweitert. So ist die Kennzahl »Time to hire«, die die Zeitspanne aufzeigt, die zur Besetzung einer Stelle benötigt wird, erst seit Einführung digitaler Recruitingsysteme und -prozesse automatisiert ermittelbar. Die Analyse von Kontakt- und Antwortverhalten der Personalabteilung erfolgt durch die Nutzung von Ticketsystemen, die aufzeichnen, welche Mitarbeitergruppen welche Anfragen an die Personalabteilung stellen, über welche Kontaktkanäle dies geschieht und wie die Personalabteilung darauf reagiert. Kapazitätsplanungen und Wissensmanagement finden faktenbasiert statt, Kundenzufriedenheit wird messbar und unterstützt die Personalabteilung in ihrer Funktion als Dienstleister im Unternehmen.

3.3 Interpretation und Beratung

Nach der Ermittlung von Kennzahlen oder einer anderen Aufbereitung der ausgewerteten Daten geht es darum, diese zu interpretieren und die Empfänger der Berichte hinsichtlich der Bedeutung dieser Ergebnisse zu unterrichten und zu beraten. Hierzu ist es erforderlich, dass das Personalcontrolling in die Personalstrategie des Unternehmens eingeweiht ist, denn nur so kann der Fokus der Betrachtung richtig gesetzt werden. Nur wenn die Ziele bekannt sind, können Kennzahlen entwickelt werden, die Auskunft darüber geben, ob sich das Unternehmen auf dem richtigen Weg befindet und wie weit es vorangekommen ist. Personalcontrolling in einem digitalisierten Umfeld hat hier wesentlich mehr Möglichkeiten als bisher, ist aber auch gezwungen, mehr Selbstbeschränkung zu üben. Während bei der bisherigen Nutzung der »klassischen« Personaldaten (Stammdaten, Entgeltabrechnung und Zeitwirtschaft) ein überschaubares Berichtswesen entstand, besteht nun, da die Datenmenge und -vielfalt unaufhörlich steigt, die Gefahr, dass man sich darin verliert, viel Aufwand in die Auswertungen steckt und am Ende ohne Lösungen dasteht. Deshalb steigt mit den Möglichkeiten auch die Verantwortung, sich zu beschränken und zu fokussieren. Während bisher die Aufgabe des Personalcontrollings darin bestand, Antworten zu finden, geht es jetzt immer mehr darum, die richtigen Fragen zu stellen. Die Systeme sind inzwischen in der Lage, die Antworten und oft sogar weitergehende Interpretationsansätze zu geben. Statt eine Fluktuationsquote zu berechnen, beantwortet man dann die Frage, bei welchen Mitarbeitern ein erhöhtes Austrittsrisiko besteht. Statt die Anzahl der Trainingsstunden zu berichten, stellt man dar, wie sich Ausbildungsmaßnahmen auf Fehlerquoten auswirken.

4 Erweiterter Datenkatalog

Bevor sich ein Unternehmen mit Big Data und deren Auswertung für den HR-Bereich beschäftigt, ist es unbedingt erforderlich, die bisher schon zur Verfügung stehenden Personaldaten einer strengen Prüfung zu unterziehen. Wurde Personalcontrolling bereits intensiv betrieben, ist zu erwarten, dass die Datenqualität hinsichtlich Aktualität, Vollständigkeit und Fehlerfreiheit bereits hoch ist. Personalcontrolling deckt mangelnde Datenqualität auf und sorgt für deren Verbesserung. Dies gilt natürlich nur für die Personaldaten, die für das Controlling bisher schon Verwendung finden. Bei anderen Daten sollten Qualitätssicherungsmaßnahmen erfolgen, bevor diese in Analysen einfließen. Dies ist so wichtig, weil diese Daten das Fundament des Controlling darstellen. Und ähnlich wie beim Bau eines Hauses ist ein sicheres Fundament die Voraussetzung für weitere Bauabschnitte. Fehler und Versäumnisse, die hier gemacht werden, lassen sich später nur schwer korrigieren. Insbesondere, wenn die neuen Datenwelten mit ihrer Verfügbarkeit und ihrer Vielfalt faszinieren, besteht die Gefahr, nicht mehr auf die vermeintlichen Selbstverständlichkeiten zu achten. Hiervor kann nur gewarnt werden, auch wenn eine entsprechende Erwartungshaltung des Managements schnelle Lösungen verlangt.

Woher kommen nun die neuen, für Controllingzwecke verfügbaren Daten? Sie entstehen aus diesen Situationen:

- Es erfolgt eine Verknüpfung mit anderen, im Unternehmen entstehenden Daten, zum Beispiel aus der Produktion, dem Finanzwesen oder dem Vertrieb.
- Bisher manuell ausgeführte Tätigkeiten werden systemunterstützt durchgeführt und generieren dadurch Daten.
- Geräte, Werkzeuge und Maschinen zeichnen Daten über ihre Benutzung auf und stellen diese zur Verfügung.
- Verhalten, Kommunikation und Interaktion werden durch digitale Instrumente (elektronische Kommunikation, Sensoren, Wearables) aufgezeichnet und bewertet.
- Social Media dokumentieren Meinungen, Interessen, Präferenzen durch Einträge, Fotos und andere Dateiformate und ermöglichen die Zuordnung dieser Informationen zu Personen oder Personengruppen.

- Umfeldbedingungen sind in Form von Daten vorhanden und können mit eigenen Daten verknüpft werden (Wetter, Bevölkerung, Märkte etc.).

Schon diese sehr allgemein gehaltene Aufzählung macht deutlich, wie unendlich umfangreich und vielfältig die gegenwärtig und zukünftig verfügbaren Daten sind. Noch vor kurzer Zeit war nicht vorstellbar, dass diese Daten außerhalb ihres originären Zwecks Verwendung finden könnten. Inzwischen ist jedoch erkannt worden, dass ein hoher Wert darin besteht, sie für weitergehende Zwecke zu nutzen. Das HR-Management hat in dieser Hinsicht allerdings noch Nachholbedarf. Nach einer Studie der KPMG (2015) konnten zum Befragungszeitpunkt mehr als die Hälfte der Unternehmen personenbezogene Daten noch nicht mit anderen Unternehmensdaten kombinieren. Selbst der Datenaustausch zwischen verschiedenen, im HR-Bereich eingesetzten Programmen war für ca. 44 Prozent der Befragten schwierig. Dies lässt vermuten, wie komplex derzeit noch die Anbindung von extern entstehenden Big Data ist.

5 Neue Möglichkeiten der Präsentation

Parallel zu den Inhalten erweitern sich auch die Möglichkeiten der Präsentation von Controllingergebnissen. Starre Reports werden abgelöst durch interaktive Tools, die eine Anpassung der Berichtsparameter mit sofortiger Ausgabe des veränderten Ergebnisses zulassen. So können durch den Anwender Filter gesetzt und Zeiträume verändert werden, um zu präziseren Analyseergebnissen zu kommen. Die Vertraulichkeit der Informationen stellt hohe Anforderungen an den Datenschutz und die Steuerung der Zugriffsberechtigungen. Diese müssen in besonderem Maße beachtet werden, wenn der starken Nachfrage nach mobilen Lösungen nachgekommen wird. Ortsunabhängiges Arbeiten und Präsentieren muss durch Berichtssysteme unterstützt werden, die auf mobilen Geräten genauso funktionieren wie am Computer im Büro. Vielfach werden Personalcontrollingsysteme nicht mehr als solche erkennbar sein, sondern sich nahtlos in die Arbeitsumgebung der Nutzer einfügen. Die durchgängig vorhandenen Möglichkeiten farbiger und mehrdimensionaler Darstellung sollten nicht dazu führen, dass die Präsentationsform den Inhalt in den Schatten stellt. Die zur Verfügung stehenden Optionen sollten daher mit Bedacht und fachkundig (das heißt, auch unter Beachtung nutzerorientierter Ergonomie) eingesetzt werden.

6 Anwendungsbeispiele für ein Personalcontrolling 4.0

Die folgenden Beispiele zeigen auf, welche Informationen Personalcontrolling oder People Analytics künftig zur Verfügung stellen kann. Sie sind teils bereits Realität, teils (noch) fiktiv. Sie nehmen bewusst keine Rücksicht darauf, ob ihrer Realisierung ethische oder rechtliche Hürden im Wege stehen, denn es geht darum, ohne Restriktionen auszuloten, welche neuen Dimensionen des Personalcontrollings sich durch neue Technologien erschließen lassen. Insbesondere beim Datenschutz sind hierbei natürlich unbedingt länderbezogene Unterschiede zu beachten. Optionen, die innerhalb unseres Rechtssystems keine Chance auf Realisierung haben, können unter Umständen anderenorts eher verwirklicht werden.

6.1 Intensivere Nutzung vorhandener Personaldaten

Die bisher schon für das Personalcontrolling verwendeten Daten aus den vorhandenen HR-Systemen (Stammdaten, Zeitwirtschaft, Entgeltabrechnung) werden auch weiterhin die Basis für den Kern der Personaldatenauswertungen liefern. In vielen Unternehmen bereits Realität, werden sich einige Merkmale als unverzichtbare Standards herausbilden:

- Jede Kennzahl ist nach vielfältigen Kriterien zu filtern und somit für begrenzte Mitarbeiterkreise darzustellen.
- Jeder Bericht ist zu jedem beliebigen Auswertungsstichtag abrufbar.
- Berichte und Kennzahlen können zeitlich fortgeschrieben werden, um Prognosen zu ermöglichen.

Wird beispielsweise eine Krankenquote für das Unternehmen ermittelt, ist es notwendig, zu erfahren, ob diese überall im Unternehmen dem Durchschnittswert entspricht oder ob es Mitarbeitergruppen gibt, die trotz annehmbarer Quote auf der Ebene des Gesamtunternehmens eine über dem definierten Toleranzbereich hohe Quote aufweisen. Im Controllingsystem kann die Quote nach verschiedenen Kriterien gefiltert werden. Naheliegend sind Eingrenzungen nach organisatorischen Kriterien, Altersgruppen, Tätigkeiten oder Regionen.

Eine weitere Leistungsstufe wird erreicht, wenn das System innerhalb der vorhandenen Daten nach weiteren Zusammenhängen suchen kann, die manuell nicht oder nur mit sehr hohem Aufwand zu finden wären. Gibt es vielleicht einen Zusammenhang zwischen Krankenstand und der Entfernung zwischen Wohnort und Arbeitsstätte? Verändern sich Krankenstände vor oder nach Reorganisationen? Findet ein System neue, bisher nicht bekannte Zusammenhänge, bleibt es die Aufgabe des Personalcontrollers, zu bewerten, ob der gefundene Zusammenhang eine Relevanz hat, da dies ein System derzeit nicht selbstständig leisten kann.

6.2 Verbindung von Personaldaten mit Bewerberdaten

Angesichts des demografischen Wandels ist das professionelle Rekrutieren zu einem der bedeutendsten Elemente der Personalarbeit geworden. Nie zuvor war es so wichtig, die »richtigen« Kandidaten für das eigene Unternehmen zu begeistern und aussichtsreiche Bewerbungen zu generieren. Interne Abläufe im Rekrutierungsprozess müssen optimiert werden, damit Entscheidungen zeitnah und treffsicher erfolgen und Bewerber, die einmal den Weg zum Unternehmen gefunden haben, sich nicht wegen langer Prozesslaufzeiten anderweitig orientieren (Schübbe 2016).

Die Umstellung von Rekrutierungsverfahren auf digitale Wege führte zur ersten großen Erweiterung der für das Personalcontrolling nutzbaren Datenbestände. Konnten bisher nur die eingegangenen Bewerbungen pro Stellenausschreibung gezählt werden, stehen jetzt Informationen zur Verfügung, die sowohl den Bewerbungsprozess transparent machen als auch den Erfolg, den ein Auswahlverfahren hat.

Ein Recruitingsystem zeichnet (idealerweise) alle Schritte des Bewerbungs- und Auswahlverfahrens sowie die gesamte Kommunikation mit dem Bewerber auf. Dadurch lassen sich die Recruitingprozesse anhand der gelebten Praxis untersuchen. Neben der Anzahl und der Struktur der Bewerber erfährt das Unternehmen so, ob der Ablauf des Verfahrens friktionsfrei und zeitlich den Anforderungen entsprechend erfolgt. Wie lange wartet ein Bewerber auf eine Antwort? Wie lange dauert ein Rekrutierungsprozess für welche Stelle aus Sicht des HR-Managements (Time to hire) oder der suchenden Führungskraft (Time to fill)?

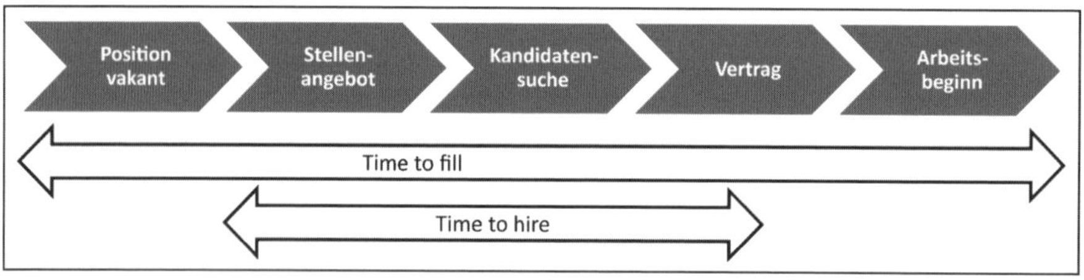

Abb. 3: Phasen und Dauer des Recruitingprozesses

In einem digitalen Bewerberportal entstehen nicht nur die Daten, die ein Bewerber selbst eingibt, sondern jeder Bewerber gibt allein durch die Art der Nutzung zahlreiche Informationen preis. Er hinterlässt Datenspuren mit jedem Mausklick. Diese können einerseits verwendet werden, um die Nutzerfreundlichkeit des Portals zu verbessern, sie geben aber auch Aufschluss über das Nutzerverhalten jedes einzelnen Bewerbers. Wie oft ändert jemand seine Angaben, wie stringent durchläuft er die verschiedenen Masken, wie lange braucht er für den gesamten Bewerbungsprozess? Nutzt er ein mobiles Endgerät oder sitzt er vermutlich an einem Firmen-PC seines bisherigen Arbeitgebers? Während diese Analysen für den Bewerber verborgen sind, entstehen andere digitale Informationen durch Online-Tests oder Fragebögen, die der Bewerber ausfüllt. Diese sind nicht nur für den Auswahlprozess interessant, sondern auch, um nachträglich den Erfolg des Auswahlverfahrens zu beurteilen. Hierfür ist es erforderlich, die im Bewerbungsportal vorhandenen Daten mit den Personaldaten des erfolgreichen Bewerbers zu verknüpfen, was technisch über das Hinterlegen der Personalnummer im Bewerbersystem oder der Bewerbernummer im Personalsystem erfolgen kann.

Ein bekanntes Beispiel ist das der Firma XEROX. Sie hat erkannt, dass Mitarbeiter, die in ihrem Unternehmen besonders erfolgreich sind, im Bewerbungsverfahren gleiche Eigenschaften gezeigt haben. Dies sind nicht unbedingt die Eigenschaften gewesen, nach denen das Unternehmen bisher die Auswahl vorgenommen hatte. Bei der Besetzung von Call-Center-Positionen war man davon ausgegangen, dass eine vorhandene Berufserfahrung ein Kriterium für den Erfolg sei, und hat danach rekrutiert. Festgestellt wurde jedoch, dass diese Berufserfahrung keine Rolle spielte, sondern dass vielmehr Mitarbeiter, die bestimmte Persönlichkeitseigenschaften gezeigt hatten, im Unternehmen erfolgreich waren. Durch diese Erkenntnis konnten die Auswahlkriterien angepasst und der Erfolg bei der Rekrutierung erhöht werden. Erfolg in diesem Sinne ist nicht die möglichst schnelle Besetzung offener Stellen, sondern die Auswahl von Bewerbern, die als Mitarbeiter besonders gute Leistungen erbringen und längerfristig im Unternehmen verbleiben werden.

Darüber hinaus ist es möglich, weitere Datenspuren, die ein Bewerber öffentlich angelegt hat, auszuwerten und für die Entscheidungsfindung zu nutzen. Welche Profile in sozialen Netzwerken hat ein Bewerber und zu welchen Themen äußert er sich? Wie hoch ist der Grad seiner Vernetzung auf gleicher Ebene oder zu anderen Ebenen? Es geht hier also nicht mehr darum, ob ein zukünftiger Arbeitgeber die einzelne Facebook- oder XING-Seite seines Bewerbers anschaut, sondern darum, diese Präsenzen maschinell auszuwerten. Dabei kann durch Volltextsuche beispielsweise in Foren diese Auswertung nicht nur auf das reine Profil begrenzt werden, sondern erstreckt sich auch auf die Aktivitäten innerhalb der jeweiligen Social-Media-Plattform. Gerade Plattformen, deren Hauptzweck im Verfassen von meinungstransportierenden Nachrichten ist (zum Beispiel Twitter), sind für solche Zwecke interessant, wenngleich diese Technik derzeit wohl nur für einen sehr begrenzten Bewerberkreis verwendbar ist.

6.3 Auswertung von Online-Trainings

In vielen Unternehmen werden Trainingsmaßnahmen bereits mit Lernprogrammen unterstützt oder es werden bestimmte Trainingsinhalte ausschließlich durch Software vermittelt. Oft erfolgte diese Umstellung, um die hohen Kosten zu reduzieren, die durch Präsenzseminare verursacht werden. Dass dabei wertvolle Daten generiert werden, die bei konventionellen Seminaren nicht entstehen, war nicht entscheidungsrelevant, wird aber zunehmend als Vorteil erkannt. So können nicht nur die Erfolgsquoten durch direkt im Anschluss durchgeführte Tests bestimmt werden, der Erfolg kann auch sehr differenziert betrachtet werden. Dadurch wird festgestellt, in welchen Bereichen die Inhalte optimiert werden müssen oder ob Nachschulungsbedarf entsteht. Natürlich lässt sich auch das Teilnehmerverhalten analysieren. So kann erkannt werden, welche Teilnehmergruppen sich eher schnell durch ein Lernprogramm klicken und welche die Inhalte ausführlich bearbeiten. Wird während eines Lernprogramms oft die Lerntätigkeit unterbrochen oder wird das Seminar ohne Unterbrechungen durchgeführt? Je nach genauer Ausprägung des Seminars können vielfältige Nutzungsdaten erhoben werden und zur Qualitätsverbesserung des Lernangebots oder zur individuelleren, nutzerspezifischen Gestaltung beitragen. So wird ein Regelkreis in Gang gesetzt, der nicht auf subjektiven Rückmeldungen nach dem Seminar basiert, sondern auf beobachtetem, gemessenem Verhalten der Teilnehmer. Personenbezogene Beobachtungen können dann zu individuellen Bewertungen und Maßnahmen führen, aber auch anonyme Messungen liefern wertvolle Hinweise.

6.4 Verbindung von Personal- mit Performancedaten

Schon seit Langem gibt es vielfältige Methoden, um die Leistungsstärke der einzelnen Mitarbeiter zu ermitteln. Dies ist die Grundlage aller Performance-Management-Systeme, Mitarbeiterbeurteilungen und der Bemessung leistungsorientierter Vergütungskomponenten. Die Gründe, warum einzelne Mitarbeiter eine bessere Leistung zeigen als andere, bleiben jedoch oft verborgen. Was verbindet leistungsstarke Mitarbeiter? Was haben sie gemeinsam? Wenn es möglich ist, diese Fragen zu beantworten, können gezielte Maßnahmen ergriffen werden, um Mitarbeiter in ihrer Leistung zu fördern. Ebenso können bereits bei der Personalauswahl die erkannten relevanten Merkmale bei einer Entscheidung berücksichtigt werden. In diesem Fall wird das Personalcontrolling seine Instrumente nicht, wie bisher meist üblich, auf die gesamte Belegschaft anwenden, sondern nur auf eine Fokusgruppe. Für alle Mitarbeiter, die bestimmte Leistungsdaten zeigen, werden die vorhandenen Personaldaten nach Gemeinsamkeiten durchsucht. Hierbei können verschiedene Ausprägungen von hoher Leistung differenziert betrachtet werden. Für Mitarbeiter, die sich besonders durch Fehlerfreiheit auszeichnen, können andere Eigenschaften relevant sein als beispielsweise für Mitarbeiter mit einer besonderen Vertriebsstärke. Da diese Arbeit durch Analysesoftware automatisiert erfolgt, können auch Datenfelder durchsucht werden, die bei einer konventionellen Herangehensweise aufgrund der nicht zu bewältigenden Vielfalt nicht betrachtet werden würden. Werden Korrelationen gefunden, ist es Sache des Personalcontrollers oder des HR-Managements, zu beurteilen, ob diese eine statistische Zufälligkeit darstellen oder tatsächlich relevant sind.

6.5 Steuerungsaspekte im Kompetenz- und Wissensmanagement

Die mögliche Auswertung der Internetnutzung von Mitarbeitern wurde über lange Zeit vorrangig als Kontrollinstrument verstanden. Dabei entstehen beim Aufrufen von Webseiten zahlreiche Informationen, die Hinweise zu wesentlichen personalrelevanten Themen geben können. Nutzen Mitarbeiter Internetseiten für Recherchearbeit, kann durch die Art und den Umfang der Nutzung auf mögliche Kenntnisdefizite oder fehlende Informationen in internen Medien geschlossen werden. Es können Weiterbildungsmaßnahmen geplant werden, deren Bedarf sich aus den Nutzungsdaten ableiten lässt. Werden von Mitarbeitern, die mit fremdsprachlichen Texten arbeiten, häufig Online-Wörterbücher aufgerufen, kann dies eventuell auf die Notwendigkeit von Sprachtrainings hindeuten.

Darüber hinaus kann die Auswertung der Internetnutzung Informationen über Verbundenheit zum Unternehmen (Aufruf von Jobbörsen) oder Interessensgebieten liefern.

6.6 Vernetzte Geräte – das Internet der Dinge

Eine weitere, in ihrer Dimension kaum vorstellbare Menge an Daten werden all die vernetzten Geräte produzieren, die in der Arbeitswelt Verwendung finden. Das »Internet of Things« ist in vielen Unternehmen bereits vorhanden, auch wenn dieser Begriff noch nach Zukunft klingt. Mit der Vernetzung von Fahrzeugen, der digitalen Erfassung und Weitergabe von Standortdaten und Kraftstoffverbräuchen lassen sich Auswertungen über Fahrverhalten vornehmen, die für Leistungsmessung und die Ermittlung von Trainingsbedarfen verwendet werden können. Intelligente Werkzeuge geben Rückmeldungen über ihre Benutzung. Ist diese sachgerecht und effizient? Das Tragen von Sensoren – im privaten Bereich als Fitnessarmbänder bekannt – könnte zeigen, wie sich Mitarbeiter bewegen, und Auskunft geben über ihren körperlichen Zustand, ihre Bewegungsmuster und ihre Belastung. Informationen, die für ein betriebliches Gesundheitswesen, auch anonym erhoben, sehr hilfreich sein können. Eine amerikanische Privatuniversität (Oral Roberts University) hat ihre Studenten zum Tragen solcher Armbänder verpflichtet, für eine betriebliche Nutzung gibt es ebenfalls erste Beispiele (Bersin/Mariani/Monahan 2016). Ebenfalls bereits realisiert ist ein anderer Einsatz sogenannter Wearables, also am Körper getragener Sensoren. In ein Namensschild integrierte Sensoren zeichnen Kommunikationsströme auf, dokumentieren also in einer Arbeitsumgebung, wer mit wem in welcher Intensität spricht. Hieraus lassen sich Rückschlüsse auf effiziente Strukturen (etwa Teamzusammensetzung und Raumorganisation) sowie Gesprächsverhalten ziehen (zum Beispiel Sociometric Solutions).

Da die Technologien, die für solche Anwendungen benötigt werden, bereits heute für vergleichsweise geringe Beträge verfügbar sind, ist es für die weitere Ausbreitung entscheidend, ob es gelingt, diese Anwendungen vom Verdacht der Überwachung zu befreien und darzustellen, wie diese auch zum Wohl der Mitarbeiter eingesetzt werden können.

6.7 Rechtliche Restriktionen

Es wurde bei den Ausführungen bewusst keine Rücksicht auf rechtliche Restriktionen genommen, die den freien Blick auf die technischen Möglichkeiten eines durch die Mittel der Digitalisierung erweiterten Personalcontrollings behindert hätten. In der Praxis werden sich aber gerade die kreativeren Möglichkeiten aufgrund der Bestimmungen der Datenschutzgesetze und auch der Mitbestimmungsrechte der Mitarbeitervertretungen zumindest in Deutschland nur schwer umsetzen lassen. Dies gilt selbst dann, wenn, wie in vielen Fällen, eine Auswertung der Daten mit Bezug zu einzelnen Mitarbeitern gar nicht erforderlich ist, um die gewünschten Aussagen zu erhalten. Insbesondere müssen bei der Bewertung und Implementierung von digitalen Anwendungen zum Personalcontrolling die Regelungen der EU-Datenschutz-Grundverordnung beachtet werden (siehe dazu S. 97 ff. in diesem Buch).

7 Hohe Anforderungen und gute Zukunftsaussichten

Der Personalbereich hat seine Controllingaktivitäten in den vergangenen Jahren stark intensiviert, hinkt jedoch der Zahlenaffinität anderer Bereiche noch hinterher. Teilweise wird ein zeitlicher Verzug von bis zu zehn Jahren vermutet (Smeyers 2015), denn auch die anderen Unternehmensbereiche haben sich hinsichtlich der Datennutzung weiterentwickelt. So wird in einer Studie von Bersin by Deloitte (2014) genannt, dass nur 15 Prozent der HR-Bereiche über starke Kompetenzen im Bereich der Datenanalyse verfügen, während dies in anderen Unternehmensbereichen bis zu 85 Prozent sind. Selbst wenn sich dieser Wert in den vergangenen Jahren zugunsten des HR-Bereichs verändert hat, ist nicht zu erwarten, dass die Personalfunktion künftig eine Spitzenstellung einnehmen wird. Dies ist verständlich, hat aber zur Folge, dass das HR-Management noch lange nicht mit gleicher Selbstverständlichkeit an den unternehmerischen Entscheidungen beteiligt sein wird wie andere Bereiche und eher die Umsetzung der getroffenen Entscheidungen zu betreiben hat.

HR wird sich auch an eine neue Transparenz gewöhnen müssen. Das Controlling der HR-Prozesse wird deutlich machen, ob die mit viel Aufwand von HR eingeführten Instrumente (zum Beispiel zur Personalauswahl) ihr Geld wert sind. Auch Machtgefüge werden sich verschieben. Die selektive Bereitstellung (oder das Zurückbehalten) von Informationen, wie es bisher vielfach üblich war, wird ersetzt werden durch eine vom Empfänger bestimmte Auswahl aus einem bereitgestellten Datenpool. Der Empfänger und nicht mehr der Lieferant bestimmt den Zeitpunkt, die Aufbereitung, vor allem aber die inhaltliche Zusammenstellung der Informationen. Ist die Zurückhaltung bei der Einführung zukunftsweisender Analysetechnik auch in der Furcht vor Antworten und vor Machtverlust zu sehen? Ist deshalb auch in den meisten Fällen eher die Geschäftsleitung als der Personalbereich selbst der Treiber, wie eine Studie ergab (Nachtwei 2012)?

Die Zukunftsaussichten für ein Personalcontrolling 4.0 sind dennoch äußerst positiv. Die Unternehmen werden Wege finden, die technisch schon jetzt vorhandenen Möglichkeiten für sich nutzbar zu machen. Klassische, im gleichförmigen Rhythmus veröffentlichte Reports werden Platz machen für anlassbezogene Analysen in Echtzeit. Eine Mitarbeitergeneration, die gewohnt ist, Informationen über jedes Thema durch Eingabe von Suchbegriffen, Wischgesten oder Spracheingabe verzögerungsfrei zu erhalten, wird mit einem Monatsreporting nichts mehr anfangen können. Statt undifferenziert die Gesamtbelegschaft zu betrachten, wird der Fokus außerdem auf die jeweils relevanten Gruppen gelegt. Konzentration auf das Wesentliche ist die einzige Chance, nicht in einer möglichen Datenlawine unterzugehen. Was die wesentlichen Themen sind, wird weiterhin durch die Unternehmens- und Personalstrategie bestimmt werden. Die Entwicklung dieser Strategien wird aber stärker als bisher durch die Bereitstellung von Informationen über Leistung, Verhalten und prognostizierten Entwicklungen der Mitarbeiter unterstützt werden. Personalinformationen werden sich nahtlos in den Arbeitsalltag der Personaler integrieren, durch entsprechende technische Ausgestaltung (Responsive Design) auf allen – vor allem mobilen – Plattformen verfügbar sein und für ortsunabhängige, zeitnahe Entscheidungen sorgen. Von vielen als Revolution bezeichnet, ist dies eher eine Evolution, aber mit hoher Geschwindigkeit und Durchsetzungskraft.

Quellen

Bersin by Deloitte: How Talent Analytics Can Help You Maximize Your HR Strategy, https://www.youtube.com/watch?v=aOPvAQpLXHU (letzter Aufruf 14.03.2017).

Bersin, J./Mariani, J./Monahan, K.: Will IoT technology bring us the quantified employee? In: Deloitte.Insights vom 24.05.2016, https://dupress.deloitte.com/dup-us-en/focus/internet-of-things/people-analytics-iot-human-resources.html (letzter Aufruf 22.03.2017).

Gillies, C.: Recruiting via PC. Vom Roboter eingestellt. In: Computerwoche vom 27.01.2014, http://www.computerwoche.de/a/vom-roboter-eingestellt,2553093 (letzter Aufruf 20.03.2017)

IT-Business/Cayley M.: Copy Xerox's data analysis model for hiring success, in: itbusiness.ca 16.07.2016, http://www.itbusiness.ca/blog/copy-xeroxs-data-analysis-model-for-hiring-succes/49839 (letzter Aufruf 19.05.2017).

KPMG: Evidence based HR: Key findings from KPMG's HR Advisory 2015 – Global Pulse Survey, https://assets.kpmg.com/content/dam/kpmg/pdf/2015/06/evidence-based-hr-highstakes-moderate-priority.pdf (letzter Aufruf 14.03.2017).

Nachtwei, J.: Viele Personaler unterschätzen die Potenziale ihrer Daten. PERSONAL2015 Nord, http://blog.zukunft-personal.de/de/2015/08/18/trendstudie-big-data-in-hr-viele-personaler-unterschaetzen-die-potenziale-ihrer-daten/ (letzter Aufruf 19.05.2017).

Oral Roberts University: Why One University Made Fitbits Mandatory for Students. psfk, https://www.psfk.com/2016/02/why-one-university-made-fitbits-mandatory-for-its-students.html (letzter Aufruf 21.03.2017).

OrganziationView (2017): Workometry, http://www.organizationview.com/workometry-201701/ (letzter Aufruf 14.03.2017).

Schübbe, F. (2016): Personalkennzahlen – Vom Zahlenfriedhof zum Management-Dashboard, Norderstedt.

Smeyers, L. (2015): 10 Years behind, in: HRN Blog 10.06.2015, http://blog.hrn.io/hr-analytics-10-years-behind/ (letzter Aufruf 14.03.2017).

Sociometric Solutions: http://www.dailymail.co.uk/news/article-4121612/Companies-fit-thousands-staff-wearable-trackers-follow-movements-night-day.html (letzter Aufruf 21.03.2017).

Waber, B. (2013): Sociometric Badges. Using Wearable Sensors to Change Management, http://cdn.oreillystatic.com/en/assets/1/event/91/Sociometric%20Badges_%20Using%20Wearable%20Sensors%20to%20Change%20Management%20Presentation.pdf (letzter Aufruf 21.03.2017).

Autor

Fred Schübbe beschäftigt sich mit zeitgemäßer Organisation und Prozessgestaltung von Personalarbeit mit den Schwerpunkten Personalservices und Personalcontrolling. Er ist Autor von Fachbüchern zum Personalcontrolling und veröffentlicht regelmäßig in Fachzeitschriften und Portalen. Darüber hinaus referiert er an Hochschulen und auf Fachveranstaltungen.

Kontakt: autor@schuebbe.de

HR Shared Services der Zukunft

Michael Schwarz

Es ist inzwischen fast ein Grundbedürfnis geworden, online zu sein. Heute erwarten Menschen, die Technologie benutzen, dass sie jederzeit, unabhängig vom Gerätetyp oder von ihrem Aufenthaltsort, Zugang zu allen Informationen zu jedem beliebigen Zweck haben (Schreckling/Steiger 2017, S.6). Die rasant fortschreitende Digitalisierung verändert daher nicht nur unser privates Leben, sondern auch unsere Arbeitswelt. Dies stellt HR vor zwei elementare Aufgaben (Stephan et al. 2016): Erstens, den Veränderungsprozess der digitalen Transformation im gesamten Unternehmen mitzugestalten und dabei Führungskräfte und Mitarbeiter bestmöglich zu unterstützen. Und zweitens, durch die Nutzung neuer Technologien den Mitarbeitern als Kunden der HR-Funktion ein ganz neues Erlebnis bei der Inanspruchnahme von Leistungen zu verschaffen.

Seit der Jahrtausendwende haben sich in vielen Unternehmen unterschiedlichster Größe und Branchen HR Shared Service Center darauf spezialisiert, HR-Dienstleistungen für die Belegschaft zu erbringen. Durch die Bündelung von Ressourcen und IT-Anwendungen wurden Skalenvorteile erzielt und durch die Standardisierung und Automatisierung von Prozessen Kosteneinsparungen erreicht.

HR Shared Service Center entstanden oftmals »greenfield«, weil Arbeitsplätze an Standorte mit günstigerem Lohnkostenniveau verlagert wurden. Infolgedessen wurden häufig neue, überwiegend junge Mitarbeiter rekrutiert. Diese zeichneten sich nicht nur durch sehr gute fachliche Qualifikationen, sondern zusätzlich auch durch eine hohe IT-Affinität, ausgeprägte Kunden- und Serviceorientierung und gute Problemlösungsqualitäten aus.

Ein weiteres Merkmal von HR Shared Service Centers stellt die intensive Nutzung von IT-Systemen und -Tools dar (Workflows, Knowledge-Management-Systeme usw.), die es einerseits ermöglichen, Prozesse standardisiert und automatisiert auszuführen, und andererseits, bestmöglichen Kundenservice zu bieten.

Welche Veränderungen erwartet diese noch recht junge und spezialisierte Organisation durch die zunehmende Digitalisierung? Welchen Einfluss nimmt die Digitalisierung auf die Arbeit in Shared-Service-Organisationen – auf das Geschäftsmodell, das Serviceangebot, die Aufbau- und Ablauforganisation, die Technologien und die Mitarbeiter?

1 Bedeutung der Digitalisierung für HR Shared Services

Zurückblickend auf die letzten zwei Jahrzehnte lässt sich die Evolution von HR Shared Services grob in drei Phasen einteilen. Entwickeln sich HR Shared Services entlang dieser Phasen weiter, werden sie also »reifer«, steigt in der Regel auch der Mehrwert, den sie für das gesamte Unternehmen liefern.

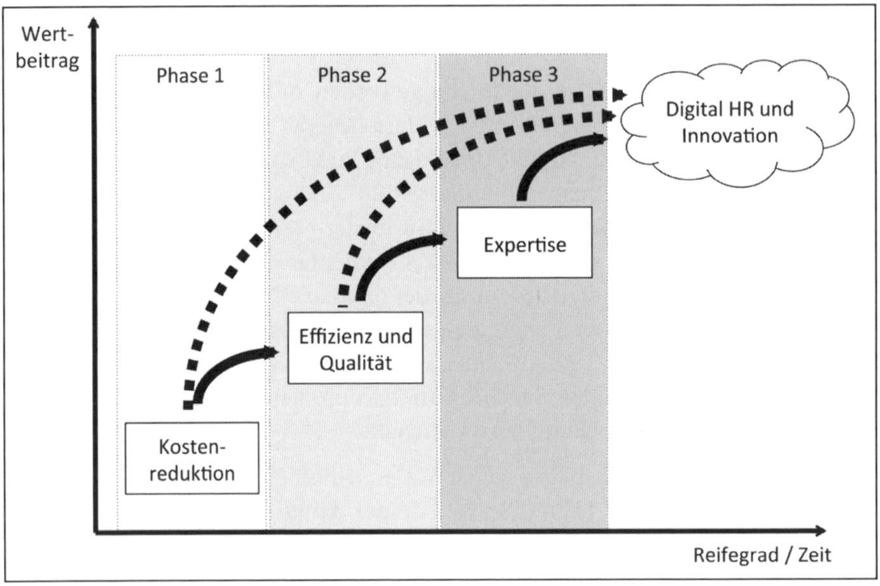

Abb. 1: Evolution von Shared Services

Zu Beginn sind HR Shared Services typischerweise fokussiert auf Kostenreduktion. Oftmals wird dies durch die Verlagerung der Arbeitsplätze an günstigere Near- oder Offshore-Standorte realisiert. Den internen Kunden kommen die durch »Labor Arbitrage« entstandenen Kostenvorteile unmittelbar zugute – eine wichtige Voraussetzung für eine Grundakzeptanz von Shared Services.

In der nächsten Phase liegt der Fokus dann auf der Prozessausführung und -effizienz. Zum einen werden Prozesse konsequent standardisiert und zum anderen halten kontinuierliche Verbesserung und Lean Management Einzug in HR Shared Service Center. Die Prozesse werden sukzessive »End-to-End« optimiert und von unnötigem Ballast und Fehlern befreit. Da zu Beginn der Aufbau von Shared Services überwiegend nach dem Prinzip »Lift & Shift« vorgenommen wird (Deloitte 2015, S. 44), ist die Standardisierung und Optimierung übernommener Prozesse quasi die Pflichtaufgabe für viele HR-Shared-Service-Organisationen in den ersten Jahren.

Inzwischen haben gereifte HR-Shared-Service-Organisationen ihr Serviceportfolio sukzessive um wissensbasierte Prozesse (»Expert Services«) erweitert. Die Grenzen zwischen Center of Excellence und Shared Services begannen dadurch in den letzten Jahren, zusehends zu verschwimmen. Die Durchführung nicht transaktionaler Prozesse in HR Shared Service Centers setzt allerdings auch Akzeptanz durch gute Leistung voraus. Nicht selten scheitert der Einstieg in die Übernahme solcher wissensbasierter Prozesse daran, dass HR Shared Services noch nicht ausreichend kostengünstig und/oder qualitätsgesichert in der Ausführung ihres transaktionalen Serviceportfolios sind. Bevor HR Shared Service Center nicht ihr Brot- und Buttergeschäft beherrschen, wird ihnen jedoch selten das Vertrauen geschenkt, höherwertige Prozesse auszuführen.

HR-Shared-Service-Organisationen mussten bisher diese Phasen sequenziell durchlaufen und die damit einhergehenden Aufgaben und Herausforderungen nach und nach bewältigen. Doch jetzt ist es Zeit für einen Paradigmenwechsel. Denn die Digitalisierung ermöglicht es HR Shared Services, unabhängig davon, welchen Reifegrad sie haben, ihren Kunden durch die Zusammenführung von **S**ocial Media, **M**obile Apps, **A**nalytics- und **C**loud-Technologien (SMAC) in neuen integrierten Plattformen ein noch nie da gewesenes Nutzererlebnis bei der Inanspruchnahme von HR-Leistungen zu verschaffen (Gulati 2016).

Damit spielen HR Shared Services eine entscheidende Rolle bei der Neugestaltung der Leistungserbringung in der gesamten HR-Funktion im digitalen Zeitalter. Der Begriff »Digital HR« steht sinnbildlich für diese Revolution und ist die treibende Kraft der HR-Transformation der nächsten Jahre. Das belegt beispielsweise die aktuelle, unter weltweit mehr als 10.000 Unternehmen durchgeführte Human-Capital-Studie von Deloitte, in der 73 Prozent aller Befragten angeben, dass Digital HR ein wichtiger Schlüsseltrend ist (Deloitte 2017, S. 11).

HR Shared Services stehen folglich abermals an der vordersten Front der HR-Transformation. Durch die Digitalisierung haben HR-Shared-Service-Organisationen die Chance, ihr Geschäftsmodell völlig neu zu gestalten und dabei durch innovative, kundenzentrierte Dienstleistungen sowie die Differenzierung von Services einen signifikanten Mehrwert für ihre Kunden zu schaffen.

2 Einflussbereiche der Digitalisierung im Hinblick auf HR Shared Services

Der technologische Fortschritt der vergangenen Jahre, insbesondere die rasante Verbreitung von mobilen Endgeräten (zum Beispiel Smartphones, Tablets, Wearables), Apps und der Cloud, ist zweifelsohne der entscheidenden Treiber der Digitalisierung. Neue Unternehmen wie Airbnb, Uber oder WhatsApp nutzen diese technologischen Innovationen und revolutionierten mit neuen digitalen Geschäftsmodellen ganze Branchen. Wenn aber die Buchung eines Ferienhauses im Ausland oder einer Taxifahrt in einer fremden Stadt jederzeit in wenigen Schritten über eine nutzerfreundlich gestaltete und simple App auf einem Smartphone funktioniert, warum sollen Mitarbeiter im Arbeitsalltag dann weniger erwarten, wenn es um unternehmensinterne Personalprozesse geht? Die Ansprüche und

Erwartungen der Mitarbeiter sowie ihr Verhalten sind demnach ein zweiter, nicht zu unterschätzender Treiber der Digitalisierung innerhalb des Unternehmens.

Google hat vier sogenannte »Mikro-Momente« identifiziert, in denen Menschen mit Smartphone oder Internetzugang online Informationen abrufen oder Transaktionen anstoßen (Google 2015). Diese Mikro-Momente lassen sich auch auf die Mitarbeiter im Unternehmen, also die Kunden einer HR-Shared-Service-Organisation, übertragen.

- *I-want-to-know:* Mitarbeiter werden die ständige Verfügbarkeit (on Demand) und leichte Zugänglichkeit von Informationen zukünftig viel stärker erwarten als heute, auch noch stärker funktionsübergreifend – also nicht nur in Bezug auf HR, sondern auch auf IT, Einkauf oder Finanzen. Mitarbeiter wollen Informationen beispielsweise zu Aufstiegsmöglichkeiten, Altersvorsorgemodellen oder geltenden Richtlinien genau dann erhalten, wenn sie sie benötigen, unabhängig von Servicezeiten, Zuständigkeiten oder Arbeitsort.
- *I-want-to-buy:* Bezüglich der Beauftragung konkreter HR-Leistungen, wie der Erstellung eines Zwischenzeugnisses oder der Veränderung der Arbeitszeit, werden sich die Erwartungen der Mitarbeiter an ihren privaten Erfahrungen im Online-Shopping orientieren. Auch für die »Produkte« des HR-Bereichs muss zukünftig gelten: auswählen, in den Warenkorb legen, gegebenenfalls Daten ergänzen, absenden, fertig. Und der Status ist jederzeit online einsehbar.
- *I-want-to-do:* Mitarbeiter werden zukünftig ein noch breiteres, aber auch spezifischeres Angebot an Unterstützung bei der täglichen Arbeit, der Zusammenarbeit mit Kollegen oder in Bezug auf administrative Prozesse im Unternehmen (wie zum Beispiel die Abrechnung einer Dienstreise) erwarten. E-Learnings und Video-Tutorials spielen dabei eine große Rolle und werden die Art des Lernens und der Wissensweitergabe im Unternehmen verändern. Neue Formen der Kollaboration über soziale Netzwerke werden den Austausch von Wissen fördern und Feedback in Echtzeit ermöglichen.
- *I-want-to-go:* Mitarbeiter möchten ihre Karriere immer stärker selbst in die Hand nehmen und Einfluss nehmen, wann sie welche Schritte in welche Richtung ihrer beruflichen Entwicklung gehen. Sie wollen Einsicht in passende vakante Positionen im Unternehmen haben, ihre eigenen Skills und Kompetenzen managen oder Feedback geben und nicht auf das nächste Mitarbeiterjahresgespräch mit ihrer Führungskraft warten.

Aus diesen Überlegungen lässt sich leicht erkennen, warum die Digitalisierung nicht nur technologisch großen Einfluss nimmt. Sie wirkt auf Vision und Strategie von HR Shared Services, verändert Prozesse und Strukturen und beeinflusst die Unternehmenskultur sowie die Einstellung, Erwartungen und Arbeitsweise der Mitarbeiter.

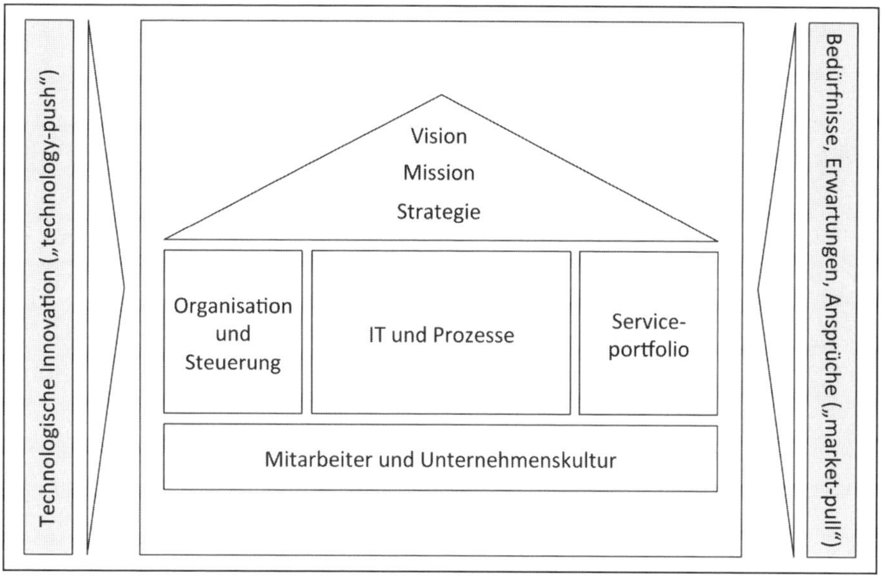

Abb. 2: Treiber und Einflussbereiche der Digitalisierung

2.1 Der strategische Überbau: Vision, Mission, Strategie

Technologische Innovation nimmt im exponentiellen Ausmaß zu. Selbst wenn die physikalischen Grenzen des »Mooreschen Gesetzes«, nach der sich die Anzahl von Schaltkreisen auf einem Siliziumchip etwa alle 18 Monate verdoppelt, erreicht zu sein scheinen, werden inzwischen neue Entwicklungen vorangetrieben, die Rechen- und Speicherleistung von Chips weiter zu vergrößern. Das Tempo dieser Entwicklung wird sich folglich auch in Zukunft nicht verlangsamen.

Allein der Blick zurück auf die technologischen Innovationen seit der Jahrtausendwende und deren Einfluss auf unser heutiges Leben und Arbeiten führt zwangsläufig zu der Frage, wie die (Arbeits-)Welt in 15 bis 20 Jahren aussehen wird; Zeitspannen, auf die Unternehmen typischerweise Visionen und Strategien auslegen. Eine Vision ist eine konkrete Vorstellung davon, wo ein Unternehmen zu einem bestimmten Zeitpunkt in der Zukunft stehen soll (Simon 2003, S. 498). Die Mission legt hingegen, vereinfacht gesagt, fest, was das Unternehmen ist, was es tut und wofür es steht (Schuh et al. 2011, S. 69).

Durch die Digitalisierung sind zuerst Vision und Mission der HR Shared Services – unabhängig davon, ob sie schriftlich ausformuliert vorliegen oder nicht – Veränderungen ausgesetzt.

Zukünftig hat jeder Mitarbeiter (mindestens) ein Smartphone in seiner Tasche. Bei der Inanspruchnahme von HR-Leistungen sind aus Kundensicht mobile Nutzungsfähigkeit, ständige Verfügbarkeit, nahtlose Integration und Plattformunabhängigkeit Hygienefaktoren. Nimmt man dies zusammen, wird deutlich, warum die Vision der HR-Shared-Service-Organisation und die Leitlinien über die Wertschöpfung und den Umgang mit ihren Kunden überdacht werden müssen. Kundenzentrierung und Innovation sind daher zwei entscheidende Aspekte bei der Neugestaltung von Vision und Mission im digitalen Zeitalter.

Bei der (Weiter-)Entwicklung der Strategie ist es von Bedeutung, sich bewusst zu machen, welche konkreten Auswirkungen die digitale Revolution auf das Gesamtunternehmen haben wird. Es gilt also im Sinne eines strategischen Dialogs mit der Unternehmensleitung herauszufinden, welche Chancen und Risiken für das Kerngeschäft des Unternehmens existieren. Daraus können bereits erste Ableitungen für die Strategie der HR Shared Services im Sinne eines strategischen Rahmens getroffen werden.

Sodann gilt es, die konkreten Auswirkungen der Digitalisierung auf die HR Shared Services richtig und umfassend zu verstehen. Schon an dieser Stelle können Fehler bzw. Missverständnisse entstehen, wenn beispielsweise keine quantitativen Daten zur Analyse herangezogen werden oder der Istzustand zwar »digital« gedacht, aber das existierende Service Delivery Model nicht gänzlich hinterfragt wird (Schreckling/Steiger 2017, S. 15).

Hat das Management die Auswirkungen der Digitalisierung auf die HR-Shared-Service-Organisation intensiv untersucht und anschließend die strategischen Handlungsfelder identifiziert, geht es um die Priorisierung und Zuordnung substanzieller Ressourcen zu diesen Handlungsfeldern. Denn aus strategischer Sicht muss das Management dafür sorgen, dass die notwendigen Ressourcen vorhanden sind, um die digitale Transformation erfolgreich bewältigen zu können.

Neben der Bereitstellung der erforderlichen personellen Kapazitäten beinhaltet dies auch das Sicherstellen der stärkeren Vernetzung mit den Kunden, die konsequente Beseitigung von Medienbrüchen und Schwachstellen in den Kernprozessen, die Förderung IT-technologischer Innovationen oder die Suche nach strategischen Partnern und Allianzen inner- und außerhalb des Unternehmens.

Essenziell ist auch der Aufbau einer agilen Entscheidungskultur in Bezug auf die identifizierten strategischen Handlungsfelder. Dies dürfte HR-Shared-Service-Organisationen durch ihre flachen Hierarchien und das gewohnte Arbeiten in Projekten tendenziell eher leicht fallen, es benötigt unter Umständen jedoch nochmals eine managementseitige Akzentuierung.

Ein weiteres strategisches Element ist es, ein digitales Mindset in der gesamten HR-Shared-Service-Organisation zu schaffen und Themen wie Vernetzung, Automatisierung und Echtzeit-Informationen mit Priorität zu behandeln.

So entstehen schrittweise Vision, Mission und Strategie, die im Einklang mit der Gesamtstrategie des Unternehmens stehen und auf die Herausforderungen und Chancen der Digitalisierung ausgerichtet sind.

2.2 Serviceportfolio

Heute sind HR Shared Service Center vorrangig für die kostengünstige, schnelle und qualitativ einwandfreie Erbringung von HR-Dienstleistungen im Unternehmen verantwortlich. Doch für die Zukunft gilt es zu verstehen, wie Mitarbeiter HR-Leistungen in Anspruch nehmen möchten. Der Blick muss sich, wie am Anfang dieses Kapitels erläutert, viel stärker auf das Nutzererlebnis des Mitarbeiters richten. Dabei geht es nicht nur um die transaktionale Durchführung, also die korrekte Abarbeitung von Prozessschritten und die Erbringung einer Leistung. Vielmehr geht es um die Generierung eines Zusatznutzens, beispielsweise durch speziell zugeschnittene Leistungsangebote auf der Grundlage von Erkenntnissen aus Datenanalysen, Trends und identifizierten Abhängigkeiten (Accenture 2017). Im Idealfall antizipieren HR-Shared-Service-Organisationen durch Datenanalysen (sogenannte »predictive analytics«) zukünftige Bedürfnisse der Mitarbeiter frühzeitig und weiten ihr Dienstleistungsportfolio entsprechend aus.

Daneben erwarten Mitarbeiter immer häufiger unternehmensweit einheitliche Prozesse und Arbeitsweisen, unabhängig vom konkreten Arbeitsort des einzelnen Mitarbeiters oder dem organisatorischen Set-up der HR-Funktion in bestimmten Regionen oder Unternehmensbereichen. Es geht um globale Konsistenz in Abläufen und ständige Transparenz über den Status bzw. den Fortschritt von Prozessen. Gerade hier bieten die technologischen Möglichkeiten, die über Social Media, Mobile Apps, Analytics und Cloud den Einzug in Unternehmen finden, neues Potenzial. Darauf aufbauend wird sich das Leistungsangebot von HR Shared Services in dreierlei Hinsicht durch die Digitalisierung verändern (Dobbe/Hiensch 2016, S. 3):

- Erstens ermöglichen *neue Automatisierungstechnologien*, zum Beispiel Robotic Process Automation (RPA), die Optimierung bestehender Serviceleistungen unter Kosten- und Qualitätsgesichtspunkten. Am besten geeignet für RPA und damit für die Kernaufgabenfelder der HR Shared Services sind transaktionale und repetitive HR-Prozesse. Vielfach wird dort mit unterschiedlichen HR-Systemen gearbeitet und nicht immer sind diese Systeme miteinander über Schnittstellen vollständig integriert. Werden Massendaten verarbeitet, kommt schnell ein großer Arbeitsaufwand auf HR-Shared-Service-Organisationen zu, der in der Vergangenheit nur durch zusätzliche Ressourcen bewältigt werden konnte. Durch RPA ist es heute möglich, Prozesse systemübergreifend zu automatisieren, solange es eindeutige Regeln gibt, nach denen die »Software-Roboter« arbeiten können. Der Investitionsbedarf ist dabei relativ gering. Im Gegenzug ist die Skalierbarkeit bei minimalen Grenzkosten sehr hoch. Prozessqualität und Verfügbarkeit liegen – fehlerfreies Design vorausgesetzt – bei 100 Prozent. Auch wenn aktuell erst wenige Anwendungsbeispiele aus HR vorliegen, wird das Potenzial von Experten als sehr hoch eingeschätzt. Die Einsparungen betragen bis zu 50 Prozent im Vergleich zu den Lohnkosten einer Vollzeit-Arbeitskraft an Offshore-Standorten (IRPA 2015, S. 10).

- Zweitens lassen sich neue, *wertsteigernde Serviceleistungen* anbieten. Dabei spielt der Zugang zu Daten und Informationen im HR Shared Service Center eine entscheidende Rolle. Die Zusammenführung, Analyse und Interpretation unterschiedlichster (HR-)Daten mithilfe von modernen Werkzeugen zur Datenanalyse liefert wertvolle Erkenntnisse über die Mitarbeiter, ihre Präferenzen oder ihren Beitrag zum Unternehmenserfolg. Anders als in der Vergangenheit geht es dabei nicht nur um vergangenheitsbezogenes HR Reporting, sondern vielmehr um das Erkennen von Trends und Abhängigkeiten, um zukunftsorientierte Entscheidungen zu treffen, die das Kerngeschäft des Unternehmens unterstützen. Besonders viel Potenzial liegt in der Verknüpfung und Korrelationsbildung von HR-Daten mit Daten aus anderen Unternehmensbereichen wie beispielsweise Vertrieb, Marketing oder der Supply Chain. Korreliert zum Beispiel der Kundenumsatz mit Performancedaten der Mitarbeiter im Außendienst, können daraus wertvolle Informationen, etwa zu Qualifizierungsbedarfen, abgeleitet werden.
- Und drittens werden sich HR-Serviceleistungen, die heute nur regional oder kundengruppenbezogenen erbracht werden (können), in Zukunft noch schneller und einfacher unternehmensweit und global anbieten lassen. Denn *neue Formen der Kollaboration*, wie soziale Unternehmensnetzwerke, Apps oder Instant Messaging, lassen traditionelle Wege der Zusammenarbeit zunehmend in den Hintergrund treten. Der Arbeitsort ist für die Leistungserbringung der Mitarbeiter immer weniger von Belang. Dadurch sind auch HR Shared Service Center nicht mehr zwingend darauf angewiesen, eine langwierige Standortsuche und -auswahl zu betreiben sowie eine zentrale Infrastruktur aufzubauen, um Services global erbringen zu können. Viele HR Shared Service Center verfügen heute bereits in Teilen der Welt über zentrale Standorte mit geeigneter Infrastruktur. Oftmals mussten für manche Regionen aber Kompromisse bei der Serviceerbringung, zum Beispiel hinsichtlich Erreichbarkeit durch Zeitverschiebung oder mangelnde Sprachkenntnisse, eingegangen werden, da ein Aufbau eines Standortes in der Region wirtschaftlich nicht zu vertreten war. Für solche Regionen bieten die neuen Formen der Kollaboration im Unternehmen neuen Anschub im Sinne einer virtuellen Erweiterung der Shared Service Center. In Zukunft wird eine HR-Shared-Service-Organisation in einem global agierenden Unternehmen nicht mehr zwingend regionale Standorte (Hubs) benötigen, um einen Global Footprint zu erreichen.

2.3 Organisation und Steuerung

Digitalisierung ist kein Projekt mit einer definierten Laufzeit oder einem voraussehbaren Enddatum. Es benötigt eine dauerhafte organisatorische Verankerung innerhalb der HR-Shared-Service-Organisation, um Innovation konsequent voranzutreiben und die Transformation erfolgreich zu gestalten. Auch wenn die Umsetzung digitaler Initiativen anfangs möglicherweise Projektcharakter hat, empfiehlt es sich, sie langfristig in der Linienorganisation zu verankern.

Die Geschwindigkeit der technologischen Entwicklungen erfordert flexible Strukturen und schnelle Entscheidungen. Daher sollten für die Umsetzung agile Teams unter Beteiligung aller Bereiche der HR-Shared-Service-Organisation etabliert werden. Diese Teams müssen schnell und flexibel auf sich ändernde Bedingungen reagieren können und im Rahmen eines gewissen Spielraums auch selbstständig Entscheidungen treffen dürfen. In bereichs- bzw. abteilungsübergreifenden Gremien können nachgelagert Entscheidungen der Teams verprobt oder Ideen weiter verbessert werden.

Zukünftig werden hierarchische Strukturen unternehmensweit immer weniger relevant. Der Trend geht in Richtung virtueller, netzwerkartiger Strukturen (Deloitte 2017, S. 5). HR Shared Services haben aufgrund ihrer meist überschaubaren Größe und ihrer flachen Hierarchien eine gute Ausgangsposition, um solche neuen organisatorischen Formen der Zusammenarbeit zu pilotieren.

Im Zuge der organisatorischen Anpassung muss auch eine Diskussion über geeignete Zielvorgaben auf allen hierarchischen Ebenen angestoßen werden. Denn eine neue, digitale Strategie und neue Strukturen alleine sind kein Garant für die erfolgreiche Umsetzung. Die Festlegung von Zielen und die konsequente Überwachung des Fortschritts sind elementar für den nachhaltigen Erfolg der HR Shared Services.

HR-Shared-Service-Organisationen besitzen eine für HR atypisch ausgeprägte Affinität zu steuerungsrelevanten Kennzahlen. Oftmals sind diese Kennzahlen heute jedoch im Schwerpunkt auf die Dienstleistungserbringung zum Kunden ausgelegt, zum Beispiel die Erreichbarkeit der Service-Hotline, die Lösungsrate von Anfragen oder die Fehlerfreiheit der Entgeltabrechnung. Auf Bereichs- und Abteilungsebene sind dagegen noch immer die Einhaltung von Personal- und Kostenbudgets die häufigsten quantitativen Zielvariablen.

Es empfiehlt sich daher, strategische Controlling-Ansätze wie etwa die Balanced Scorecard zur Festlegung von Zielen und Kennzahlen zu verwenden. Dadurch werden unterschiedliche Perspektiven (finanzielle Perspektive, Prozessperspektive usw.) eingenommen und die Übersetzung der strategischen Ziele in operative Maßnahmen sichergestellt (Kaplan/Norton 1996, S. 10 ff.). Um beispielsweise den Fortschritt der Digitalisierungsinitiativen der HR Shared Services zukünftig messbar zu machen, könnte die digitale Durchdringungsquote von Prozessen oder die Innovationsgeschwindigkeit je Abteilung bzw. Bereich eine mögliche Kennzahl sein.

In der Vergangenheit taten sich jedoch viele HR-Shared-Service-Organisationen gerade bei der Quantifizierung von Zielen schwer. Der Grund lag oft darin, dass die bisherigen HR-IT-Systeme nie darauf ausgerichtet waren, Analysen zu Durchlaufzeiten oder der Prozessqualität zu ermöglichen. Oft lagen auch nur historische Daten aus turnusmäßigen Erhebungen vor, zum Beispiel die Ergebnisse der letzten Kunden- oder Mitarbeiterbefragung aus dem Vorjahr. Die neuen Technologien bieten auch in dieser Hinsicht HR Shared Services enorme Chancen, denn die nahtlose Integration unterschiedlicher Anwendungen ermöglicht den Zugriff auf Echtzeitdaten und schafft verbesserte Datenqualität, etwa durch die stärkere Verbreitung von Self Services. Vorkonfigurierte Reports sowie Dashboards und kraftvolle Werkzeuge zur Datenanalyse werden heute von vielen Herstellern bereits mit ausgeliefert und bilden die Grundlage für aussagefähige Kennzahlen.

2.4 IT und Prozesse

Wie bereits erläutert, ist der Haupttreiber der Digitalisierung der rasante technologische Fortschritt. Daher sind die Auswirkungen im Bereich der IT besonders deutlich. Die HR IT hatte nie einen Selbstzweck, sondern erfüllte stets die Aufgabe, die HR-Prozesse im Unternehmen bestmöglich abzubilden und zu unterstützen. Viele Unternehmen haben seit Mitte der 1990er-Jahre enorme Summen in ihre HR IT investiert und nicht wenige haben sich mit extrem viel Entwicklungsaufwand (Customizing) Standardsoftware auf ihre spezifischen Anforderungen und Prozesse maßgeschneidert.

Beginnend mit den klassischen Systemen (wie SAP HCM oder Peoplesoft) zur Verwaltung der Personalstammdaten und zur Durchführung der Entgeltabrechnung, kamen später spezifische Anwendungen für Rekrutierung, Weiterbildung, Dokumentenerstellung oder elektronische Personalakten hinzu. Mit der Bündelung und Professionalisierung von HR-Leistungen in HR Shared Service Centers hielten dann noch Call-Center-Technologie, CRM-Systeme und Wissensdatenbanken in den HR-Bereich Einzug. So entstand ein buntes Potpourri an HR-IT-Systemen und -Tools. Hauptanwender der meisten dieser Anwendungen waren und sind HR-Shared-Service-Organisationen, die diese Systeme Tag für Tag zur Erbringung ihrer Dienstleistungen nutzen.

Doch in vielen Unternehmen findet heute ein Umdenken statt. Der Trend geht immer stärker in Richtung Software-as-a-Service-Lösungen (SaaS), wie beispielsweise SuccessFactors oder Workday. Diese Cloud-basierten HR-Lösungen ermöglichen durch vorkonfigurierte Best-Practice-Prozesse eine schnellere Einführung als in herkömmlichen Implementierungsprojekten. Schon bei einer solchen Einführung werden HR Shared Services eine große Rolle spielen, denn als Prozessexperten einerseits und Key User der Altsysteme andererseits führt bei der Einführung von SaaS-Lösungen kein Weg am HR Shared Service Center vorbei. In enger Zusammenarbeit mit der HR IT wird das System eingerichtet und produktiv gesetzt.

Auch im täglichen Betrieb funktionieren Cloud-HR-Lösungen anders als herkömmliche HR-IT-Anwendungen. Die Innovationszyklen sind in Cloud-HR-

Lösungen deutlich kürzer als in der Vergangenheit, denn in der Regel werden mehrere Release-Updates pro Jahr mit funktionalen und technischen Erweiterungen von den Herstellern zur Verfügung gestellt. Diese hohe Innovationsgeschwindigkeit setzt aber auch eine regelmäßige Beschäftigung mit den Release-Updates und deren Auswirkungen auf das Unternehmen und seine HR-Prozesse voraus. Das Release-Management wird sich dementsprechend zukünftig von einer überwiegend technischen Aufgabe der HR-IT viel stärker in eine Prozessaufgabe für IT-affine Mitarbeiter im HR Shared Service Center entwickeln.

Darüber hinaus verbreiten sich Apps im HR-Bereich zusehends. Denn der Trend geht auch in HR-Prozessen, wie bereits erläutert, zum mobilen Nutzererlebnis. Die Anzeige des Entgeltnachweises oder die Änderung der Bankverbindung über ein mobiles Endgerät und eine App wird dabei nur der Anfang sein. Viele SaaS-Anbieter bieten eigene Apps für ihre Produkte an, die von Mitarbeitern auf ihr Smartphone heruntergeladen und genutzt werden können. Aber auch Eigenentwicklungen sind möglich und lohnend, denn das Potenzial in diesem Bereich ist riesig: persönliche Daten verwalten, Einsicht in Arbeitszeitkonto oder Personalakte, Abrechnung von Reisekosten, Anträge, Bescheinigungen, Arbeitszeiterfassung, Kalenderfunktionen, On-Demand-Videos, Chat mit Kollegen, Feedbackfunktionen und vieles mehr. Für das Design und die kontinuierliche Weiterentwicklung solcher mobiler Anwendungen ist das HR Shared Service Center als Experte für Prozesse, Daten und Systeme prädestiniert. Natürlich geht es auch an dieser Stelle nicht ohne IT-Kenntnisse, aber vieles spricht dafür, dass HR Shared Services und HR IT zukünftig immer intensiver zusammenarbeiten und die Grenzen zwischen beiden Organisationen zusehends verschwimmen werden.

Ein weiterer Beleg hierfür ist die bereits erwähnte *Robotics Process Automation (RPA)*, eine innovative Technologie zur Automatisierung von Prozessen. Bei RPA ahmen Softwareroboter (sogenannte Robots) die menschliche Arbeit mit IT-Systemen nach. Dabei arbeitet der Robot auf vergleichbare Art und Weise, wie es der Mitarbeiter beispielsweise bei der Eingabe von Daten in ein HR-System tun würde. Robots können auch auf E-Mails oder andere Daten zugreifen, um logikbasierte, programmierte Prozessschritte auszuführen (Deloitte 2016, S. 2). Der große Vorteil von RPA ist der Wegfall der Schnittstellen. Der Softwareroboter wird konfiguriert, indem – vereinfacht gesagt – der Ablauf am System vorgemacht wird. Das kann durch Mitarbeiter in der HR-Shared-Service-Organisation erfolgen und ist auch ohne IT-Kenntnisse möglich. RPA eignet sich vor allem für standardisiertes Massengeschäft, in dem heute viel Kapazität durch die Ausführung manueller Prozessschritte gebunden ist. Aber auch bei Prozessen mit hoher Fehleranfälligkeit oder Schwierigkeiten in Bezug auf die Integration verschiedener Systeme kann RPA sinnvoll eingesetzt werden. In jedem Fall wird deutlich, dass hauptsächlich HR Shared Services von den Chancen durch Robotic Process Automation profitieren werden.

Während SaaS-Lösungen und Robotic Process Automation bereits im HR-Bereich Fuß gefasst haben, stehen andere technologische Entwicklungen, wie künstliche Intelligenz oder kognitive Systeme, noch vor dem Durchbruch. Klar ist jedoch, dass Anwendungsfälle existieren und es nur noch eine Frage der Zeit ist, wann diese Technologien eine Reife erlangen, um sie auch im Umfeld von HR Shared Services einzusetzen.

Die Forschung auf dem Gebiet der künstlichen Intelligenz beschäftigt sich damit, wie Computern Dinge beigebracht werden können, die Menschen heute besser beherrschen (Rich et al. 2009, S. 12). Der entscheidende Punkt dabei ist die zeitliche Restriktion der Aussage, denn noch sind Menschen tatsächlich in vielen Situationen Computern überlegen. Aber die Forschung schreitet voran. Künstliche Intelligenz beschäftigt sich nicht mehr mit Schachcomputern, denn die spielen schon heute auf oder über dem Niveau von Weltmeistern (Ertel 2016, S. 3).

Der Markt für kognitive Systeme, einem Teilgebiet der künstlichen Intelligenz, wächst beispielsweise stetig. Bis 2020 werden schätzungsweise rund 40 Milliarden US-Dollar für kognitive Systeme ausgegeben (Thorenz 2016). Kognitive Systeme sind Plattformen, die mit natürlicher Sprache umgehen können und über Fachwissen verfügen, sodass sie Inhalte verstehen, bewerten und erlernen können (Bitkom 2017). Das System stellt Hypothesen auf und formuliert mögliche Fragen anhand von verfügbaren Hinweisen in den Daten. Es lernt dabei aus Fehlern und Misserfolgen. Neben Anwendungen zu Analytics, die vielfach auf kognitiven Algorithmen basieren, sind auch Einsatzmöglichkeiten im Wissensmanagementbereich denkbar. Herkömmliche Knowledge-Management-Systeme scheiterten in der Praxis vielfach am Pflegeaufwand zur Strukturierung der Inhalte. Kognitive Systeme könnten die Recherche automatisieren und zukünftig auch Sprache verarbeiten. Systeme zur Spracherkennung und -verarbeitung, wie »Siri« von Apple oder »Alexa« von Amazon, werden immer ausgereifter und lassen das Potenzial erahnen, das in diesen Technologien für die Zukunft steckt. Selbst der Agent an der HR-Service-Hotline könnte somit irgendwann obsolet werden, wenn es um die bestmögliche Beratung des Anrufers geht.

2.5 Mitarbeiter und Unternehmenskultur – das tragende Fundament

Mitarbeiter erwarten von Unternehmen stärker als in der Vergangenheit, dass sie ihre Karriereplanung und ihre Entwicklung selbst beeinflussen und steuern können. Dabei geht es auch darum, jederzeit und genau dann, wenn der Mitarbeiter es will, HR-Leistungen in Anspruch zu nehmen. Die Mitarbeiter möchten sich weiter qualifizieren, wenn sie es wollen, und nicht erst, wenn die nächste Präsenzschulung angeboten wird. Zusammenarbeit über soziale Medien und unternehmensinterne Kollaborationsplattformen wird heute von vielen Mitarbeitern, besonders von den jüngeren, als Selbstverständlichkeit in Unternehmen betrachtet.

Positive Erfahrungen, die Mitarbeiter an den Berührungspunkten zu HR machen, sind ein nicht zu unterschätzender Faktor, wenn es um die Suche und das Halten von Talenten geht. Anderseits können negative Erfahrungen kostspielig und zu einem echten Wettbewerbsnachteil werden.

HR Shared Services kommen an dieser Stelle in zweierlei Hinsicht wichtige Bedeutung zu. Zum einen stellen sie einen wichtigen Berührungspunkt der Belegschaft mit der HR-Funktion dar. Qualität, Geschwindigkeit und Konsistenz der Leistung werden von den Mitarbeitern unmittelbar wahrgenommen und bewertet. Schlechtleistung ist sofort transparent und kann negative Folgen haben. Wie bereits erwähnt, kommt es dabei auf das Stiften eines besonderen Nutzererlebnisses und nicht nur auf die reine Erfüllung von Service Level Agreements an. Zum anderen sind HR Shared Service Center natürlich selbst Teil des Konzerns. Vielfach zeichnen sie sich durch flache Hierarchien und gute Qualifizierungs- und Entwicklungsprogramme aus. Zudem sind sie oftmals frei von historischem Ballast in Form von starren betrieblichen Regelungen oder festgefahrenen Strukturen und Denkansätzen. Gerade dadurch eignen sich HR Shared Services als idealer Pilot für die Einführung von neuen talentbezogenen Anwendungen und Prozessen im Unternehmen.

Die Digitalisierung bedeutet für HR Shared Services jedoch auch eine Veränderung der eigenen Personalrekrutierungs- und -entwicklungsstrategie. In vielen HR-Shared-Service-Organisationen verlief die Rekrutierung von Mitarbeitern nach ähnlichen Prinzipien. Während arrivierte HR-Experten zumeist einen Bogen um das HR-SSC machen, wurden zur Besetzung der Positionen gut ausgebildete, junge Mitarbeiter eingestellt, die man anschließend durch Trainings on the Job fit für die tägliche Arbeit machte. Bei der Personalauswahl standen fachliche Qualifikationen, gutes Prozessverständnis und ausgeprägte Service- und Kundenorientierung an oberster Stelle auf der Liste der Einstellungskriterien. Je nach Aufgabenbereich, Front-Office-, Back-Office- oder Führungstätigkeit kamen gegebenenfalls weitere erforderliche Qualifikationen und Kompetenzen hinzu.

Durch die Digitalisierung ändern sich auch die benötigten Fähigkeiten und Kompetenzen der Mitarbeiter. In Zukunft werden

- interdisziplinäres Denken und Handeln,
- die Fähigkeit, mit Komplexität und Innovation umzugehen,
- Programmier- und/oder Anwendungskenntnisse in mobilen Apps oder Data Analytics und
- spezifische Methodenkenntnisse wie zum Beispiel Design Thinking oder Digital Business Modeling

eine wesentlich stärkere Rolle spielen (Schreckling/Steiger 2017, S. 21).

Wie bisher wird ein Großteil der Mitarbeiter nach den klassischen Kriterien ausgewählt werden, denn nach wie vor geht es im Kern bei HR Shared Services um die Erbringung von repetitiven Standardleistungen, zum Beispiel Datenerfassung oder Dokumentenerzeugung. Aber es werden zukünftig auch Experten-Teams zur Digitalisierung benötigt. Diese Teams setzen sich dann beispielsweise aus Technologieexperten und Anwender-Experten zusammen, die gemeinsam an der Digitalisierung spezifischer HR-Prozesse arbeiten (Chandok/Chheda/Edlich 2016).

Mitarbeiter mit den notwendigen Qualifikationen für diese Aufgaben im Unternehmen zu identifizieren oder bei Bedarf von außen zu rekrutieren ist demnach eine Kernaufgabe des HR Shared Service Management, um die Leistungs- und Zukunftsfähigkeit der Shared-Service-Organisation zu bewahren. Möglicherweise kann gerade eine HR-Shared-Service-Organisation interessante Einstiegs- und Entwicklungsperspektiven für Kandidaten und Mitarbeiter bieten, die Interesse an der Mitgestaltung der digitalen Transformation innerhalb der HR-Funktion haben.

Beim Blick auf die Mitarbeiter innerhalb des HR Shared Service Center darf auch das unmittelbare Arbeitserlebnis an sich nicht vernachlässigt werden. Die regelmäßige Auseinandersetzung mit den Einstellungen und Erwartungen der Mitarbeiter zu Themen wie Arbeitsumfeld, Arbeitszeit und -ort, Entwicklungs- und Karrieremöglichkeiten, (Selbst-)Verantwortung, Zusammenarbeit und Führung setzt auf allen Ebenen der HR-Shared-Service-Organisation einen offenen Austausch zwischen Mitarbeiter und Führungskräften voraus.

Transparenz und das Teilen von Wissen und Zusammenarbeit sind bereits heute in der DNA von vielen HR-Shared-Service-Organisationen verankert, da sie Bestandteil ihres Erfolgs sind. Weitere wichtige kulturelle Aspekte kommen durch die Digitalisierung jedoch hinzu. Der Fokus muss sich von der Prozessorientierung stärker in Richtung Kundenzentrierung verschieben. Pioniergeist ist der notwendige Motor für die Innovationen der angebotenen Dienstleistungen. Aus der Start-up-Mentalität muss eine Prototyp-Mentalität werden, in der Innovationen entwickelt, getestet und rasch »an den Markt« gebracht werden.

Auch der Umgang mit den immer neuen Veränderungen an sich spielt dabei eine wichtige Rolle. Permanente Veränderungen lösen bei vielen Mitarbeitern Unsicherheit und Ängste aus. Wegen der disruptiven Tendenzen der Digitalisierung muss die Unternehmenskultur der ständigen Veränderung noch weit mehr Bedeutung beimessen als in der Vergangenheit.

Das lenkt letztlich den Blick auch auf die Führungskräfte. Zukünftig wird es verstärkt darauf ankommen, nicht nur Führungskräfte zu finden, die fachlich qualifiziert genug für ihre Aufgabe sind. Vielmehr müssen Vorgesetzte, die ihre Mitarbeiter durch die digitale Transformation führen wollen, in der Lage sein, die HR-Shared-Service-Vision zu vermitteln, Strategie in die Umsetzung zu bringen, digitale Möglichkeiten frühzeitig zu erkennen und auszuloten, gute Entscheidungen schnell und auch unter Unsicherheit zu treffen, Erfolg zu belohnen und digitales Commitment vorzuleben.

3 Herausforderungen bei der Umsetzung digitaler HR Shared Services

3.1 Datenschutz und Datensicherheit

Datenschutz, also der Schutz personenbezogener Daten, spielt eine große Rolle in unserer Gesellschaft. Die Einhaltung der Datenschutzgesetze stellt heute bereits hohe Anforderungen an Unternehmen, etwa durch die Regelungen im Bundesdatenschutzgesetz (BDSG) oder in der ab Mai 2018 geltenden EU-Datenschutz-Grundverordnung (EU-DSGVO). Gleichzeitig häufen sich die Meldungen über Cyberkriminalität und Datenklau in der Öffentlichkeit. Immer wieder gelingt es Kriminellen, an Daten zu gelangen und damit betrügerischen Machenschaften nachzugehen. Datensicherheit ist eine Voraussetzung für effektiven Datenschutz. Unternehmen werden zukünftig daher noch mehr Anstrengungen unternehmen müssen, um die rechtlichen Anforderungen an Datensicherheit und Datenschutz zu gewährleisten. Denn erstens bringen neue Technologien wie Cloud-Software oder mobile Anwendungen auch neues Gefahrenpotenzial mit sich und zweitens werden zukünftig tendenziell immer mehr Daten (auch personenbezogene) verarbeitet, gespeichert und miteinander zu Analysezwecken verknüpft werden. HR-Shared-Service-Organisationen sind dabei auf die Unterstützung der IT angewiesen, um auf ihrem Weg zu digitalen HR Shared Services alle Anforderungen an Datensicherheit und Datenschutz zu gewährleisten. Jedoch muss sich auch jeder Mitarbeiter der HR-Shared-Service-Organisation selbst der Wichtigkeit und Sensibilität des Themas Datenschutz bewusst sein. Datenschutz ist demnach auch eine wichtige Führungsaufgabe und gerade im digitalen Zeitalter aktueller denn je.

3.2 Betriebliche Mitbestimmung

Bei der Umsetzung digitaler HR Shared Services stellt auch die betriebliche Mitbestimmung eine große Herausforderung dar. Die Flexibilisierung von Arbeitsort und Arbeitszeit, neue Entwicklungspfade oder neue Instrumente der Kollaboration sind typische Themen, die unter die Mitbestimmung fallen und in Betriebsvereinbarungen geregelt werden. Um Unsicherheit oder Ängsten von vorneherein zu begegnen, ist eine frühzeitige Einbeziehung der Arbeitnehmerseite in die geplanten Veränderungen essenziell. Gemeinsam mit den Arbeitnehmervertretungen müssen tragfähige Lösungen für die Anforderungen der Zukunft erarbeitet werden. Eine vertrauensvolle und partnerschaftliche Zusammenarbeit zwischen Arbeitgeber und Arbeitnehmern zahlt sich an dieser Stelle entscheidend aus. Denn Taktieren, Verhindern oder Blockieren von wichtigen digitalen Initiativen können in Zeiten, in denen agile und flexible Lösungen für das Unternehmen erforderlich sind, zu einem echten Wettbewerbsnachteil werden.

3.3 Change Management

Der Weg zur digitalen HR-Shared-Service-Organisation ist ein bedeutender Veränderungsprozess und benötigt unbedingt begleitende Change-Management-Unterstützung. Das Ausmaß an Veränderung dürfte dabei umso größer sein, je geringer der Reifegrad der HR-Shared-Service-Organisation heute ist. Fehlende Akzeptanz im Konzern kann dazu führen, dass der Strategiewechsel der HR Shared Services nicht unterstützt oder gar blockiert wird. Auch die Suche nach digitalen Talenten kann sich in dieser Ausgangssituation schwierig gestalten. Selbst die Bereitschaft zur Zusammenarbeit über Bereichsgrenzen im Unternehmen hinweg könnte davon abhängen, wie HR Shared Services heute im Konzern wahrgenommen werden. Ein Teil des Wandels besteht daher auch darin, Strukturen aufzubrechen und durchlässiger zu gestalten, damit Ideen einfacher und schneller zur Umsetzung gelangen (Campagna 2017). Die Digitalisierung wird darüber hinaus auch zu einer neuen Wertediskussion führen. Change Management ist daher vielleicht die größte und vor allem nie endende Herausforderung, wenn man sich der Dimension der Veränderung durch die Digitalisierung einmal vollumfänglich bewusst wird.

4 Zusammenfassung und Ausblick

Die Digitalisierung hält Einzug in unsere Gesellschaft, unser Leben und unsere Arbeitswelt und macht vor keiner Unternehmensform oder -funktion halt. Die Geschwindigkeit der Veränderungen mag sich zwischen multinationalen Großkonzernen, dem regionalen Handwerksbetrieb oder den Behörden der öffentlichen Verwaltung unterscheiden. Am Umfang und Ausmaß der Veränderungen durch die digitale Revolution ändert sich jedoch nichts.

HR Shared Services sind vermutlich der Teil der HR-Funktion, der sich am stärksten durch die Digitalisierung verändern wird (vgl. Kienbaum 2016, S. 9). Gleichzeitig können HR Shared Services, wie erläutert, enorm von der Digitalisierung profitieren. Der traditionelle Fokus auf effiziente, schnelle und qualitative HR-Dienstleistungen wird nicht völlig verschwinden, sondern als Kernelement erhalten bleiben. HR Shared Services werden sich jedoch neuen Aufgaben zuwenden. Dabei wird sich das Selbstverständnis noch stärker in Richtung einer Experten-Funktion entwickeln, die Kundenbedürfnisse identifiziert und neue, innovative Leistungsangebote anbietet. Eine enge Zusammenarbeit zwischen HR- und IT-Experten ist unerlässlich, um diese Innovationen zu entwickeln, zu testen und den Nutzern zur Verfügung zu stellen (Chandok/Chheda/Edlich 2016). In diesem Zusammenhang wird es interessant sein zu beobachten, ob es HR-Shared-Service-Organisationen gelingt, die Balance zwischen solider Leistungserbringung im Tagesgeschäft einerseits und innovativer Gestaltung zukünftiger Serviceangebote andererseits zu wahren.

Damit dies gelingt, ist eine die jeweilige Ausgangssituation berücksichtigende digitale Strategie erforderlich. Selbstverständlich sind HR-Shared-Service-Organisationen eingebettet in die digitale Gesamtstrategie des Unternehmens und abhängig von den Leitplanken, die darin gesetzt werden. Doch gleichzeitig können HR Shared Services entscheidend dazu beitragen, die Strategie auf die HR-Funktion herunterzubrechen und umzusetzen. Die Ausgangslage ist jedenfalls besonders vorteilhaft. Gelingt es, digitales Talent für sich zu gewinnen und kundenzentrierte Dienstleistungen anzubieten, kann die gesamte HR-Funktion durch bessere Services profitieren. Für HR Shared Services könnte darüber hinaus durch die Digitalisierung auch ein völlig neues Geschäftspotenzial entstehen. Unternehmensbereiche und Geschäftseinheiten dabei zu unterstützen, ihre Organisation fit für die Digitalisierung zu machen, könnte ein solches neues Geschäftsfeld sein. Dabei wäre zum Beispiel die Bewertung von Geschäftseinheiten anhand eines »Digitalen Reifegradmodells« denkbar sowie Unterstützung bei der Einführung von innovativen Technologien oder neuen Instrumenten zur Kundenkollaboration.

Das alles wirft jedoch auch die Frage auf, ob HR-Shared-Service-Organisationen alleine in der Lage sind, diese tiefgreifenden Veränderungen zu bewältigen. Es wurde bereits an verschiedenen Stellen dieses Artikels auf die stärkere Vernetzung zwischen IT und HR Shared Services in der Zukunft hingewiesen. Vieles spricht dafür, dass im Zuge der Digitalisierung auch die stärkere Verzahnung der IT mit anderen Support-Funktionen, wie Finanzen oder Einkauf, notwendig sein wird. Multi-Tower Shared Services und Global Business Services sind unter anderem deshalb erfolgreich, da man Bündelungseffekte über Funktionsgrenzen hinweg realisieren kann. Es liegt nahe, darüber nachzudenken, ob nicht gerade die Konzentration digitaler Kompetenzen über Funktionsgrenzen hinweg eine sinnvolle Strategie darstellt. Alleine aus einer Rekrutierungs- und Entwicklungsperspektive ließen sich digitalen Talenten in einer Global-Business-Service-Organisation ganz andere Möglichkeiten bieten als in einer Single-Tower Shared-Service-Organisation. Auch die praktischen Anwendungsfälle für Robotics, Apps oder Analytics beispielsweise sind in funktionsübergreifenden Shared Services deutlich breiter als in HR Shared Services alleine. Investitionen in Zukunftstechnologien wie künstliche Intelligenz würden zentral an einer Stelle und nicht mehrmals für verschiedene Funktionen getätigt. So wie die Digitalisierung den Aufbruch der Silos innerhalb der HR-Shared-Service-Organisation erfordert, so ist auch davon auszugehen, dass sie der funktionsübergreifenden Serviceerbringung neue Impulse verleihen wird. HR Shared Services stehen in jedem Fall vor einer spannenden und aussichtsreichen Zukunft mit der Chance, an deren Ausgestaltung entscheidend mitzuwirken.

Quellen

Accenture Consulting: Improve Service Delivery: A »people first« culture requires insight, agility and reimagining the services that human resources (HR) delivers, https://www.accenture.com/in-en/service-digital-hr-transformation-service-delivery (letzter Aufruf: 28.02.2017).

Bitcom (2017): Arbeitskreis Cognitive Computing, https://www.bitkom.org/Bitkom/Organisation/Gremien/Cognitive-Computing.html (letzter Aufruf: 19.03.2017).

Campagna, C.: Wo ist Ihre digitale Unternehmens-DNA? In Ihrem erweiterten Shared-Services-Modell. Erweiterte Shared-Services-Modelle sind das Fundament für die digitale Unternehmenszukunft, https://www.accenture.com/de-de/insight-digital-business-dna-pov (letzter Aufruf: 06.03.2017).

Chandok, P./Chheda, H./Edlich, A. (2016): How shared-services organizations can prepare for a digital future, http://www.mckinsey.com/business-functions/digital-mckinsey/our-insights/how-shared-services-organizations-can-prepare-for-a-digital-future (letzter Aufruf: 19.03.2017).

Deloitte Center for Process Robotics (2016): HR Robotics – Die Maschinen kommen: Die Nutzung von »smarten Helfern« in HR-Prozessen ist keine ferne Zukunftsmusik mehr, in: https://www2.deloitte.com/de/de/pages/human-capital/articles/HR-Robotics-Die-Maschinen-kommen.html (letzter Aufruf: 05.10.2017).

Deloitte Consulting LLP (2015): 2015 Global Shared Services Survey – Survey Results, https://www2.deloitte.com/content/dam/Deloitte/dk/Documents/finance/Deloitte-SSSurvey-Interactive.pdf (letzter Aufruf 28.02.2017).

Deloitte Development LLC (2017): Rewriting the rules for the digital age: 2017 Deloitte Global Human Capital Trends, Deloitte University Press.

Dobbe, T./Hiensch, J. (2016): Shared Services: How Digital Can Accelerate the Leap to Value-Added Differentiation, https://www.cognizant.com/whitepapers/Shared-Services-How-Digital-Can-Accelerate-the-Leap-to-Value-Added-Differentiation-codex1721.pdf (letzter Aufruf: 06.02.2017).

Ertel, W. (2016): Grundkurs Künstliche Intelligenz, 4. überarb. Aufl., Wiesbaden.

Google (2015): 4 New Moments Every Marketer Should Know, https://think.storage.googleapis.com/docs/4-new-moments-every-marketer-should-know.pdf (letzter Aufruf 28.02.2017).

Gulati, N.: Mobile as a radical platform for Digital HR Shared Services, https://www.linkedin.com/pulse/mobile-radical-platform-digital-hr-shared-services-naveen-gulati (letzter Aufruf: 02.03.2017).

Institute for Robotic Process Automation (IRPA): Introduction to Robotic Process Automation – A Primer, http://irpaai.com/introduction-to-robotic-process-automation-a-primer (letzter Aufruf 23.03.2017).

Kaplan, R./Norton, D. (1996): The Balanced Scorecard: Translating strategy into action, Boston.

Kienbaum Institut: Digitalisierung@HR – Strukturen, Prozesse & Kompetenzen der Zukunft, http://www.kienbauminstitut-ism.de/fileadmin/user_upload/Kienbaum_Studie_Digitalisierung_%40HR.PDF (letzter Aufruf: 17.10.2017).

Rich, E./Knight, K./Shivashankar, N. (2009): Artificial Intelligence, 3rd Edition, New York.

Schreckling, E./Steiger, C. (2017): Digitalize or Drown, in: Oswald G./Kleinemeier M. (Hrsg.): Shaping the Digital Enterprise: Trends and Use Cases in Digital Innovation and Transformation, Basel, S. 3-28.

Schuh, G./Boos, W./Kampker A./Gartzen U. (2011): Strategie, in: Schuh, G./Kampker A. (Hrsg.): Strategie und Management produzierender Unternehmen: Handbuch Produktion und Management 1, 2. vollständig neu bearb. und erw. Aufl., Heidelberg, S. 63-132.

Simon, H. (2004): Die unternehmerische Vision – Fixstern auf dem Weg zum Erfolg, in: Wiedemann, K./Fritz W./Abel B. (Hrsg.): Management mit Vision und Verantwortung: Eine Herausforderung an Wissenschaft und Praxis, 1. Aufl., Wiesbaden, S. 495-502.

Stephan, M./Uzawa, S./Volini, E./Walsh B./Yoshida R. (2016): Digital HR: Revolution, not evolution, in: Deloitte insights vom 29.02.2016, https://dupress.deloitte.com/dup-us-en/focus/human-capital-trends/2016/digital-hr-technology-for-hr-teams-services.html#endnote-3 (letzter Aufruf: 19.03.2017).

Suska, M./Weuster, A. (2017): Shared Services: Multiplying Success: from single to multi-functional and global Shared Services, Stuttgart.

Thorenz, L. (2016): Big Data, Analytics und Cognitive Computing. Warum kognitive Systeme wichtig werden, in: Computerwoche vom 09.08.2016, http://www.computerwoche.de/a/warum-kognitive-systeme-wichtig-werden,3315459 (letzter Aufruf 19.03.2017).

Autor

Michael Schwarz, Jahrgang 1975, absolvierte eine Ausbildung zum Industriekaufmann und studierte Internationale Betriebswirtschaft. Zwischen 2005 und 2010 war er am Aufbau der HR Shared Services bei BASF beteiligt. In den folgenden Jahren verantwortete er das Controlling im SSC des Recycling- und Umweltdienstleisters ALBA. Seit April 2014 ist er bei Bilfinger in verschiedenen Funktionen für Shared Services verantwortlich und leitet aktuell das globale HR-Projekt, in dessen Rahmen unter anderem SAP SuccessFactors als HR-Cloud-Lösung implementiert wird.

Kontakt: michael.a.schwarz@bilfinger.com

Werkstattberichte und Anwendungsszenarien

Robotics im HR-Bereich

Iuliia Mullakhmetova, Philipp Schmeink und Oliver Ayoub

1 Hintergrund

Seit einigen Jahren verändert sich in den Unternehmen die Rolle der Hauptverwaltungsfunktionen und damit auch die der Personalfunktion von Grund auf. Die Anforderungen des Business verlangen zunehmend nach strategischer Entscheidungsunterstützung bei gleichzeitig effizienterer Abwicklung der basalen Verwaltungsaufgaben. Diese Entwicklung ist zwar nicht neu, neu ist aber die Geschwindigkeit, mit der sich der Wandel derzeit vollzieht. Umso drängender stellt sich die Frage, wie heute die Weichen gestellt werden müssen, damit die Unternehmen in Zukunft so aufgestellt sind, dass die Personalfunktion den neuen Ansprüchen gerecht wird und die Anforderungen an eine hervorragende HR-Funktion erfüllt.

Eine der wichtigsten Weichenstellungen ist dabei die Entscheidung, sich auf die wirklich wertschöpfenden Aktivitäten zu konzentrieren. Umgekehrt bedeutet dies, dass entschieden werden muss, welche weniger wertschöpfenden Aktivitäten auf ein Minimum zurückgeführt werden sollten oder wie diese zu möglichst geringen Kosten erbracht werden können. In der Vergangenheit kamen hier oft Shared-Service-Center-Konzepte ins Spiel. Mit ihnen ließen sich mittels Zentralisierung und Standardisierung von Prozessen und der Verlagerung dieser transaktionalen Prozesse in Länder mit geringeren Lohnkosten signifikante Kosteneinsparungen erzielen. Die Digitalisierung eröffnet nun weitere Möglichkeiten, Effizienzpotenziale zu heben. Im vorliegenden Beitrag möchten wir daher das Thema Robotic Process Automation (Robotics oder RPA) vorstellen. Robotics werden bereits seit einigen Jahren intensiv diskutiert, festzustellen ist aber, dass die tatsächliche Marktdurchdringung in Deutschland weiterhin gering ist und es insbesondere in der Personalfunktion erst sehr wenige Anwendungsbeispiele gibt. Dies hängt unter anderem mit einer gewissen Zurückhaltung vieler Unternehmen und insbesondere vieler Personalfunktionen beim Einsatz neuer Technologien zusammen, vielleicht auch mit einer mangelnden Kenntnis darüber, wie solche Automatisierungsprojekte erfolgreich geplant und umgesetzt werden können.

2 Was ist Robotic Process Automation?

Unter Robotic Process Automation versteht man eine Softwarelösung, die in der Lage ist, kosteneffizient transaktionale, aber heute noch manuell durchgeführte Tätigkeiten zu automatisieren. Ein Beispiel: Die Beantragung und Buchung sowie die Abrechnung von Dienstreisen sind typische Sachbearbeitungsaufgaben, die in getrennten Prozessen ablaufen und bei denen die Daten jeweils von Hand übertragen werden müssen. Mit einer RPA-Lösung könnte nun das Übertragen der Daten von einem automatisierten System ausgeführt werden, was etwa den Vorteil von Effizienzgewinnen und Fehlerminimierung beim Datenübertrag mit sich bringt. Allgemein lassen sich mithilfe von RPA-Lösungen zum Beispiel folgende Aufgaben ausführen:

- Informationseingaben und -änderungen in bestehenden Systemen/Applikationen
- Durchführung regelbasierter Prüfungsschritte
- Durchführung einfacher, regelbasierter Berechnungen
- Erstellung von Output-Informationen sowie deren automatisierter Versand

Grundvoraussetzung ist folglich, dass es sich um regelbasierte Prozesse und Aktivitäten handelt und alle benötigten Daten in elektronischer, gleichbleibend strukturierter und auslesbarer Form vorliegen. Ist dies gegeben, so können Robotics ihre große Stärke vollständig entfalten und Prozesse oder einzelne Aktivitäten system- und applikationsübergreifend bei gleichbleibend hoher Qualität automatisiert durchführen. Technisch wird dabei auf die vorhandene Systemarchitektur aufgesetzt. Dadurch können aufwendige Anpassungen wie die Implementierung und Pflege von neuen Schnittstellen vermieden oder neu priorisiert werden. Stattdessen wird auf der einfachsten Entwicklungsstufe auf dem PC oder Notebook eines Nutzers ein RPA-System oder ein »Robot« mit Netzwerk- und Applikationszugriff installiert, dem Prozessablauf entsprechend konfiguriert und mit den benötigten Systemzugängen (Benutzername und Passwort) ausgestattet. Die Software führt dann den konfigurierten Prozess mithilfe von Tastatur- und Maus-Aktionen durch. Das heißt, dass der Robot mit der Nutzerschnittstelle (User Interface) bereits bestehender Anwendungen auf die gleiche Weise interagiert wie ein menschlicher Anwender. In diesem Szenario muss der physische Zugriff auf den PC bzw. das Notebook durch unbefugte Dritte beschränkt werden, um Manipulationen zu verhindern.

In einem zweiten Szenario erfolgt der Zugriff auf bestehende Standardschnittstellen wie Application Programming Interfaces (APIs) bzw. Anwendungsprogrammierschnittstellen oder Remote Function Calls (RFCs). Der Robot agiert direkt mit der Applikation, was effizienter ist als über eine Nutzerschnittstelle. Möglich ist dies sowohl mit klassischen Desktop-Robotic-Lösungen, die auf einem physischen Client oder einer virtuellen Maschine installiert werden, als auch mit serverbasierter Robotic.

Robotics sind dennoch klar von einem Menschen und wissensbasierten, lernenden künstlichen Intelligenzen abzugrenzen (siehe Abb. 1), da diese Systeme lediglich regelbasierte und fest definierte Aktivitäten ausführen können. Wann immer es zu Abweichungen vom Regelprozess kommt, wird eine Transaktion ausgesteuert und muss von einem Menschen fertiggestellt werden, denn für jedes potenziell auftretende Ereignis muss im Vorfeld eine Handlungsalternative definiert und konfiguriert worden sein. Zudem muss die Software immer angepasst werden, wenn es Veränderungen im Prozess oder den Richtlinien (zum Beispiel Schwellwerte) gibt.

Automatisierungstechnologien	Beschreibung
Regelbasierte Automatisierung (z. B. RPA)	Software unterstützt die Automatisierung von stark regelbasierten End-to-End-Prozessen und programmübergreifenden Anwendungen durch Interaktion mit dem User Interface (UI) oder mit Standardschnittstellen (RFCs, APIs). Beispiele: Redwood, Another Monday, Automation Anywhere, BluePrism, UiPath
Makro- oder skriptbasierte Automatisierung	Regelbasierte Automatisierung innerhalb spezifischer Software wie MS Excel oder innerhalb webbasierter Applikationen Beispiele: MS Excel Makros, iMacros
IT-Automatisierung (ERPs, Apps und Workflow-Lösungen)	Automatisierung und Integration von Kerngeschäftsprozessen, oft in Echtzeit, durch eine gemeinsame Datenbank über verschiedene Abteilungen hinweg Beispiele: SAP, Oracle
Business Process Management (BPM)	Software zur Unterstützung von BPM-Konzepten, die für die Automatisierung und bessere Organisation von Prozessen sorgt Beispiele: SAS, IBM
Wissensbasierte, kognitive Funktionseinheiten; künstliche Intelligenz	Wissensbasierte oder kognitive Tools arbeiten größtenteils mit unstrukturierten Daten als Input (z. B. E-Mails und Dokumente) und haben die Fähigkeit, durch Erfahrung dazuzulernen und ihr Wissen zu erweitern. Typischerweise interagieren sie über eine API. Beispiele: Cleverbot/Siri, Watson (IBM), Holmes (WIPRO)

Abb. 1: Abgrenzung von RPA zu anderen Automatisierungstechnologien

3 Was sind die Vorteile von RPA?

RPA hat verschiedene Vorteile: Einer der wichtigsten ist die hohe Geschwindigkeit, mit der diese Technologie eingeführt werden kann. Innerhalb weniger Wochen nach der Identifikation der geeigneten Prozesse und Aktivitäten sowie deren Dokumentation und eventuell erforderlicher Anpassung kann ein Robot bereits in den Live-Betrieb gehen. RPA ist somit deutlich schneller als die klassische IT-Implementierung, etwa die Programmierung komplexer Schnittstellen oder BPM-Tools (siehe Abb. 1).

Hinzu kommt, dass sehr schnell ein positiver Return on Investment erreicht wird, teilweise in unter sechs Monaten. Dies liegt vor allem an der hohen Produktivität eines Robots (er »arbeitet« 24 Stunden, an sieben Tagen pro Woche und ohne

Urlaub, Krankheit oder sonstige Ausfälle), den geringen Implementierungskosten und den verhältnismäßig geringen laufenden Kosten, die meist aus Lizenzgebühren und Servicekosten bei Prozessanpassungen bestehen.

Neben den beschriebenen Kostenvorteilen sprechen aber auch Qualitätsüberlegungen für die Einführung von RPA. Denn sobald ein Prozess korrekt aufgesetzt und implementiert ist, kann er völlig fehlerfrei ablaufen, die unvermeidlichen menschlichen Fehler sind ausgeschlossen. Für die Compliance der Unternehmen kann dies durchaus relevant sein.

Zuletzt bieten Robotics die Möglichkeit, in Zeiten akuten Fachkräftemangels rein repetitive Tätigkeiten zu automatisieren und dadurch Mitarbeiterkapazitäten für höherwertige, wissensintensivere Aufgaben freizusetzen.

4 Wie wird ein Robot implementiert?

Aktuell bestehen im deutschen Markt zwei unterschiedliche Wege, über die sich Unternehmen dem Thema Prozessautomatisierung mithilfe von RPA nähern. Einige wenige Unternehmen starten mit groß angelegten RPA-Transformationsprojekten, die Mehrzahl wählt jedoch ein stufenweises Vorgehen. Entsprechend wird im vorliegenden Beitrag dieses stufenweise Vorgehen (Pilotierungsphase, Penetrationsphase, Transformationsphase) näher dargestellt; der Fokus liegt dabei auf der Identifikation und Implementierung eines RPA-Piloten.

In der Pilotierungsphase werden ausgewählte Prozesse und Aktivitäten mit ausreichendem Automatisierungspotenzial identifiziert, einem initialen Business Case unterlegt und pilotiert. Im Zentrum steht dabei das Sammeln von Erfahrungen und das Erarbeiten von Anwendungsfällen, mit denen nachgewiesen werden kann, dass RPA eine für das eigene Unternehmen geeignete Automatisierungstechnologie ist. Der Pilotprozess wird unter Berücksichtigung der Initialaufwendungen keinen positiven finanziellen Business-Case-Beitrag leisten können. Aufsetzend auf den ersten Piloten werden entlang eines Standardprozessmodells Prozessgruppen gebildet und systematisch auf ihre Automatisierungspotenziale hin analysiert. Sukzessive sollen dann ganze Prozessgruppen weitgehend automatisiert werden.

Zu Beginn eines RPA-Pilotprojekts empfiehlt es sich, eine klassische Projektorganisation aufzusetzen, um frühzeitig alle relevanten Stakeholder mit einzubeziehen und das Projekt entlang eines Projektplans professionell umzusetzen. Erfahrungsgemäß sollte das Projektteam nicht zu groß sein, damit es flexibel agieren kann. Es ist jedoch sinnvoll, im Team über mindestens einen Projektmanager mit Wissen über transaktionale Personalprozesse, einen HR-IT-verantwortlichen Mitarbeiter aus der Personalfunktion (beispielsweise SAP Key User) und einen Repräsentanten der IT-Abteilung zu verfügen. Zusätzlich ist sicherzustellen, dass operative Mitarbeiter der Personalfunktion verfügbar sind, um an Prozessworkshops teilzunehmen, aber auch, um Prozessanpassungen zu implementieren und diese entsprechend zu dokumentieren. Ferner sollte die Unterstützung des Topmanagements gewährt sein und das Vorgehen frühzeitig mit der IT-Security, eventuell dem Datenschutzbeauftragten, dem internen Risikomanagement und dem Betriebsrat abgestimmt werden.

Ausgangspunkt für die Identifikation eines geeigneten Pilotprozesses ist das Standardprozessmodell der Personalfunktion. Dieses ist mithilfe geeigneter Kriterien (siehe Abb. 2) auf Aktivitätenlevel hin zu analysieren, um eine Longlist potenzieller Prozesse und Aktivitäten zu erstellen. Hierzu empfehlen sich Prozessworkshops mit den jeweiligen Prozesseignern. Die ausgewählten Prozesse der Longlist sind auf dem niedrigsten vorhandenen Detaillevel zu analysieren (zum Beispiel aus dem Prozesshandbuch) – was wiederum im Rahmen von Prozessworkshops erfolgen kann. Allerdings sollte hier bereits der ausgewählte RPA-Anbieter mit einbezogen werden, damit eine qualifizierte Shortlist erarbeitet werden kann. Zusätzlich sollten bereits notwendige Prozessanpassungen, ausgehend von Best Practices, im Workshop identifiziert werden (inklusive Aufwandsschätzung). Basierend auf dieser Shortlist ist dann zu entscheiden, welcher Prozess als RPA-Pilot automatisiert werden soll.

Kriterienkatalog	Beschreibung
Transaktionaler Prozess	Grundsätzlich muss ein Prozess oder Teilprozess regelbasiert und repetitiv sein, um mit RPA automatisierbar zu sein.
Elektronische Daten	Alle notwendigen Daten müssen in strukturierter elektronischer Form vorliegen, auslesbar sein und konstant in gleicher Form zur Verfügung stehen.
Prozesslaufzeit	Der Prozess sollte noch mindestens zwei Jahre nach Umsetzung der Automatisierung Bestand haben, um aus Kosten-Nutzen-Sicht vorteilhaft zu sein.
Komplexität der IT-Landschaft	Die Anzahl an verwendeten Systemen/Applikationen sollte im Pilotprojekt möglichst gering sein, um die Komplexität der Implementierung und Pflege zu reduzieren.
Prozessvarianten	Die Anzahl an Prozessvarianten sollte im Pilotprojekt möglichst gering sein, um die Komplexität der Implementierung und Pflege zu reduzieren.
Inhärentes Prozessrisiko	Das potenzielle Prozessrisiko sollte im Pilotprojekt möglichst gering sein, um das Projektrisiko zu reduzieren.
Business Case	Je nach Gesamtziel ist zwischen qualitativen und quantitativen Zielen zu unterscheiden. Bei quantitativen/finanziellen Zielen sollten pro Roboter mindestens zwei Vollzeitstellen eingespart werden können.

Abb. 2: Kriterienkatalog zur Identifikation von Prozessen/Aktivitäten mit Automatisierungspotenzial durch RPA

Nach der Identifikation eines oder mehrerer geeigneter Pilotprozesse beginnt die Umsetzung. Hierbei ist zunächst die bestehende Prozessdokumentation der Ist-Prozesse auszuwerten. Ein klassisches Prozesshandbuch auf Transaktionslevel ist hier nicht detailliert genug, da die Entwickler jedes Detail und jede Regel des Prozesses kennen müssen, um den Robot richtig konfigurieren zu können. Daher ist die Geschäftslogik des Prozesses auf Transaktionslevel abzubilden.

Anschließend ist der dokumentierte Prozess auf Anpassungsbedarfe hin zu analysieren und entsprechend zu modifizieren. In der Praxis liegen die Inputdaten oft nicht ausreichend strukturiert vor, um von einem Robot verarbeitet werden zu können, oder einzelne Prozessschritte sind historisch bedingt, werden künftig aber obsolet sein. Basierend auf der finalen Sollprozessdokumentation werden sogenannte Schreibtischtests mit den RPA-Entwicklern durchgeführt. Dabei wird jeder einzelne Prozessschritt durchgeführt und von einem Projektmitarbeiter beobachtet. So können Verständnisfragen geklärt werden und es wird sichergestellt, dass die Dokumentation ausreichend detailliert und eindeutig ist. Parallel dazu werden die notwendigen internen Berechtigungen und Systemzugänge beantragt; so etwa benötigt der Robot eine Zugangsberechtigung zum ERP-System.

Nach den Schreibtischtests konfiguriert der RPA-Anbieter den Robot nach den Ausführungen der Sollprozessdokumentation und in enger Abstimmung mit dem Prozesseigner. Danach wird der Robot getestet: Dazu zählen sicherheitstechnische Tests, wie ein Penetrationstest, der sicherstellt, dass die Implementierung des Robots keine Sicherheitslücke in der IT-Infrastruktur des Unternehmens verursacht. Aber auch der Fachbereich testet, ob der Robot den Prozess korrekt durchführt. Auf Basis der Testprotokolle wird der Robot dann vom Fachbereich, der IT und den weiteren Stakeholdern freigegeben und der Live-Betrieb kann beginnen. Jede spätere Prozessänderung muss dann immer wieder auch in die Konfiguration des Robots übernommen werden.

Sobald die ersten Piloten erfolgreich implementiert sind, sollte eine RPA-Transformationsstrategie entwickelt werden, die das weitere Vorgehen definiert. Es ist sinnvoll, dabei nicht nur die Verwaltungsfunktion zu betrachten, sondern auch das Potenzial von RPA aus unternehmensweiter Sicht. Zudem ist die finanzielle Dimension eines Business Case klar in den Blick zu nehmen.

Mit der Umsetzung der RPA-Transformationsstrategie beginnt die Penetrationsphase. Dabei sind ganze Bereiche einer Hauptverwaltungsfunktion entsprechend dem Vorgehensmodell der Pilotphase zu analysieren und zu automatisieren. Sukzessive wird der Fokus auf die gesamte Verwaltungsfunktion ausgeweitet, bis schließlich alle Potenziale identifiziert und die Umsetzung initiiert ist. In der dann folgenden Transformationsphase werden – dies wird im vorliegenden Beitrag aber nicht weiter ausgeführt – unternehmensweit die Prozesse unter Einsatz von RPA automatisiert.

5 Fallbeispiel

In einem größeren Transformationsprojekt zur Reorganisation und Optimierung der Hauptverwaltungsfunktionen eines mittelständischen Dienstleistungsanbieters wurde ausführlich über die Chancen und Risiken von RPA diskutiert. Das Unternehmen entschied sich daraufhin, mithilfe der beschriebenen Methodik einen geeigneten Prozess zur Automatisierung zu identifizieren und zu implementieren. Als Pilotprozess wurde die »Prüfung der Sozialversicherungspflicht und eventuell notwendige Anpassungen des Sozialversicherungsschlüssels (SV-Schlüssel) von studentischen Aushilfen« identifiziert, welcher bis dahin etwa zwei Vollzeitstellen gebunden hatte. Dieser Prozess wurde zum Zeitpunkt der Analyse weitgehend manuell durchgeführt. Alle studentischen Aushilfen (durchschnittlich 500 Aushilfen pro Monat) reichen zweimal monatlich die geleisteten Stunden via Stundenerfassung mit Anbindung an SAP ein.

Im Rahmen des Prozesses führt die Personalabteilung jeden Monat pro studentischer Hilfskraft verschiedene Aktivitäten über mehrere Systeme/Applikationen hinweg durch:

- Überprüfung, ob eine aktuelle Immatrikulationsbescheinigung in der Personalakte vorliegt
- Bei fehlender Immatrikulationsbescheinigung per E-Mail die aktuelle Bescheinigung anfragen
- Überprüfung des SV-Schlüssels basierend auf der SAP-Auswertung (Report aller Aushilfen mit mehr als 20 Wochenarbeitsstunden)
- Anpassung des SV-Schlüssels in SAP, sofern die studentische Aushilfe mehr als 20 Stunden pro Woche außerhalb der Semesterferien gearbeitet hat
- Informieren der studentischen Aushilfe per E-Mail über geänderte Sozialversicherungsbewertung und deren Auswirkung

Entsprechend der oben beschriebenen Methodik wurde der Prozess auf dem niedrigsten möglichen Detaillevel dokumentiert. Im zweiten Schritt erfolgten verschiedene Prozess- und Datenanpassungen, um die automatisierte Bearbeitung von möglichst vielen Schritten zu realisieren:

- Erstellung einer Excel-Mapping-Tabelle mit den Semesterferien aller deutschen Fachhochschulen und Universitäten (online verfügbar)
- Hinterlegung der Studieneinrichtung in den Mitarbeiterstammdaten
- Hinterlegung der wesentlichen Informationen der Immatrikulationsbescheinigung in den Mitarbeiterstammdaten (zum Beispiel Vorhanden ja/nein, Gültigkeitszeitraum)
- Definition von standardisierten E-Mails bei fehlender Immatrikulationsbescheinigung und Anpassung des SV-Schlüssels

Im nächsten Schritt wurde der Robot auf Basis des angepassten Prozesses und der entsprechend überarbeiteten Prozessdokumentation konfiguriert und implementiert.

Dadurch konnte im Rahmen des Pilotprojekts ein bislang fast ausschließlich manueller Prozess mit mehreren Medienbrüchen weitgehend (circa 80 Prozent) automatisiert und damit bereits ein wesentlicher Effizienzbeitrag erzielt werden. Hinzu kamen relevante Erkenntnisse über die Identifikation und Implementierung von RPA. Insbesondere die frühzeitige Einbindung der IT-Security und des Datenschutzbeauftragten haben sich als wichtige Erfahrungen für dieses Unternehmen erwiesen und tragen damit zu einer effizienteren und effektiveren Herangehensweise bei der Implementierung weiterer Robots bei.

6 Fazit

Wie das Fallbeispiel verdeutlicht, bietet RPA ein mächtiges Werkzeug, um Geschäftsvorfälle zu automatisieren, effizienter zu arbeiten und die Compliance zu verbessern. Die RPA-Lösung verknüpft bestehende Applikationen und Technologien und füllt damit Teile der »weißen Flecken« aus, die bisher von Hand überbrückt wurden. Wichtig ist dabei – neben dem richtigen Projektansatz – aber auch ein richtiges Maß an Erwartungen, denn eine hundertprozentige Automatisierung bietet auch RPA nicht. Je nach Ausgangssituation sind aber Einsparungen von 20 bis 30 Prozent aller Full-Time-Employees mit transaktionalen Tätigkeiten durchaus möglich.

Dafür sind jedoch im Vorfeld Fallstricke zu vermeiden. Ein erfolgreiches RPA-Projekt ist das Ergebnis der Interaktion zwischen Fachbereich, IT und einem Berater, der neben Prozessexpertise auch über die erforderliche Markt- und RPA-Kompetenz verfügt. Nur wenn zu Beginn der Projektrahmen eindeutig abgesteckt wird und auch zukünftige Anforderungen bereits antizipiert wurden, gelingt eine gezielte und bedarfsgerechte Auswahl der RPA-Tools, welche die Grundvoraussetzung für die Realisierung des geplanten Business Case und die langfristige Wartbarkeit der Robots ist. Dabei ist es durchaus auch vorstellbar, zwei sich ergänzende RPA-Tools auszuwählen, etwa eine desktop- sowie eine serverbasierte Lösung. Mehr sollten es mit Blick auf die Komplexität der Systeme jedoch nicht sein. Eine Eins-zu-eins-Umsetzung bestehender Prozesse ist ebenso wenig sinnvoll wie die Automatisierung stark heterogener Prozesse, da nur durch standardisierte Best-Practice-Prozesse volle Effizienzgewinne und eine dauerhafte Wartbarkeit gewährleistet sind. Hieran anschließend wird künftig die Kombination von Robotics mit Maschinenlernen und künstlicher Intelligenz weiterführende Optimierungen ermöglichen.

Autoren

Iuliia Mullakhmetova ist Consultant im Bereich Management Consulting der PwC GmbH. Sie ist spezialisiert auf die Themen Prozessoptimierung, Multi-Shared Services und Digital Enabler. Ihre beruflichen Erfahrungen hat sie sowohl in der Wirtschaftsprüfung als auch bei diversen Beratungsprojekten gesammelt. Hier hat sie verschiedene Hauptverwaltungsprozesse, unter anderem durch den Einsatz von Robotic Process Automation, optimiert.

Kontakt: iuliia.mullakhmetova@pwc.com

Philipp Schmeink ist Manager im Bereich Management Consulting der PwC GmbH. In den vergangenen fünf Jahren hat er als Berater und als fachlicher Vorstandsassistent sowohl Erfahrungen in der Optimierung von Hauptverwaltungsfunktionen bei Kunden als auch im eigenen Unternehmen gesammelt. Er verfügt über umfassende Kenntnisse im Bereich Transformationen, Prozessoptimierung, Multi-Shared Services und Digitale Enabler.

Kontakt: philipp.schmeink@pwc.com

Oliver Ayoub verfügt über mehr als zehn Jahre Erfahrung in der Optimierung internationaler Unternehmen und Prozesse. Als früherer Head of Controlling der MAN IT Shared Services kann er auf umfassende praktische Erfahrungen zurückgreifen. Darüber hinaus verfügt er über fundierte Kenntnisse in der Implementierung von SSCs, multifunktionalen Ansätzen, der Anpassung von SAP-Systemen sowie der Optimierung von Prozessen durch Robotic Process Automation. Oliver Ayoub leitet das RPA Competence Team der PwC GmbH und vereint umfassende Markt- und Produktkenntnisse mit Umsetzungs-Know-how und vielfältiger Projekterfahrung.

Kontakt: oliver.ayoub@pwc.com

Digitale Kompetenzbewertungen in der Personalauswahl und -entwicklung

Markus Langer, Falko S. Brenner, Nikos Green und Cornelius J. König

1 Hintergrund

Der rasante technologische Fortschritt führt zu vielen neuen Anwendungsmöglichkeiten in der praktischen Personalarbeit. Allerdings ist es bei der Geschwindigkeit, mit der neue Tools und Methoden auf den Markt drängen, nicht gerade einfach, den Überblick darüber zu behalten, für welche Anwendungen genau sie Mehrwert bringen. Doch lohnt es sich, einen Blick auf diese neuen Entwicklungen zu werfen, denn einige Technologien haben das Potenzial, in den nächsten Jahren flächendeckend zum Einsatz zu kommen. In diesem Werkstattbericht wird zunächst kurz allgemein auf Neuentwicklungen im Bereich der automatisierten Analyse menschlichen Verhaltens eingegangen. Im Anschluss werden konkrete Beispiele aus den Bereichen Personalauswahl und Training besprochen.

Automatisierte Analyse menschlichen Verhaltens

Persönliche Daten sind heute in den vielfältigsten Formen verfügbar – und das in einem nie geahnten Ausmaß. Forschung und Praxis können von diesen Daten profitieren, indem sie Dinge über Menschen in Erfahrung bringen, die ihnen vielleicht selbst nicht einmal bewusst sind. Treiber dieses Trends ist die Informatik, die es uns erlaubt, immer mehr Daten zu erheben (zum Beispiel mittels Sensoren wie der Tiefensensorkamera Kinect von Microsoft oder Fitness Tracker), zu speichern und automatisiert mittels Machine-Learning-Algorithmen zu analysieren. So produzieren Menschen täglich Daten, mittels derer man ihre Persönlichkeit einschätzen kann (zum Beispiel Likes auf Facebook, vgl. Wu/Kosinski/Stillwell 2015). Anhand von Stimme und Körpersprache kann sogar der Erfolg beim Speeddating vorhergesagt werden (Ranganath/Jurafsky/McFarland 2013). Was all diese Ansätze gemein haben, ist die automatisierte Analyse des menschlichen Verhaltens.

Auch für die Personalarbeit werden immer mehr neue Tools und Lösungen angeboten, die auf den im vorangegangenen Abschnitt beschriebenen Erkenntnissen basieren. Bei den drei im Folgenden beschriebenen Ansätzen nehmen vor allem Körpersprache und verbale (zum Beispiel die Wortwahl) sowie paraverbale Aspekte (etwa die Sprechgeschwindigkeit) eine entscheidende Rolle ein. Zum einen kann anhand dieser Variablen die Eignung für einen Job vorhergesagt werden, zum anderen können diese Variablen genutzt werden, Verhalten in einer zwischenmenschlichen Situation potenziell objektiver zu analysieren und Feedback zu geben.

2 Automatisierte Screening-Verfahren

Mit weit über vier Millionen Neueinstellungen pro Jahr auf dem deutschen Arbeitsmarkt (Statistisches Bundesamt 2016) gehört die Personalauswahl zu den wichtigsten HR-Kernprozessen. Hierbei nimmt die Prozessdigitalisierung stetig zu. Deutlich zeigt sich diese Entwicklung am Beispiel des Einstellungsinterviews. Hierbei reden wir nicht nur über den wachsenden Anteil der Interviews, die über Videoplattformen wie Skype, Google Hangouts oder Apples FaceTime durchgeführt werden, sondern vor allem über die zunehmend eingesetzten zeitversetzten Videointerviews (Brenner/Ortner/Fay 2016). Hierbei zeichnen Bewerber Videos von sich selbst auf, in denen sie auf Interviewfragen antworten. Anschließend übermitteln sie diese Videos an das Unternehmen, sodass Recruiter die Videos dann bewerten können.

Während bei der Plattform des deutschen Anbieters viasto Bewerber ausschließlich manuell bewertet werden, gibt es auf dem internationalen Markt mit Hire-Vue bereits Anbieter, die es Personalentscheidern ermöglichen, sich voll- oder semiautomatisierte Einschätzungen der Kandidateneignung generieren zu lassen oder zumindest Short-Lists zu erstellen. In Deutschland bietet das Unternehmen PRECIRE ein weiteres Beispiel einer voll automatisierten Screening-Anwendung an, die aus Text- oder Sprachproben Persönlichkeitsprofile oder Aussagen über emotionale Zustände errechnet.

Um Chancen und Grenzen entsprechender Technologien näher beleuchten zu können, ist es wichtig, kurz auf die Grundlagen einzugehen. Aus psychologischer Forschung ist bekannt, dass Menschen vollkommen Fremde bereits nach Betrachtung sehr kurzer Videosequenzen (sogenannter *Thin Slices of Behavior*) relativ akkurat bezüglich Eigenschaften wie Persönlichkeit oder intellektuelle Fähigkeiten einzuschätzen können (Ambady/Rosenthal 1992). Menschen wissen also intuitiv, dass bestimmte Signale und Verhaltensweisen situationsübergreifende Vorhersagen über Eigenschaften erlauben, ohne explizit beschreiben zu können, warum dies so ist. Aufgezeichnete Videointerviews beinhalten viele der Signale, die auch Menschen für die Einschätzung anderer Menschen verwenden, die dann mithilfe von Berechnungen (also Algorithmen) mit Ergebnisvariablen wie Berufsleistung verknüpft werden. Verschiedene statistische Methoden (zum Beispiel sogenannte Ridge- und LASSO-Regressionen) extrahieren die relevanten Signale und gewichten und kombinieren sie so, dass am Ende ein Vorhersagemodell entsteht, das die gewünschten Ergebnisvariablen zumindest ordentlich vorhersagen kann. Beispielsweise gelang es einer Schweizer Forschungsgruppe bereits, 34 Prozent der Varianz von Auswahlentscheidungen vorherzusagen (Nguyen/Gatica-Perez 2015). Man verbindet also relativ unstrukturierte Input-Variablen (Bildmaterial, Sprache, Text) mit Ergebnisvariablen (Berufsleistung, Persönlichkeitsausprägungen), wählt eine sinnvolle statistische Modellierung, trainiert und verfeinert das

Modell an bereits vorhandenen Daten und wendet es dann auf neue Daten an, also auf neue Bewerber und deren Videos.

Automatisierte Screening-Verfahren: Chancen und Risiken

Aktuell sind solche voll automatisierten Anwendungen in der Personalauswahl noch recht selten anzutreffen, jedoch wird die Verbreitung zunehmen. In Abbildung 1 werden daher Chancen, Risiken und auch Lösungsvorschläge für die Anwendung voll automatisierter Verfahren dargestellt.

Chancen	Risiken	Lösungen
• Effizienzgewinn gegenüber z. B. Telefoninterviews	• Möglicherweise negative Bewerberreaktionen durch weniger »persönliche« Art der Interaktion • Videos des Bewerbers werden an das Unternehmen übermittelt, wogegen datenschutzrechtliche Bedenken bestehen können	➢ Usability sicherstellen ➢ Transparente Kommunikation ➢ Zeitnahes Feedback an Bewerber
• Objektiveres Screening als z. B. bei Lebensläufen, wo das Bauchgefühl des Recruiters eine große Rolle spielen kann	• Kaum Erkenntnisse zur wahren Vorhersagekraft von Berufseignung	➢ Vermehrt praxisnahe Forschung benötigt ➢ Nicht als einziges Auswahlinstrument verwenden

Abb. 1: Chancen, Risiken und Lösungsvorschläge für automatisierte Screening-Verfahren

Zusammengefasst bergen neue, algorithmusgetriebene Auswahlverfahren Chancen hinsichtlich Effizienzsteigerung und Objektivierung der Vorauswahl. Anwender sollten den tatsächlichen Nutzen allerdings kritisch evaluieren und die Bewerberakzeptanz als wichtige Einflussgröße im Auge behalten. Denn es können Gewinne an Effizienz und Objektivität nivelliert werden, wenn Top-Kandidaten abspringen (Hausknecht/Day/Thomas 2004).

3 Verhandlungstraining

Gerade beim Training von Verhalten ist der erste Schritt zur Veränderung eine konstruktive Einsicht in das eigene Verhalten. Hierbei können technologiegestützte Trainingsmethoden einen erheblichen Zugewinn bieten. Diese Methoden sind mittlerweile so weit erforscht, dass erstens ihre Sensitivität gegenüber Störvariablen erheblich abgenommen hat (das heißt, es wird kein Laborsetting benötigt, um verlässliche Messungen zu erhalten), und zweitens wurde die Bedeutung dieser Signale in unterschiedlichen HR-relevanten Kontexten nachgewiesen (vgl. Langer/König/Gebhard/André 2016; Park et al. 2015). Ein solcher Kontext ist das Verhandeln. Gerade in Verhandlungen gibt es eine verbale (»was gesagt wird«)

und eine nonverbale Ebene (»wie etwas gesagt wird«), die eng miteinander in Beziehung stehen (vgl. Burgoon et al. 2002). Dementsprechend wird die Kommunikationskompetenz davon beeinflusst, wie gut jemand nonverbale Signale wahrnehmen und ausdrücken kann – besonders, wenn, wie bei Verhandlungen, starke Emotionen auftreten können (Liu 2009).

Für die Entwicklung dieser Kompetenzen ist praktisches Training unabdingbar. Ein Beispiel eines solchen Trainings entwickelte das Unternehmen Affective Signals. Deren Verhandlungstraining ist ein interaktives onlinegestütztes Training, bei dem Menschen in Verhandlungsrollenspielen per Videochat verhandeln. Innerhalb dieses Trainings werden Verhandlungen aufgezeichnet und algorithmisch ausgewertet. Dabei werden im ersten, automatisierten Verarbeitungsschritt relevante soziale Signale quantifiziert und im zweiten Schritt im Kontext von Verhandlungstheorie ausgewertet. Es wird dabei ein dynamischer Ansatz gewählt, das heißt, es werden interaktive Verhaltenssignale ausgewertet, die eine Wirkung bei den jeweiligen Verhandlungspartnern zeigen. Fragen, die damit beantwortet werden können, sind beispielsweise, ob Teilnehmer dominant genug waren oder die Emotionen, die sie ausgedrückt haben, ihr Gegenüber beeinflusst hat.

Das Tool wird bereits von ersten Pilotkunden verwendet, um sich auf konkrete Verhandlungssituationen vorzubereiten; über mehrere Trainingseinheiten hinweg lassen sich hierbei gute Kompetenzentwicklungen beobachten. Da das Erlernen von Verhandlungsführung und das Ändern eigenen Verhaltens oft intensive Übung erfordert, kann dieses Trainingstool den Lernprozess hin zum professionellen Verhandeln deutlich effizienter gestalten.

4 Virtuelles Trainingstool für zwischenmenschliche Kontexte

Um sich auf herausfordernde zwischenmenschliche Situationen vorzubereiten (zum Beispiel Gespräche mit schwierigen Kunden), werden vor allem zwei Methoden eingesetzt: eine rein theoretische Vorbereitung oder die Vorbereitung mit einem menschlichen Trainer. Eine theoretische Vorbereitung mag sinnvoll sein, spiegelt jedoch die soziale Situation der Aufgabe nicht adäquat wider (Anderson et al. 2013), weshalb oftmals Unterstützung durch einen menschlichen Trainer gesucht wird. Leider können die Kosten für ein persönliches Training schnell ausufern, vor allem, wenn viele Personen geschult werden sollen. Neue technologiebasierte Ansätze versuchen diese Nachteile auszugleichen. Hierbei werden in Simulationstrainings virtuelle Kommunikationspartner eingesetzt, die Sprache und nonverbales Verhalten des Teilnehmers erkennen können (vgl. Anderson et al. 2013; Langer et al. 2016).

Der Ablauf eines solchen Simulationstrainings soll nun am Beispiel des Programmes »Empathischer Trainingsbegleiter für Bewerbungsgespräche« (EmpaT, siehe www.empat-projekt.de) beschrieben werden. Hierbei erleben Teilnehmer nicht nur ein Bewerbungsgespräch, sondern einen kompletten Interviewtag. Sie müssen sich am Empfang anmelden oder treffen weitere virtuelle Bewerber, die im Warteraum der Organisation auf ihr Interview warten. Hierdurch erfahren Bewerber bereits vor ihrem eventuell ersten realen Interview, was es heißt, einen Interviewtag durchzustehen.

Abb. 2: Szene aus dem virtuellen Bewerbungsgesprächstraining EmpaT (Der virtuelle Charakter wurde entwickelt und zur Verfügung gestellt von der Charamel GmbH.)

Teilnehmer sitzen vor einem Computermonitor und werden von einem virtuellen Interviewer interviewt (siehe Abb. 2). Der virtuelle Charakter kann mittels Kamera und Mikrofon die Körpersprache und Stimme der Teilnehmer erkennen und dazu in Echtzeit Feedback an die Teilnehmer vermitteln. So ist es möglich, ihnen zum Beispiel mitzuteilen, ob sie zu leise reden oder während des gesamten Interviews ihre Arme verschränkt halten. Zusätzlich wird innerhalb des Trainings versucht, den psychischen Zustand der Teilnehmer einzuschätzen (etwa deren Ängstlichkeit). Der Interviewcharakter versucht dann, sich den Teilnehmern anzupassen, um die Angst vor dem Interview zu nehmen (indem er beispielsweise häufiger lächelt). Als technische Grundlage für die Erkennung und Interpretation der Körpersprache und Stimme dient das Social Signal Interpretation Framework (SSI, Wagner et al. 2013), ein Programm, das die Daten vieler verschiedener Sensoren (Kamera, Fitness Tracker etc.) als Input aufnehmen, weiterverarbeiten und interpretieren kann. Ähnlich wie automatisiertes Screening in der Personalauswahl basiert die Interpretation des gezeigten Verhaltens auf Daten, durch die das Programm gelernt hat, wie etwa ein Lächeln aussieht, um nun bei neuen Videoaufnahmen zu erkennen, wann ein Nutzer gelächelt hat. Des Weiteren wird innerhalb des Trainings auch die Situation, in der sich Probanden befinden, mit einbezogen, um auf ihren Gefühlszustand zu schließen. Nicht jedes Lächeln wird somit als Freude interpretiert – falls der virtuelle Interviewer gerade eine provozierende Bemerkung gemacht hat, könnte das Lächeln eine völlig andere Bedeutung haben (etwa das Überspielen von Unsicherheit). Nach dem Interview erfolgt ein Debriefing, bei dem Teilnehmer ein zusammengefasstes Feedback zum nonverbalen Verhalten erhalten können. Weiterhin kann man das vergangene Interview Revue passieren lassen, indem Teilnehmern Videoaufnahmen von Schlüsselszenen präsentiert werden. Dadurch können sie sehen, wie sie auf Interviewfragen geantwortet haben, und ihr Interviewverhalten reflektieren.

In einer Forschungsarbeit hat sich das genannte Training als effektiver als eine theoretische Vorbereitung auf Bewerbungsgespräche erwiesen, denn es reduzierte die Angst vor Bewerbungsgesprächen, führte zu angemessenerem nonverbalen Verhalten und einer besseren Interviewbewertung (Langer et al. 2016). Bewerbungsgespräche sind hierbei nur eine mögliche Anwendung eines solchen Trainingssystems. Es ist ebenso möglich, den virtuellen Interviewcharakter so einzustellen, dass er einen aufgebrachten Kunden oder einen Zuhörer bei einer Präsentation simuliert – die Aufgabe an den Trainingsteilnehmer, angemessenes nonverbales Verhalten zu zeigen, bleibt die gleiche.

Automatisiertes Training: Chancen und Risiken

Wie automatisierte Screening-Methoden auch, werden die vorgestellten Trainingsansätze bisher selten angewandt; eine wachsende Bekanntheit und Anwendung kann jedoch antizipiert werden. Deshalb stellt Abbildung 3 für die vorgestellten Trainingsverfahren Chancen, Risiken und Lösungsvorschläge dar.

Chancen	Risiken	Lösungen
• Effizienzgewinn gegenüber Training mit menschlichen Trainern • Home-Office-Training	• Weniger persönlich als ein Training mit einem menschlichen Trainer	➢ Individualisierung durch Anpassung des Trainings anhand von Informationen, wie z. B. Stärken, Schwächen, Bewerbungserfahrung
• Real-time-Feedback während des Trainings • Neue Perspektiven des Feedbacks für bisher schwer beobachtbare Aspekte, z. B. objektives Feedback zu Stimmeigenschaften	• Nuanciertes, an den einzelnen Teilnehmer angepasstes Feedback ist noch nicht möglich • Fehlinterpretation des Feedbacks durch die Teilnehmer	➢ Programme zusätzlich zu menschlichen Trainern verwenden, die dadurch neue Blickwinkel für das Training bekommen ➢ Teilnehmer mit der Interpretation des Feedbacks unterstützen

Abb. 3: Chancen, Risiken und Lösungsvorschläge für automatisierte Trainingsverfahren

Zusammengefasst bieten Anwendungen wie das Training von Affective Signals und EmpaT neue Perspektiven, besonders hinsichtlich einer breiten Zugänglichkeit von Trainings für Aufgaben, die sozialen Kontakt erfordern. Allerdings ist es noch Zukunftsmusik, dass sich diese Verfahren komplett automatisiert an den Trainingsteilnehmer anpassen und individuell perfekt zugeschnittenes Feedback vermitteln können. Diese Einschränkungen können jedoch bereits heute durch eine geschickte Kombination menschlicher Trainer und automatisierter Trainingsverfahren ausgeglichen werden.

5 Ausblick

Einige der in diesem Werkstattbericht vorgestellten Methoden sind noch in der Entwicklungsphase, andere werden aber auch schon großflächig angewandt, wie das Beispiel der zeitversetzten Interviews von HireVue und viasto zeigt. In naher Zukunft werden mit großer Wahrscheinlichkeit weitere Tools für Training, Personalauswahl und andere HR-Kernprozesse entwickelt werden (Stone/Deadrick/Lukaszewski/Johnson 2015). Die Kombination von menschlichen Kompetenzen mit passenden Tools kann bereits jetzt nutzbringend in vielen Bereichen angewandter Personalarbeit eingesetzt werden.

Abschließend bleibt zu sagen, dass dieser Werkstattbericht zwar Einblicke in die aktuellen Entwicklungen bieten konnte, es jedoch noch weitaus spannender für den persönlichen Eindruck ist, diese Technologien selbst auszuprobieren. Eine Empfehlung der Autoren ist deshalb, die häufig verfügbaren kostenlosen Testversionen solcher Tools einfach mal selbst zu erproben.

Quellen

Ambady, N./Rosenthal, R. (1992): Thin slices of expressive behavior as predictors of interpersonal consequences: A meta-analysis, in: Psychological Bulletin 111, S. 256–274, https://doi.org/10.1037//0033-2909.111.2.256.

Anderson, K./André, E., Baur, T./Bernardini, S./Chollet, M./Chryssafidou, E./Sabouret, N. et al. (2013): The TARDIS framework: Intelligent virtual agents for social coaching in job interviews. Advances in Computer Entertainment, S. 476–491, https://doi.org/10.1007/978-3-319-03161-3_35.

Brenner, F. S./Ortner, T. M./Fay, D. (2016): Asynchronous video interviewing as a new technology in personnel selection: The applicant's point of view, in: Frontiers in Psychology 7, S. 863, https://doi.org/10.3389/fpsyg.2016.00863.

Burgoon, J. K./Bonito, J. A./Ramirez, A./Dunbar, N. E./Kam, K./Fischer, J. (2002): Testing the interactivity principle: Effects of mediation, propinquity, and verbal and nonverbal modalities in interpersonal interaction, in: Journal of Communication 52, S. 657–677, https://doi.org/10.1093/joc/52.3.657.

Hausknecht, J. P./Day, D. V./Thomas, S. C. (2004): Applicant reactions to selection procedures: An updated model and meta-analysis, in: Personnel Psychology 57, S. 639–683. https://doi.org/10.1111/j.1744-6570.2004.00003.

Hoque, M. E./Courgeon, M./Martin, J.-C./Mutlu, B./Picard, R. W. (2013): MACH: My automated conversation coach (S. 697–706). Presented at the ACM 2013 international joint conference on pervasive and ubiquitious computing, Zürich, https://doi.org/10.1145/2493432.2493502.

Langer, M./König, C. J./Gebhard, P./André, E. (2016): Dear computer, teach me manners: Testing virtual employment interview training. International Journal of Selection and Assessment, 24, S. 312–323, https://doi.org/10.1111/ijsa.12150.

Liu, M. (2009): The intrapersonal and interpersonal effects of anger on negotiation strategies: A cross-cultural investigation, in: Human Communication Research 35, S. 148–169, https://doi.org/10.1111/j.1468-2958.2008.01342.x.

Nguyen, L. S./Gatica-Perez, D. (2015): I would hire you in a minute: Thin slices of nonverbal behavior in job interviews, S. 51–58. ACM Press, https://doi.org/10.1145/2818346.2820760.

Nguyen, L. S./Gatica-Perez, D. (2016): Hirability in the wild: Analysis of online conversational video resumes, IEEE Transactions on Multimedia, in: Infoscience, http://infoscience.epfl.ch/record/214711 (letzter Aufruf: 17.10.2017).

Park, S./Scherer, S./Gratch, J./Carnevale, P. J./Morency, L.-P. (2015): I can already guess your answer: Predicting respondent reactions during dyadic negotiation, in: IEEE Transactions on Affective Computing 6, S. 86–96. https://doi.org/10.1109/TAFFC.2015.2396079.

Ranganath, R./Jurafsky, D./McFarland, D. A. (2013): Detecting friendly, flirtatious, awkward, and assertive speech in speed-dates, in: Computer Speech & Language 1/27, S. 89–115. https://doi.org/10.1016/j.csl.2012.01.005.

Statistisches Bundesamt/Crößmann, A./ Mischke, J. (2016): Arbeitsmarkt auf einen Blick. Deutschland und Europa, https://www.destatis.de/DE/Publikationen/Thematisch/Arbeitsmarkt/Erwerbstaetige/BroeschuereArbeitsmarktBlick0010022169004.pdf?__blob=publicationFile.

Stone, D. L./Deadrick, D. L./Lukaszewski, K. M./Johnson, R. (2015): The influence of technology on the future of human resource management, in: Human Resource Management Review 25, S. 216–231. https://doi.org/10.1016/j.hrmr.2015.01.002.

Wagner, J./Lingenfelser, F./Baur, T./Damian, I./Kistler, F./André, E. (2013): The social signal interpretation (SSI) framework: Multimodal signal processing and recognition in real-time. In Proceedings of the 21st ACM international conference on Multimedia, S. 831–834, http://dl.acm.org/citation.cfm?id=2502223.

Autoren

Markus Langer ist seit 2015 wissenschaftlicher Mitarbeiter und Doktorand am Lehrstuhl für Arbeits- und Organisationspsychologie an der Universität des Saarlandes (2015 Masterabschluss Psychologie). Seine Forschung beschäftigt sich mit dem Einsatz neuer Technologien für die Personalauswahl und -entwicklung, zum Beispiel digitale Bewerbungsgespräche und virtuelle Trainingsumgebungen. (Foto: Jörg Pütz)

Kontakt: markus.langer@uni-saarland.de

Falko S. Brenner, Dipl.-Psych., verantwortete von 2011 bis 2016 bei der viasto GmbH den Bereich Diagnostic Research & Analytics. Seit 2016 ist er als Berater bei der Personal- und Managementberatung Kienbaum im Bereich HR Digital tätig. Im Rahmen seiner Dissertation an der Freien Universität Berlin erforscht er die Einflüsse digitaler Medien in Auswahlverfahren auf psychometrische Gütekriterien.

Kontakt: falko.brenner@fu-berlin.de

Dr. Nikos Green ist Kognitions-und Neurowissenschaftler und Gründer der AFFS Affective Signals GmbH, einer wissenschaftlichen Ausgründung, bei der Methoden zur maschinellen Analyse dynamischer Wechselwirkungen von Verhaltenssignalen aus Ton- und Bildaufnahmen für die Bereiche EduTech und Digital Health entwickelt wurden. Zurzeit ist er Scientist in Residence bei der FlyingHealth Incubator GmbH.

Prof. Dr. Cornelius J. König ist seit 2010 Professor für Arbeits- und Organisationspsychologie an der Universität des Saarlandes (2003 Promotion, 1999 Diplom in Psychologie). Seine Forschung beschäftigt sich vor allem mit der Personalauswahl, dem Kündigungsmanagement und dem Zeitmanagement, wird gefördert unter anderem durch die DFG und das BMBF und hat in über 80 internationalen Publikationen resultiert (Foto: Jörg Pütz).

Kontakt: ckoenig@mx.uni-saarland.de

Wie die Digitalisierung der Mitarbeiterdienstleistungen eine positive Employee Experience fördert

Andreas Mayer

1 Hintergrund

TEVA ist ein über hundert Jahre altes Pharma-Unternehmen mit dem Schwerpunkt auf Generika, Spezialmedizin und freiverkäufliche Medikamente. Gegründet im Jahr 1901 in Israel hat sich das Unternehmen insbesondere in den letzten Jahren stark internationalisiert. Mit der Übernahme der Ratiopharm-Gruppe im Jahr 2010 besitzt TEVA in Deutschland eine der bekanntesten Arzneimittelmarken und beschäftigt an den Standorten in Ulm und Berlin mehr als 3.000 Menschen. Global beschäftigt der Konzern etwa 58.000 Mitarbeiter in mehr als 60 Ländern. Im Personalbereich hat der Konzern in den letzten Jahren große Fortschritte im Hinblick auf eine zeitgemäße Organisationsstruktur und einer begleitend fortschrittlichen Technologieumgebung gemacht. Zwischen 2015 und 2017 wurde eine globale HR-Shared-Services-Organisation etabliert, die nun die vier großen Regionen (Nord- und Südamerika, Europa und Israel) abdeckt und somit ca. 85 Prozent aller Mitarbeiter mit Personaldienstleistungen versorgt. Für 2018 ist die Ausweitung der Organisation in die APAC-Region geplant.

Im gleichen Zeitraum hat die Personalfunktion gemeinsam mit der federführenden IT-Organisation die cloudbasierte HR-Anwendung SuccessFactors von SAP als globales Personalsystem ausgerollt, das seit Juli 2017 in allen Ländern, in denen das Unternehmen Mitarbeiter beschäftigt, verwendet wird und damit zu einer signifikanten Steigerung der Prozessstandardisierung und -verbesserung beigetragen hat. Darüber hinaus wurde im Zeitraum 2016/2017 ein neues HR Shared Services Delivery Model entwickelt, mit dem Ziel, eine Steigerung der *Employee Experience* zu erreichen. Unter Employee Experience wird dabei die Summe aller vom Mitarbeiter wahrgenommenen Interaktionsvorgänge mit dem Unternehmen sowie dem jeweiligen kulturellen, physischen und technologischen Arbeitsumfeld verstanden. Der Personalabteilung mag durchaus eine Hauptverantwortung bei der Schaffung einer erfolgreichen Employee Experience zukommen, dennoch kann eine positive Wahrnehmung des Unternehmens nur dann gelingen, wenn möglichst viele Unternehmensbereiche eine gemeinsame Strategie verfolgen, wie die Employee Experience gesteigert werden kann.

Als zentrales Projekt diente dazu die Einrichtung eines unternehmensweiten Mitarbeiterserviceportals, in dem die Unterstützungsfunktionen HR, IT und Facilities Management gemeinsam aufeinander abgestimmte Services anbieten und Mitarbeiter damit die Möglichkeit haben, an einem (digitalen) Ort einen Großteil der erforderlichen Services abzurufen bzw. die verschiedenen Servicebereiche zu kontaktieren.

Weiterhin wurde das Portal der HR-Cloud verlinkt, um ein möglichst nahtloses und vollumfängliches digitales Serviceportfolio für die Mitarbeiter anbieten zu können. Im Folgenden soll zunächst über die Einführung der Cloud und den ersten Erfahrungen nach etwa zweijähriger Implementierungszeit berichtet werden, bevor dann im Weiteren der Projektverlauf zur Einführung des Mitarbeiterportals basierend auf der ServiceNow-Technologie beschrieben wird.

1.1 Die Einführung der neuen HR-Cloud-Lösung und erste Erfahrungen

Im Jahr 2013 startete TEVA für alle Support-Funktionen ein weltweites Programm zur Umstellung vom bisherigen Betriebsstandard Oracle auf SAP. Der Personalbereich entschied daraufhin, für seine Organisation die erst wenige Jahre zuvor von SAP akquirierte Cloud-Lösung SuccessFactors mit den Modulen Employee Central (Datenverwaltung) sowie den Modulen für Neueinstellungen, Lernen, Zielvereinbarungen, Vergütung und Nachfolgeplanung einzuführen. In den Jahren 2014 bis 2017 wurde daraufhin in fünf Schritten (Releases) in mehr als 60 Ländern das globale HR-System eingeführt.

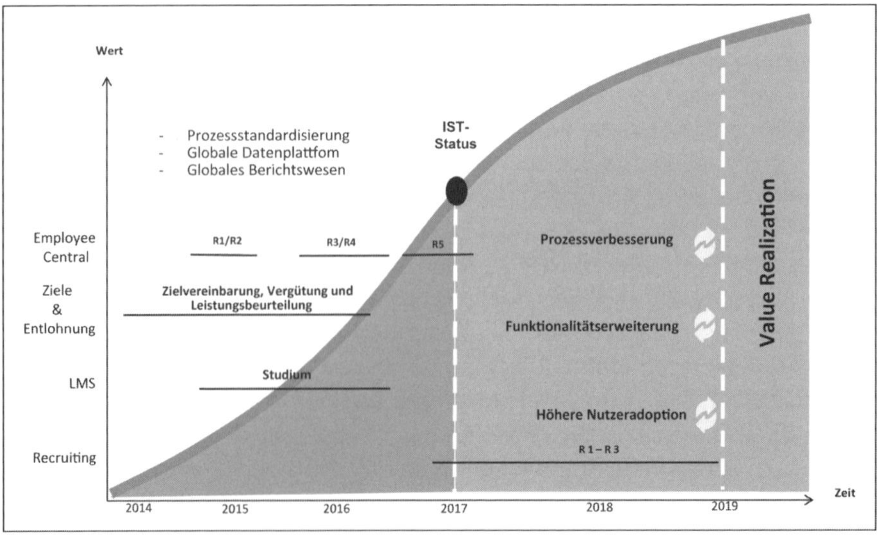

Abb. 1: Schrittweise Wertmaximierung seit Einführung der HR-Cloud

Die mit dem System einhergehende stärkere Einbindung der Mitarbeiter und Vorgesetzten und der Rollenwechsel zum eigentlich Verantwortlichen für die Initiierung eines Personalprozesses war nur möglich mit entsprechenden intensiven Change-Management-Maßnahmen und umfangreichen Trainings. Diese Maßnahmen sind auch weiterhin notwendig, da sich viele Vorgesetzte mit der neuen, aktiven Rolle als »Datenowner« noch sichtlich schwertun. In den kommenden Jahren liegt daher der Schwerpunkt des Projektteams auf der Realisierung und Hebung der Potenziale des cloudbasierten HR-Systems, welches dank der Management- bzw. Employee-Self-Service-Optionen eine deutlich verschlankte und effizientere HR-Struktur erlaubt.

2 Die Situation vor Projektbeginn

Die verschiedenen Service-Organisationen von HR, IT und Facilities Management unterhielten alle eigene Informations- und Serviceportale. Diese waren aber entweder sehr lokal oder aber nur auf die eigene Funktion und das dort angebotene Serviceportfolio ausgerichtet. Zudem gab es zahlreiche unternehmensübergreifende Informationsquellen, wie zum Beispiel das unternehmenseigene Intranet, das ebenfalls Informationen bereitstellte.

Gerade für neue Mitarbeiter war die Diversität der Informations- und Kommunikationsmöglichkeiten mit den verschiedenen Servicebereichen oft verwirrend, aber auch für erfahrende Mitarbeiter und Manager stellte das komplexe und zum Teil redundante Geflecht an Informationsquellen keine adäquate Lösung dar, sodass der direkte Anruf bei den einzelnen Fachbereichen mehr Erfolg hatte, die gewünschte Information zu erhalten bzw. einen Sachverhalt zu klären. Ebenfalls nicht möglich war es, bestimmte Anforderungen, etwa die Meldung einer Abwesenheit oder die Anforderung einer Arbeitgeberbescheinigung, in einer für den Mitarbeiter zeitsparenden Art und Weise anzubieten. Anfragen und Anforderungen dieser Art wurden entweder via Telefon oder via E-Mail abgewickelt. Schließlich war auch eine Vernetzung der verschiedenen HR- und IT-Systeme nicht gegeben, die es Mitarbeitern und Führungskräften erlaubt hätte, zwischen den verschiedenen Anwendungen zu wechseln bzw. Transaktionen und Daten in den unterschiedlichen Systemen zu bearbeiten.

In der Gesamtbeurteilung der Situation vor Projektbeginn kann daher festgehalten werden, dass es insbesondere während der für die Mitarbeiterbindung prägenden Onboarding-Phase kein überzeugendes Angebot seitens des Unternehmens gab, um die in dieser Zeit häufig vorkommenden Anfragen und Informationsbedürfnisse der neuen Mitarbeiter durch ein klar strukturiertes und einfach zugängliches Mitarbeiterportal zu befriedigen.

3 Zielsetzung und Projektorganisation

3.1 Zielsetzung

Aufgrund der vorangegangenen Analyse wurden vier Ziele festgelegt:

- Die Unternehmensbereiche Personal, IT und Facilities stellen allen Mitarbeitern in einem gemeinsamen Mitarbeiterportal schnellen und einfachen Zugang zu Informationen und zum gesamten Serviceportfolio zur Verfügung.
- Der Fokus liegt dabei auf dem »Click & Buy«-Prinzip, das bedeutet, keine Information oder Serviceanforderung liegt mehr als zwei Clicks entfernt.
- Ein cloudbasiertes Service-Management-System, das darauf spezialisiert ist, Geschäftsprozesse digital abzubilden, wird als gemeinsam betriebene Technologieplattform von allen Servicebereichen unterhalten.
- Die Anzahl der Kommunikationskanäle wird um eine Live-Chat-Funktion erweitert, um den Mitarbeitern ohne Wartezeit prompte Antworten liefern zu können.

3.2 Projektorganisation und Projektmeilensteine

Als Teil der Projektplanung wurde zunächst die Projektorganisation definiert. Da es sich um ein bereichsübergreifendes Projekt handelte, an dem die IT-, Facilities- und HR-Organisationen gemeinsam beteiligt waren, wurde eine entsprechende Steuerungskommission gebildet mit Vertretern dieser Unternehmensbereiche. Hinzugezogen wurden auch Experten der Unternehmenskommunikation, um Überschneidungen bezüglich der Portalinhalte mit dem unternehmensweiten Intranet zu vermeiden. Ebenso wurden Vertreter weiterer HR- und IT-Bereiche herangezogen, um etwa Fragen der inhaltlichen Abgrenzung zu Management-Informationen oder zur Datensicherheit zu klären.

In der Steuerungskommission wurde sodann der Projektumfang festgelegt, um damit die einzelnen Projektmeilensteine zu definieren:

M1: Erstellung eines bereichsübergreifenden Service-Katalogs zur inhaltlichen Ausrichtung des Mitarbeiterportals

M2: Definition der Portalfunktionalität (Knowledge Base, Kommunikation mit Live Chat etc.)

M3: Konfiguration und Design des Portals inklusive einer mobilen Applikation für private Smartphones

M4: Konfiguration und Design der neuen Case-Management-Anwendung

M5: Datentransition aus den Alt-Systemen und bisherigen Anwendungen der Service-Bereiche in die neue Portalumgebung

M6: Testphase und Training für die Key User der Shared-Services-Organisationen

M7: Kommunikation und Information an alle internen Stakeholder (Führungskräfte, Mitarbeiter, Fachbereichs-Verantwortliche in HR, IT und Facilities Management)

M8: Go Live des Mitarbeiterportals

Nach Definition der Meilensteine wurde eine Zeitplanung erstellt mit dem Ziel, das Portal in einem Zeitrahmen von sechs Monaten zu implementieren.

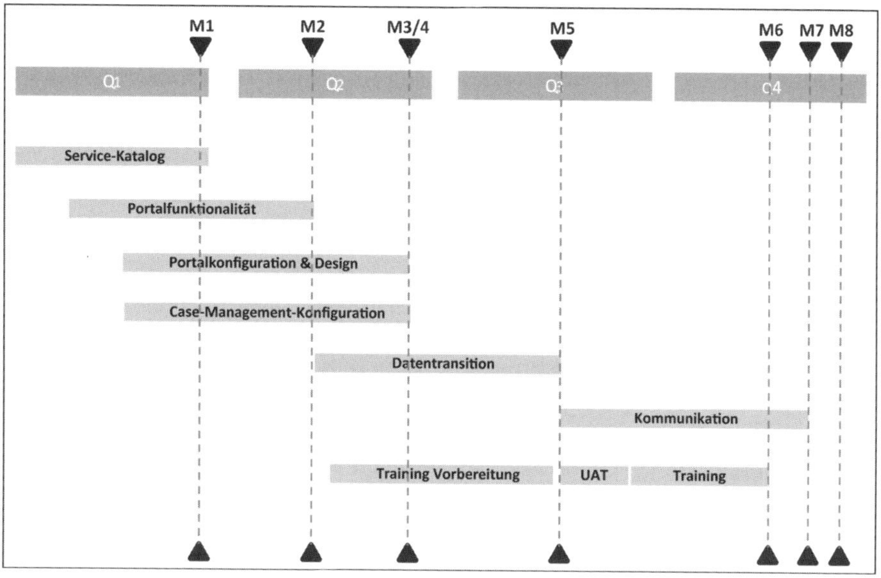

Abb. 2: Projektzeitlinie Einführung eines Mitarbeiterportals

3.3 Umsetzung und Change Management

Während der Umsetzung des Projektes mussten an mehreren Stellen Widerstände und Herausforderungen sowohl technischer als auch »politischer« Natur überwunden werden. Während die technischen Schwierigkeiten vor allem der Komplexität einer Implementierung des Portals für mehrere Unternehmensbereiche mit Go-Live-Terminierung in mehr als 30 Ländern gleichzeitig geschuldet war, gab es auf der organisatorischen Ebene wesentlich umfangreichere Herausforderungen zu bewältigen. Im Folgenden werden die drei zentralen Herausforderungen mit dem entsprechenden Lösungsansatz beschrieben.

Umfang der bereitgestellten Informationen

Zahlreiche Diskussionen fanden dazu statt, ob und wenn ja, in welcher Form wissensbasierte Artikel und Informationen bereitgestellt werden sollen und ob das entsprechende Knowledge Management Bestandteil des Portalkonzeptes sein sollte.

Während die Vertreter der IT und des Facilities Management sich für ein »reines« Service-Portal aussprachen, in dem ausschließlich Anfragen und Service-Anforderungen seitens der Mitarbeiter gestellt werden (zum Beispiel zum Austausch eines Laptops, Wiederherstellung eines Passworts etc.) waren die Vertreter der HR-Organisation davon überzeugt, dass ein Portal, schon alleine um dem Self-Service-Gedanken Rechnung zu tragen, auch inhaltsbasierte Wissensartikel und Informationen, wie Unternehmensrichtlinien oder allgemeine Mitarbeiterkommunikation, bereitstellen sollte. Im Ergebnis sollen diese Informationen zu einer Verringerung des Anruf- oder Mail-Volumens führen und dem Mitarbeiter die Möglichkeit geben, zu jeder Zeit und von jedem Ort aus erforderliche Informationen abzurufen.

Nach ausführlichen Beratungen wurde beschlossen, dass der Knowledge-Management-Ansatz im HR-Bereich des Portals Einzug halten würde, im IT- und Facilities-Bereich jedoch das ursprüngliche »Click & Buy«-Prinzip beibehalten bleiben soll.

Kommunikationsmaßnahmen zur Einführung des Portals

Nach der Entscheidung, den Knowledge-Management-Ansatz für die HR-Funktion weiter fortzuführen, zeichnete sich als nächste Herausforderung ab, eine entsprechende Kommunikationsstrategie zu entwerfen, die den »Umzug« von Artikeln und Personalrichtlinien, dem sogenannten Content, in das neue Service-Portal begleitete. Darüber hinaus war es insgesamt notwendig, das Portal den Mitarbeitern näherzubringen, um von Anfang an eine hohe Nutzungs- und Akzeptanzrate zu erreichen. Gemeinsam mit der Unternehmenskommunikation wurde daher eine Kampagne entwickelt, die mit kurzen Video-Teasern und E-Mail-Updates auf das neue Portal aufmerksam machte. Eine intensivere Kommunikation und Aufklärung erhielten die Mitarbeiter der HR-Organisation. In digitalen Workshops und Videokonferenzen wurden sie im Umgang mit dem Portal trainiert, mit einem besonderen Augenmerk auf die Pflege der Inhalte und deren permanenter Aktualisierung.

Für die Beschäftigten der Service Center waren selbstverständlich weiterführende Trainingsmaßnahmen erforderlich, um etwa das gleichzeitig von ServiceNow eingeführte Case Management zu beherrschen.

Implementierung eines Live Chat zur direkten Kommunikation mit den Kunden

Als weitere Neuerung und gleichzeitig größte Veränderung in der Kommunikation und Interaktion mit dem Service Center mussten für die Einführung des Live Chat neue Operationsprotokolle, also Arbeitsanweisungen an die Service-Center-Mitarbeiter geschrieben werden, um den Umstieg von der eher zeitverzögerten Beantwortung eingegangener E-Mails auf die sofortige Lösung schriftlicher Anfragen im Chat zu bewältigen. Der Live Chat als neue »Instant-Kommunikation« wurde erst zögerlich von den Service-Center-Mitarbeitern willkommen geheißen. Als Grund wurde einerseits die Befürchtung geäußert, dass damit einhergehend ein höherer Arbeits- und Zeitdruck auf die Mitarbeiter zukäme, um die Anfragen wie geplant in Echtzeit zu beantworten. Auch wurde andererseits befürchtet, dass das Volumen der Anfragen ansteigen könnte, da ja die Erreichbarkeit des Service Center wesentlich vereinfacht wird. Im Vorfeld der Einführung des Live Chat wurden daher mehrere Unternehmen kontaktiert, die bereits seit längerer Zeit mit diesem Kommunikationsweg arbeiten.

Es stellte sich heraus, dass in der Tat anfänglich das Anfragevolumen beim Live Chat ansteigt, sich allerdings nach zwei bis drei Monaten auch eine Abnahme bei anderen Kommunikationswegen (Telefon oder Mail) abzeichnet, sodass insgesamt kein erhöhter Aufwand entsteht. Bezüglich der Beantwortung von Anfragen in Echtzeit steht und fällt die Qualität dieses Mediums mit einem gut vorbereiteten Wissensmanagement und der Bereitstellung aller notwendigen Informationen für die Mitarbeiter des Service Center. Der Knowledge-Management-Bereich ist daher auch eine wesentliche Komponente der Neuorganisation des Service Center und befindet sich derzeit im Aufbau. Auch die technische Anbindung des Live Chat an das Case Management zur Protokollierung und Messung der Service Level war erforderlich und konnte gut umgesetzt werden.

4 Integration des Portals in den operativen Service-Center-Betrieb

Die Integration des Portals in den operativen Betrieb des Service Center stellte sich als deutlich aufwendiger heraus als zunächst angenommen. Dabei war weniger die Komplexität der zahlreichen, im HR Service Center abgedeckten Sprachen die Herausforderung, denn die Mehrzahl der angebotenen Inhalte steht in der jeweiligen Landessprache zu Verfügung und das Portal bietet ohnehin User Interfaces in zahlreichen Sprachen an. Problematisch war dagegen die Koordination der Portalsteuerung mit den IT- und Facilities-Management-Verantwortlichen sowie die Abstimmung der Inhalte mit den zahlreichen Länderorganisationen.

Wie es bereits während der Projektphase der Fall war, gibt es daher auch im laufenden Betrieb eine gemeinsame ständige Steuerungskommission aller beteiligten Unternehmensbereiche, wiederum mit Einschluss der Kommunikationsexperten, um Neuerungen, etwa den für das Jahr 2018 vorgesehenen mobilen Zugriff auf das Portal, umzusetzen. Ebenso wichtig wird es sein, gerade in den Bereichen, die für die Employee Experience maßgeblich sind, eine gemeinsame Prozessabstimmung zu erreichen.

Als positives Beispiel, wie die Employee Experience durch einen gemeinsamen Auftritt der drei Unternehmensbereiche im Portal gesteigert werden kann, dient der neu gestaltete Prozess des Mitarbeiter-Onboardings. Während sich in der Vergangenheit neu eingestellte Mitarbeiter an verschiedene Service-Bereiche wenden mussten, um beispielsweise Unterstützung bei Problemen mit dem neuen Laptop, dem Arbeitsplatz im Büro oder Informationen zu den jeweiligen Sozialleistungen vor Ort zu erhalten, können nun alle Fragen in einem gemeinsamen Portal geregelt werden. Auch die Vorbereitung der Services, die der Mitarbeiter am ersten Arbeitstag erhalten soll, läuft in einem gemeinsamen Case mit koordinierten Eintrittschecklisten und initiiert durch das HR Service Center ungleich koordinierter und damit auch zuverlässiger ab. Eine weitere Verbesserung stellt die gezielte Aufbereitung aller erforderlichen Informationen im Service-Portal dar. Neue Mitarbeiter haben ein naturgemäß größeres Bedürfnis nach Informationen, sei es zu Themen wie Sozialleistungen, Reise- und IT-Richtlinien oder zu erforderlichen Trainingsmaßnahmen für die neue Stelle. Das Service-Portal bietet dafür in übersichtlicher Form alle Informationen an einer Stelle, statt wie bisher verteilt auf mehrere Portale und Intranet-Seiten. Es ist daher auch geplant, in Zukunft die Reisekostenabwicklung im neuen Serviceportal zu etablieren und damit auch einen Teil der Finanzfunktion zu integrieren.

5 Fazit und Zusammenfassung

Im Umbau des Onboarding-Prozesses deuten sich bereits die großen Vorteile des gemeinsamen Mitarbeiterportals an, denn die Employee Experience endet aus Sicht der Mitarbeiter nicht an den Pforten einzelner Unternehmensbereiche, sondern kann sich erst durch das Zusammenspiel verschiedener, aufeinander abgestimmter Unternehmensprozesse steigern. Dazu gehört, wie zu Anfang beschrieben, auch der nahtlose Übergang zwischen Service-Portal und HR-System. Der bisher gesammelten Erfahrung nach steht und fällt die Akzeptanz und die Nutzung des Self Service mit der möglichst einfachen Handhabung der Datentransaktionen.

Wenn beispielsweise in Zusammenhang mit einer Entgelterhöhung im Rahmen einer Beförderung plötzlich Fragen auftauchen, können der Live Chat oder die im Portal bereitgestellten Informationen wesentlich dazu beitragen, dass ein Vorgesetzter den Vorgang auch zeitnah abschließen kann und ihn nicht, mangels sofortiger Hilfestellung, an einen Kollegen im Personalbereich weiterleitet oder die Transaktion erst einmal im Workflow für einige Zeit »geparkt« wird. Die enge Anbindung des HR-Systems an das Service-Portal ist somit für beide neuen Systeme ein wichtiges Erfolgskriterium. Erst in deren Zusammenwirken kann ein digitaler Raum entstehen, der es Mitarbeitern in Zukunft möglich machen wird, mit einem geringen Aufwand und zu flexiblen Zeiten mit HR oder anderen Unterstützungsfunktionen in Kontakt zu treten und Services abzurufen oder Datenänderungen durchzuführen.

Es sollte dennoch klar sein, dass eine positive Employee Experience von zahlreichen Faktoren abhängt und nicht alleine durch ein service- und mitarbeiterorientiertes digitales Angebot erreicht werden kann. Die Einrichtung eines Mitarbeiterportals ist aber ein wichtiger Schritt in Richtung einer positiven Wahrnehmung des Unternehmens, besonders, wenn man bedenkt, dass immer mehr Menschen auch im privaten Umfeld Online-Angebote in verschiedenen Bereichen nutzen.

Autor

Andreas Mayer studierte Betriebswissenschaft und Internationale Politik an der Universität Mainz. 1998 begann er seine berufliche Karriere in der HR-Funktion der Adam Opel AG in Rüsselsheim. Er hatte dort mehrere Positionen im europäischen Personalwesen inne, unter anderem als Leiter des HR Service Center in Barcelona. Von 2013 bis März 2018 war er bei Teva Pharmaceuticals in Amsterdam tätig und dort seit Oktober 2016 für die globale HR-Services-Organisation verantwortlich.

Mitarbeiter mitnehmen – zum Rollout der Einführung neuer HR-IT-Systeme

Farid Haschem

1 Digitalisierung verändert die Art der Einführung von IT-Systemen

In der heutigen Zeit steigen die Möglichkeiten der Unterstützung von Funktionen, Prozessen oder kompletten Sachverhalten durch Softwarelösungen. Dabei ist es egal, ob es sich um komplexe Systeme, Apps, Portalschaltflächen, Links oder eine andere HR-IT-Funktionalität handelt. Der notwendige technische und finanzielle Ressourceneinsatz wird immer geringer, die Realisierungszeit immer kürzer und die Verfügbarkeit immer einfacher. Ist diese Entwicklung Fluch oder Segen? Ich behaupte: Segen!

Vorbei ist die Zeit, in der man Monate und Jahre auf eine neue Funktionalität gewartet hat. Vorbei ist auch die Zeit, in der man Systeme sehr lange (ab)nutzen musste. Vorbei auch die »Zwangsberieselung« in Präsenztrainings zur Einführung neuer Software, wo man das Gefühl hatte, dass die Hälfte der Zeit mit bereits bekannten Informationen gefüllt wurde. Und vorbei ist auch die Zeit, in der man komplexe HR-Funktionalitäten und Softwarelösungen »wie gottgegeben« einfach in die Organisation gepresst hat, wobei sich die Freude und Motivation der Nutzer in der Regel sehr in Grenzen gehalten hat. Der Ärger über den geringen Nutzen für und der geringe Nutzungsgrad durch die Anwender war meist vorprogrammiert. Die notwendigen Daten waren oft entweder nicht vorhanden, falsch oder unvollständig eingegeben worden oder schlicht veraltet.

Heute sind die technologischen Weiterentwicklungen enorm und die Erwartungen der Auftraggeber zur Nutzung in den Betrieben mindestens genauso groß. Mit der Vielfalt und Vielzahl der neuen Funktionalitäten kommen jedoch andere Herausforderungen auf Mitarbeiter, Führungskräfte und Unternehmen zu. So müssen Entscheidungen oft sehr kurzfristig getroffen werden; IT-Systeme sind in sehr kurzen Planungs- und Realisierungszeiträumen einzuführen; es sind heterogene Generationenanforderungen zu berücksichtigen und es kommt zu ständigen Komplexitätssteigerungen durch Art und Vielzahl der Funktionalitäten und deren Zusammenspiel.

Im ersten Teil des Beitrags möchte ich am Beispiel einer klassischen IT-Funktionalität, der Zeitwirtschaft, die Erfahrungen, aber auch Erkenntnisse und Empfehlungen zum Rollout von HR-Software aufzeigen. Überall wurden in den letzten Jahren diverse neue Self-Service-Funktionen, wie Zeit- und Urlaubserfassung, Schichttauschbörsen oder Reiseauslagenabrechnung und -erstattung eingeführt, die auch über mobile Devices genutzt werden können. Diese Entwicklung wird sich noch beschleunigen, die Anzahl der Self Services wird sich in den nächsten Monaten und Jahren vervielfachen. Die Änderung persönlicher Daten, die Beantragung von Nebentätigkeiten, Änderung der Arbeitszeiten usw. stehen ganz oben auf der langen Wunschliste.

Im zweiten Teil soll ein Blick in die zeitnahe Zukunft der Softwarelösungen mit neuen Funktionalitäten erfolgen. Dabei wird besonders zu berücksichtigen sein, dass hierbei oft sehr persönliche Daten des einzelnen Mitarbeiters oder der Führungskraft verarbeitet werden. Abschließend werden die im Rahmen des Rollouts solcher Softwarelösungen notwendigen Aktivitäten und Empfehlungen zusammenfassend erläutert.

2 Nutzer von HR-IT-Funktionen wollen heute gut informiert sein und »abgeholt« werden

Die Einführung von HR-IT-Funktionen ist immer noch eine echte Herausforderung. Es gab und gibt die weitverbreitete Meinung, dass heute doch alle Web-Anwendungen und insbesondere Apps »selbsterklärend und supereinfach seien«. Damit ist auch der Irrglaube verbunden, dass man die Betroffenen nicht in die Entscheidungsfindung oder die Entwicklung der Technik involvieren muss, dass kein Qualifizierungsbedarf vorhanden sei, dass sehr sparsam mit der Kommunikation umgegangen werden kann oder dass alle Informationen geballt in einem mehrseitigen Papier oder einer Mail kurz vor »go live« versenkt werden können.

Viele Nutzer verlieren mangels Informationen mit der Zeit den Überblick über neue Technologien. Sie fragen sich: Wozu wird denn was gebraucht, welchen Mehrwert hat diese Technologie für sie und was will denn der Arbeitgeber damit erreichen? Hier ist es auch oft interessant zu beobachten, dass insbesondere Führungskräfte, die nicht in die Entscheidung über die Softwareauswahl und -ausgestaltung eingebunden waren, die größten Widerständler sind. Dies ist umso problematischer, da sie, anders als »nörgelnde« Mitarbeiter, die Macht haben, neue Technologie zu verhindern oder zumindest ihren Einsatz hinauszuzögern. Oft werden von den neuen HR-IT-Funktionalitäten aus Sicht des Nutzers scheinbar redundante Daten abgefragt. Die Nutzer können nicht erkennen, wieso dies vielleicht notwendig ist.

Viele der oben beschriebenen Sachverhalte führen bei den Nutzern, egal ob Mitarbeiter oder Führungskraft, zu Irritationen, zu Lustlosigkeit und zu einer Verweigerungshaltung, einzelne oder alle Funktionalitäten zu nutzen. Im Ergebnis werden die Daten unzureichend gepflegt; die Systeme werden nur pro forma genutzt, um sich nicht angreifbar zu machen. Daten-Inkonsistenz ist die Folge und die Systeme können immer weniger ihren eigentlichen Zweck erfüllen, weil sie auf falscher Datengrundlage falsche Ergebnisse produzieren. Es sammeln sich mit der Zeit also immer mehr Argumente gegen die Funktionalität an.

Ich möchte hier beispielhaft die Softwareeinführung in dem sehr gängigen Themenfeld Zeitwirtschaft (Kommen/Gehen/Urlaub etc.) beschreiben und aufzeigen, was alles geschehen kann, wenn zentrale Erfolgsfaktoren des Rollouts nicht beachtet werden: In einem Bereich des Konzerns sollte eine bereits in diversen anderen Organisationseinheiten eingeführte Funktion implementiert werden. Die handelnden Entscheider konnten im Vorfeld bereits mehrfach die Software kennenlernen und hatten Einblick in die Funktionen. Sie waren der festen Überzeugung, dass eine Informations-Mail an die potenziellen Nutzer mit diversen Handlungsanweisungen und Nutzerhinweisen völlig ausreichend sei, auch ohne auch nur ein Wort zu den Hintergründen der Softwareeinführung oder den Inhalten der Softwarelösung zu verlieren. »Ist ja alles nicht so schwer …«.

Das Ergebnis war jedoch, dass etliche Adressaten und insbesondere Führungskräfte von dieser Maßnahme überrascht wurden und sich nicht nur strikt weigerten, die Funktion anzuwenden, sondern auch Stimmung dagegen machten. Der Rollout wurde sofort gestoppt. Es musste ein neues Konzept und ein neuer Plan erarbeitet werden, wie die aufgebrachten User beruhigt werden konnten, um für einen neuerlichen Versuch bereit zu sein. Aus dieser Situation heraus mussten alle Register gezogen werden, um den Rollout zum Erfolg zu führen. Der dazugehörige Aufwand war immens.

Was haben wir also getan? In einem ersten Schritt wurden diverse Kommunikationsmaßnamen durchgeführt, um den Sinn und Zweck der Funktionalität, den Mehrwert für den jeweiligen User und das angestrebte Ziel zu erläutern. Parallel dazu wurden Einzelgespräche geführt, um die entstandenen negativen Emotionen in positive zu wenden. In den weiteren Schritten wurden diverse Werkzeuge aus dem Bereich der Qualifizierung eingesetzt, zum Beispiel Videosequenzen zur Systembedienung (es wurden eigene Kurzfilme von zwei bis drei Minuten Dauer gedreht), Videokonferenzen und auch ein aufwendiges Coaching am Arbeitsplatz. Mit großem Aufwand wurden auch die kleinsten noch vorhandenen systemseitigen Fehlerquellen beseitigt, sodass nur die geringstmögliche Angriffsfläche für dann immer noch negativ eingestellte User bestand.

Die Maßnahmen haben gegriffen und der Rollout fand statt. Die Erkenntnis ist banal: Man hätte das gleiche Ergebnis mit deutlich geringerem Aufwand erreichen können, wenn man im Vorfeld, neben einer breiteren Einbindung, mehr Informationen zur Funktionsauswahl, zum Sinn und Zweck und zum Zusammenspiel der Systeme, zum Mehrwert und zur Vorgehensweise zur Verfügung gestellt hätte.

3 Nutzer zukünftiger Funktionalitäten wollen umfassend informiert und motiviert werden

Wenn die oben dargestellte Implementierung einer eher simplen Funktionalität schon zu solch großem Kommunikationsaufwand führt, so werden in der Zukunft mit deutlich komplexeren HR-IT-Systemlösungen auch aufwendigere Change-Maßnahmen notwendig. Der angestrebte Kulturwandel in immer mehr Unternehmen, die Problematik, die mit dem demografischen Wandel einhergeht inklusive aller bekannten Auswirkungen auf das Unternehmen, und nicht zuletzt die »Neuen Generationen« und ihre neuen, veränderten Werte und Ansprüche – all dies führt dazu, dass völlig neue Anforderungen an die nächsten Generationen von Softwarelösungen bzw. Funktionalitäten gestellt werden, die teilweise auch schon umgesetzt wurden.

Eines der größten Softwarehäuser in Deutschland entwickelt derzeit mit international agierenden Unternehmen neue Funktionalitäten, die aus den im Unternehmen vorhandenen Daten Rückschlüsse auf die Bedürfnis-, Zufriedenheits- und Gesundheitslagen der Mitarbeiter ermitteln und darstellen sollen. Dabei geht es insbesondere um das Monitoring und das frühzeitige Erkennen der Veränderungen, Entwicklungen und Ursachen der Bedürfnis-, Zufriedenheits-, Motivations- und Gesundheitssituation (also der Leistungsfähigkeit) der Mitarbeiter und Führungskräfte, aber auch um die Unterstützung bei der Wahl der erfolgversprechendsten Maßnahmen bzw. Instrumente zur Verbesserung. Letztendlich geht es darum, die Bedürfnislage der Mitarbeiter zu (er)kennen, um sowohl ihnen als auch den Führungskräften mit Systemunterstützung bedarfsgerechte Maßnahmen vorzuschlagen und schlussendlich gemeinsam eine sinnvolle Umsetzung zu vereinbaren. So soll unter anderem ein effizienterer Einsatz von Personalentwicklungs- oder Change-Management-Maßnahmen erreicht werden. Eine neue Form und Qualität der Interaktion zwischen Mitarbeitern, Führungskräften und Arbeitgebern wird sich so etablieren.

Im Folgenden möchte ich einige Beispiele zu Funktionalitäten aus dieser neuen Softwarelösung nennen:

- *Prioritäten setzen*: Die Erstellung und Anpassung eines sogenannten »Bedürfnisprofils« soll dem Mitarbeiter die Möglichkeit geben, seine Wünsche und Anforderungen an den Arbeitgeber in einem System zu priorisieren und darzustellen. Zum Beispiel kann der werdende Vater einen Wunsch nach mehr Zeit mit dem Kind, etwa durch Reduzierung der Arbeitszeit, oder nach Unterstützung bei der Suche nach einem Kindergartenplatz haben. Er kann auch die Veränderungen seines Bedürfnisprofils in den letzten Monaten und Jahren einsehen.
  Das Setzen von Prioritäten ist aber auch im Interesse der Führungskraft, des Unternehmens und auch der Arbeitnehmervertreter, da hiermit zielgerichtete Investitionen in das Personal gesteuert und überprüft werden können, die nachhaltig auf Motivation, Potenzialentfaltung und Leistungsfähigkeit wirken.

- *Erfüllungsgrad dokumentieren*: Den Erfüllungsgrad der im Bedürfnisprofil dargestellten Anforderungen kann der Mitarbeiter im System eingeben, verfolgen und anpassen. Die Datenlage kann/soll im Einzelfall für die Führungskraft die Basis für ein Gespräch sein. Das komplette Offenlegen der Daten wird und muss auch nicht der Standard sein. Im Regelfall oder je nach Reifegrad des Unternehmens wird die Führungskraft nur Teildatenmengen sehen. Der Grund sind die geltenden Datenschutzrichtlinien und der Schutz der Privatsphäre der Mitarbeiter.
- *Zufriedenheit und Motivation kommunizieren*: Der Mitarbeiter kann seine Zufriedenheit im System dokumentieren. Dies kann sich auf die verschiedensten Aspekte beziehen, wie die Situation im Team, seine Zufriedenheit mit der Aufgabe, die Rahmenbedingungen am Arbeitsplatz oder in seinem Arbeitsumfeld.

Diese beispielhaft genannten drei neuen Funktionalitäten bauen darauf, dass der Mitarbeiter regelmäßig (gegebenenfalls mit Eintritt der Veränderungen oder zum Beispiel monatlich) bereit ist, doch sehr sensible Informationen dem System und damit dem Arbeitgeber preiszugeben. Das wird nur passieren, wenn eine *gelebte Vertrauenskultur* mit der Einhaltung von Datenschutzrichtlinien und Datensicherheit gewährleistet wird und sich eine Win-win-Situation ergibt, die deutlich über die klassischen Mitarbeiterbefragungen hinausgeht.

Die Voraussetzungen in den Unternehmen für einen erfolgreichen Einsatz der neuen komplexen und stark in die Privatsphäre hineinreichenden Funktionalitäten können sehr unterschiedlich sein. Diese werden zum Beispiel von dem Reifegrad der Unternehmenskultur, der allgemeinen Unternehmenssituation oder den finanziellen Möglichkeiten abhängen. In der Praxis bedeutet dies, dass die Betroffenen (Mitarbeiter und Führungskräfte) viel früher eingebunden und auch stärker in der Implementierungs- und Anwendungsphase begleitet werden müssen.

4 Erkenntnisse und Empfehlungen für HR-IT-Rollouts in der Zukunft

Wenn ich noch einmal die im Zeitwirtschafts-Beispiel angeschnittenen Empfehlungen und möglichen Mittel und Instrumente bemühen darf, so bedeutet es meines Erachtens für den Rollout solch neuer Software-Lösungen, dass hier die Nutzer, Mitarbeiter und Führungskräfte

- *involviert werden,* das heißt, die Nutzer haben vor der Einführung bereits Hintergrundinformationen erhalten und waren auch bei der Entscheidungsfindung beteiligt. Man sollte darauf vertrauen, dass sie dann auch erkennen können, wieso diese Funktionalität für sie einen Mehrwert bringt;
- *frühzeitig, wiederholt und regelmäßig* zu den Inhalten, dem Sinn und Zweck und dem Zeitplan der Implementierung Informationen erhalten;

- *über das Zusammenspiel der verschiedenen HR-Systeme informiert werden*, etwa darüber, dass Transparenz und Verständnis zum Gesamtbild gegeben werden und auch erklärt wird, warum gegebenenfalls redundante Daten erfasst oder bearbeitet werden müssen;
- *die einzelnen geplanten Schritte im Rollout kennen* und wissen, in welcher Rolloutphase welche Eingaben ins System zu erfolgen haben. Sie erkennen auch deren Notwendigkeit und Wirkung;
- *vielfältige zielgruppenorientierte Lernunterstützungen* (Videos, Videokonferenzen, Supporthotline etc.) angeboten bekommen, wobei auch hier Präsenzschulungen meines Erachtens nicht oder nur in Ausnahmefällen zielführend sind;
- *über alle Auswertungsmöglichkeiten (hier liegt die Betonung auf alle, das heißt: keine »Geheimnisse«) informiert sind.* Sie können sich selbst über die Auswertungen informieren, ohne dabei die Einhaltung von Datenschutzrichtlinien und Datensicherheit zu gefährden oder zu viel Druck auf die Nutzer auszuüben;
- *zusätzliche Begleitung durch Experten oder Berater erhalten.* Zusätzlich sollten regelmäßige Befragungen und Beobachtungen der Nutzer stattfinden und gewonnene Erkenntnis sollte direkt wieder in das Projekt einfließen;
- *mit eingebauten spielerischen Elementen, der sogenannten Gamification,* wie Wettbewerben oder kleinen Spielen, zur Systemnutzung motiviert werden und dabei Spaß und Freude haben.

Meines Erachtens wird der Rollouterfolg von HR-IT-Funktionalitäten in der Zukunft eine echte Herausforderung, noch mehr als heute. Es wird sehr spannend sein zu beobachten, welche Instrumente aus den oben genannten Empfehlungen in den Unternehmen eingesetzt werden bzw. welcher Instrumenten-Mix sich als nachhaltig und effizient herausstellen wird. Eine selbsterklärende Softwarelösung im HR-Umfeld, die ohne jede Unterstützung oder Begleitung erfolgreich in Unternehmen ausgerollt werden kann, ist jedenfalls noch nicht in Sicht.

Autor

Farid Haschem, Dipl. Kfm., war nach dem Studium für zwei Jahre in einem mittelständischen Unternehmen sowie fünf Jahre bei der Bundesagentur für Arbeit immer mit Organisationsentwicklungen betraut. Danach war er bei der Deutschen Bahn AG zwei Jahre als Leiter der Operations- und TQM-Aufgaben im Trainingsbereich tätig. Es folgten Tätigkeiten als Leiter Qualitätsmanagement und Organisationsentwicklung des HR Shared Services und als Leiter der HR-IT der DB AG. Seit zwei Jahren ist Farid Haschem Leiter der Fachzentren des HR-Bereiches der DB AG.

Kontakt: farid.haschem@t-online.de

Künstliche Intelligenz in Human Resources

Georg Lange, Kiran Joseph und Thomas Faust

Künstliche Intelligenz (KI) – im Englischen Artificial Intelligence (AI) – ist untrennbar mit dem Internet of Things oder auch der Industrie 4.0 verbunden. Darüber ist ausreichend Literatur verfügbar. Wenig beleuchtet wurde hingegen bisher die Verbindung KI und Human Resources (HR); dies soll in diesem Beitrag geschehen. Er beginnt mit einer grundlegenden Einführung in KI, begleitet von einigen kurzen geschichtlichen Hintergrundinformationen. Dabei liegt der Hauptfokus auf der Beschreibung eines möglichen Sechs-Stufen-Weges zur Einführung von KI in HR. Die Autoren haben alle Stufen in Unternehmen bereits erfolgreich umgesetzt und besonders in den Feldern KI in der HR-Analytik und KI im Recruiting umfangreiche Erfahrungen gesammelt.

1 Hintergrund

Als 1968 Stanley Kubrick den Film »2001: Odyssee im Weltraum« ins Kino brachte, war einer der Hauptprotagonisten eine Maschine namens HAL 9000. Bewusst war der Terminus Maschine verwendet worden, denn HAL war weit mehr als nur ein Computer: HAL war in der Lage, ein Raumschiff auf Grundlage von Daten, einer klar definierten Zielerreichungsvorlage und mittels mathematischer Regeln (sogenannter Algorithmen) zu kontrollieren und zu steuern. Dadurch konnte die Stärke der aktiven Besatzung deutlich reduziert werden und sie hatte auch nur ein überschaubares Aufgabenspektrum. Alle Informationen wurden zuerst an HAL, und nicht an die Besatzung, geliefert.

Die Maschine HAL und ihr Tätigkeitsbereich liefern eine sehr gute Beschreibung von KI: ein nimmermüdes System, welches aufgrund von Informationen und Algorithmen Entscheidungen treffen und diese auch umsetzen kann. Stößt das System an seine Grenzen, meldet es sich und fragt, was weiter zu tun ist. Nebenbei bemerkt – und deshalb soll es hier erwähnt werden – schürte Kubrick mit seinem Film auch die Angst vor KI, da HAL eigenmächtig die Kontrolle zu übernehmen versuchte, was zum Fiasko führte. Beschäftigen wir uns deshalb statt mit Fiktion lieber mit den Fakten.

1.1 Definition und Verständnis

KI ist ein Zweig der Wissenschaft, der sich mit der Simulation und Ausübung eines intelligenten Verhaltens – beziehungsweise Handelns – von Maschinen und deren softwarebasierten Steuerungen beschäftigt. Dabei sollen die Fähigkeiten eines Systems so angelegt werden, dass es intelligentes und menschlich anmutendes Verhalten nachahmen kann.

KI-Systeme können rationale Analysen, Empfehlungen und Entscheidungen auf Grundlage der Umgebung abgeben bzw. treffen, in die sie integriert wurden. Dafür lernen diese Systeme von ihrer Umgebung und analysieren deren Zustand, den sie mit ihren Eingriffen maßgeblich mitbestimmen. Die dafür verwendeten Algorithmen wirken wie kognitive Fähigkeiten auf der Analyseseite und wie Roboter auf der Handlungsseite. Je mehr Daten durch sorgfältig entwickelte Algorithmen gesammelt und analysiert werden, desto besser wird die Genauigkeit der Vorhersagen und die Präzision der Handlungen.

1.2 Denk- und Handlungsweisen von KI

In ihrem Buch AIMA haben Stuart Russell und Peter Norvig (2016) eine Matrix entwickelt, die beschreibt, worum es bei Natural Intelligence (NI) und Artificial Intelligence (im Deutschen: KI) geht.

Natural Intelligence (NI)		**Artificial Intelligence (KI)**
Menschliches Denken	versus	Rationales Denken
Menschliches Verhalten	versus	Rationales Verhalten

Abb. 1: Matrix zur Unterscheidung von künstlicher und natürlicher Intelligenz (nach Russell/Norvig 2016)

Die größte Unterscheidung von NI zur KI liegt im Gegensatz »Menschliches Denken versus rationales Denken«. Dies bedeutet nicht, dass wir Menschen nur irrational sind, aber wir sind eben keine rein logisch handelnden Systeme. Menschen haben spezifische Denkweisen, die sich über lange Strecken ihrer evolutionären Entwicklung ausgebildet haben. Menschen unterliegen einer großen Anzahl von kognitiven Vorurteilen, die aus Sicht der Evolution einem Zweck dienten.

Wenn eine Maschine über ein Problem »nachdenkt«, verwendet sie dazu strikt nur die gesammelten objektiven Informationen. Diese verarbeitet sie und »produziert« daraus eine Antwort bzw. Handlung. Der menschliche Verarbeitungsvorgang folgt zwar denselben Schritten, jedoch sind die herangezogenen Informationen durch die kognitive Färbung nicht objektiv. Das Ergebnis ist deshalb ein anderes. Es ist vor allem nicht reproduzierbar: weder zeitlich noch über mehrere Individuen hinweg.

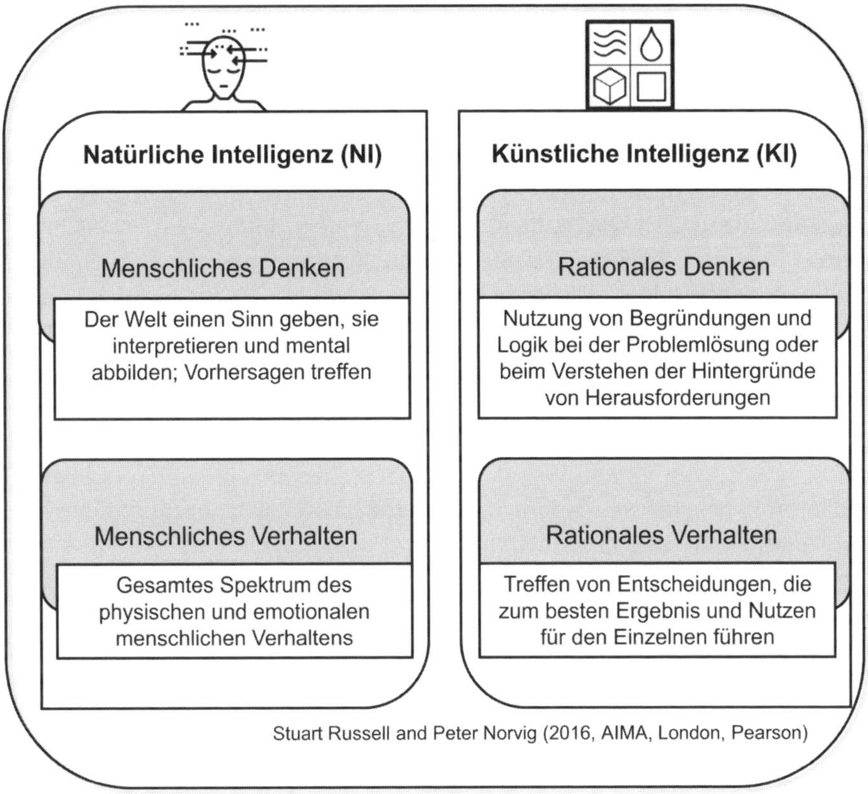

Abb. 2: Intelligenz und Verhalten (nach Russell/Norvig 2016; Verwendung der Icons mit freundlicher Genehmigung von www.thenounproject.com)

1.3 Entwicklung der KI von 1950 bis heute

KI ist kein neues Konzept. Das sogenannte »Lernen aus dem Geschichtenerzählen« reicht zurück bis in die griechische Antike. Anfang der 1950er-Jahre war es dann Alan Turing, ein britischer Mathematiker und Code-Entschlüssler des Zweiten Weltkriegs, der die theoretischen Grundlagen für denkende Maschinen schuf. Er entwickelte den nach ihm benannten Turing-Test, welcher heute noch verwendet wird, um die Denkfähigkeit einer Maschine zu bewerten. Der von ihm geprägte Begriff »künstliche Intelligenz« wurde Mitte der 1950er-Jahre populär – nach seinem Tod.

Der amerikanische Kognitionsforscher Marvin Minsky nahm sich des Themas an und gründete das KI-Labor am Massachusetts Institute of Technology im Jahre 1959. Er war einer der führenden Wissenschaftler auf diesem Feld in den 1960er- und 1970er-Jahren. Und er beriet den eingangs erwähnten Stanley Kubrick für »2001: A Space Odyssee«. Der Film gilt bis heute als eine der weltbesten Darstellungen von KI und war damals schon alles andere als nur Fiktion. An der Universität des Saarlands wurde in den 1980er-Jahren eine PC-Software entwickelt (»Fragen & Antworten«, »Q&A«), die ab 1985 umgangssprachliche Datenbankabfragen ermöglichte.

KI trat in den 1990er-Jahren in der öffentlichen Wahrnehmung in den Hintergrund, als grafische Benutzeroberflächen von Computersystemen, allen voran Windows, aber auch SAP, eine deutlich größere Informationsdichte ermöglichten als die bis dahin bekannten Systeme. Die Intelligenzanforderung, die benötigten Informationen aus deren Dichte, ja Flut herauszufiltern, wurde von der Maschine zurück auf den Menschen übertragen. Q&A beispielsweise, eine der weltweit erfolgreichsten Datenbankanwendungen auf MS-DOS, verschwand völlig vom Markt unter MS-Windows.

In den folgenden zwanzig Jahren wuchs die Daten- und Informationsflut stetig und stark an. Dies lag und liegt daran, dass der technologische Fortschritt auf immer größerer Präzision beruht, die mittels Sensoren überwacht und durch KI geregelt und sichergestellt werden muss. Ein Beispiel ist ein Verbrennungsmotor: Dieser lieferte vor 50 Jahren eine typische Leistung von 50 PS, heute ist es mehr als das Doppelte. Darüber hinaus ist seine Lebensdauer nahezu verdreifacht worden. Waren vor 50 Jahren überhaupt keine Daten von ihm zu bekommen, steuert und optimiert er sich heute mit durchschnittlich einem Gigabyte Daten pro Betriebsstunde mittels KI selbst. Zustands- und Fehlerberichte kann der Motor selbstständig zusammenfassen, um den Fahrer nur dann zu informieren, wenn es nötig ist, weil der Motor beispielsweise eine Wartung »möchte«.

Eine ähnliche Entwicklung durchliefen nahezu alle technischen Produkte. Gänzlich neue Gerätegattungen wurden geschaffen. Die Entwicklung vom tragbaren Telefon hin zum Smartphone ist nur eines von vielen Beispielen. Lesenswert ist in diesem Zusammenhang das Buch »Cloud Computing and Big Data Analytics: What is New from Databases Perspective?« (Gupta et al. 2012).

1.4 Abgrenzung zur Digitalisierung

Heute sind also nahezu alle technischen Produkte mit Sensoren ausgestattet, die einen konstanten Strom an Zustandsdaten senden. Dazu gehören beispielsweise auch Positions- und Umgebungsdaten. Der amerikanische Autohersteller Tesla sammelt auf diesem Wege täglich Informationen von über vier Millionen autonom gefahrenen Kilometern ein. Eigentlich analoge Daten (beispielsweise das Verhalten eines Tesla-Autopiloten und eines menschlichen Autofahrers, die an einer Kreuzung aufeinandertreffen) werden »digitalisiert« und an die Rechenzentren von Tesla übertragen.

Einen Nutzen aus der Situationsanalyse kann Tesla jedoch nur durch den Einsatz von KI ziehen: Wie beschrieben, analysiert KI den Ablauf, prüft, ob es einen Lerneffekt gibt, und wenn ein solcher gegeben ist, erweitert oder verfeinert KI das Regelwerk für das autonome Fahren des Tesla-Autopiloten. Das kommt bereits dem sehr nahe, was HAL konnte.

Digitalisierung beschreibt dem eigentlichen Begriff nach also nur einen computergesteuerten Workflow, der nicht intelligent ist, sondern starren Regeln folgt. »Intelligent« wird der digitale Workflow erst durch den Einsatz von KI, welche die Regeln der Situation unverändert lassen oder anpassen kann. Das Besondere an KI ist, dass sie dafür über selbstlernende Mechanismen verfügt. Umgangssprachlich hat allerdings längst eine Verwässerung eingesetzt, und unter dem Oberbegriff »digital« werden sowohl KI als auch Big Data und der digitalisierte Workflow verstanden. Ingenieure und Techniker, die manchmal das Wort »Digitalisierung« als Modewort ansehen, verwenden eher den Begriff »maschinengesteuert«.

Abschließend sei noch erwähnt, dass manche Visionäre und Science-Fiction-Autoren mehr Erwartungen an die KI hatten, als heute Realität ist. Doch der Rest der Welt im Allgemeinen scheint mit dem bisher Erreichten zufrieden zu sein. Denn noch lange sind nicht alle bereit für humanoide Roboter oder selbstlernende Raumschiffe. KI muss und wird sich weiterentwickeln, um mithelfen zu können, sinnvoll (und vielleicht manchmal auch weniger sinnvoll) den großen Veränderungen und Herausforderungen einer globalen Welt begegnen zu können.

2 Fragen der Wirtschaft an KI

KI war eines der Schlüsselthemen beim Weltwirtschaftsforum 2017 in Davos. Fragen, die unter anderem dort erörtert wurden, lauteten:

1. Wo und wie kann KI Organisationen helfen?
2. Welche Auswirkungen hat der mit KI verbundene Kulturwandel?
3. Wie kann KI in Geschäftsfunktionen wie HR, die in ihrer Bedeutung unterschätzt werden, eingesetzt werden?

Der immer größere Einfluss von KI wurde in Organisationen ab Beginn des 21. Jahrhunderts sichtbar. Genau wie die industrielle Revolution führt die KI-Revolution zu einer in Teilbereichen enormen und stetigen Steigerung der Produktivität, versehen mit dem Schlagwort *»was Technologie liefern kann, liefert Technologie auch«*. Ohne hier näher darauf eingehen zu wollen, kann gesagt werden, dass die erste Frage ausreichend Antworten in Davos erhalten hat.

Ein mögliches Szenario für einen Kulturwandel wäre zum Beispiel die Vorstellung, dass Maschinen bald die Macht übernehmen und es bis zum Jahr 2030 den ersten nichtmenschlichen CEO geben wird. Deshalb wurde die Frage nach dem Kulturwandel in Davos als sehr vielschichtig empfunden und konnte nicht beantwortet werden. Denn so viele ganz neue Antworten müssen gefunden werden – hauptsächlich deshalb, weil das oben genannte Technologie-Schlagwort dazu führen wird, menschliche Arbeitsleistung in einem hohen Maße wieder verfügbar zu machen. Daraus ergibt sich die Hauptfrage: Kann die frei werdende Arbeitsleistung tatsächlich durch neue Aufgaben absorbiert werden?

Der Beitrag fokussiert nun auf die dritte Frage. Weit mehr als die in Davos gefundenen Antworten werden dafür herangezogen.

2.1 KI in Human Resources

Es ist einfach für KI, stetig sich replizierende Aufgaben auszuführen und sich dabei selbst zu verbessern. Das kann KI – und im weiteren Sinn Digitalisierung – jedoch nur anhand von eindeutigen Informationen, also harten Fakten, die auch nur auf vorher definierten Kanälen hereingenommen werden können. Was KI völlig fehlt, sind Empathie und Intuition, also Reaktions- und Veränderungsfähigkeit auf Basis weicher Fakten. Wir Menschen können auf vielfältige Arten lernen, analysieren und reagieren, da wir Informationen von außen mit bereits vorhandenem internen Wissen verbinden und beurteilen können. Diese Fähigkeiten lassen sich nicht über Algorithmen von Maschinen replizieren. Empathie und Intuition machen den Menschen also zu einem wichtigen Teil im Prozess der Simulationen, deren Auswertungen und der Entscheidungsfindung – nicht jedoch in einer sich replizierenden Aufgabenerfüllung. Der beste Weg für eine Zusammenarbeit von Menschen und KI liegt darin, die jeweiligen Stärken zu nutzen. Diese Zusammenarbeit in Unternehmen zu verwirklichen, wird eine zentrale Aufgabe von Human Resources sein.

2.2 Rahmenbedingungen

Es ist erfahrungsgemäß wichtig, dass gerade Führungskräfte wie auch Mitarbeitende im HRM ein tiefes und breites Verständnis für KI und Digitalisierung bekommen. Denn der in allen Organisationseinheiten stetig wachsende KI- und Digitalisierungsanteil an den zu erledigenden Aufgaben im Unternehmen wird dazu führen, dass mehr und mehr Tätigkeiten von Technologie im weitesten Sinn übernommen und geliefert werden.

Das bedeutet einerseits den Abbau von Arbeitsplätzen, dessen sozialverträgliche Gestaltung eine Kernaufgabe von Human Resources ist. Andererseits müssen die verbleibenden Führungskräfte und Mitarbeitenden auf die sich ändernde Arbeitswelt vorbereitet werden, um diesen Wandel aktiv gestalten zu können. Das dafür notwendige organisationsweite Veränderungsmanagement ist genauso eine Kernaufgabe von Human Resources.

3 Der Wandel in HR durch KI

Wie kann eine typische HR-Abteilung KI einführen und den Wandel gestalten und damit als solche im Unternehmen überleben? Ein möglicher und erfolgreicher Weg ist es, die nachfolgend beschriebenen sechs Stufen zu gehen (vgl. Abb. 3). Den Erfahrungen der Autoren nach konnte durch diese Maßnahmen die Zufriedenheit der Organisation mit HR deutlich gesteigert werden. Dies wurde zum einen erreicht durch eine deutlich verbesserte User Experience (UX), das neudeutsche Wort für Kundenzufriedenheit. Zum anderen durch aussagekräftige Analyseergebnisse aus Human Resources, die einen echten Mehrwert für die Führungskräfte und Unternehmensleitung erbringen. Die Anfangsinvestitionen sind im Vergleich zur Einführung einer sogenannten HR-Suite (beispielsweise SuccessFactors oder Workday) sehr deutlich niedriger. Es konnte bereits im zweiten Jahr ein positiver Business Case erreicht und im Folgenden die HR-bezogenen operationellen Kosten weitestgehend halbiert werden (siehe dazu auch den in der Literaturliste erwähnten Beitrag der Autoren in der »Personalwirtschaft«).

3.1 Die Hereinnahme von Daten und Informationen: Stufe 1

In diesem Stadium geht es darum, die alltäglich anfallenden Routineaufgaben zu verstehen, die von HR durchgeführt werden. Dazu gehören zeitaufwendige administrative Aufgaben, welche die Teams oft daran hindern, ihre Ressourcen für effektivere Arbeiten einzusetzen. Namentlich an erster Stelle zu nennen ist die Hereinnahme von Daten und Informationen. Ein einfaches Beispiel kann dies verdeutlichen: Ändert sich die Anzahl der unterstützungspflichtigen Kinder von Mitarbeitenden, wird üblicherweise der HR Helpdesk von dem Mitarbeitenden kontaktiert. In der Regel muss dann eine Kopie der Geburtsurkunde an Human Resources gesandt werden. Insgesamt fünf bis sechs Mitarbeitende sind damit beschäftigt, letztlich eine im HR-System nur minimale Änderung durchzuführen: jeweils ein Mitarbeiter im Helpdesk, der Dokumentenannahme und Weiterleitung, der Systemadministration, der HR-System-Nachkontrolle und der Payroll-Compliance. Nicht zu vergessen der Mitarbeitende, welcher die Änderung beantragt hat.

Sogenannte Direktbanken machen vor, wie die Hereinnahme von Daten und Informationen mittels KI deutlich schneller, einfacher und besonders auch fehlerfreier und damit sicherer vonstattengehen kann. Viele bieten inzwischen Apps an, also Smartphone-Anwendungen, mit deren Hilfe beispielsweise Rechnungen einfach abfotografiert werden können.

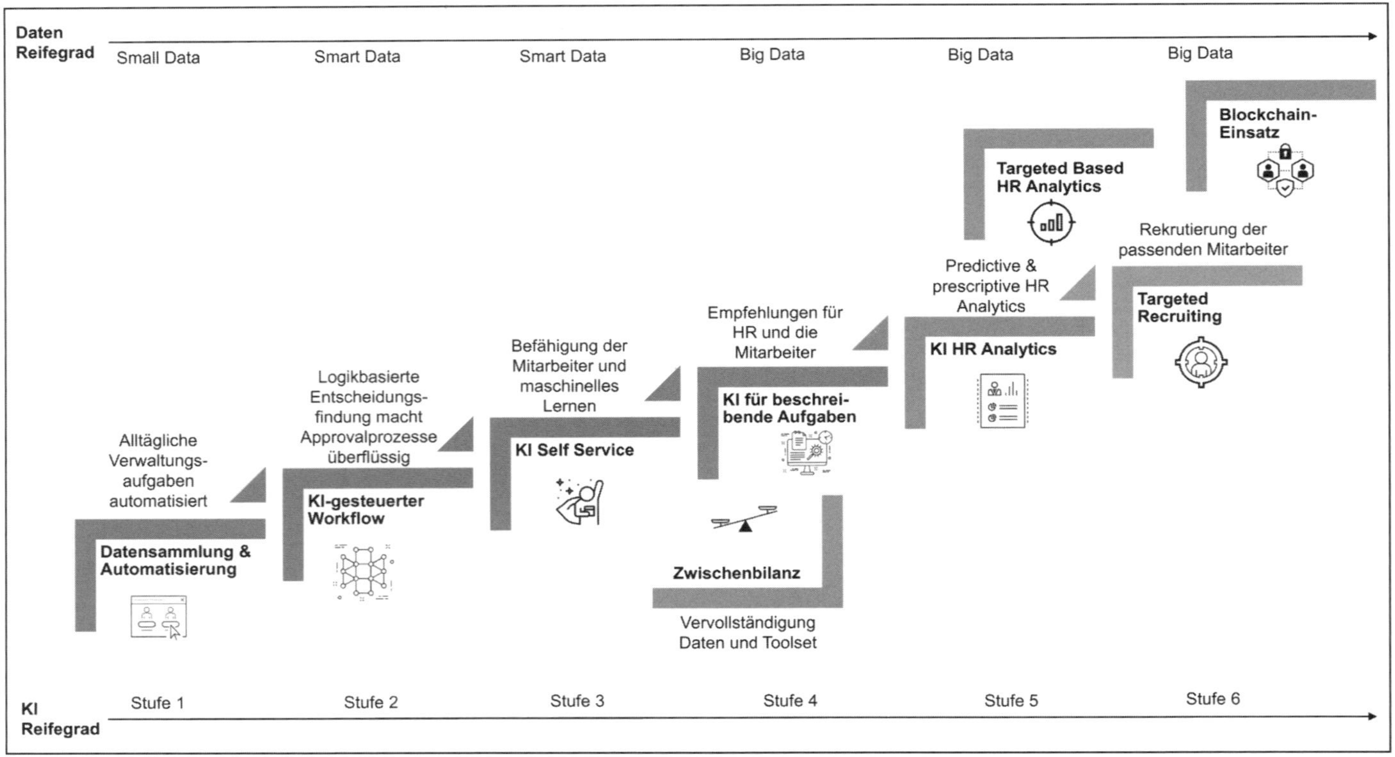

Abb. 3: Wandel in HR – Stufen in der Übersicht (Verwendung der Icons mit freundlicher Genehmigung von www.thenounproject.com)

Die entsprechende Zahlung wird dem Benutzer nur noch zur Kontrolle vor dessen Freigabe vorgelegt. KI erledigt in diesem Zusammenhang die optische Zeichenerkennung (Optical Character Recognition oder OCR), die Validitäts- und Vollständigkeitsprüfung der Angaben und die Zusammenstellung der Daten zur Übergabe an das Banken-System. Dieses brauchte für diese Anwendung nur wenig angepasst werden; die Kosten für eine solche App liegen im tiefen siebenstelligen Euro-Bereich.

Der Unterschied zu einer Geburtsurkunde, einem Arztzeugnis für eine Krankschreibung, einer Studienurkunde und allen weiteren Dokumenten, Daten und Informationen, die Human Resources hereinnehmen muss, betrifft lediglich die Art und Zusammensetzung der Informationen; deren Erfassung und Eintrag in ein HR-System sind absolut vergleichbar zum Direktbankbeispiel.

3.2 Der mittels KI gesteuerte Workflow: Stufe 2

Moderne HR-Suiten, wie beispielsweise SuccessFactors oder Workday, werben mit ihrer Fähigkeit, auch komplexe HR-Prozesse automatisiert abarbeiten zu können. Das ist richtig. Kritiker werfen den Anbietern jedoch vor, dass ihre HR-Suiten viel zu unflexibel seien und Variationen von Prozessen derzeit noch nicht oder nur unzulänglich beherrschen. Dies führt dazu, dass von den ungefähr 650 Prozessen einer typischen HR-Abteilung nur ungefähr die Hälfte innerhalb dieser Suiten abgearbeitet werden kann.

Inzwischen kann mittels externer Zusatzsoftware verschiedener Anbieter dieses Defizit ausgeglichen werden. Diese Zusatzsoftwareangebote beruhen weitestgehend alle auf KI. Das folgende Beispielszenario kann dies beschreiben: Ein Mitarbeiter möchte eine neue Bankverbindung für sein Lohn- beziehungsweise Gehaltskonto angeben. In Deutschland kann dies oft mittels sogenanntem Self Service vom Mitarbeiter selbst gemacht werden; in der Schweiz hingegen nur eingeschränkt. Bestimmte Kantone verpflichten die Unternehmen zur Lohn- bzw. Gehaltszahlung in dem Sinne, dass diese sicher auf dem Konto der Mitarbeitenden »ankommen« muss. Deshalb ist in manchen Schweizer Firmen die Empfängerbank für die Mitarbeitenden vorgeschrieben. Nehmen wir beispielsweise noch Brasilien hinzu, dort gilt das Gleiche wie in der Schweiz, die Reisekosten hingegen dürfen durchaus an eine andere Bank angewiesen werden. International agierende Konzerne, die in Dutzenden Ländern tätig sind, haben hierfür sorgfältig gepflegte Listen und überwachen Veränderungen äußerst penibel – bisher manuell und mit großem personellen Aufwand.

KI kann den Änderungswunsch eines Mitarbeiters erkennen und die zutreffenden Regeln prüfen und anwenden. Daraus folgend kann das System den Wunsch entweder ablehnen oder in einem Dialog mit dem Mitarbeiter durch den Änderungsprozess hindurchführen. Mit Ausnahme des betreffenden Mitarbeiters ist sonst niemand in diesen Prozess involviert.

Natürlich braucht es in diesem Beispiel noch die penibel geführte Liste mit den gesetzlichen bzw. kulturell geprägten Möglichkeiten. Doch für alles andere kann KI hier seine größte Stärke ausspielen: Anstelle manueller Arbeit mit hoch komplexen und mit »vielen Schnörkeln« versehenen Prozessen, die zentral unmöglich zu erledigen sind, kann KI eine einmal definierte Mensch-Maschine-Schnittstelle nutzen. KI wendet lediglich den passenden Algorithmus zur Abarbeitung der Aufgaben an.

3.3 Das KI-gesteuerte Self-Service-Portal: Stufe 3

Diese Mensch-Maschine-Schnittstelle, die heute in vielen Unternehmen noch sehr starr daherkommt und altbacken aussieht, kann mit wenig Aufwand so gestaltet werden, wie wir Menschen das von unseren heutigen Smartphones oder Webanwendungen gewohnt sind. Analog beispielsweise zur Tastatur-App des Smartphones, die immer gleich aussieht, doch mit Hilfe von KI »errät«, was wir schreiben wollen, und entsprechende Wort-Vorschläge macht.

Es gibt die alte Personalerweisheit: »In HR beginnt alles mit einem Dokument und endet mit einem Dokument.« Doch während heutige HR-Systeme und HR-Suiten für jedes einzelne »Dokument« noch einen eigenen Prozess und in Self-Service-Portalen eigene Menupunkte vorsehen, kann KI erkennen, was ein Mitarbeiter möchte, und die Portalinhalte entsprechend gestalten. KI sorgt – ähnlich wie bei der Tastatur-App – dafür, dass immer derselbe Look-and-Feel-Effekt beim Mitarbeiter erzeugt wird. Dieser Effekt wird in der digitalisierten Sprache Targeted-UX genannt.

KI ist unverzichtbar im Workflow zur Erzeugung und Ausgabe von Dokumenten. Auch hier ein Beispiel: Einem Kandidaten wurde ein Verbal Offer für ein International Assignment gemacht, und das Angebot wurde angenommen. Die Autoren kennen einen Konzern, wo ein Team von über acht Mitarbeitenden sich ausschließlich um circa 150 International Assignees gekümmert hat – und es dennoch nur schlecht funktionierte. Nachdem ein KI-basiertes HR-Portal und Ausgabesystem eingeführt wurde, konnte die Anzahl der Mitarbeitenden auf drei reduziert werden. Das System erledigt nun die meisten Aufgaben selbstständig, und wo nicht möglich, führt es die verbliebenen HR-Mitarbeitenden durch die Aufgaben und überwacht deren Erledigung. Dies umfasst sämtliche Regeln hinsichtlich Vollständigkeit der Daten, die Background Checks, nötige Medical Examinations, die Einholung von Arbeitserlaubnissen, die Bestellung und das Management von Dienstwagen, die Regelung der Umzugsangelegenheiten, das Site Management und last, but not least das Onboarding. Das System ist in der Lage, auf vielen verschiedenen Kanälen zu kommunizieren, beispielsweise per Mail, SMS, MMS, Voice und gedrucktem Papier, und die Antworten der allermeisten Stakeholder auf seine Kommunikation auch wieder hereinzunehmen. Dieses System stellte sich als derart effektiv heraus, dass inzwischen alle Einstellungen in über 90 Ländern für circa 4.500 neue Mitarbeitende jährlich darüber laufen. Für die HR-Mitarbeitenden bedeutete dies einen im Verhältnis ähnlichen Personalabbau, doch auch hier letztlich eine deutliche Kostenersparnis bei wesentlich gesteigerter Nutzerzufriedenheit.

Ein Nebeneffekt: Gleichzeitig stellen auf KI basierende Portale und Ausgabesysteme sicher, dass das HR-System compliant gehalten wird, weil alle Mitarbeitenden nur das machen können, wofür eine Berechtigung vorliegt. All dies steigert auch die Datenqualität nachhaltig.

Zwischenbilanz nach drei Stufen KI in HR

Dem nach wie vor vorhandenen HR-System oder der neu eingeführten HR-Suite sind einige wenige Zusatztools zur Seite gestellt worden. Die Hereinnahme von Daten und Informationen einschließlich von Dokumenten liegt in der Verantwortung der Mitarbeitenden der Organisation (»Kunden des HR«), wofür eine Web-basierte Anwendung dient. Die Analyse und Verarbeitung der Daten, Informationen und Dokumente erfolgt intelligent, und die dafür notwendigen Prozesse sind schlank und effektiv. Compliance ist bereits in diesem Stadium vollständig gegeben und wird nicht erst durch eine Nachkontrolle hergestellt. Die Kommunikation mit den Kunden und anderen Stakeholdern erfolgt über vielfältige Kanäle automatisiert und virtuelle Assistenten helfen bei Schwierigkeiten.

Die verbliebenen HR-Mitarbeitenden kümmern sich als wahre Business Partner um die Organisation und sind von Administration vollständig entlastet. Die dafür notwendigen Systeme werden von einem kleinen spezialisierten Team gewartet und à jour gehalten.

3.4 HR-KI wird um beschreibende Aufgaben erweitert: Stufe 4

Wir Menschen sind Anregungen in Shopping-Portalen und Chatbots (virtuelle Assistenten) gewohnt, die uns helfen, Empfehlungen und Antworten auf unsere Fragen zu erhalten. Beispiel: Angeblich erzielt Amazon ein gutes Drittel seiner Umsätze durch die Angabe: »Andere Kunden kauften auch noch …« Ein KI-System, das beschreibende Aufgaben wahrnehmen kann, ist also in der Lage, auch den Kontext zu analysieren und intelligente angepasste Antworten bzw. Informationsausgaben innerhalb einer einheitlichen UX zu geben. Wenn nötig, wird manueller Support angefordert.

Beispiel: Die beschreibenden Aufgaben der HR-KI-Implementierung eines Unternehmens umfassen auch Antworten auf Anfragen von Mitarbeitenden an das HR-Helpdesk. Dabei basieren die Antworten für Mitarbeitende auf dem Profil und den Erkenntnissen, die aus der Kommunikation mit dem

Helpbot (virtuellen Assistenten) im Helpdesk gewonnen werden. Das HR-KI-System berücksichtigt historische und Trenddaten, verbindet diese mit Best Practices und internen Lern- und Entwicklungsinstrumenten. Daraus gibt es die Antworten und macht Vorschläge für die besten Maßnahmen. Werden (potenzielle) Probleme identifiziert oder für die Zukunft angenommen, macht das System Lösungsvorschläge. Falls das HR-KI-System dafür weitere Hilfe für nötig erachtet, werden der Linienvorgesetzte und/oder der betreffende Business Partner alarmiert.

Aus der Erfahrung kann angenommen werden, dass die Stufe 4 einen jährlichen Effizienzgewinn von fünf Prozent erlaubt.

3.5 KI wird in HR Analytics eingeführt: Stufe 5

Eine der zentralen Aufgaben von HR ist, dafür zu sorgen, dass die richtigen Mitarbeiter zur richtigen Zeit am richtigen Ort sind. Daraus ist vor etwas mehr als zehn Jahren der Bereich Strategische Personalplanung entstanden (im Englischen Advanced HR Analytics oder auch Strategic Workforce Planning genannt). Diese adressiert die Chancen und Risiken, die sich aus dem Zusammenspiel von Geschäftsentwicklung und der qualitativen und quantitativen Entwicklung der Personalportfolien ergeben. Beispielsweise gilt es herauszufinden, inwiefern die Zusammensetzung der Belegschaft hinsichtlich Alter, Teilzeitquote, Geschlechterquote, Führungsspanne, Überstunden usw. Auswirkungen auf Geschäfts- und Kundenkennzahlen wie beispielsweise Umsätze, Ebit, Total Cost of Operations, Kundenzufriedenheit, Reklamationsquote usw. hat. Die gewonnenen Analyse-Erkenntnisse können also für die Unternehmenssteuerung mit herangezogen werden. Das ermöglicht in der Folge die Identifikation und Durchführung von notwendig erscheinenden Personalmaßnahmen und die Optimierung der Kosten des Mitarbeitereinsatzes. Das Ziel von Advanced HR Analytics ist also, Daten in Erkenntnisse und Erkenntnisse in wertschöpfende Ergebnisse zu verwandeln (turning data into insights into values).

Doch obwohl es möglich ist, durch HR Analytics zu sinnvollen, wertschöpfenden und umsetzbaren Ergebnissen zu kommen, hat sich dieser Bereich vielerorts erst in Ansätzen etabliert. Das liegt häufig am zu großen finanziellen und personellen Aufwand in den existierenden HR-Strukturen, oder daran, dass die dafür notwendigen – vollständigen – Daten nicht verfügbar waren. HR hat die Verantwortung für mittelfristige und strategische Personalplanungen zu oft anderen Unternehmensbereichen – also »der Linie« – überlassen.

Werden jedoch die zuvor beschriebenen Stufen 1 bis 4 umgesetzt, hat KI das Potenzial, die Aufwände erheblich zu verringern, da es möglich wird, die zeitraubenden manuellen Tätigkeiten zu automatisieren. Darüber hinaus werden durch die gesteigerte Datenqualität ganz neue Dimensionen der Datenanalyse möglich.

So kann HR noch signifikantere Beiträge auch für Geschäftsentscheidungen wie Standortwahl, Expansion in neue Märkte und Investitionen in neue Produktionsanlagen liefern.

Es besteht durchaus die Möglichkeit, dass mittels des in den Stufen 3 und 4 realisierten KI-basierenden Portals »die Linie« bis hin zur Geschäftsleitung mit Informationen, Tools und dynamischen Dashboards versorgt wird. Diese präsentieren die an den jeweiligen Nutzer angepassten HR-Analytics-Ergebnisse und binden darüber hinaus Tools für die strategische Personalplanung ein.

Definitionen und Abgrenzung

Wichtig ist in dem Zusammenhang zuerst eine Abgrenzung der Begriffe durchzuführen, da diese häufig noch nicht einheitlich verwendet werden:

- *Small Data* steht für die Arbeit mit HR-eigenen, personenbezogen Datensätzen. Meist stehen Unternehmen nicht mehr als 50 bis 100 Datenpunkte pro Mitarbeiter zur Verfügung (beispielsweise sind Vorname und Name jeweils ein Datenpunkt). Die Datenquellen sind ebenso bekannt wie der Umfang der Daten. Die Daten werden leider allerdings meist verteilt gespeichert, beispielsweise in verschiedenen HR-Systemen und auch in Excel-Files.
- *Big Data* bezeichnet die Arbeit mit großen Datenmengen aus vielfältigen Quellen, die mit hoher Geschwindigkeit zur Erzeugung wirtschaftlichen Nutzens analysiert und verarbeitet werden. Das bedeutet auf HR bezogen, dass die eigenen Small-Data-Daten durch externe Daten angereichert werden müssen. Sie zeichnen sich durch eine höhere Typenvielfalt und Komplexität aus. Big Data heißt, dass pro Mitarbeiter mindestens 100.000 Datenpunkte, besser jedoch noch viel mehr, zur Verfügung stehen müssen.
- *Smart Data* – drei Definitionen:
  - *Smart Data (i)* als ein Bindeglied zwischen Small Data und Big Data, indem Daten sukzessive angereichert und auf etwas komplexere Auswertungsmethoden angewendet werden. Der Schwerpunkt liegt auf den Daten und der Technik.
  - *Smart Data (ii)* für die Nutzung von externen, doch aufbereiteten Daten (gleichgültig, ob »small« oder »big«), die passgenaue Auswertungen ermöglichen, um relevante Organisations-Fragestellungen zu beantworten (Beispiel: Benchmarks von Organisationen wie dem American Process and Quality Council – APQC). Der Schwerpunkt liegt auf der Methode.
  - *Smart Data (iii)* für die Sammlung externer Daten aus nicht aufbereiteten Quellen. Beispiel: Analysedaten aus sozialen Medien, die mittels Technologie »eingesammelt« wurden, um dann in unternehmensspezifische Formate umgewandelt zu werden. Der Schwerpunkt liegt auf Daten, Technik und Methode. Letztlich werden die Grenzen zwischen eigenen und fremden Daten verwischen und der Weg in die Blockchain geebnet.

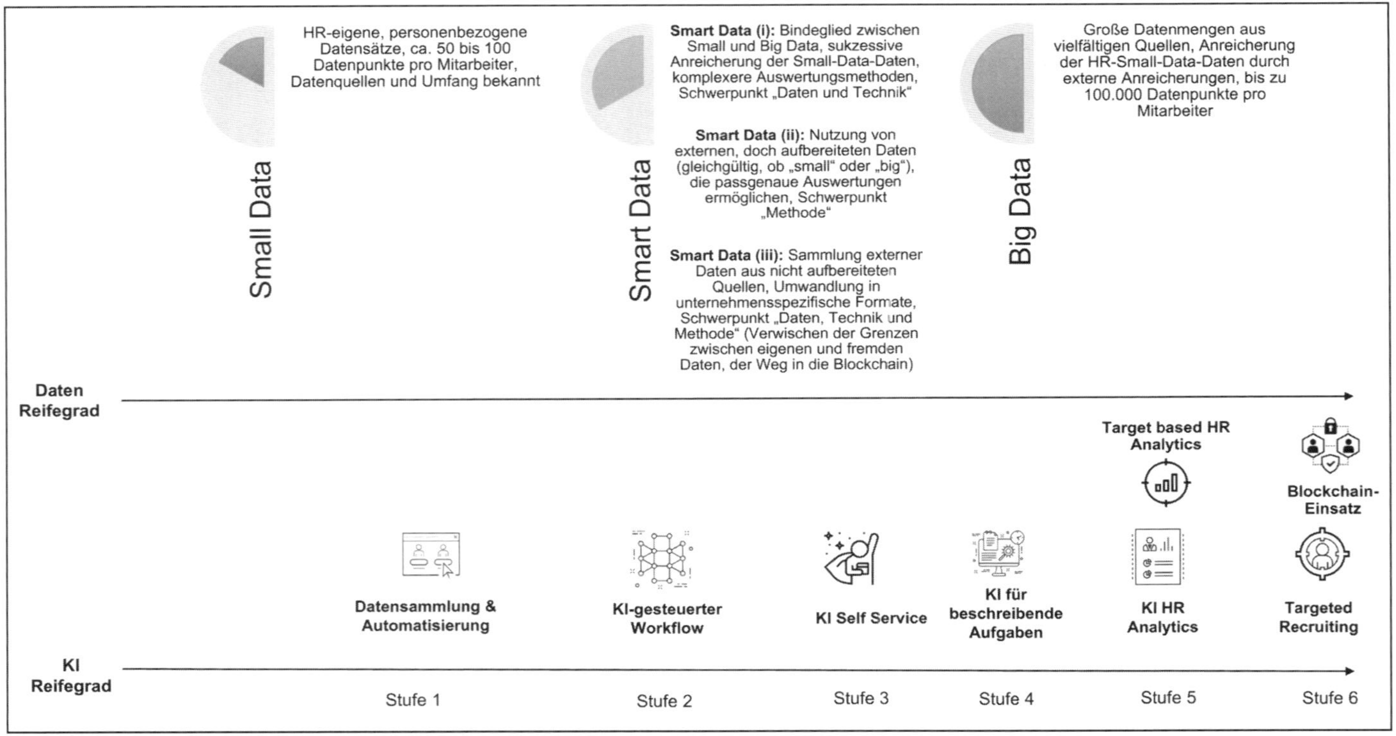

Abb. 4: Von Small Data über Smart Data zu Big Data (Verwendung der Icons mit freundlicher Genehmigung von www.thenounproject.com)

- *Blockchain:* Daten werden in verteilten Datenblöcken mehrfach vorgehalten. Die Daten selbst werden durch KI innerhalb der Blockchain validiert und nur richtige Daten haben, vereinfacht gesagt, in der Blockchain Bestand. Die Hoheit über die Datenfreigabe liegt bei ihren Besitzern, die jedoch die Daten selbst nicht verändern können. Blockchains werden nach Meinung der Autoren in den nächsten Jahren Small Data und Smart Data (i) und (ii) ablösen und (iii) sehr einfach ermöglichen. Der Begriff Big Data wird in der Blockchain aufgehen, da Blockchain die größte realisierte Anwendung von Big Data ist.
- *KI* ist Voraussetzung und Bestandteil von Smart Data und Blockchain, wird jedoch heute bereits nicht mehr gesondert erwähnt. Wird im Folgenden von Smart Data und Blockchain geschrieben, ist KI deshalb immer mit gemeint.
- *Targeted Based HR Analytics* beschreibt gemäß der aktuellen Forschung, wie das Verhalten in den Sozialen Medien Eigenschaften von Mitarbeitenden, ihr Verhalten und die sich daraus ergebenden mitarbeiterbezogenen Risiken wie Fluktuation, Krankheit, Schwangerschaft voraussagen lässt. Damit können Mitarbeiterpotenziale besser ausgeschöpft und kritische Situationen rechtzeitig erkannt werden.
- *Datenschutz:* Es würde den Rahmen dieses Kapitels bei weitem sprengen, hierauf tiefer einzugehen. Die Erfahrung zeigt, dass es jedoch sehr fruchtbar sein kann, die Diskussion mit den Mitarbeitenden und den Arbeitnehmervertretern darüber zu suchen und Transparenz herzustellen. Verstehen alle Stakeholder die berechtigten Bedürfnisse richtig, wird oftmals viel mehr möglich als gedacht, da gerade diese Stufe einen enormen Nutzen für alle Stakeholder bringen kann.

Anwendungsbeispiel oder: die Reise ins »Advanced HR Analytics«-Traumland

Eine hervorragend aufgestellte Advanced-HR-Analytics-Funktion, die mit HR-KI arbeitet, hat ausgesprochen positive Auswirkungen auf die Organisation und steigert nicht zuletzt den Ruf von HR nachhaltig. Die Reise ins »Advanced HR Analytics«-Traumland kann durchaus zügig vonstattengehen. Dafür soll betont werden, dass die vorgängigen Stufen 1 bis 4 eine wichtige Voraussetzung sind. Jedoch kann bei entsprechender – zugegeben extensiver – Ressourcenbereitstellung durch das Unternehmen diese und die nächste Stufe auch alleine oder zuvorderst umgesetzt werden. An einem Beispiel von Analysen und Simulationen zu aktuellen und zukünftigen Krankenständen lassen sich die Begriffe noch deutlicher erklären und die Reise aufzeigen.

Small Data greift auf die vorhandenen Daten zu. Die Krankenquoten können nach Dimensionen wie Altersklassen, Jobfamilien oder Standorten ausgewiesen werden. Werden diese in Dashboards visualisiert, können notwendige Maßnahmen manuell unter Umständen identifiziert werden.

HR-KI allerdings kann bereits auf dieser Basis mittels Regressionsanalyse den Einfluss der oben genannten Dimensionen und Faktoren qualifizieren und quantifizieren. Aus dieser Analyse kann HR-KI intelligente Maßnahmen vorschlagen und ihren Erfolg zur Beeinflussung des Krankenstandes prognostizieren. Dafür noch fehlende Informationen werden identifiziert und entweder selbstständig durch das HR-KI ermittelt oder als manueller Input angefordert.

Das ist der Schritt zu Smart Data (i), welcher zusätzliche Faktoren wie Position und Vorgesetzte, Karriereentwicklung im Unternehmen, Belastungen am Arbeitsplatz, aktuelle und vergangene Krankheiten sowie Krankheitsverläufe, Familienstand (vor allem Änderungen in den letzten Monaten), Ergebnisse von Mitarbeiterbefragungen (Motivation, Engagement, Inklusion, Präsentismus usw.) mit einschließen wird. Dabei werden nur intern verfügbare Informationen verwendet.

Smart Data (ii) nimmt nun noch öffentlich verfügbare Informationen von Wettbewerbern, Banken und Versicherungen, Branchenverbänden, Publikationen von Forschungsergebnissen etc. hinzu. Diese externen Faktoren können die aus Smart Data (i) gewonnenen Erkenntnisse präzisieren. Sowohl die Mitarbeiter- als auch im weiteren Sinne die Unternehmenssteuerung können dadurch in einen nochmals erweiterten Kontext gesetzt werden.

Der Umgang mit Smart Data (i) und (ii) ist eine wichtige Voraussetzung für Smart Data (iii) – und die sich daraus ergebenden Möglichkeiten für Big Data und/oder Blockchain-Anwendungen.

Es wird mit Smart Data (iii) möglich, gezielte Fragen zu stellen bzw. Hypothesen zu generieren. Beispielsweise wäre denkbar, die Teilnahme an Gesundheitsmanagement-Maßnahmen oder die Qualität der Führungskräfte hinsichtlich der Gesundheit ihrer Mitarbeitenden in den Fokus des Interesses zu stellen: mit testender Statistik nur innerhalb der eigenen Organisation mittels Smart Data (i), mit Smart Data (ii) für Benchmarking anhand externer Daten sowie mit Smart Data (iii), wie die eigenen Angestellten prognostiziert wurden und später tatsächlich auf bestimmte Maßnahmen zur Beeinflussung des Krankenstandes reagieren.

HR-KI kann nach einigem »Selbst-Lernen« sogar Vorschläge für Maßnahmen unterbreiten. Dies wird relativ einfach möglich, wenn die Performance-Daten von Führungskräften und ihren Mitarbeitenden »cross-referenced« werden. Dies kann beispielsweise mit Simulationen geschehen, die Mitarbeitende mit anderen Führungskräften verpaaren.

Der Weg von Smart Data (iii) zu Big Data

Wie zuvor bereits beschrieben, ist die Entwicklung und Einführung von HR-KI ein unverzichtbarer Bestandteil von Smart Data (iii) und Big Data. Erfahrungsgemäß wird jedoch der Basis von alledem zu wenig Aufmerksamkeit geschenkt: den Small-Data-Informationen. Dies wird immer wieder deutlich, wenn Human Resources und Finance ihre Mitarbeiterzahlen (Headcount) und Vollzeitstellen (Full Time Equivalents) abgleichen möchten, was meist in einer Art Einigung endet. Das muss aufhören! Eine sehr gute Begründung dafür findet sich im Harvard Business Manager (siehe Literaturliste).

Es ist unverzichtbar für Human Resources, eine hohe Qualität seiner Small-Data-Informationen zu erlangen, sonst können keine Smart- oder Big-Data-Ansätze realisiert werden – schlichtweg, weil die Zuordnungsfähigkeit fehlt. Genauigkeit und penibelste Pflege der Small-Data-Informationen sind der Schlüssel für den Erfolg von Smart Data, Big Data und HR-KI.

Während also Small-Data-Informationen konstant hohe Aufmerksamkeit und Sorgfalt zuteilwerden müssen, bedarf es für die Sammlung externer Daten aus verschiedenen Quellen einer gewissen Ruchlosigkeit – sowohl bei der Sammlung der Daten aus allen verfügbaren Quellen als auch in Bezug auf ihre Akkuratesse oder Interpretationsfähigkeit. Die Erlangung von Aussagefähigkeit stellt KI her. Ein Beispiel kann dies verdeutlichen: Ein englischer Staubsaugerhersteller sammelt die Daten der von ihm verkauften Staubsaugerroboter. Das sind diese kleinen putzigen Gefährte, die in Abwesenheit durch die Wohnungen wuseln und den Boden saugen. Die Sensoren und Kameras liefern Informationen über Größe, Ausstattung, Erhaltungsstufen, Verschmutzungsgrade, Abwesenheiten und vieles mehr bezüglich der Wohnung und ihrer Bewohner. Da jeder Besitzer einer solchen Maschine sich mit seinen persönlichen Daten registrieren muss (Small Data), können die gesammelten Informationen der Staubsaugerroboter eindeutig zugeordnet werden. Daraus lässt sich ein perfektes Profil der Lebensverhältnisse eindeutig zuordenbar erstellen. Dass diese Firma ihre Daten zum Verkauf anbietet, ist selbstredend. Ein möglicher Käufer ist Cambridge Analytica – ein Unternehmen aus dem Vereinigten Königreich. Dieses stellt auf Basis verschiedenster Datenquellen, wie beispielsweise der des Staubsaugerherstellers, inzwischen Profile von Hunderten von Millionen Menschen aus aller Welt bereit. Diese Profile basieren auf der sogenannten OCEAN-Analytikmethode und leiten aus den Daten ab, wie ein Mensch sich in bestimmten Situationen verhalten wird, welche Werte und Kultur er lebt, was seine Ziele sind. Eine Schwangerschaft soll Cambridge Analytica eher erkennen können als die Schwangere selbst.

Wer solche Aussagen ins Reich der Fantasie verweist, dem sei noch folgendes Beispiel ans Herz gelegt: Einer deutschen Mediengruppe, die ähnlich Cambridge Analytica sämtliche Bewohner des deutschsprachigen Raums soziodemografisch vermessen hat, gelang anhand dieser Informationen der erfolgreichste Launch einer neuen Serie von hochwertigen Lifestyle-Magazinen weltweit. Das war vor drei Jahren! Aufgrund dieses Erfolges hat die Mediengruppe die Analysen fortgesetzt und ein atemberaubendes Wachstum erzeugt. Wie? Indem sie die Analysedaten mittels Big Data – und KI – ausgewertet hat und der Inhalt sämtlicher Magazine konsequent gemäß den Analyseergebnissen ausgerichtet wird. Die Kosten dafür liegen pro verkauften Magazin deutlich unter 0,01 Cent!

Auch diese Mediengruppe folgt dem beschriebenen Ansatz, dass bereits vorhandene Daten gepflegt, vervollständigt und um externe Daten erweitert werden. Diese externen Daten können gänzlich neu sein, doch für sie gilt auch das Ziel, dass sie zu vorhandenen Daten werden. Der Kreislauf wiederholt sich dann.

An dieser Stelle allerdings ein ausdrücklicher Erfahrungshinweis: Unternehmen, die Big-Data-Anwendungen auf der Basis unvollständiger Daten und deshalb anhand von Simulationen probierten, haben diese Experimente entweder entnervt aufgegeben oder sind doch noch die Reise in geordnete Daten- und Informationsstrukturen angetreten.

3.6 Targeted Based HR Analytics: Stufe 5.5

Nach einer gewissen Zeit kann ein Unternehmen ein vollständiges Bild – ein sogenanntes soziodemografisches Profil – von jedem seiner Mitarbeiter gewonnen haben. Targeted Based HR Analytics erlaubt dann geschäftsrelevante Analyseergebnisse, Maßnahmen und Entscheidungen bezogen auf einen, mehrere, viele und alle Mitarbeitenden. Was wäre ein möglicher Nutzen? Auch hierfür ein Beispiel von einer Versicherung: Das Marketing dieser Versicherung hat allen ihren Produkten ein soziodemografisches Profil zugeordnet. Gleichzeitig hat Sales mittels Kundenbefragungen von vielen Kunden ebenfalls ein soziodemografisches Profil erstellt. In ersten Versuchen wurden auch Smart-Data-Ansätze (iii) gefahren, um noch feinere Kundenprofile zu erhalten.

Die anschließende Frage an Human Resources von Marketing und Sales war, ob die Verkäuferinnen und Verkäufer derart klassifiziert werden können, dass jeweils passende soziodemografische Profile von Kunden und Mitarbeitenden beim Verkaufsbesuch aufeinandertreffen würden. Man verspreche sich davon eine deutlich geringere Stornoquote. Eine weitere Frage an Human Resources war, ob es sein könne, dass bestimmte soziodemografische Profile in der Verkäuferschaft unterrepräsentiert seien. Bestimmte Produkte, die als sehr gut angesehen würden, verkauften sich einfach schlecht. Human Resources konnte die gewünschten Informationen der Organisation nicht geben und sah sich auch zukünftig nicht in der Lage dazu.

In den Augen der Autoren allerdings sollte es nur eine Frage sehr kurzer Zeit sein, bis Human Resources dazu in der Lage sein wird. Denn wie haben die Fachabteilungen der Versicherung reagiert, als aus Human Resources keine Antworten kamen? Da die Mitarbeitenden selbst auch Kunden sind, wurde aus den Produktportfolios der Mitarbeitenden ein soziodemografisches Profil erstellt und für das Matching von Kundenbesuchen zum Einsatz gebracht. Als der neue CEO der Versicherung hörte, dass auch noch Smart-Data-Ansätze (iii) für die Mitarbeitenden von Human Resources abgelehnt wurden, stellte er Human Resources insgesamt infrage. Ein signifikanter Personalabbau in Human Resources war die Folge, und es wird tatsächlich geplant, Human Resources als solches aufzulösen. Notwendige Personalarbeit könne auch in den einzelnen Fachbereichen geleistet werden. Anmerkung: Die KI-Anwendung, die bei einem Kundenkontakt analysiert, welcher Kommunikationskanal und gegebenenfalls welche Verkäuferin bzw. welcher Verkäufer der richtige Partner für den Kunden ist, läuft nun bereits innerhalb der Marketing-Funktion.

3.7 Targeted Recruiting: Stufe 6

Nehmen wir einmal an, die HR-Abteilung der betreffenden Versicherung hätte zwischenzeitlich die Stufen 1 bis 5.5 durchlaufen und könnte sich des Problems mit den sich schlecht verkaufenden Versicherungen annehmen. Die aufmerksamen Lesenden werden an dieser Stelle einwenden, dass das HR-KI-basierte Dashboard schon lange darauf aufmerksam gemacht hätte, dass es für bestimmte Produkte nicht ausreichend Verkaufspersonal gibt. Das auf HR-KI basierende Dashboard hätte auch signalisiert, dass es für bestimmte Produkte zu viel Verkaufspersonal gibt, von dem manches auch noch schlecht performt. Über Personalumschichtung sei demnach nachzudenken.

Allerdings hat die interne Suche dafür wenig Möglichkeiten ergeben, weshalb die Verkäuferschaft der Konkurrenz analysiert wurde. Dort sind entsprechend passende Kräfte gefunden worden, die wechselbereit erschienen. Die Namen, Adressen und Telefonnummern wurden von dem HR-KI-Dashboard aufgelistet. Die Daten kommen von der befreundeten Mediengruppe und sind mit denen einer Airline validiert worden. Die Betreffenden haben beispielsweise bei der Aktivierung ihrer Smartphones oder der Teilnahme an soziodemografischen Frageaktionen dem im Vorfeld zugestimmt; es dürfte relativ einfach sein, diese mittels Active Sourcing für einen Wechsel zu begeistern.

4 Ein Blick in die Zukunft: Blockchain-Recruiting

Der Unterschied von Blockchain zu den Stufen 5 und 6 liegt bei diesem Beispiel in der Bereitstellung der Informationen über die potenziellen Kandidaten. In den Stufen 5 und 6 wurden diese noch von HR-KI aus unterschiedlichsten Quellen, wie beispielsweise den sozialen Medien, gewonnen und von HR-KI entsprechend aufbereitet. Damit wird bereits ein sehr effektives Targeted Recruiting und Active Sourcing möglich.

Doch die nahe Zukunft innerhalb der nächsten drei bis fünf Jahre liegt in der Blockchain. Es ist anzunehmen, dass innerhalb kürzester Zeit jeder Mensch einen Blockchain-Account haben wird, in dem alle seine beruflichen und privaten Informationen gespeichert werden. Je nachdem, in welcher oder welchen Blockchains diese Accounts beheimatet sind, können externe Quellen diese Daten erweitern und ergänzen. Zum Beispiel von einem Kundenbindungsprogramm mit seinen soziodemografischen Informationen, welche aus dem Einkaufsverhalten und den Bewegungsdaten abgeleitet werden.

Die Zustimmung zur Nutzung dieser Daten ermöglicht es dann HR-KI-Systemen, die Blockchain-fähig sind, sehr schnell, die passenden Kandidaten für Organisationen zu ermitteln. Wir Menschen hingegen können uns ebenfalls die Blockchain-Accounts von Unternehmen anschauen, um entscheiden zu können, ob wir dort arbeiten wollen.

5 KI zur Auflösung des Innovationsstaus in HR

Es wäre schön, wenn es mit diesem Beitrag gelungen ist, die Skepsis gegenüber KI zu relativieren und stattdessen einen Weg aufzuzeigen, wie HR sich mittels KI relativ rasch und dabei sehr nachhaltig verändern kann. Es ist unumgänglich, dafür den Innovationsstau aufzulösen und sich mit an die Spitze des technologischen Wandels zu stellen. So wird ermöglicht, dass HR wieder als spannend und als einen Beitrag leistend wahrgenommen wird. HAL jedenfalls hätte seine Freude, wieder eingesetzt zu werden.

Quellen

Bloching, B. (2015): Smart Data: Datenstrategien, die Kunden wirklich wollen und Unternehmen wirklich nützen, München.

Burgwinkel, D.: Blockchain Technology (2016): Einführung für Business- und IT Manager, München.

Endres, H. et al. (2017): HR neu denken. Harvard Business Manager Juli 2017, Manager Magazin.

Gupta, R. et al. (2012): Cloud Computing and Big Data Analytics: What is New from Databases Perspective?, Wiesbaden.

Heller, D. (2017): Mehr Umsatz durch Upselling und Cross-Selling – so geht's! https://business.trustedshops.de/blog/upselling-und-cross-selling-mehr-umsatz (letzter Aufruf: 18.10.2017).

Hess, D. E./Ludwig, K. (2017): Humility Is the New Smart: Rethinking Human Excellence in the Smart Machine Age, Oakland, California.

Lange, G. et al. (2017): Der Weg zur Compliance, in: Personalwirtschaft 07/2017.

Russell, S./Norvig, P. (2016): AIMA – Artificial Intelligence: A Modern Approach, London.

Sesil, J. C. (2014): Applying advanced analytics to HR management decisions, London.

Autoren

Georg Lange, MBA, MAS HR, ist ein Senior Executive mit 20 Jahren globaler Erfahrung in Human Resources. Er kann HR-Abteilungen nicht nur führen, sondern auch erfolgreich transformieren, digitalisieren, die User Experience verbessern und die Kosten senken. Er gilt international als Experte für den Einsatz von künstlicher Intelligenz und Blockchain in HR. Georg Lange ist ein gefragter Vortragssprecher und publiziert regelmäßig.

Kontakt: k.georg.lange@me.com
www.linkedin.com/in/georg-lange-ch

Kiran Joseph, MBA, führt ein Digital Innovation Lab, das seiner Organisation hilft, die digitale Transformation zu beschleunigen, neue digitale Geschäftsmodelle zu entwickeln und die interne Zusammenarbeit zu verbessern. Er hat dabei den Nutzengewinn für die Organisation, die Kunden und die Mitarbeitenden stets im Fokus.

Thomas Faust, M.Sc., ist Berater für strategisches Personalmanagement und HR Analytics. Sein Fokus liegt auf der Analyse und dem Management von Kompetenzen und Fähigkeiten von Mitarbeitenden vor dem Hintergrund der Zusammenarbeit mit Maschinen. Mittels künstlicher Intelligenz verknüpft er Geschäftspläne mit Personaldaten für die Gewinnung von geschäftsrelevanten Informationen. Dafür hat er einen Business Excellence Award gewonnen.

Transformation zur digitalen HR-Organisation

Untersuchung des digitalen Reifegrades einer Organisation: Der HR Digital Status Check

Michael Wahler und Maren Busch

1 IT-Nutzung in Human Resources

Damit der Status und die Bereitschaft eines Unternehmens für die Digitalisierung von HR festgestellt werden kann, wurde ein digitaler Status Check entwickelt. Dieser wird nachfolgend im Detail vorgestellt.

Nun kann man grundsätzlich konstatieren, dass HR schon seit Jahrzehnten IT nutzt und ohne die Unterstützung von IT-Systemen nicht oder nur eingeschränkt funktionieren würde, insbesondere bei der Entgeltabrechnung, und daher schon lange an der Digitalisierung von HR gearbeitet wurde. Dennoch ist gerade in Zeiten von Industrie 4.0 und der zunehmenden Digitalisierung von Produktions- und Dienstleistungsprozessen die Diskussion über die Digitalisierung von Human Resources neu entbrannt. Häufig wird darauf verwiesen, dass das Neue die Beschleunigung und Vereinfachung von HR-Prozessen durch digitale Werkzeuge sei, worauf Skeptiker etwa auf den Einsatz von Self Services im HR-Bereich verweisen, den es schon seit vielen Jahren in den Unternehmen gibt. Beide Seiten haben damit sicherlich recht. Allerdings führt dies nicht zu einer klareren Sicht auf das Thema.

Betrachtet man die Entwicklung der Digitalisierung von HR in den Unternehmen, kann festgestellt werden, dass sich die Systeme langsam weiterentwickelt haben. Der Weg vom Großrechner mit Lochkarten hin zu PCs erfolgte relativ langsam und stellte fast ausschließlich Anwendungen für die Sachbearbeiter in den Fachfunktionen bereit: Weiterentwicklungen waren bisher evolutionär und auf die HR-Funktion fokussiert. Insbesondere wenig benutzerfreundliche User Interfaces waren ein wesentlicher Grund, warum die Anwendungen den ausgebildeten Spezialisten vorbehalten blieben.

Erst mit der rasanten Verbreitung von Smartphones und Tablets wurde die Basis für eine neue Stufe der HR-Digitalisierung geschaffen. Durch die günstige und stetige Verfügbarkeit des Internets für alle und die rapide günstiger werdenden Speicherkosten war der Weg frei für Anwendungen aus dem Internet für jedermann. Im Zuge dieser technologischen Sprünge sind Anwendungen entstanden, die nicht mehr lokal installiert und gewartet werden müssen, sondern auf die bei Bedarf auch mobil zugegriffen werden kann. Parallel dazu hat sich die Benutzerfreundlichkeit der Anwendungen sowie die Verfügbarkeit von Anwendungen mittels Apps dramatisch erhöht. Dadurch verschaffen sich die Anbieter Skaleneffekte beim Betrieb, die die Anwender mit niedrigen Kosten überzeugen.

Flexibilität bei den Kosten und Vertragslaufzeiten werden durch eingeschränkte Fähigkeiten der Individualisierung von Lösungen erkauft. Insbesondere bei eher standardisierten Prozessen ergibt dies aber für Kunden trotzdem sehr viel Sinn.

Die modernen Anwendungen für HR sind perfekt aus den neuen Technologien entstanden und verbinden geradezu mustergültig die Vorzüge der Technik mit der gesellschaftlichen Entwicklung. So kommen einfache Handhabung und leichte Verfügbarkeit mit dem Zeitgeist, den »Digital Natives« und der mobilen Nutzbarkeit auf Smartphones und Tablets zusammen. In Summe erlaubt dieser Mix, Nutzergruppen an HR-Prozessen teilhaben zu lassen, die nur selten die Systeme nutzen. Daher hat sich der Charakter der modernen HR-Systeme grundlegend geändert. Waren die HR-Anwendungen bisher überwiegend für HR-Mitarbeiter und Spezialisten bestimmt, so sind die modernen internetbasierten Anwendungen Managementsysteme mit HR-Daten. Das bedeutet, dass alle Führungskräfte, alle Mitarbeiter und die HR-Vertreter ganzheitlich in die HR-Prozesse integriert werden und die Systeme damit regelmäßig für alle Geschäftsvorfälle aktiv nutzen müssen.

2 Evaluation des Reifegrades für die HR-Digitalisierung

Damit der Startpunkt und mögliche Handlungsfelder im Rahmen einer geplanten Digitalisierung von HR frühzeitig bestimmt werden können, ist es sinnvoll, einen Status Check zur Reife eines Unternehmens in puncto HR-Digitalisierung vorzunehmen. Dies kann als Hilfestellung für eine objektive Analyse der Angemessenheit und des Handlungsbedarfes verstanden werden. Dabei werden verschiedene Standpunkte und Dimensionen untersucht, die Einfluss auf die Reife des Unternehmens insgesamt, aber auch auf die Reife der HR-Funktion im Speziellen haben. Für die Erhebung des Reifegrades eines Unternehmens bietet sich ein Reifegradmodell an, anhand dessen mittels Selbsteinschätzung ein aktueller Status erhoben werden kann. Dies geschieht mit einer strukturierten Sammlung von Aspekten, die dazu dienen, Themen unterschiedlicher Reife zu charakterisieren. Zudem werden die Reifestufen voneinander abgegrenzt.

Dimensionen der Bewertung

Aspekte oder Dimensionen des Reifegradmodells werden nachfolgend mithilfe von Definitionen und Beispielen erklärt. Zudem wird auf die Relevanz der jeweiligen Dimension bzw. Unterkategorie für die Personalarbeit der Zukunft eingegangen und erläutert, welche Quellen die Grundlage für die Erstellung der jeweiligen Items bilden. An geeigneten Stellen werden Besonderheiten zur Bestimmung oder Gewichtung innerhalb des Reifegradmodells anhand von Beispielen erklärt. Am Ende jedes Abschnittes befindet sich eine Tabelle, die bei der Interpretation der erlangten Reifestufe pro Dimension helfen soll. Zusammen ergeben die nachfolgend beschriebenen Dimensionen und Stufen einen Interviewleitfaden, anhand dessen der Reifegrad eines Unternehmens bestimmt werden kann. Aus der Erfahrung zeigt sich, dass die Einschätzung durch mehrere Gruppen oder Interviewpartner im Rahmen eines Interviews erfolgen sollte. Dadurch werden belastbarere Ergebnisse erzielt. Insbesondere die Rückmeldungen der Projektleiter helfen den Interviewten, die Dimensionen besser bewerten zu können.

Für die Bewertung des Reifegrades können die im Vorwort dieses Buches erläuterten zehn Dimensionen der HR-Digitalisierung herangezogen werden.

2.1 Strategie

2015 befragte die Unternehmensberatung Accenture innerhalb der Studie »Digitalisierungsstrategien der deutschen Top 500« die umsatzstärksten Unternehmen Deutschlands zu ihrer digitalen Agenda. Von den befragten Unternehmen besaßen 41 Prozent eine Digitalisierungsstrategie und 48 Prozent betrieben digitale Projekte in vereinzelten Bereichen. Die restlichen Unternehmen besaßen keine strategische Ausrichtung zum Thema Digitalisierung (Accenture 2015).

Eine ganzheitliche Digitalisierungsstrategie, sowohl für die Gesamtorganisation als auch zur digitalen Personalarbeit, stellt jedoch einen Erfolgsfaktor für die digitale Transformation dar (Petry 2016). Eine Vision und die daraus abgeleitete Strategie bilden die Grundlage für Organisationsentwicklungsprozesse (Miebach 2017). Die Entwicklung einer Strategie sollte dabei zunächst das Weshalb betrachten. Bevor Ziele und Maßnahmen definiert und aufeinander abgestimmt werden können, bedarf es zuerst der Klärung, welchem Zweck die Veränderung dienen soll (Summa 2016). Dieser Grundsatz bleibt auch bei der Strategieentwicklung zur Digitalisierung bestehen.

Die Dimension Strategie wird auf vier Ebenen untersucht: Neben Fragen zur Beschäftigung mit den HR-Megatrends, wie Globalisierung, demografischer Wandel oder Digitalisierung, wird auch die Digitalisierungsstrategie der Gesamtorganisation und der Personalarbeit erhoben.

Dimension Strategie

HR ohne Digitalisierung

Stufe 0

Es gibt keine Digitalisierungsstrategie und keine OE-Maßnahmen in Bezug auf die Digitalisierung. Es besteht kein Wissen über die Notwendigkeit einer digitalen Strategie bzw. der Unterstützung durch OE-Maßnahmen.

Beginnende Digitalisierung

Stufe 1

Eine Strategieentwicklung wird angestoßen. Es besteht ein Bewusstsein darüber, dass OE-Maßnahmen zur erfolgreichen Umsetzung der digitalen Transformation beitragen. Mitarbeiter und Führungskräfte werden jedoch wenig eingebunden.

Fortgeschrittene Digitalisierung

Stufe 2

Es gibt Strategien in Bezug auf die Digitalisierung. Die Mitarbeiter werden über Visionen, Ziele und Fortschritte informiert und Widerstände werden identifiziert.

Vollständig digitalisiert

Stufe 3

Es besteht eine ganzheitliche Digitalisierungsstrategie, die in Zusammenarbeit von HR, IT und Geschäftsführung kontinuierlich weiterentwickelt wird. Mitarbeiter und Führungskräfte werden involviert und Veränderungen werden kommuniziert. Widerstände werden systematisch abgebaut.

Abb. 1: Reifegradstufen Strategie

2.2 Führung

Die bereits genannten Änderungen haben auch Auswirkungen auf die Aufgaben einer Führungskraft. Jedoch ändert sich nicht nur das Aufgabenfeld der Führungskräfte. Vielmehr wird eine Neudefinition des Hierarchie- und Führungsverständnisses aufgrund der durch die Digitalisierung hervorgerufenen Veränderungen nötig. Es soll ein Rollenverständnis von Führung geschaffen werden, welches von Anweisungen und Kontrolle wegführt, hin zum Prinzip Selbstverantwortung. Die Zusammenarbeit auf Augenhöhe steht im Vordergrund. »Erfolgreiche Digitalisierung bedeutet, von einer Macht- in eine Vertrauenskultur zu wechseln« (Ayberk et al. 2017, S. 21). Mitarbeitern werden mehr Verantwortungsbereiche von Führungskräften übertragen. Neben der Verantwortung fordern Mitarbeiter auch eine gesteigerte Autonomie. Abgesehen von diesen Aspekten hat die Führungskraft die Aufgabe, als gutes Beispiel voranzugehen und neue Methoden, Tools und Arbeitsformen zu nutzen. Dies erhöht die Akzeptanz der Methoden unter den Mitarbeitern.

Es ist die Aufgabe der Personalabteilung, als Business Partner Führungskräfte dabei zu unterstützen, eine neue Führungsrolle einzunehmen. Ob diese Aufgabe erfüllt wird, stellt ein Item der Unterkategorie Führungs- und Hierarchieverständnis dar. Zudem wird erhoben, ob das Bewusstsein für die Relevanz eines neuen Führungsverständnisses im digitalen Zeitalter besteht. Eine inhaltliche Einstufung zur erlangten Reifegradstufe dieser Dimension kann Abbildung 2 entnommen werden.

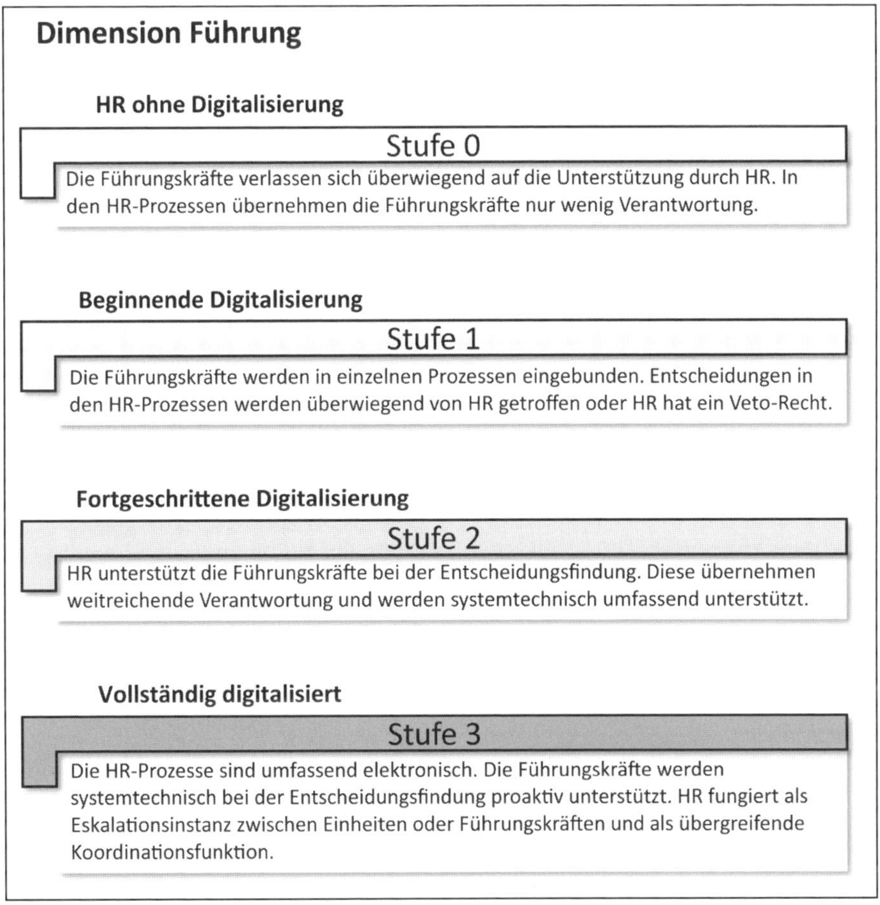

Abb. 2: Reifegradstufen Führung

2.3 Organisation

Die Digitalisierung bringt eine neue Art des Arbeitens, Kooperierens und Kommunizierens mit sich. Die durch die Digitalisierung angestoßenen Veränderungen führen dazu, dass Organisationen ihre Strukturen und Arbeitsformen überdenken müssen. Vor allem Digital Natives erwarten in ihrer Arbeit die Möglichkeit zu räumlicher, zeitlicher und inhaltlicher Flexibilität.

Zudem ändern sich die Bedingungen für Unternehmen immer schneller, sodass diese gezwungen sind, agil und reaktionsfähig zu werden bzw. zu bleiben. Innovative Arbeitsformen und -methoden sollen Unternehmen dabei helfen, agil zu arbeiten (Miebach 2017). Neben einer zeitlichen Flexibilisierung steigen durch die Digitalisierung auch die Möglichkeiten, ortsunabhängig zu arbeiten, etwa durch Home-Office-Regelungen.

Dies soll zu einer erhöhten Autonomie und Flexibilität der Mitarbeiter führen und die Motivation sowie die Produktivität der Beschäftigten steigern, denn vor allem Angehörige der Generation Y möchten von zu Hause aus arbeiten. Die räumliche Trennung transformiert klassische Teams zu virtuellen Arbeitsgruppen. Die ortsunabhängige Zusammensetzung von Teams hat den Vorteil, dass die Teammitglieder anhand ihrer Kompetenzen zusammengesetzt werden können. Zudem können auch internationale Teams schnell gebildet sowie Reisekosten und -zeiten gespart werden.

Vor allem zu Beginn der Teamarbeit kann es aufgrund der Virtualität zu negativen Einflüssen auf die Arbeit und Teamprozesse kommen, was wiederum zu einer niedrigeren Arbeitszufriedenheit führt. Um diese negativen Effekte zu vermeiden, sind Führungskräfte gefragt, ein passendes Kommunikationssystem zu wählen, Rollen im Team zu verteilen und Ziele so zu definieren, dass sie nur gemeinschaftlich erreicht werden können. Die erweiterte Übernahme der Führungsrolle durch die Führungskräfte verändert in Summe die Kultur und die Organisation als Folge der Digitalisierung.

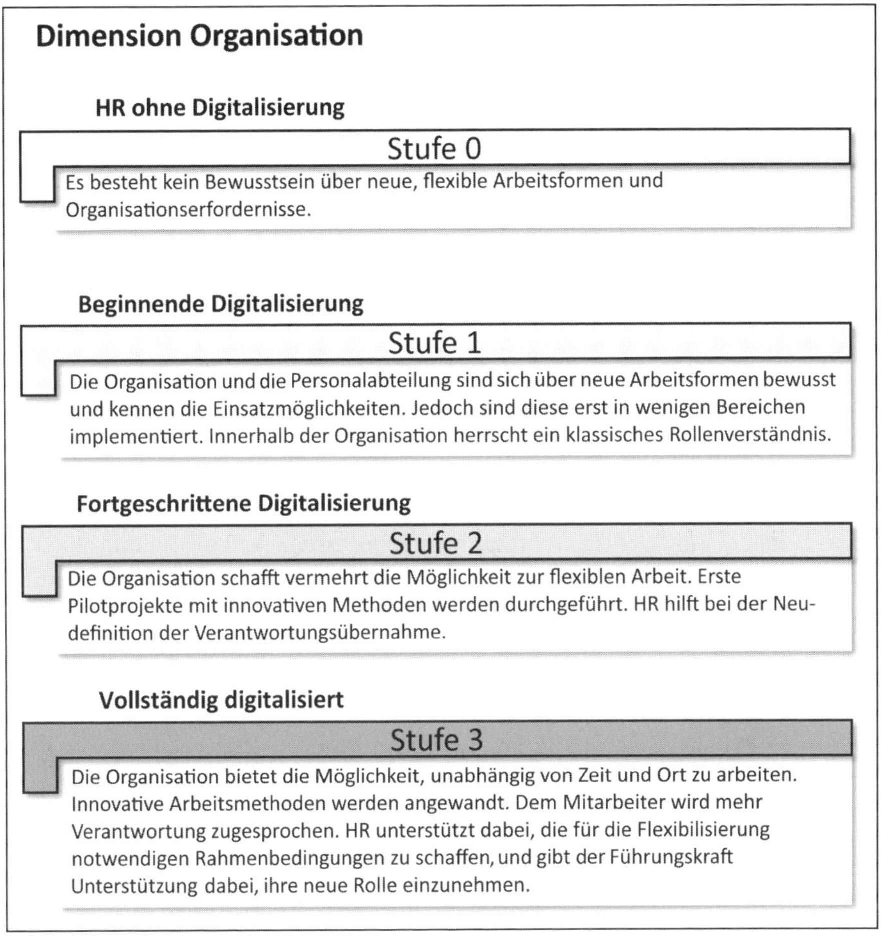

Abb. 3: Reifegradstufen Organisation

2.4 Prozesse

Die Dimension HR-Prozesse umfasst alle Bereiche der klassischen Personalarbeit, welche durch den Einsatz von Technologie vereinfacht bzw. bereichert werden können. Im HR-Management (HRM) kann zwischen drei unterschiedlichen Prozessarten unterschieden werden.

- *Unterstützungsprozesse* stellen hauptsächlich administrative Verwaltungsaufgaben dar, wie die Personaladministration oder das HR-Berichtswesen.
- Zudem gibt es *HR-Kernprozesse*, welche Aktivitäten beschreiben, die unmittelbar auf Mitarbeiter und Führungskräfte ausgerichtet sind. Dazu zählen unter anderem die Rekrutierung, das Kompetenzmanagement oder das Gesundheitsmanagement. Diese Aktivitäten können anhand des Mitarbeiterlebenszyklus abgeleitet werden.

- Neben diesen beiden Prozessarten gibt es die *HR-Management-Prozesse*. Beispiele dieser Prozessart sind die HR-Strategie oder die Organisationsentwicklung.

Innerhalb der Dimension Prozesse werden die Unterstützungsprozesse sowie Kernprozesse untersucht. HR-Management-Prozesse sind nicht Teil dieser Dimension.

Unterstützungsprozesse

Die traditionelle Ressourcenverteilung der Personalarbeit liegt bei 60 Prozent der Aufwendungen für Unterstützungsprozesse, 30 Prozent für Kernprozesse und 10 Prozent für Managementprozesse. Da die Unterstützungsprozesse jedoch keinen Wertbeitrag für die Organisation darstellen, sondern zur Verwaltung und Administration beitragen, sind Unternehmen daran interessiert, sie zu verschlanken und die dadurch freiwerdenden Ressourcen für die anderen beiden Prozessarten einzusetzen. Hierzu können Errungenschaften der Digitalisierung einen großen Beitrag leisten. Einfache HR-Prozesse können einerseits digitalisiert und automatisiert werden, andererseits können sie auf andere Anwender wie Mitarbeiter und Führungskräfte übertragen werden. Diesem Prinzip folgen Employee Self Services (ESS) und Manager Self Services (MSS), mit deren Hilfe Mitarbeiter und Führungskräfte selbst HR-Daten einsehen und pflegen sowie Personalprozesse starten bzw. bearbeiten können. Vor allem operative und administrative Themen, wie beispielsweise die Genehmigung von Abwesenheiten, die Reisekostenabrechnung oder die Stammdatenpflege, können damit auf viele Schultern verteilt werden.

Dies führt zu einer verantwortungsbewussten Einbeziehung der Mitarbeiter und Führungskräfte und damit zu mehr Transparenz bei der Erstellung und Verwendung von HR-Daten. Neben einer Zeit- und Kostenersparnis liegen weitere Vorteile in der Förderung der Eigenständigkeit von Mitarbeitern und in der Verfügbarkeit aller relevanten Daten unabhängig von Ort und Zeit. Um diese Vorteile auszuschöpfen, ist vor allem Voraussetzung, dass die Mitarbeiter das neue System akzeptieren und auch nutzen. Durch die hohe Nutzerfreundlichkeit erlernen Mitarbeiter und Führungskräfte die Bedienung des Systems jedoch sehr rasch, was zu einer gesteigerten Akzeptanz führt.

Ein weiteres Beispiel für die Vereinfachung administrativer Personalprozesse ist die Einführung einer digitalen Personalakte. Diese bezeichnet die digitale Verwaltung sämtlicher Personaldokumente, wie den Arbeitsvertrag, die Gehaltsabrechnungen und den Sozialversicherungsnachweis. Der Zugriff kann durch unterschiedliche Berechtigungen auf einige Dokumente beschränkt oder komplett freigegeben werden. Durch die digitale Personalakte soll die Effizienz der administrativen Personalarbeit gesteigert werden, was wiederum zu einer Zeit- und Kostenersparnis führt. Zudem ist der Zugriff auf die Personalakte einfacher und kann im Gegensatz zur traditionellen Akte von mehreren Personen gleichzeitig und unabhängig von Ort und Zeit geschehen. Ein weiterer Vorteil ist die geringere Fehleranfälligkeit bzw. die Möglichkeit, das System zu durchsuchen, falls ein Dokument falsch abgelegt wurde. Zudem wird erhoben, ob eine Vernetzung zwischen HR-IT-Systemen besteht.

Kernprozesse

Der Einsatz moderner Technologie in den HR-Kernprozessen bildet die zweite Unterkategorie der Dimension HR-Prozesse. Die Fragen zu dieser Kategorie wurden an den Mitarbeiterlebenszyklus angelehnt und umfassen unter anderem Items zur computergestützten Rekrutierung, Personalplanung, Abwicklung von Personaleinstellungen und zum Onboarding, zur Dokumentation von Mitarbeitergesprächen sowie zum Thema Weiterbildung. Abbildung 4 hilft bei der inhaltlichen Interpretation der ermittelten Reifestufe innerhalb dieser Dimension.

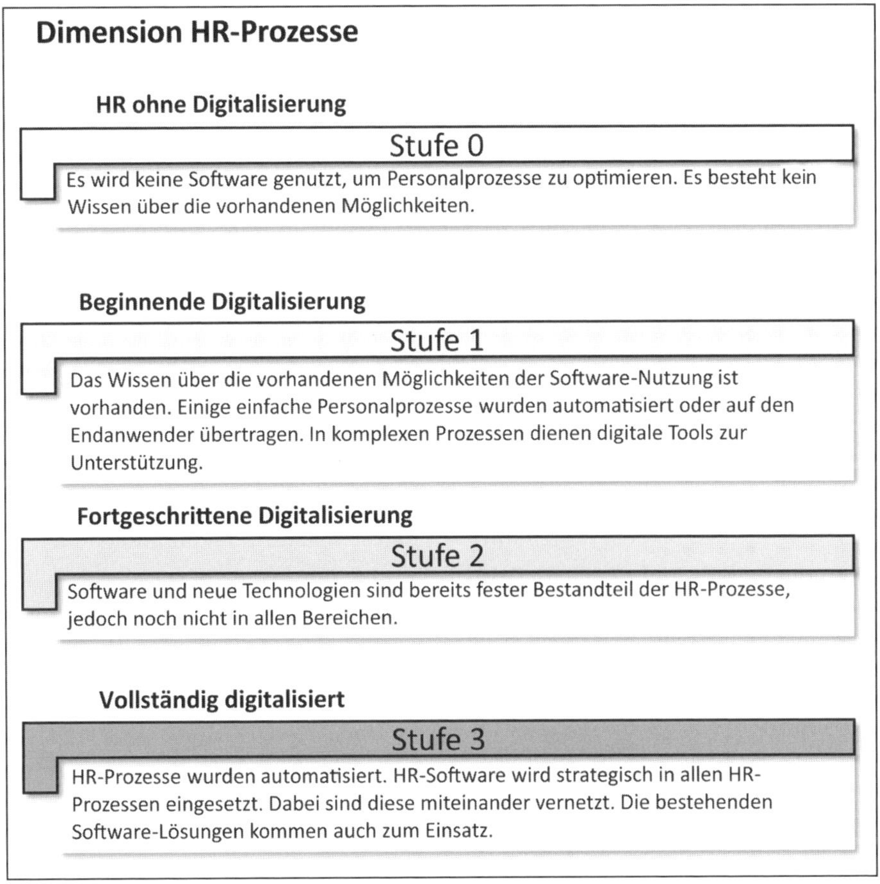

Abb. 4: Reifegradstufen HR-Prozesse

2.5 Digitale Kompetenzen

Technische Entwicklungen, neue Geschäftsmodelle, kurze Entwicklungszyklen und »eine geringere Halbwertzeit von Wissen« führen zu ständig wechselnden Anforderungen an Mitarbeiter und Führungskräfte (BMAS 2016, S. 6). Neben der immerwährenden Veränderung des bisherigen fachspezifischen Wissens wachsen durch die Digitalisierung auch Anforderungen in Bezug auf den Umgang mit digitalen Werkzeugen und Medien sowie die Soft Skills, die in einer digitalen Arbeitswelt benötigt werden. Die digitale Transformation betrifft jedoch nicht ausschließlich Fachspezialisten, sondern fast alle Mitarbeiter, da sich die Strukturen, Instrumente und Prinzipien der Arbeitswelt kontinuierlich wandeln. Um die Organisation in die digitale Transformation zu führen, genügt es nicht, Werkzeuge und Tools zur Verfügung zu stellen. Ebenso müssen die Mitarbeiter, als wichtigste Ressource im Unternehmen, über ausreichende Kompetenzen verfügen, um mit den Herausforderungen einer digitalen und sich immer schneller ändernden Arbeitswelt umgehen zu können.

Die Definition sowie die Eigenschaften von Kompetenzen generell, wie beispielsweise ihre Begrenztheit, die schlechte Übertragbarkeit, die Beständigkeit und die Wertigkeit gelten auch für digitale Kompetenzen. Laut Deutscher Gesellschaft für Personalführung (DGFP) handelt es sich bei digitalen Kompetenzen um „(neue) Fähigkeiten, die Mitarbeiterinnen und Mitarbeiter in die Lage versetzen, digitale Technologien anzuwenden, im Rahmen ihres Aufgabenprofils zu nutzen und darüber hinaus die digitale Transformation von Geschäftsprozessen mit voranzutreiben«. Dabei werden *sechs Kompetenzbereiche* definiert, die auch auf die Arbeitswelt übertragen werden können:

- Der erste Kompetenzbereich *Suchen, Verarbeiten und Aufbewahren* umfasst die Kompetenz, Suchstrategien zu entwickeln, Informationen zu filtern, zu bewerten und strukturiert zusammenzufassen sowie abzuspeichern.
- Der Kompetenzbereich *Kommunizieren und Kooperieren* meint unter anderem die Interaktion und Zusammenarbeit mithilfe von digitalen Werkzeugen und die Wahrung von digitalen Umgangsformen.
- Der Bereich *Produzieren und Präsentieren* umfasst die Fähigkeit, Themen zu entwickeln, zu bearbeiten und in bestehendes Wissen einzufügen. Außerdem beinhaltet dieser Kompetenzbereich das Wissen über rechtliche Vorgaben und ihre Berücksichtigung.
- Im Kompetenzbereich *Schützen und sicher agieren* wird der sichere Umgang mit sensiblen Daten in Bezug auf Datenschutz, Persönlichkeitsrechte und Gesundheitsrisiken zusammengefasst.
- Das Kompetenzfeld *Problemlösen und Handeln* umfasst das Wissen über digitale Werkzeuge sowie den sicheren Umgang mit ihnen, außerdem das Erkennen und Beheben eigener Defizite und das Lösen technischer Probleme. Auch das Verständnis von digitalen Prinzipien und Funktionsweisen, wie beispielsweise Algorithmen, gehören zu diesem Kompetenzfeld.

- Das letzte Kompetenzfeld *Analysieren und Reflektieren* beinhaltet vor allem die kritische Reflexion jeglicher Medien.

Alle genannten Kompetenzen müssen im Rahmen der Digitalisierung beachtet und möglicherweise ausgebaut werden. Dazu ist es auch notwendig, entsprechende Bildungsangebote zu entwickeln und anzubieten (DGFP 2016b).

Im Rahmen des Reifegradmodells werden keine Kompetenzen getestet und eingestuft. Stattdessen soll innerhalb der Unterkategorien abgefragt werden, inwieweit das Bewusstsein für notwendige Kompetenzen und neue Anforderungen an die Mitarbeiter vorhanden ist und ob mittels Status-quo-Analyse Kompetenzdefizite diagnostiziert werden, beispielsweise im Rahmen von Mitarbeitergesprächen.

Eine weitere Unterkategorie ist die Entwicklung digitaler Kompetenzen. Abbildung 5 zeigt die Reifegradstufen dieser Dimension.

Dimension Digitale Kompetenzen

HR ohne Digitalisierung

Stufe 0

Es besteht kein Wissen darüber, welche Kompetenzen in einer digitalen Arbeitswelt benötigt werden. Es gibt keine Personalentwicklungsmaßnahmen zur Förderung digitaler Kompetenzen und keine Einbindung von digitalen Kompetenzen in Stellenprofile.

Beginnende Digitalisierung

Stufe 1

Es besteht Wissen über die Kompetenzen, die in einer digitalen Arbeitswelt benötigt werden. Erste Personalentwicklungsmaßnahmen zur Förderung digitaler Kompetenzen finden bereits statt. Digitale Kompetenzen haben zudem bereits Einzug in den Rekrutierungsprozess gefunden.

Fortgeschrittene Digitalisierung

Stufe 2

Die Anforderungen an die Mitarbeiter eines digitalisierten Unternehmens sind bekannt. Sie sind Teil des Stellenprofils und werden sowohl gezielt geschult als auch bei der Personalauswahl berücksichtigt.

Vollständig digitalisiert

Stufe 3

Es besteht eine Strategie zur Förderung von digitalen Kompetenzen. Diese wurde in Zusammenarbeit mit den Fachabteilungen konzipiert und wird kontinuierlich weiterentwickelt. Die Maßnahmen zur Personalentwicklung werden evaluiert. Die Mitarbeiter verfügen bereits über hohe Kompetenzen im Umgang mit digitalen Prozessen und Strukturen.

Abb. 5: Reifegradstufen Digitale Kompetenzen

2.6 Mobile Anwendungen

Der Begriff »Mobile HR« beschreibt den Einsatz von Mobile Devices wie Smartphones oder Tablets in der Personalarbeit. Dabei geht es bei der digitalen HR um mehr als ausgewählte administrative Self Services für Führungskräfte oder Mitarbeiter. Mussten für klassische Self Services eigene Anwendungen entwickelt werden, so sind sie bei den neueren HR-Cloud-Systemen auf Geräten mit Bildschirmdiagonalen von mehr als zwölf Zoll immanent. Erst die Möglichkeit, alle HR-Prozesse durch responsives Design der Webanwendung sowie den Einsatz und die Verfügbarkeit von nativen Apps auf mobile Geräte mit kleineren Bildschirmgrößen zu bringen, verhilft der digitalen HR zur weiterführenden Akzeptanz bei den Führungskräften. Denn durch die Mobilität der Prozesse empfinden Manager die Übernahme von Aufgaben in den HR-Prozessen nicht mehr vornehmlich als administrative Hürde. Stattdessen können sie diese im Sinne von größerer Transparenz und Übernahme von Führungsverantwortung wertschätzen. Das Wissen über Einsatzmöglichkeiten sowie die damit verbundenen Vorteile für die Manager sind in diesem Punkt entscheidend, um die Reife eines Unternehmens für die digitale HR zu bewerten.

Dimension Mobile Anwendungen

HR ohne Digitalisierung

Stufe 0

Es besteht kein Wissen über Möglichkeiten der mobilen Personalarbeit. Mobile Devices werden nicht zur Personalarbeit und zur Weiterbildung genutzt.

Beginnende Digitalisierung

Stufe 1

Es besteht das Wissen darüber, welche Möglichkeiten Mobile Devices in der Personalarbeit schaffen. Erste Pilotprojekte und Investitionen wurden bereits getätigt.

Fortgeschrittene Digitalisierung

Stufe 2

Mitarbeiter und Führungskräfte haben in mehreren HR-Prozessen die Möglichkeit, Mobile Devices zu nutzen.

Vollständig digitalisiert

Stufe 3

Es besteht eine umfassende und vernetzte Mobile-HR-Strategie, die bereits implementiert wurde und kontinuierlich weiterentwickelt wird. Mobile Geräte werden im Alltag der Personalarbeit angewandt.

Abb. 6: Reifegradstufen Mobile Anwendungen

2.7 Big Data

Zur Bereitstellung entscheidungsunterstützender Informationen des HR-Bereichs werden in Zeiten moderner Cloud-Systeme methoden- und systemgestützte Auswertungen von HR-Datenbeständen mithilfe von mathematischen und statistischen Methoden erzeugt und analysiert. Die Methoden reichen von der einfachen Ermittlung absoluter Zahlen, wie beispielsweise der Anzahl der Mitarbeiter, bis hin zu Big Data Analytics, der Auswertung von großen, unstrukturierten Datenmengen. Zusätzlich werden Szenario- und Simulationsverfahren und eine Vielzahl von Methoden, wie die »Was wäre wenn«-Analyse, eingesetzt. Alle Methoden haben das Ziel, herauszufiltern, was passiert, wenn ein bestimmtes Ereignis eintritt. Auch die Möglichkeit, mithilfe von Data Mining Rohdaten nach Mustern, Modellen oder Abweichungen zu durchsuchen, nimmt immer größeren Raum ein.

Eine Form von Big Data stellt die voraussagende Analytik (Predictive Analytics) dar, die durch die Auswertung großer HR-Datenmengen Wahrscheinlichkeitsaussagen über künftige Ereignisse trifft. Ein Beispiel für Predictive Analytics sind Kündigungsprognosen, die aufgrund von verschiedenen Merkmalen, wie beispielsweise dem Mailverkehr oder der Aktivität in Social Media, erstellt werden. Dies funktioniert durch das Erkennen von Mustern in bisherigen Daten, mit deren Hilfe zukünftige Ereignisse prognostiziert werden können. Es reicht allerdings nicht, den Personalmanagern entsprechende Werkzeuge bereitzustellen, da häufig die Kompetenzen fehlen, um solche aufwendigen und anspruchsvollen Methoden auszuarbeiten. Andere Hemmnisse der Einführung von Predictive Analytics liegen in hohen Einführungskosten oder in der fehlenden Akzeptanz von Datenanalyseverfahren unter den Arbeitnehmern.

Innovative HR-Analytics-Verfahren bzw. Predictive Analytics haben im Arbeitsalltag bisher kaum Einzug gefunden. Aus diesem Grund wird im Reifegradmodell ähnlich wie beim Thema Cloud Computing vorgegangen. Es wird nicht nur abgefragt, welche HR-Analytics-Methoden angewandt werden. Denn primär geht es erst einmal darum, dass sich die Personalabteilungen mit dem Thema auseinandergesetzt und abgewogen haben, in welchem Maße statistische Maßnahmen zur Analyse von Personaldaten für sie hilfreich für die Entscheidungsfindung sind. Erst in einem zweiten Schritt wird erhoben, ob solche Methoden verwendet werden und ob die notwendigen Kompetenzen vorhanden sind, um die Ergebnisse interpretieren zu können.

Ein weiteres Item behandelt die Nutzung von in HR-Analytics-Verfahren gewonnenen Informationen. Selbst wenn die Werkzeuge und Kompetenzen vorhanden sind, um aufwendige Analysen durchzuführen, sind sie wertlos, wenn die Ergebnisse dieser Analysen nicht in Entscheidungsprozesse mit einfließen. Die Reifestufen des Themas Big Data werden in Abbildung 7 dargelegt.

Abb. 7: Reifegradstufen Big Data

2.8 Mitarbeiterbeteiligung und Datenschutz

Das Thema Datenschutz ist gerade für das Personalmanagement relevant, da dieses grundsätzlich mit sensiblen Daten arbeitet. Aufgrund der Digitalisierung wird das Thema jedoch noch bedeutungsvoller, da durch innovative Technologien immer mehr sensible und personenbezogene Daten anfallen, die es zu schützen und zu verarbeiten gilt. § 3 Absatz 1 des Bundesdatenschutzgesetzes (BDSG) definiert personenbezogene Daten als »Einzelangaben über persönliche oder sachliche Verhältnisse einer bestimmten oder bestimmbaren natürlichen Person«. Die Personalabteilung hat hier die Aufgabe, solche Daten vor unberechtigtem Zugriff zu schützen und das im § 5 BDSG festgelegte Datengeheimnis zu wahren.

Vor allem innovative Technologien stellen das Personalmanagement in Bezug auf die Datensicherheit sowie die Beteiligung von Mitarbeitern und Führungskräften an den

Prozessen vor neue Herausforderungen. Zudem hat der Betriebsrat laut § 87 Abs. 1 Nr. 6 Betriebsverfassungsgesetz bei jeder Einführung technischer Einrichtungen ein Mitbestimmungsrecht. Dies betrifft vor allem die Nutzung von HR-Cloud-Systemen, da die Datenspeicherung hier bei externen Dritten stattfindet. Dementsprechend sollte das Personalmanagement, auch in Bezug auf technologische Innovationen, neben dem Datenschutzbeauftragten in engem Kontakt zum Betriebsrat stehen.

In Bezug auf die gewachsenen Anforderungen an den Datenschutz im Zuge der Digitalisierung sollten Personalmanagement und IT zusammenarbeiten. Die alleinige Beachtung der gesetzlichen Vorgaben durch das Personalmanagement reicht nicht aus. Zudem müssen die Mitarbeiter in Bezug auf Datensicherheit sensibilisiert und geschult werden. Der Einsatz neuer Technologien, wie beispielsweise Mobile Devices, erfordert auch das Wissen über und das Bewusstsein für Datensicherheit aufseiten der Mitarbeiter. Aus diesem Grund sind Kriterien wie Mitarbeiterschulung zum Thema Datensicherheit zu bewerten. Weitere Kriterien betreffen die Weiterbildung der HR-Mitarbeiter, die Zusammenarbeit mit den Datenschutzbeauftragten und dem Betriebsrat sowie die Kommunikation.

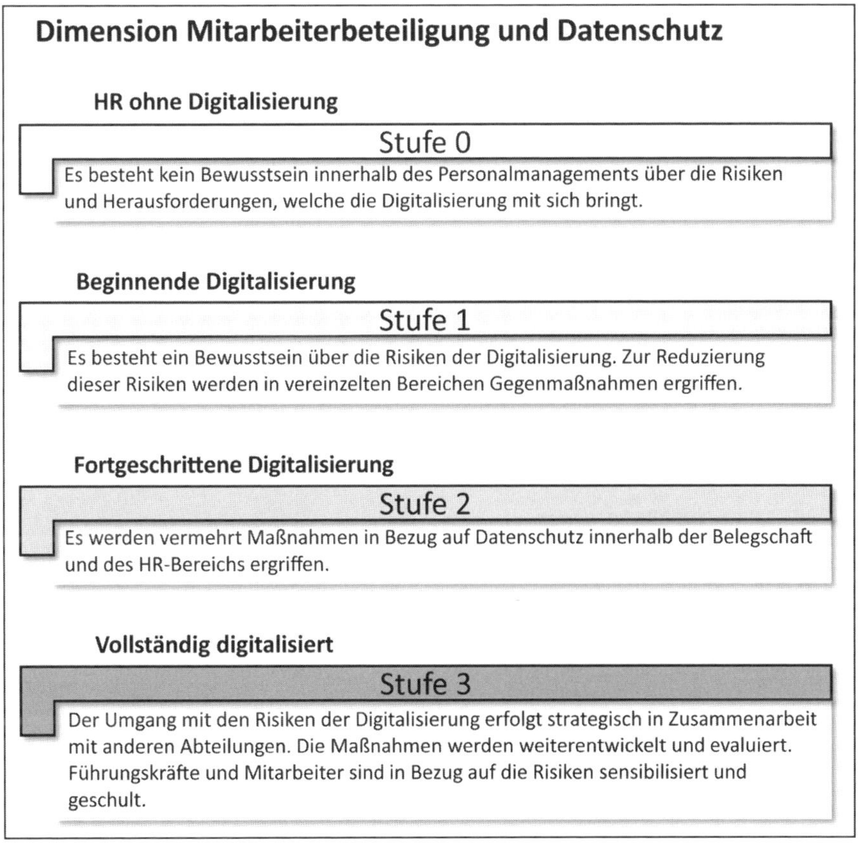

Abb. 8: Reifegradstufen Mitarbeiterbeteiligung und Datenschutz

2.9 HR-IT-Architektur, Systeme und Schnittstellen

Digitale HR ist neben dem kulturellen Wandel auch eine Konsolidierung und Neuausrichtung der HR-IT-Systeme. Wurden in der Vergangenheit häufig für einzelne HR-Themen oder in den verschiedenen Ländern eines Unternehmens unterschiedliche Systeme eingesetzt, so setzt die digitale HR überwiegend auf einen hochintegrierten Ansatz. Die ewig kontrovers geführte Diskussion, ob die integrierte Lösung oder eine spezialisierte Anwendung für einzelne Themen und die Verbindung der Systeme mittels Schnittstellen zum Datenaustausch die ideale Lösung darstellt, wird von den Cloudanbietern eindeutig beantwortet.

Die großen Systeme sind Allroundanwendungen mit einem umfassenden Funktionsumfang. Dies bedeutet, dass oftmals viele Systeme und Anwendungen durch die Cloudsysteme ersetzt werden können. An dieser Stelle ergibt sich also die Möglichkeit, Schnittstellen zu reduzieren und Datenströme zu vereinfachen. In einem Business Case für eine mögliche Cloudanwendung ist dies ein wesentlicher Aspekt. Daher sieht also die ideale digitale HR-IT-Architektur möglichst wenig unterschiedliche Systeme vor. Dabei werden insbesondere die Ausprägungen Systeme, Funktionalitäten, HR-Themenfelder und Geografien einbezogen.

Es sollte also eine HR-Cloudanwendung für alle HR-Themen und -Funktionalitäten in allen Ländern geben. Einzige Ausnahme stellt hier die sehr länderspezifische Entgeltabrechnung dar. Sollte diese lokal durch die Unternehmen selbst betrieben werden, würden also Payroll-Systeme aus der einen HR-Cloud-Anwendung Stammdaten empfangen und damit die Entgeltabrechnung mit allen Länderspezifika erzeugen. Oder alternativ könnte die Payroll (Entgeltabrechnung) auch an einen externen Dritten vergeben werden. Dann würde die HR-Architektur noch einfacher ausfallen. Eine Cloudanwendung mit HR-Prozessdaten und Stammdaten transferiert Daten an eine gemeinsame Payroll-Integrationsplattform. Der Payroll Provider steuert dann die weitere Verteilung an lokale Anwendungen. Durch eine solche oder ähnliche Architektur würden maximale Datensicherheit und Qualität sichergestellt werden können. Die Reifegrade werden in der Abbildung 9 erläutert.

Dimension HR-IT – Architektur, Systeme und Schnittstellen

HR ohne Digitalisierung

Stufe 0

Es gibt zahlreiche Systeme und Anwendungen, die ohne Datenaustausch und Schnittstellen betrieben werden. Die Datenpflege erfolgt teilweise redundant.

Beginnende Digitalisierung

Stufe 1

Es gibt zahlreiche Systeme und Anwendungen, die teilweise Daten austauschen und mit Schnittstellen betrieben werden. Nur wenige Daten werden doppelt erfasst. Es gibt vereinzelt Self Services. Ansonsten greifen nur Mitarbeiter aus HR auf die Systeme zu.

Fortgeschrittene Digitalisierung

Stufe 2

Es gibt einige Systeme und Anwendungen, die intensiv Daten austauschen und mit Schnittstellen betrieben werden. Es werden keine Daten doppelt erfasst. Es greifen nur Mitarbeiter aus HR auf die Systeme zu. Für Mitarbeiter und Führungskräfte gibt es viele Self Services.

Vollständig digitalisiert

Stufe 3

Es gibt wenige, aber globale Systeme, die hochintegriert und vernetzt betrieben werden. Es sind flächendeckend Self Services im Einsatz. Alle Mitarbeiter und Führungskräfte nutzen die Systeme. Es findet keine redundante Datenpflege statt.

Abb. 9: Reifegradstufen HR-IT-Architektur, Systeme und Schnittstellen

2.10 Daten: Qualität – Strukturen – Menge

Geht es bei Big Data im Wesentlichen um die Vernetzung und Auswertung von unterschiedlichen Datenquellen, wie beispielsweise Vertriebsdaten und HR-Daten, die in Relation gebracht völlig neue Erkenntnisse liefern sollen, so geht es in diesem Abschnitt darum, HR-Datenstrukturen zu konsolidieren, die Datenqualität der HR-Daten zu erhöhen sowie um die Frage, wie zusätzliche Daten für neue Funktionalitäten in den Systemen erfasst werden sollen.

Da die digitale HR sehr umfassend angelegt ist, liegt die oben beschriebene Konsolidierung von Systemen und der Einsatz der Anwendung bei den meisten HR-Themen mit entsprechenden Funktionalitäten der Digitalisierung von HR zugrunde. Mit diesem integrativen Ansatz werden gleichzeitig auch die Datenstrukturen ganzheitlich (auch global) standardisiert. Dies kommt der Datenqualität und der Möglichkeit, ein übergreifendes Reporting bzw. die Analyse mittels Big Data durchzuführen, zugute. Allerdings werden solche HR-Cloud-Systeme mit ihrer Vielzahl an Möglichkeiten und Funktionalitäten ihre Vorteile erst dann voll ausspielen können, wenn entsprechend viele Daten erfasst werden. Daher basiert die Reife einer Organisation für die digitale HR auch auf der Schaffung und Definition der Rahmenbedingungen zur umfassenden Datenpflege. Dies bedeutet, dass zukünftig nicht nur mehr Daten erfasst werden müssen, sondern auch Regelungen hierfür geschaffen werden sollten. Denn spontane Lösungen, die individuell von HR-Verantwortlichen getroffen werden, können nur schlecht in Systemen abgebildet werden. Die entsprechenden Reifegrade beschreibt Abbildung 10.

Dimension Daten (Qualität – Strukturen – Menge)

HR ohne Digitalisierung

Stufe 0

Datenstrukturen in den existierenden Systemen sind nicht harmonisiert. Es sind nur wenige Prozesse in Systemen umgesetzt. Es werden nur die notwendigsten Daten erfasst.

Beginnende Digitalisierung

Stufe 1

Datenstrukturen in den existierenden Systemen sind nur teilweise harmonisiert. Es sind einige Prozesse in Systemen umgesetzt. Es werden die wesentlichen und notwendigen Daten erfasst.

Fortgeschrittene Digitalisierung

Stufe 2

Datenstrukturen in den existierenden Systemen sind überwiegend harmonisiert. Es sind viele Prozesse in Systemen umgesetzt. Es werden die meisten Daten der umgesetzten Prozesse erfasst.

Vollständig digitalisiert

Stufe 3

Datenstrukturen in den konsolidierten Systemen sind vollständig harmonisiert. Es sind alle Prozesse in Systemen umgesetzt. Es werden umfassend alle Daten für alle Prozesse erfasst. Die Datenerfassung ist klar geregelt und die notwendigen Ressourcen sind vorhanden.

Abb. 10: Reifegradstufen Daten: Qualität – Strukturen – Menge

3 Ermittlung des Reifegrades eines Unternehmens

Für die Ermittlung des Reifegrades Ihres Unternehmens bieten sich folgende drei Ansätze: ein selbst entwickelter Bewertungsbogen, die Durchführung unseres Online-Schnelltests oder unser ausführliches Digitalisierungs-Assessment. Die zehn dargestellten Dimensionen können von Ihnen leicht anhand der dargestellten Reifegradstufen mithilfe eines selbst erstellten Bewertungsbogens bewertet werden. Dabei sollten idealerweise die Ist-Situation bewertet werden sowie die Soll-Situation. Damit erhalten Sie eine Einschätzung zur aktuellen Reife Ihres Unternehmens für die bevorstehende Digitalisierung und eine Übersicht der Themen, in denen Optimierungsbedarf besteht.

Für eine schnelle Bearbeitung ohne Erstellungsaufwand für den Bewertungsbogen können Sie unter www.wahler-hr.com/leistungen/hr-digitalisierung/ diesen Schnelltest anonym und kostenfrei durchführen. In dieser Onlineversion erhalten Sie außerdem neben Ihrer eigenen Einschätzung auch eine Positionsbestimmung im Vergleich mit anderen teilnehmenden Unternehmen (Benchmarking). Daraus lassen sich die in Ihrem Unternehmen relevanten Handlungsfelder identifizieren, aber auch in Relation zum Markt wichtige Ansatzpunkte für mögliche Handlungsfelder ermitteln.

Die detaillierte Ermittlung von Handlungsfeldern kann in einem zweiten Schritt mit einem Digitalisierungs-Assessment erfolgen. Dieses wird durch die persönliche Befragung von acht bis zehn Mitarbeitern Ihres Unternehmens durchgeführt. Dazu werden innerhalb der zehn Dimensionen jeweils weiterführende Fragen gestellt. Bei Interesse hieran können weitere Infos sowie ein weiterführender Link per Mail angefordert werden.

Das Ergebnis des Digitalisierungs-Assessments liefert eine Übersicht über die Reife des Unternehmens in Bezug auf die Digitalisierung von HR. Mittels des beschriebenen Reifegradmodells können entweder im Schnelltest die Dimensionen oder mit dem Digitalisierungs-Assessment die Dimensionen und Unterkategorien bewertet werden. Aus den Ergebnissen des Assessments können Handlungsfelder abgeleitet und Maßnahmen definiert werden. Diese werden dann idealerweise in Maßnahmenkarten detailliert beschrieben und priorisiert. Anhand dieser Priorisierung kann dann ein Maßnahmenplan als mittelfristige Planung der Aktivitäten entwickelt werden.

4 Fazit

Im Zuge der Industrie 4.0 nimmt in allen Bereichen die Digitalisierung zu. Aktuell sehen sich Unternehmen mehr und mehr gefordert, ihre eigene Position zur Digitalisierung zu prüfen und Handlungsoptionen zu entwickeln. Die HR-Funktion wird dabei maßgeblich von den Softwareherstellern unterstützt. Die Bewegung geht dabei in eine Richtung – sind doch die Strategien der meisten Anbieter sehr ähnlich, nämlich cloudbasiert. Das bedeutet, dass die Einführung neuer HR-Software meistens in die Cloud führt. Damit wird HR automatisch zum Vorreiter der Digitalisierung im Unternehmen. Hinzu kommt, dass die Ausrichtung der neuen Anwendungen darauf abzielt, alle Mitarbeiter und Führungskräfte in die Prozesse zu integrieren. Damit sind alle im Unternehmen direkt davon betroffen. Um aber die eigene Bereitschaft für eine bevorstehende Digitalisierung bestimmen zu können, sollte strukturiert erfasst werden, in welchen Themen (Dimensionen) der Reifegrad für die Digitalisierung schon ausreichend ist oder wo noch Handlungsbedarf vor oder während der Einführung neuer Technologien besteht.

Der Status der HR-Digitalisierung lässt sich anhand von zehn Dimensionen und den dazugehörigen Unterkategorien erheben. Aus bisherigen Befragungsergebnissen lassen sich erste Schwerpunkte identifizieren. Insbesondere die Dimensionen »Digitale Kompetenzen«, Digitalisierungsstrategie« sowie »Führung« scheinen häufig Schwachpunkte in den Unternehmen zu sein. Hingegen erscheint der Reifegrad in den Dimensionen »Prozesse«, »Daten« und »HR-IT-Architektur, Systeme und Schnittstellen« aufgrund der Anstrengungen der vergangenen Jahre schon weitgehend bereit für die Digitalisierung. Daher liegt der Verdacht nahe, dass insbesondere in den eher »weichen« bzw. kulturellen Themen ein hoher Bedarf für Entwicklungsmaßnahmen besteht.

Quellen

Accenture (2015): Mut, anders zu denken. Digitalisierungsstrategien der deutschen Top 500. Kronberg.

Ayberk, E.-M./Kratzer, L./Linke, L.-P. (2017): Weil Führung sich ändern muss. Aufgaben und Selbstverständnis in der digitalisierten Welt. Wiesbaden.

BMAS (Bundesministerium für Arbeit und Soziales) (2016): Gute Praxis. Weiterbildung im digitalen Wandel. Sammlung betrieblicher Gestaltungsbeispiele, Berlin.

DGFP (Deutsche Gesellschaft für Personalführung e.V.) (2016a): Führen im digitalisierten Unternehmen. Ergebnisse aus Expertenkreisen im Rahmen eines BMWi-geförderten Forschungsprojekts. Frankfurt.

DGFP (Deutsche Gesellschaft für Personalführung e.V.) (2016b): Kompetenzen im digitalisierten Unternehmen. Ergebnisse aus Expertenkreisen im Rahmen eines BMWi-geförderten Forschungsprojekts. Frankfurt.

Miebach, B. (2017): Handbuch Human Resource Management. Das Individuum und seine Potentiale für die Organisation. Wiesbaden.

Petry, T. (Hrsg.) (2016): Digital Leadership. Erfolgreiches Führen in Zeiten der Digital Economy. Freiburg.

Summa, L. (Hrsg.) (2016): Digitale Führungsintelligenz: »Adapt to win«. Wie Führungskräfte sich und ihr Unternehmen fit für die digitale Zukunft machen. Wiesbaden.

Autoren

Michael Wahler ist Inhaber von WAHLER Human Resources. Für seine Beratungsprojekte verbindet er tiefgreifendes administratives, strategisches und IT-Wissen zu innovativen Lösungen. Seit über 20 Jahren arbeitet der Diplom-Betriebswirt (FH) in operativen HR-Rollen sowie in der internationalen HR-Beratung. Er ist gefragter Ansprechpartner und unterstützt Unternehmen, wenn es darum geht, HR-Funktionen sowohl strategisch als auch administrativ für zukünftige Aufgaben fit zu machen. Besonderen Schwerpunkt legt er dabei auf die Kombination aus HR-IT-Strategie, Prozessen und Systemen sowie die daraus entstehende Organisationsentwicklung.

Kontakt: info@wahler-hr.com

Maren Busch schloss ihr Wirtschaftspsychologie-Studium mit den Schwerpunkten Personal- und Organisationspsychologie an der Hochschule Fresenius im Sommersemester 2017 ab. Der Titel ihrer Bachelorarbeit lautet »Digitalisierung in der Personalarbeit – die Entwicklung eines Reifegradmodells«. Während ihres Studiums arbeitete sie an verschiedenen Projekten bei WAHLER Human Resources.

Kontakt: info@wahler-hr.com

Die zukünftige Rolle von HR im Innovationsmanagement

Raimund Bröchler und Charalampos Ipektsidis

1 Hintergrund

Die Bedeutung von Innovations- und Projekt-Management in HR hat sich in Zeiten der Digitalisierung stark verändert. Erste Anzeichen für vermehrten Diskussionsbedarf über die bessere Nutzung von digitalen Tools wurden seit 2010 deutlich, als sich virtuelle Wettbewerbe für Innovationen in der Personalarbeit in Webkonferenzen etablierten. Ziel dieser Wettbewerbe war es, innovative Lösungen für HR durch ein Fachpublikum zu bewerten. Seitdem hat sich das Rollenverständnis von HR ständig verändert (Graf 2014). Diese Veränderungen betrafen zunächst die operative Ebene und die Frage, wie man Prozesse der Personalarbeit optimieren und digitalisieren kann. Ein wichtiger Nebeneffekt war, neben der Optimierung der Arbeitsprozesse, die Vorbildfunktion von HR, getreu dem Motto: Wer selber Digitalisierung implementiert, hat ein besseres Verständnis über die nötigen Veränderungsprozesse.

Diese Doppelrolle seitens HR beim Aufbau von Innovationskompetenz im Unternehmen hat sich erst in den letzten Jahren durch die Digitalisierung ergeben. Die Digitalisierung der Arbeitsprozesse in HR hat – zumindest theoretisch – Ressourcen freigesetzt, die nun zur Verfügung stehen, um HR eine aktivere Rolle innerhalb des Unternehmens zu übertragen, eine Innovationskultur zu schaffen und Innovationsprozesse zu unterstützen (siehe hierzu auch Abb. 1). HR hat nun verstärkt die Rolle eines Mediators und Übersetzers inne, der es vermag, abstrakte Innovationsziele des Top-Managements zu kommunizieren, aber auch Change-Management-Prozesse besser zu initiieren sowie durch entsprechende IT-Infrastruktur den Gesamtprozess zu begleiten. Ein Beispiel hierfür sind interne und externe Ideenwettbewerbe. Die Ideenwettbewerbe, die heutzutage als Webtools aufgebaut sind, gibt es schon sehr lange (Betriebliches Vorschlagswesen BVW), sie erreichen aber heute sehr viel höhere Rücklaufquoten und eine viel höhere Detailtreue der zu verwirklichenden Idee. Neben der Webunterstützung haben sich aber auch die Begleitumstände des Ideenwettbewerbes verändert: Der Fokus der Ideenwettbewerbe liegt eher auf der kontinuierlichen Verbesserung, als dass große Innovationen erwartet werden.

Es sollte an dieser Stelle erwähnt werden, dass das Rollenverständnis von HR und die Übernahme von Aufgaben, die die Implementierung von Unternehmensstrategien unterstützen, sehr von der Unternehmensgröße abhängt. Mittlere Unternehmen, die auch in Forschung und Entwicklung tätig sind, verändern den Aufgabenbereich von Forschung und Entwicklung (F&E) in eine Abteilung Forschung und Innovation (F&I), wobei Letztere als Quelle von Innovation nicht nur das eigene Unternehmen sieht, sondern die weltweite Öffentlichkeit. Hier kann HR wichtige Funktionen übernehmen und die Abteilung F&I unterstützen. Größere Unternehmen besetzen den C-Level heutzutage mit einem CIO (Chief Innovation Officer) und verfügen über Innovationsabteilungen, die in enger Kooperation mit F&E zusammenarbeiten. Auch hier kann HR in die Zusammenarbeit eingebunden werden. Doch aufgrund der besseren Infrastruktur anderer Unternehmensfunktionen wird die Einbeziehung von HR in innovationsunterstützende Maßnahmen deutlich reduziert sein. Ein innovationsfreundliches Klima in der Organisation kann also grundsätzlich ein neues Rollenverständnis von HR unterstützen, welches den operativen, klassischen Fokus um einen innovationsunterstützenden, strategischen Fokus erweitert. Gaedke beschreibt die Umsetzung durch zwei zusätzliche Aufgaben: einmal im Bereich Change Management und zum Zweiten als Strategic Partner der Geschäftsführung (Gaedke 2013). Tatsächlich muss der Chief Human Resource Officer eine wichtige Rolle übernehmen, um die Innovationsfähigkeit und Wettbewerbsfähigkeit des Unternehmens zu verbessern (Murphy/Zheng/Neller 2009). Dies setzt jedoch voraus, dass HR zunächst die eigene Kompetenz und das Know-how in diesen Bereichen aufbaut und die dafür benötigten Ressourcen zur Verfügung gestellt bekommt.

Die Reorganisation von HR mit operativer und strategischer Ausrichtung beinhaltet also nicht nur neue, digitale Tools wie beispielsweise Online-Bewerbungsportale, Arbeitgeberbewertungsplattformen (wie Glassdoor oder Kununu) oder Online-Assessments, die notwendig sind, um die traditionelle Arbeit von HR zu erleichtern und die Effizienz zu erhöhen. Es geht ebenso um zwei Zielperspektiven, die beachtet werden sollten: Eine Perspektive ist dabei die Aufstellung des HR-Bereichs für zukünftige Anforderungen, erweitert durch unterstützende Maßnahmen, die die Platzierung des Unternehmens als solches betreffen. Hauptaugenmerk gilt dabei der Überwindung von allen Hindernissen, die gegenüber Veränderungen zu erwarten sind. Diese Aufgabe wurde bis in die 1990er-Jahre ausschließlich innerhalb der technischen Abteilungen verortet. Heutzutage innovieren Unternehmen aber nur noch zu ca. 50 bis 60 Prozent über technologische Innovationen; Geschäftsmodell-Innovationen und Service-Innovationen haben innerhalb sehr kurzer Zeit massiv an Bedeutung gewonnen. Eine gut aufgestellte und ausgebildete HR-Abteilung kann hier maßgebend die Umsetzung der Unternehmensstrategie unterstützen, da sie zwischen einer technischen und einer Geschäftsmodell-Orientierung vermitteln kann. Geschäftsmodellinnovation hat ihre Wurzeln in den 1990er-Jahren und beschreibt das »magische« Zusammenspiel eines Geschäftsmodells und wie es in all seinen Komponenten zusammenwirkt. Unter Geschäftsmodell verstehen wir hier die Methodik, wie eine Organisation Mehrwert schaffen, liefern und erfassen kann (Osterwalder/Pigneur 2010). Es gibt in der Literatur verschiedene Ansätze, welche Komponenten hier betrachtet werden sollten, zum Beispiel mittels des einfacheren magischen Dreiecks (Who, What, How, Value) (Gassmann/Frankenberger/Csik 2016) oder detaillierter zum Beispiel mittels Osterwalders Canvas mit neun Komponenten (Schlüssel-Partner, Schlüssel-Aktivitäten, Nutzen-Versprechen, Kunden-Beziehung, Kunden-Arten, Schlüssel-Ressourcen, Vertriebs- und Kommunikations-Kanäle, Kosten, Einnahmequellen).

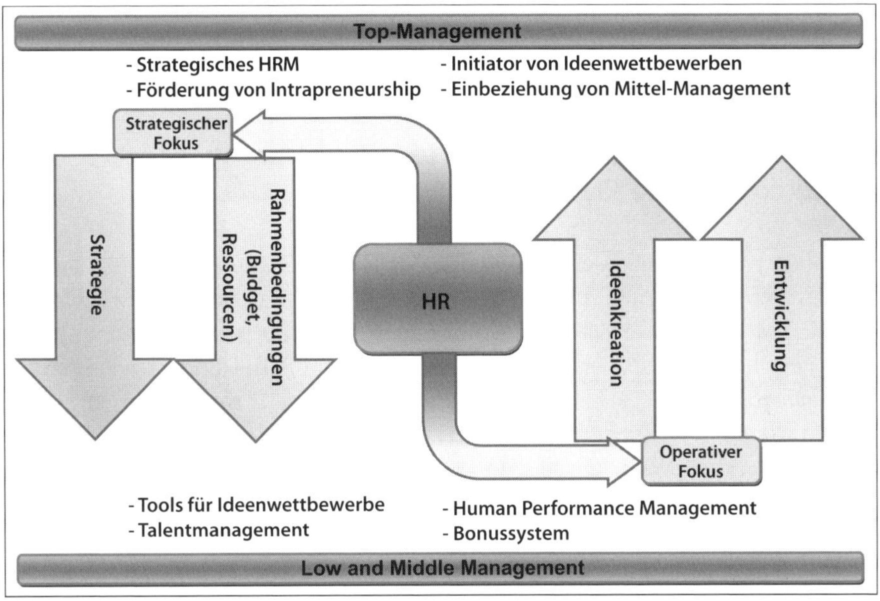

Abb. 1: Innovationskultur als Top-down- und Bottom-up-Mix (angelehnt an Beswick 2017)

Werden Unternehmen hierzu befragt, wird wohl kaum ein Unternehmen es heute noch wagen, Innovation als nachrangiges Ziel festzulegen. Jedoch ist die Implementierung von Innovationsprozessen (Technikbewertung, Forschung und Entwicklung, Innovationspotenziale, Innovationscontrolling, Schnittstellenmanagement) (Möhrle 2017) eine hochkomplexe Aufgabe, in der HR eine wichtige Rolle als Vermittler oder Mediator zwischen der Unternehmensführung und den Umsetzern spielen kann und spielen sollte. Viele beschreiben dies als die Einführung einer erfolgreichen Innovationskultur, die nur dann funktioniert, wenn es eine Balance zwischen einem Top-down- und einem Bottom-up-Ansatz gibt. Oft wird entweder die eine oder die andere Methode bevorzugt, aber es hat sich, mit einem immer größeren Erfahrungsschatz aus verschiedensten Implementierungen, herausgestellt, dass ein Mix der beiden Ansätze am zielführendsten ist.

Top-down werden die Strategie und die Rahmenbedingungen vorgegeben, dazu gehört auch die Budgetfreigabe und die Bereitstellung ausreichender Ressourcen für Innovationsprojekte. Ressourcen beinhalten hier zusätzliche Personalressourcen, Trainingsaktivitäten, aber auch Zugang zu den entsprechenden IT-Tools (meistens in Form von Lizenzen). Bottom-up werden die Ideen kreiert und die Lösungen entwickelt. HR kann hier eine bedeutende Rolle in der strategischen Umsetzung spielen, zum Beispiel bei der Entwicklung eines Bonussystems für das Ideenmanagement, aber auch bei der Einbeziehung des Mittel-Managements (Beswick 2017) und der aktiven Unterstützung dabei, Change-Prozesse erfolgreich zu moderieren. Die Einbeziehung des Mittel-Managements hat sich als besonders zielführend herausgestellt, da hier ein gutes Verständnis der Unternehmensstrategie, des Alltagsgeschäftes, aber auch eine hohe Budgetverantwortlichkeit und ein gutes Verständnis der Kundenbedürfnisse vorliegen.

2 Die innovative, digitalisierte HR-Abteilung – die operative Ebene

Wie oben erwähnt, teilt sich der Umbau der HR-Abteilung der Zukunft in zwei Ebenen: der operativen und der strategischen Ebene. Auf der operativen Ebene digitalisiert sich HR zunächst selbst und fungiert somit als positives und authentisches Beispiel, sammelt aber zudem Erfahrungen, zum Beispiel damit, wie Change-Management-Prozesse solcher digitalen Projekte umgesetzt werden. Im Folgenden werden wir einige Beispiele geben, wie heute Digitalisierung in HR Einzug gehalten hat, und dabei hauptsächlich auf die Web-Leistungsangebote eingehen, die zugleich aber auch die strategische Ebene tangieren. Solche Prozesse werden oft auch als Sekundärprozesse in HR bezeichnet. Sekundärprozesse umfassen Human Performance Management, Talentmanagement, Lernen und Entwickeln, Personalbeschaffung, Unternehmensentwicklung, Change Management und Ideenmanagement (Scholl 2014). Die operative Ebene kann proaktiv durch HR verändert werden, sogenannte Innovation Slams geben Interessierten Zugang zu neuesten Entwicklungen und enthalten zugleich erste Nutzererfahrungen und Bewertungen. Ein »HR-Tech Slam« zum Beispiel gibt Einblicke und stellt Tools und innovative Lösungen vor, um die HR-Strategie digital weiterzuentwickeln – speziell auch, um IT-Fachkräfte zu rekrutieren und zu binden. Ein solches Event ist eine hervorragende Möglichkeit, um mit Innovatoren ins Gespräch zu kommen, die mit einem Start-up oder etablierten Unternehmen in der Branche führend sind (Young Targets 2017).

In Zeiten des demografischen Wandels ist der Wettbewerb um die besten Mitarbeiter stetig härter geworden. So haben sich zwei Bereiche in HR besonders stark verändert: Recruiting und Employer Branding. Bei Letzterem platziert sich das Unternehmen auf der Webseite nicht nur gegenüber seinen Kunden, sondern auch gegenüber seinen potenziellen neuen sowie den bestehenden Mitarbeitern. Unterstützt wird Employer Branding durch Aktivitäten im Social Web und dem Screening von möglichen schlechten Bewertungen in Bewertungsportalen, die Angestellten die Möglichkeit geben, ihr Unternehmen zu bewerten. Im Bereich des Recruitings sind schon lange Jobbörsen oder Jobmessen etabliert, die an große Messen wie zum Beispiel CEBIT oder die Hannover Messe angegliedert sind. Das digitale Pendant dazu stellen Onlinebörsen dar, die durch Anbieter wie ubivent organisiert werden. Die Kostenreduktion ist bei virtuellen Mitarbeiterevents ein ganz entscheidender Faktor, da die Teilnehmer nicht anreisen müssen (Ubivent GmbH 2017), positiv sind aber auch die Erhöhung der Reichweite und Interaktion ohne zeitliche und räumliche Einschränkungen.

Ein völlig neuer Trend ist auch das netzwerkbasierte Empfehlungs-Recruiting: Gute Bewerber – Fachkräfte, Azubis und Absolventen – die im Auswahlprozess nicht berücksichtigt werden konnten, werden einfach und datenschutzrechtlich korrekt kooperierenden Unternehmen weiterempfohlen. Ein Beispiel für diesen Ansatz bietet cleverheads, eine weltweite Plattform für qualifizierte Fachkräfte.

In eine andere Richtung geht die Potenzialanalyse, zum Beispiel von INSIGHTS MDI. Durch ein Onlinetool kann ein Unternehmen aufgrund der Analyse von Bewerberdaten ein besseres Verständnis darüber gewinnen, ob man den passenden Mitarbeiter einstellt. Auch für weitere Ziele kann dieses Tool im Sinne des Unternehmenserfolges effizient eingesetzt werden – einschließlich Karriereoptionen sowie die Möglichkeit zur Bildung von Teams.

3 HR als Mediator zwischen Strategie und Umsetzung – die strategische Ebene

Wenden wir uns der strategischen Ebene zu, die dem neuen Rollenverständnis einer HR-2.0-Abteilung gerecht wird, die nicht nur selber innovativ ist (siehe operative Ebene), sondern eine aktive Rolle bei der Umsetzung der Unternehmensstrategie spielt und bei der Orchestration aller Prozesse und der Nutzung von Tools und Services eine vermittelnde Rolle einnimmt sowie den Change-Management-Prozess aktiv begleitet. Im HR InnovAsian Report 2014, der ausschließlich asiatische Länder untersuchte, zeigte sich, dass nur 20 Prozent der HR-Fachleute überhaupt in innovationsfördernde Maßnahmen im Unternehmen involviert sind (Zahari 2017). Als Grund wurde fehlendes Vertrauen und mangelnde Bevollmächtigung der Unternehmensführung genannt. Also stellt eine Struktur, wie in Abbildung 1 gezeigt, eine Grundvoraussetzung für den Erfolg dar. Im Folgenden werden einige erfolgsversprechende Beispiele (Zahari 2017) genannt, wie HR Innovation fördern kann.

- *Zusammenarbeit:* Installation einer offenen, kollaborativen Kultur innerhalb der Organisation. Nutzung und der clevere Einsatz von kollaborativen Werkzeugen und Arbeitsplätzen je nach Unternehmensgröße.
- *Innovationstraining:* Institutionalisierung einer gemeinsamen Sprache für Innovation innerhalb der Organisation und ein grundlegendes Verständnis des Innovationsprozesses und der -philosophien.
- *Erhöhung der Leistungsfähigkeit:* Erhöhung der Chancen aller Mitarbeiter, sich zu entwickeln, durch die Einbeziehung von Innovation in Kompetenz- und Performance-Management-Systemen.
- *Talentmobilität:* Erleichterung der Zuteilung von Mitarbeitern auf Innovationsprojekte, die sie zum einen begeistern können, für die sie aber zum anderen

auch Kompetenz besitzen. Hilfe beim Zugriff auf Talentressourcen in Abteilungen, die dazu neigen, Zugriff zu verweigern.
- *Ideenmanagement:* Bereitstellung von Mechanismen, damit Ideen von Mitarbeitern aus allen Ebenen entwickelt werden können.
- *Risikomanagement:* Aufbau einer Kultur (einschließlich entsprechender Richtlinien), bei der die Mitarbeiter sich nicht zu sehr unterdrückt und gefangen fühlen, weil sie Angst vor negativen Folgen im Falle des Scheiterns innovativer Ansätze oder Projekte haben.

4 Wissenstransfer zwischen Forschung, Innovation und HR

Die Frage ist nun, wie kann man die Innovationsfähigkeit im Unternehmen gewährleisten oder erhöhen? Weissenberger-Eibl (2010) bringt die aktuelle Sichtweise der Wissenschafts- und Praxisgemeinschaft auf den Punkt: »Innovationsfähigkeit setzt die Fähigkeit zum permanenten Lernen voraus« (Weissenberger-Eibl 2010). Jedes Unternehmen, das auf Innovation setzt, muss sich irgendwann entscheiden, auch alle innovationsrelevanten Maßnahmen zu organisieren. Dieser Prozess kann proaktiv, aber leider auch reaktiv initiiert sein. Reaktiv oftmals durch wegbrechende Märkte, schlechte Umsatzzahlen, schlechte Margen und viele weitere Gründe. Leider fehlt bei der reaktiven Implementierung oft die Zeit, überhaupt noch angemessen zu reagieren, weswegen ein proaktiver Start immer die bessere Lösung ist. Mit einem Zeitpolster kann man Wert auf die Einbeziehung aller wichtigen Partner und Parameter legen, sie in ihre Arbeitsabläufe integrieren und generell betriebliche Akzeptanz schaffen.

Wir werden uns erst einmal der Erhebung des Wissensstandes widmen. Dieses Mapping erlaubt der Organisation, im Falle eines neu anstehenden Projektes schnell die Teams zusammenzustellen. Dies kann durch eigene HR Webtools unterstützt sein, bei denen Lebensläufe, Projekterfahrungen und Zusatzqualifikationen vernetzt werden können, oder auch durch die Nutzung von LinkedIn oder XING-Daten geschehen. Wir plädieren für den Ansatz, zunächst intern und dann extern nach bestehendem Wissen, benutzten Tools und Wissensträgern zu suchen. War in früheren Zeiten quasi ausschließlich die Abteilung Forschung und Entwicklung (F&E) für Innovation zuständig, sollte heute das ganze Unternehmen verantwortlich sein und einbezogen werden. HR kann hier die Rolle eines Vermittlers im Kooperationsraum zwischen den Abteilungen spielen. Dies ist nur dann möglich, wenn HR mit dem Thema Innovationsmanagement hinlänglich vertraut ist. Ein guter Ansatz kann es sein, eine erste Dialogebene zwischen Forschung und Entwicklung (F&E) oder Forschung und Innovation (F&I) zu schaffen. Viele Unternehmen werden erstaunt feststellen, welche Kompetenz und welches Wissen es hier bereits gibt. Ist das Unternehmen zum Beispiel schon im Programm »Horizon 2020« der Europäischen Kommission aktiv (dem größten EU-Forschungsprogramm mit einem Budget von 80 Milliarden Euro an Förderung, das in den Jahren 2014 bis 2020 vergeben wird), so weiß die entsprechende Abteilung bereits sehr viel über kollaborative Forschung und wie Forschung und Innovation innerhalb eines dreijährigen Projektes, unter striktem Projektmanagement, angegangen werden. Wer schon Erfahrungen in solchen Projekten gemacht hat, hat auch Erfahrung darin, wie man unter Einbeziehung von Endnutzern Prototypen bereits während des Projektes unter Realbedingungen testet.

Diese Projekte sind auf Verwertung der Forschungsergebnisse getrimmt und ermöglichen den Unternehmen, kollaborative, internationale Forschung kennenzulernen, aber gleichzeitig auch hohe Technology Readiness Level (TRL) zu erreichen, verbunden mit einer attraktiven finanziellen Förderung – TRL ist eine Methode, die Technologiereife zu beschreiben. Die Skala reicht von eins bis neun und beschreibt Technologien von Grundlagenforschung bis hin zum geprüften System, das im laufenden Betrieb einsetzbar ist. Die Methodologie dieser H-2020-Projekte beinhaltet bereits die ganze Metamorphose, die in den letzten Jahren das Innovationsverständnis genommen hat. Diese reicht von dem linearen Innovationsmodell über das »Closed Innovation«- und »Open Innovation«-Modell bis hin zur Business Model Innovation. Während zunächst ein lineares Verständnis von Innovation dominierte und davon ausgegangen wurde, dass Forschung direkt zu Innovation führt, gewannen über die Jahre weitere Innovationsmodelle an Popularität. Zwei sehr gängige Modelle sind dabei die bereits erwähnten der »Closed Innovation« und »Open Innovation«, wobei Ersteres Forschung und Innovation innerhalb einer Organisation, ohne jegliche Kollaboration mit anderen externen Partnern, darstellt, während im Gegensatz dazu Letzteres die Öffnung des Innovationsprozesses von Organisationen und damit die aktive strategische Nutzung der Außenwelt zur Vergrößerung des Innovationspotenzials beschreibt.

Sollte HR eine aktivere Rolle im Innovationsmanagement erhalten, so ist es nötig, hierzu Workshops durchzuführen, in der HR in den Grundlagen des Innovationsmanagements trainiert wird. Sollte es eine Forschungs- oder Entwicklungsabteilung geben, könnte solch ein Training auch mit eigenen Ressourcen durchgeführt werden. Eine Zusammenarbeit mit der lokalen Hochschule sollte auch in Betracht gezogen werden. Hat man den Teil der Belegschaft, der sich um Forschung und Innovation gekümmert hat, früher vor allen Dingen nach ihrer Brillanz auf dem Forschungsgebiet bewertet und so erfolgreiche Bewerber ausgewählt, haben sich die Anforderungen sehr schnell verändert, oder sagen wir besser, erweitert. Erfolgreiche Mitarbeiter in Forschungs- und Innovationsabteilungen (F&I) sind heute ausgesprochene Netzwerker (intern und extern). Man spricht vom Wandel des Knowledge Worker zum Creative Networker. Dieser muss sich nicht nur in der universitären und industriellen Forschungsgemeinschaft trittfest bewegen können, sondern auch in internationalen Forschungsprojekten, die wie virtuelle Unternehmen funktionieren. Diese Veränderung beinhaltet neue Hierarchie- und komplexe Kommunikationsebenen. F&I bildet das Bindeglied zwischen selektierten Ideen und erfolgreichen Prototypen. HR kann eine wichtige Rolle spielen in

Bezug auf die Umsetzung der Unternehmensstrategie und der Horizontalvernetzung aller erforderlichen Abteilungen.

5 Einbeziehung von externen Netzwerken und Vermittlern

Was macht man jedoch, wenn die Innovationskultur im Unternehmen eher dem veralteten linearen Innovationsmodell entspricht, die Abteilungen in Silos arbeiten, wo die Kollaboration produktionsgetrieben und auf das Jetzt ausgerichtet ist, mit begrenzter Horizontalvernetzung zwischen den Abteilungen? Und wenn HR noch vornehmlich mit Mitarbeitergewinnung und -engagement betreut ist, also auch hier die enge Verknüpfung zwischen Personal- und Innovationsstrategie fehlt? Wenn zudem das interne Wissen nicht vorhanden ist, zum Beispiel in der Abteilung F&E? In dem Fall ist es hilfreich, externe Unterstützung in Anspruch zu nehmen, mit dem Ziel, die eigene Innovationsmanagement-Kompetenz aufzubauen. Hauser sieht eine Innovationskultur nur dann als vorhanden, wenn Können (Innovationsfähigkeit), Wollen (Innovationsbereitschaft) und Dürfen (Innovationsmöglichkeit) im Gleichgewicht stehen (Hauser 2014). Wie bereits oben erwähnt, bedarf es aber hierzu nicht nur einer Innovationskultur, sondern auch der Fähigkeit des Orchestrierens eines solchen Prozesses.

Wir werden an dieser Stelle nicht so sehr auf private Beratungsgesellschaften mit Komplettlösungen eingehen. Wir werden auch nicht auf dem Markt befindliche IT-Lösungen empfehlen, da eine Empfehlung lediglich nach genauer Bedarfsanalyse gegeben werden kann. Heutzutage wird eine Investition in solcherlei Tools oft als betriebswirtschaftlich nicht sinnvoll angesehen, wenn man diese doch auch als Dienstleistungen einer Portallösung für eine gewisse Zeit einkaufen kann. Dennoch werden wir im Folgenden auf ein Netzwerk eingehen, welches den Aufwand von Innovationsmanagement erheblich reduzieren kann. Es handelt sich um ein Netzwerk, das zur Unterstützung von KMU ins Leben gerufen wurde und sowohl Beratung als auch Webtools anbietet, die man zum großen Teil kostenlos nutzen kann.

Gerade KMU besitzen oft nicht die Ressourcen und Infrastruktur, Innovationsmanagement als eigene Abteilung im Unternehmen zu etablieren. Wie bereits erwähnt, kann gerade in KMU die HR-Abteilung unterstützend wirken. In Kooperation mit F&E empfehlen wir die Zusammenarbeit mit einem etablierten Netzwerk, das in 66 Ländern aktiv ist und gegründet wurde, um KMU im Innovationsmanagement und bei der Internationalisierung des Unternehmens zu unterstützen. Es nennt sich Enterprise Europe Network (EEN), wir empfehlen es, da es auch Eigenengagement des Unternehmens verlangt und zudem eine Fülle von digitalen Anwendungen zur Verfügung stellt. Dies ermöglicht es dem Unternehmen, einen schlanken Innovationsmanagement-Ansatz zu wählen, wobei das Unternehmen eine Vielzahl von Innovationstools testen kann und dabei stets unterstützende Beratungsleistungen durch Mitarbeiter des Netzwerks erhält. Dies hat zwei klare Vorteile: hohe Kosteneffizienz und zudem einen hohen Lernerfolg im Umgang mit Innovationstools.

Es gibt Services in drei Kategorien:

- *Internationale Partnerschaften:* Expertise, Kontakte und Veranstaltungen, um das Unternehmen mit den richtigen internationalen Partnern zusammenzubringen und somit international wachsen zu lassen
- *Hilfestellung für internationales Wachstum:* Expertenberatung für Wachstum und Zugang zu internationalen Märkten
- *Unterstützung beim Innovationsmanagement:* Ergebnisorientierte Dienstleistungen, um innovative Ideen in kommerziellen Erfolg zu verwandeln

Netzwerkpartner gibt es unter: www.een-deutschland.de.

»Qualitätszertifizierte Business- und Innovationszentren« (BICS) der EU stellen ein weiteres Netzwerk dar, das Organisationen durch maßgeschneiderte Dienstleistungen und die Bereitstellung von Gründerzentren dabei unterstützt, ihre innovativen Ideen in nachhaltige und erfolgsversprechende Unternehmen umzuwandeln. Damit bildet dieses Netzwerk mit seinen Dienstleistungen einen idealen Anschluss an die vorher beschriebenen Dienstleistungen des Enterprise Europe Networks. Es werden unter anderem Infrastruktur und (finanzielle) Ressourcen zur Verfügung gestellt und Workshops sowie Beratungen angeboten. Ziel des Netzwerkes ist die Stärkung des Unternehmertums sowie wirtschaftliches Wachstum in den jeweiligen europäischen Regionen.

Durch ihre zunehmende Bedeutung als Unternehmensförderungsorganisationen sind Business und Innovation Center wichtige Akteure der Innovationsökosysteme verschiedener Regionen, die es ermöglichen, neue Arbeitsplätze zu schaffen und somit zu einem lokalen wirtschaftlichen Aufschwung beitragen. Business- und Innovationszentren gibt es in mehr als 40 Ländern. In Deutschland bieten sechs Organisationen diese Services (https://ebn.eu/?p=members).

6 Implementierung von Open Innovation

Erfolgreiche Unternehmen innovieren mithilfe von Partnern und in Zusammenarbeit mit ihrem Netzwerk. Dies gilt intern und extern. Open Innovation hat die Kollaborationsarchitektur von Unternehmen maßgeblich verändert, wie Abbildung 2 zeigt. Die Veränderung der Unternehmen durch Open Innovation wird hier durch eine perforierte Linie in der Außenhülle des Unternehmens dargestellt. Forschung kann intern im Unternehmen erfolgen, muss aber nicht, wenn die Technologie etwa durch eine Lizenz von Dritten erhalten werden kann und das Unternehmen somit wichtige Zeit spart. Die Kollaboration mit externen Partnern (Kunden, Zulieferern, Universitäten und Forschungsinstituten) wird als wichtiger Bestandteil für Produkt- und Qualitätsverbesserung verstanden. Der Begriff Open Innovation bezeichnet die Öffnung des Innovationsprozesses von Organisationen für Dritte und damit die aktive und strategische Nutzung der Außenwelt (Chesbrough 2003) mit dem Ziel, das Innovationspotenzial zu erhöhen. Es handelt sich also dabei um eine Art Ökonomisierung von Wissen, bei der ein- und ausdringendes Wissen viel zweckmäßiger als zuvor unter Anwendung interner und externer Vermarktungswege genutzt wird mit dem Ziel, Innovation zu generieren.

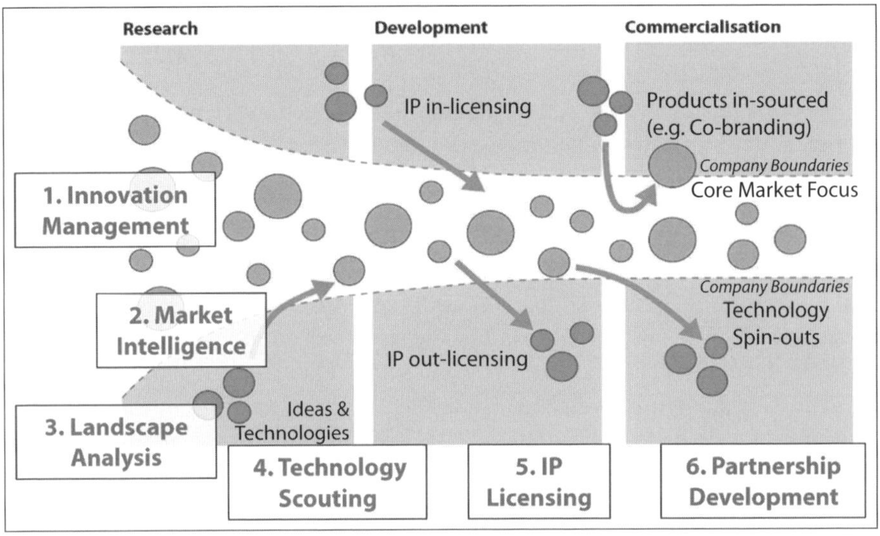

Abb. 2: Innovation Funnel, modifiziert durch Open-Innovation-Dienstleistungen (angelehnt an: University of Cambridge, Institute for Manufacturing 2009)

Abbildung 2 präsentiert einen Innovationstrichter, der zeigt, dass sich bei Weitem nicht aus jedem Forschungsprojekt (auf der linken Seite) jemals ein vermarktetes Produkt (rechts) entwickelt. Durch die Pfeile, die die perforierte Linie durchdringen, werden die Kooperationen mit Dritten verdeutlicht. Forschungsergebnisse oder Technologien von Dritten oder eigene können durch Lizenz genutzt oder vergeben werden. Die weißen Rechtecke beschreiben Open-Innovation-Dienstleistungen, die intern oder durch Dritte angeboten werden. Das Beispiel stellt nicht nur Kollaboration entlang der Wertschöpfungskette (entlang der Abteilungen) dar, sondern vielmehr auch die Verwertung von internem Wissen durch externe Partner mit Wertschöpfung sowie die Einbeziehung von externem Wissen und Technologien, welches zahlreiche Vorteile (Die Ideeologen, Gesellschaft für neue Ideen mbH 2017) einschließt wie:

- *Zeitersparnis:* Durch neue Märkte und Geschäftsmodelle kommen Produktinnovationen schneller in den Verkauf.
- *Kostenersparnis:* Kürzungen von Forschungs- und Entwicklungsbudgets fördern den Trend zu Open Innovation.
- *Risikominimierung:* Fehlentwicklungen werden vermieden durch kundennahe Optimierung und Produktentwicklung.

- *Wissensverknüpfung:* Geben und Nehmen entstammen aus einem Wissenspool, Know-how wird geteilt und gemeinschaftlich weiterentwickelt.
- *Perspektivwechsel:* In anderen Bereichen genutzte Lösungen lassen sich übertragen, um eigene Prozesse zu optimieren (siehe Cross Industry Innovation).

Ermöglicht durch das Internet können heute Technologien ähnlich einfach wie Produkte gekauft oder lizensiert werden. Das oben erwähnte EEN zum Beispiel verfügt über eine Technologiebörse von mehreren Tausend Technologieangeboten und Technologiegesuchen sowie sonstigen Kooperationsprofilen (Business to Business und Research to Business), die man per Internet durchsuchen kann. Auf diese Weise wird Technologie-Scouting viel einfacher und schneller. Des Weiteren werden Kooperationsbörsen an den führenden Industriemessen wie zum Beispiel CEBIT oder HMI angeboten. Durch diese Kooperationsbörsen, die Partnerschaftsentwicklung voranbringen, ermöglicht EEN Unternehmen eine hervorragende Gelegenheit, mit geringem Aufwand eine hohe Anzahl motivierter potenzieller Kooperationspartner aus verschiedenen Regionen Europas zu treffen und sich mit diesen in vororganisierten Gesprächen intensiv auszutauschen. Entsprechende Internettools sorgen für die Anbahnung der Gespräche und ermöglichen es Unternehmen, Messebesuche mit Technologiegesprächen zu verbinden.

Dingler/Enkel et al. haben das Open-Innovation-Modell noch einmal erweitert und nennen dies Cross-Industry Innovation (2016). Sie beziehen dabei die Mitarbeiterebene explizit ein, ebenso Prozesse von existierenden Systemen, Konzepten, aber auch Prinzipien einer Branche, um sie auf eine andere Branche zu übertragen und dortige Probleme oder Fragestellungen zu lösen. Hierbei werden alle Ebenen der internen und externen Kollaboration in Betracht gezogen.

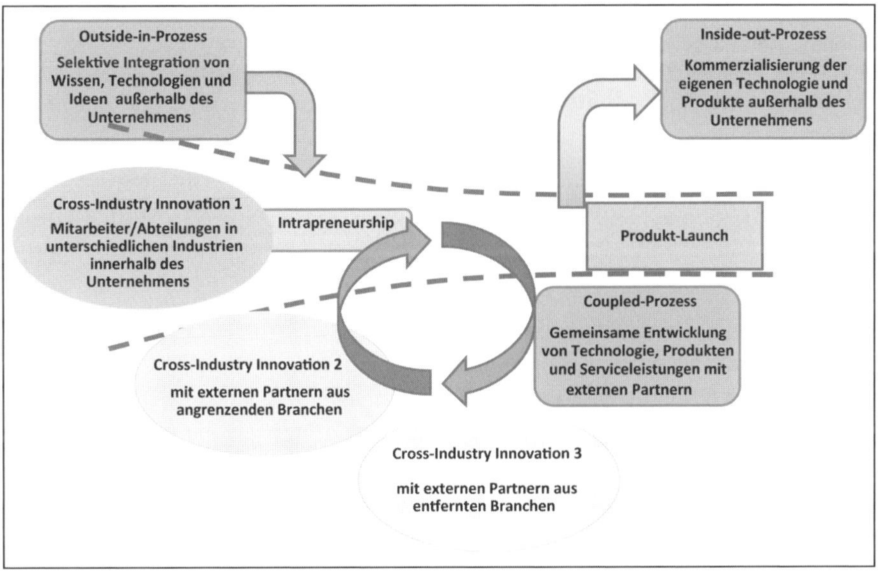

Abb. 3: Prozesse von Cross-Industry Innovation (angelehnt an Dingler/Enkel et al. 2016)

Auch hier zeigt sich, wie wichtig die Mitarbeit von HR sein kann, um intern alle Abteilungen einzubeziehen. F&E hat sicherlich einen Teil der Kontakte, die benötigt werden, aber auch den Zugang zu Zulieferketten. Das Wissen um all diese Kontakte muss gebündelt werden, zudem müssen andere Kontakte zu externen Branchen erst noch aufgebaut werden. Auch hier können Netzwerke wie EEN helfen. Über die Clusteraktivitäten bestehen branchenspezifische Netzwerke, die angezapft werden können.

7 Ideenwettbewerbe – ein Open Innovation Tool, wie gemacht für HR

Während das Open-Innovation-Modell alle Schritte zwischen Forschung, Entwicklung und Vermarktung einbezieht, ist ein Bereich bisher noch wenig beleuchtet. Es ist der Bereich der Ideengenerierung, also der Bereich noch vor der Forschung. Viele Unternehmen starten hier ihre ersten Gehversuche zu einem professionellen Innovationsmanagement. Hierbei handelt es sich um eine Aufgabe, die sehr gut von HR durchgeführt werden kann, da solche Wettbewerbe oftmals an ein internes Belohnungssystem angebunden sind; ausgewählte Ideen werden prämiert. Dieser Ansatz, das interne Potenzial zur Problemlösung abteilungsübergreifend zu nutzen, ist schon seit vielen Jahren bekannt und wurde teilweise als Motivationsmittel oder aber auch aktiv als Problemlöser eingesetzt. Die Erweiterung auf externe Partner und auch auf den Bereich der Technologien stellt im Grunde genommen das Open-Innovation-Modell dar. Das Internet erlaubt uns heute bei Einbindung externer Ideengeber sehr niedrige Transaktionskosten und eine fast unbegrenzte Reichweite. Das gleiche Tool kann also sowohl intern als auch extern genutzt werden, je nachdem, was für ein Ziel verfolgt wird. Obwohl Ideenmanagement einen wichtigen Baustein darstellt, birgt es auch zahlreiche Risiken bzgl. der Mitarbeitermotivation, der Wiederverwertung von Ideen, der Nachhaltigkeit und Kontinuität.

Durch Intrapreneurship (Unternehmertum in etablierten Unternehmen, siehe auch Abb. 3) können Unternehmen die Fähigkeit entwickeln, Wachstumschancen mithilfe von Ideen ihres Personals zu erreichen. HR spielt hier eine sehr wichtige Rolle, da dieses Konzept die HR-Strategie beeinflusst, aber auch von ihr beeinflusst wird.

Um mit Intrapreneurship Erfolge zu erzielen, müssen die bestehenden Mitarbeiter aktiv daran teilnehmen. Somit muss eine Engagement-Strategie erarbeitet werden. Oft ist das Skillset eines Intrapreneurs ganz anders als die Fähigkeiten, die eine Organisation traditionell fördert. Aus diesem Grund sollte das Konzept von Skill-Belohnung bearbeitet werden, um auch diese Fähigkeiten einzubeziehen. Im Laufe der Zeit kann dies dazu beitragen, eine flexiblere Unternehmenskultur oder ein besseres Arbeitsklima zu schaffen.

Intrapreneurs sind Teil einer Kultur, die neues Denken fördert und Ideen nach vorne treibt. Diese Kultur steht meistens im direkten Gegensatz zu traditionellen Unternehmen, die neue Ideen frei nach dem Motto »Wieso denken Sie anders als Ihre Kollegen« kritisch betrachten. Jedes Unternehmen weltweit spricht davon, innovativ zu sein. Erhält man jedoch einen tieferen Einblick, erkennt man, dass das nicht immer der Fall ist. Mit einem aktiven Intrapreneurship-Support-Programm kann eine Organisation gut bei ihren Kunden, Partnern, Investoren und Recruiting-Kandidaten werben und einen Beweis für innovative Aktivitäten liefern.

C-Level-Führungskräfte sind dauerhaft dabei, eine Kultur zu entwickeln, die Innovationen kontinuierlich ermutigt und fördert. Damit dies gelingt, ist die HR-Abteilung von großer Bedeutung. Sie steht vor einer großen Herausforderung, aber gleichermaßen auch vor einer einmaligen Gelegenheit. Die Mitarbeiter einer jeden Organisation sind es, die eine Kultur leben, sie prägen und verbreiten. Aus diesem Grund gilt es, HR-Prozesse so zu optimieren und zu personalisieren, dass die richtigen Kandidaten erreicht und beworben werden und im Zuge der Rekrutierung diejenigen selektiert werden, die einen hohen Person Organisation Fit erreichen.

Eine Möglichkeit, passende Kandidaten zu bewerben und Angestellte kontinuierlich zu fördern, ist ein aktives intrapreneuriales Support-Programm, das ab Tag 1 beginnt und den Mitarbeiter über alle Karriereschritte hinweg begleitet. Dieses Programm könnte auch einen Karriereweg für Intrapreneurs entwerfen, der neue, alternative Modelle in Betracht zieht, um deren Karriere und ihr intrapreneuriales Skillset weiter zu fördern und voranzutreiben und sie dauerhaft im Unternehmen zu halten. HR sollte den Intrapreneuren genug Zeit geben, um an kreativen Ideen zu arbeiten, aber auch formale Prozesse einrichten, um sicherzustellen, dass diese Ideen weiterbearbeitet werden. Dies kann weiterhin auch mithilfe von internen Wettbewerben unterstützt werden, in denen Arbeitnehmer Ideen kreieren und präsentieren, die anschließend weiter gefördert werden. Darüber hinaus sollte HR bereit sein, mit Misserfolg und Konflikten umzugehen und eine Fehlerkultur zu etablieren, da dies eine notwendige Voraussetzung von Innovation ist und nur so langfristig Erfolge erzielt werden können.

Nimmt die HR-Abteilung ihre neuen Aufgaben und deren Bedeutung wahr, kann sie einen immensen Wert generieren und der Organisation erlauben, ihr volles Potenzial zu entfalten. Sie liefert der Organisation ihre wichtigste Ressource: ihr Personal.

Quellen

Beswick, C. (2017): Whiteboard session »Building a Culture of Innovation«. Intrapreneurship Conference.

Chesbrough, H. (2003): Open Innovation: The new imperative for creating and profiting from technology. Boston.

Cleverheads (2017): cleverheads. https://www.cleverheads.eu/ (letzter Aufruf: 10.10.2017).

Die Ideeologen, Gesellschaft für neue Ideen mbH (2017): Wozu Open Innovation? http://innovationsmanagement.ideeologen.de/open-innovation/wozu-open-innovation (letzter Aufruf: 10.10.2017).

Dingler, A./Enkel, E. et al. (2016): Cross-Industry Innovation: Die Rolle von Kommunikation, Interaktion und Sozialisierung in Innovationskollaborationen, in: Abele, T.: Die frühe Phase des Innovationsprozesses. Wiesbaden.

Europäische Kommission (2017): Enterprise Europe Network. http://een.ec.europa.eu/ (letzter Aufruf: 10.10.2017).

Europäische Kommission (2017): Enterprise Europe Network, local contact point Germany. http://een.ec.europa.eu/about/branches/germany (letzter Aufruf: 10.10.2017).

Europäische Kommission (2017): Enterprise Europe Network, Sector groups. http://een.ec.europa.eu/about/sector-groups (letzter Aufruf: 10.10.2017).

Europäische Kommission (2017): Horizon 2020, The EU Framework Programme for Research and Innovation. https://ec.europa.eu/programmes/horizon2020/ (letzter Aufruf: 10.10.2017).

Europäische Kommission (2017): Horizon 2020, Work Programme 2016 – 2017. http://ec.europa.eu/research/participants/data/ref/h2020/other/wp/2016-2017/annexes/h2020-wp1617-annex-ga_en.pdf (letzter Aufruf: 10.10.2017).

Gaedke, G. C. (2013): Mediadaten, Magazin Training. http://magazintraining.com/2013/02/11/personaltraining (letzter Aufruf: 10.10.2017).

Gassmann, O./Frankenberger, K./ Csik, M. (2016): Innovation Strategy: From new Products to Business Model Innovation, in: Hoffmann C. P. et al: Business Innovation: Das St. Galler Modell, Wiesbaden, S. 81-85.

Graf, N. (2014): Innovation im Personalmanagement. Wiesbaden.

Hauser, F. (2014): Erfolgsfaktor Innovationskultur: Stärkung der Innovationskraft von Unternehmen, in: Graf, N.: Innovation im Personalmanagement. Wiesbaden, S. 33-43.

INSIGHTS MDI (2017): http://www.insights.de/INSIGHTS-MDI/archive/2.html (letzter Aufruf: 10.10.2017).

Möhrle, M. (2017): Gabler Wirtschaftslexikon. Aus: Innovationsprozess: http://wirtschaftslexikon.gabler.de/Definition/innovationsprozess.html#definition (letzter Aufruf: 10.10.2017).

Murphy, W./Zheng, K./Neller, M. (2009): Managing Talent for innovation and the HR function of the future, Chicago et al.

Osterwalder, A./Pigneur, Y. (2010): Business Model Generation. New Jersey.

Scholl, H. (2014): IT & HR: Warum Web-Technologien ein zentraler Schlüssel für Innovation im Bereich HR bleibt. In: Graf, N.: Innovationen im Personalmanagement, Wiesbaden, S. 48.

Ubivent GmbH (2017): Virtuelle Mitarbeiterevents. http://www.ubivent.com/de/virtuelle-mitarbeiterevents (letzter Aufruf: 10.10.2017).

Weissenberger-Eibl, M. A. (2010): Innovationen und Lernen, Presentation at the F.PAK Kolloquium, München.

Young Targets (2017): hr-tech-slam. Einladung HR-Tech Slam 13.07.2017: http://www.young-targets.com/2017/06/03/einladung-hr-tech-slam-am-13-07-2017/ (letzter Aufruf: 10.10.2017).

Zahari, A./Pawanchik, A./Sulaiman, S. (2017): New Report: Does HR Matter in Innovation? Is there Innovation in HR? In: http://www.innovationmanagement.se/2014/08/20/new-report-does-hr-matter-in-innovation-is-there-innovation-in-hr/ (letzter Aufruf: 10.10.2017).

Autoren

Dr. Raimund Bröchler hat mehr als 18 Jahre Erfahrung im Bereich Innovation, Technologietransfer sowie Unterstützung klein- und mittelständischer Unternehmen (KMU). Er leitet bei INTRASOFT International S.A. in Luxembourg zwei Innovationsbereiche: »Innovation Services« und »Factories of the Future«. Er ist zudem seit 2011 als Privatdozent an der HTW Saar tätig.

Kontakt: raimund.broechler@intrasoft-intl.com

Charalampos (Babis) Ipektsidis (M, MA) ist als Delivery Manager und Experte für Forschung und Innovation bei INTRASOFT International S.A., Luxemburg tätig. In seiner mehr als zehnjährigen Berufserfahrung konnte er seine Expertise in den Feldern Forschung und Innovation, Entrepreneurship, Innovationsmanagement sowie in wissenschaftlichen und technologischen Politikstudien erfolgreich anwenden.

Kontakt: babis.ipektsidis@intrasoft-intl.com

Mensch oder IT – was ist die größere Herausforderung in der digitalen Personalarbeit?

Crocetta Cammalleri

1 Die Auswirkungen der Digitalisierung

Die Digitalisierung hält immer stärker Einzug in unsere Arbeitswelt und damit auch in die Personalarbeit. Sie bestimmt die Art und Weise, wie wir arbeiten, kommunizieren und kooperieren. Sie verändert Aufgabenfelder und ganze Organisationsstrukturen. Neben geänderten Kompetenzanforderungen bedarf es auch eines neuen Kultur- und Führungsverständnisses, um eine Transformation der Organisation als Lern- und Entwicklungsprozess zu verstehen und zu gestalten.

Mit den Auswirkungen der Digitalisierung auf die Organisation und die Menschen sowie der Bedeutung für die Unternehmenskultur beschäftigen sich die HR-Bereiche schon seit längerer Zeit. Schließlich werden neue IT-Systeme schon seit vielen Jahren immer wieder in den Unternehmen und im HR-Bereich eingeführt. Daher verwundert es kaum, wenn HR-Verantwortliche zu bedenken geben, dass sie schon lange daran arbeiten, eine digitale Organisation aktiv mitzugestalten und einen Beitrag zur Befähigung der Mitarbeiter zu leisten – bisher häufig durch die Begleitung mittels Change Management in IT-Projekten. Nun aber wird HR selbst zum Ausgangspunkt für die Digitalisierung, da durch HR-Prozesse alle im Unternehmen – von der Unternehmensspitze über die Führungskräfte und Mitarbeiter bis zum Betriebsrat und HR selbst – von den Veränderungen betroffen sind.

Die Vorteile der HR-Digitalisierung sprechen für sich. Die Ansprüche von HR-Verantwortlichen, alle Daten auf einen Blick zu liefern, alle Führungskräfte und Mitarbeiter in digitale Workflows einzubinden und die Führungskräfte in Entscheidungsprozessen zu stärken, können leichter und schneller durch die neuen Technologien realisiert werden. Doch wird das wirklich so einfach?

Die kritischen Stimmen kommen dabei von verschiedenen Seiten im Unternehmen. Fürchten die Personaler um ihre Prozesshoheit und letztlich um ihre Daseinsberechtigung, so wehren sich die Führungskräfte häufig vehement gegen die Übernahme vermeintlich einfacher administrativer Tätigkeiten. Aber die Realität ist vielschichtiger und komplexer.

So hört man häufig Argumente wie »Es gibt doch die Kollegen aus dem HR-Bereich, also warum das System nutzen, wenn doch der Griff zum Telefonhörer oder ein persönliches Treffen mit meinem HR-Ansprechpartner doch immer so gut funktioniert hat?« oder »Warum soll ich mich jetzt um die Pflege meiner Stammdaten selbst kümmern und mir mit einer App mein Zeugnis selbst ordern, bearbeiten oder Feedback absenden?« und viele Beispiele mehr.

Jedes noch so ausgeklügelte HR-IT-System kann nicht funktionieren, wenn nicht alle Anwender – HR-Kunden und HR-Akteure – das System aktiv und konsequent nutzen. Ohne eine schlüssige Antwort auf die Frage »Warum soll alles anders werden?« und ohne Abschied von lieb gewonnenen Gewohnheiten wird es keine Akzeptanz der digitalen HR-Arbeit geben können. Wie also kann die HR-Organisation mögliche Barrieren überwinden und eine nachhaltige Transformation der digitalen HR-Arbeit bewerkstelligen?

Zum einen kann die HR-Organisation die eigene Digitalisierung nutzen, indem sie moderne HR-IT-Systeme zur Unterstützung der HR-Instrumente entlang der HR-Wertschöpfungskette einsetzt. Zum anderen muss sie zum Treiber für die Kultur- und Organisationsentwicklung werden und notwendige, traditionelle Regelungen für Unterschriften und Freigabeprozesse im Lichte der Digitalisierung auf den Prüfstand stellen.

Nun stellt die Digitalisierung der HR-Arbeit aber nicht nur die Einführung eines neuen HR-Systems dar, sondern wirkt auch auf die unterschiedlichsten Dimensionen. Diese sind miteinander verknüpft und interagieren miteinander. Daher müssen sie für eine erfolgreiche Transformation alle beachtet und adressiert werden.

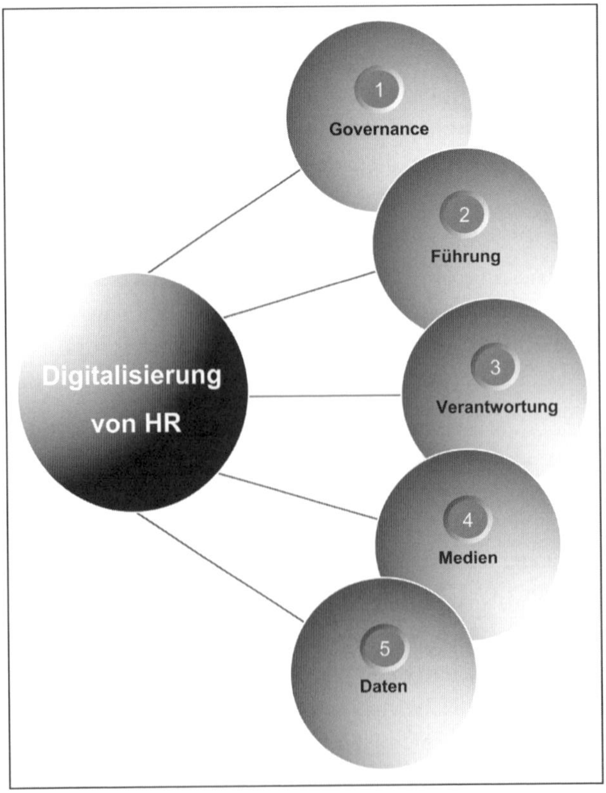

Abb. 1: Fünf Dimensionen der Veränderung

Dieser Beitrag fokussiert auf Chancen und Herausforderungen, die sich bei der Transformation einer HR-Abteilung mit HR-Systemen zu einer digitalen HR-Organisation ergeben, sowie dem erforderlichen Kultur- und Organisationswandel. Denn für eine erfolgreiche Verankerung mit entsprechender Akzeptanz bei allen Beteiligten und Betroffenen der neuen HR-Arbeit müssen alle genannten Dimensionen und Beteiligten abgeholt und entwickelt werden. Wichtig ist hier, die Haltung aller positiv zu verändern oder zu bestärken.

2 Digitale Personaldaten betreffen nicht nur die HR-Akteure!

Moderne, cloudbasierte Systeme lösen nicht nur einfach ein bestehendes HR-System ab. Bei den meisten ist in ihrer DNA die Fähigkeit eingebettet, alle Prozessbeteiligten zu integrieren und ihnen eine Rolle bei der Erfassung und Bearbeitung der Daten und dem Treffen von Entscheidungen zu geben. Daher sind alle Beteiligten zugleich Betroffene dieser Veränderungen. Nachfolgend werden die fünf wichtigsten Rollen und deren Perspektiven betrachtet.

2.1 Die Perspektive der Geschäftsführung

Versteht man die Geschäftsführung als internen Kunden der HR-Organisation, so liegt es nahe, dass auch die Unternehmensführung eine bestimmte Erwartung an die digitale HR-Arbeit stellt und sich dadurch auch mögliche Veränderungen im HR-Dienstleistungsangebot und der Nachfrage ergeben. Der wesentliche Nutzen aus Sicht der Geschäftsführung kann in der höheren Transparenz von personalrelevanten Informationen und HR-Daten liegen. Mit der Digitalisierung der Personalarbeit ist die Datentransparenz und damit die Steuerungsmöglichkeit über ein umfangreiches HR-Dashboard oder die Nutzung sogenannter HR Analytics ein Leichtes.

Geht man noch einen Schritt weiter, ist für den Geschäftsführer mit nur wenigen Handgriffen die eigenständige Erstellung von individuellen HR-Berichten möglich. Wird diese gesteigerte Datentransparenz auch wirkungsvoll genutzt, so kann zum Beispiel die Gestaltung der Personalstrategie noch einfacher als bisher abgeleitet werden. Eine gesteigerte Datentransparenz kann aber möglicherweise auch Entscheidungsspielräume einschränken oder Einfluss auf Entscheidungsprozesse und -verhalten nehmen. Zum Beispiel werden Sonderlösungen (Sonderurlaub, Arbeitsvertragsänderungen, Sonderprämien) innerhalb der Organisation oder Kosten und Ergebnisse persönlicher Entwicklungsmaßnahmen von Mitarbeitern oder Bereichen schnell transparent und erfordern eine Auseinandersetzung mit den identifizierten Erkenntnissen. Mehr Transparenz erfordert zunächst einmal das Wissen um den Umgang mit den Daten, also darüber, was mit den Informationen zu tun ist und wie hierbei entschieden werden soll. Was passiert bei der Identifikation von möglichen Fehlern? Werden Daten digital bereitgestellt, kann dies auch zu einer höheren Sichtbarkeit von Fehlerquellen führen. Beispielsweise müssen bei der Veränderung folgende Fragen adressiert werden:

- Wie gehe ich als Geschäftsführung damit um? Wie verhalte ich mich? Welche Vorbildfunktion nehme ich wahr?
- Was erwarte ich von meinen Mitarbeitern im Umgang mit Fehlern? Welche Fehlertoleranz ist entscheidend, um gegenseitiges Vertrauen in meiner Organisation zu wahren und zu stärken? Was lernen wir aus den Fehlern?

Auch die Unternehmensführung hat sich gegebenenfalls mit neuen Fragen im Rahmen der Digitalisierung der HR-Organisation zu beschäftigen. Die Fragestellungen hängen von der Unternehmenskultur und der Reife der Organisation ab.

2.2 Die Perspektive der Führungskräfte

Die Führungskräfte nehmen in der digitalen HR-Organisation einen besonderen Platz ein. Auch wenn sie nicht direkt Teil der HR-Organisation sind, so kommt ihnen doch eine besonders wichtige Rolle zu. Zum einen sind sie Kunden und nehmen digitale HR-Dienstleistungen selbst in Anspruch. Zum anderen können und müssen sie maßgeblich ihrerseits HR-Dienstleistungen mit den entsprechenden digitalen HR-Tools erbringen. Je nach Ausprägung des HR-Dienstleistungsangebots, der organisationalen Reife in Bezug auf Digitalisierung, der gelebten Unternehmenskultur und der Ausgestaltung der HR-Organisation und -Rollen kann die Rolle der Führungskraft bei der Umsetzung der digitalen HR-Arbeit variieren. Dabei wird die wesentliche Veränderung die Übernahme von Verantwortung in HR-Prozessen sein, beispielsweise

- die digital unterstützte Gestaltung der Arbeitsorganisation im Team auf Basis von Skill-Profilen, Entwicklungsplänen, Performancegesprächen, Trainingsplänen, Abwesenheitsübersichten etc.,
- die regelmäßige digitale Erfassung und Auswertung von Feedbackgesprächen (Selbst- und Fremdeinschätzung),
- die Freigabe von gebuchten Trainingsmaßnahmen der Mitarbeiter über das Trainingsmanagement-Portal,
- das Analysieren von HR-Daten und das Starten von Maßnahmen direkt im HR-System,
- die Beantragung von neuen oder die Besetzung von vakanten Stellen,
- das Initiieren von Gehaltserhöhungen und sonstigen Einmalzahlungen,
- die zunehmend digitale Kommunikation mit den Mitarbeitern, zum Beispiel bei Freigaben, Feedbacks, Anfragen zu Bescheinigungen etc.

Insbesondere stellt die digitale Personalarbeit neue Herausforderungen für die Mitarbeiterführung dar. Die stärkere Verantwortung in der Unterstützung und Entwicklung der Mitarbeiter ist das eine, die Aufrechterhaltung der persönlichen Bindung sowie die Förderung der Eigenmotivation bei den Mitarbeitern in Zeiten der digitalen HR-Kommunikation das andere. Wie kann die Balance zwischen digitaler Kommunikation und persönlichem Kontakt geschaffen werden, wenn Teammeetings verstärkt über technische Kanäle abgehalten werden?

Hohe Datentransparenz und mögliche Ängste in Bezug auf Datenschutz und Vertraulichkeit stellen für die Führungskräfte die besonderen Herausforderungen dar. Führung darf nicht als kontrollierende Instanz und Machtposition, zum Beispiel durch eine gesteigerte Transparenz von HR-Informationen, wahrgenommen werden. Führung appelliert somit an die Eigenverantwortung, Selbststeuerung und das gegenseitige Vertrauen.

Die Führungskräfte haben in diesem Zusammenhang eine Verantwortung in der Kulturarbeit. Dies setzt ein entsprechendes Verantwortungsbewusstsein, »das Wollen«, voraus. Mit der Verantwortung für Kulturarbeit ist aber nicht die Verantwortung bei der Bearbeitung von Mitarbeiteranfragen und möglichen Freigaben abgedeckt. Um derartige Anfragen der Mitarbeiter schnell und sicher beantworten zu können, ist die Frage nach dem »Können, Dürfen oder gar Müssen« bei der Verantwortung an die Führungskraft in einem digitalen HR-Prozess ebenfalls zu stellen. So kann beispielsweise Wissen über arbeitsrechtliche Grundlagen erforderlich sein. Das soll nicht den Arbeitsrechtler oder den HR-Spezialisten für Arbeitsrecht ersetzen, sondern zu einer zusätzlichen Qualifikation von Führungskräften führen.

2.3 Die Perspektive der Mitarbeiter

Aus Sicht der Mitarbeiter ist die wesentliche Veränderung bei der Umstellung auf digitale HR-Dienstleistungen, sich zunächst mit dem HR-Angebot selbst stärker auseinanderzusetzen. Den Self Service zur Pflege von Stammdaten oder den IT-gestützten Workflow für Urlaubsanträge zu nutzen, ist oft heute schon gängige Praxis in den Unternehmen. Weitet man das digitale HR-Angebot auf die gesamte HR-Wertschöpfungskette aus, erlebt der Mitarbeiter eine stärkere Auseinandersetzung mit der persönlichen Entwicklung. Auch die Mitarbeiter können in der digitalen Personalarbeit mit nur wenigen Handgriffen zum Beispiel ihre Ergebnisse aus den Mitarbeitergesprächen der letzten Jahre oder ihre Entwicklungsziele und Erfolge im Detail abrufen. Der Umgang mit einer gesteigerten Datentransparenz über sich selbst führt bei Mitarbeitern zu unterschiedlichen Reaktionen und Fragestellungen:

- Wer kann welche Informationen über mich einsehen?
- Wie werden meine Daten gegebenenfalls genutzt und interpretiert?
- Kann ich meiner Führungskraft vertrauen, dass sie die richtigen Entscheidungen über meine Entwicklungsmaßnahmen trifft?
- Wird mein Antrag auf Elternzeit korrekt bearbeitet?
- Kann ich dem HR-IT-System vertrauen, sind meine Daten sicher?
- Wann soll und wann muss ich mit meiner Führungskraft persönlich kommunizieren oder wann den Workflow nutzen?
- Mit wem kann ich künftig, außer mit meiner Führungskraft, vertraulich über mögliche Konflikte oder Fragen zu HR-Themen sprechen?

- Ist meine Führungskraft ausreichend qualifiziert, um die Aufgaben eines Personalers zu übernehmen?
- Wer unterstützt mich bei technischen Problemen?

Diese Fragen der Mitarbeiter müssen ernsthaft beantwortet werden, auch wenn dies viel Aufwand verursacht. Oft werden bei der Einführung neuer Systeme nur die wichtigen technischen Themen wie Zugriffsberechtigungen und Prozessabläufe adressiert und weniger die Ängste und Befürchtungen. Gerade aber diese sind schwer zu greifen und führen oftmals zu Ablehnung und Widerstand gegen neue Technologien. Daher gilt hier konkret mittels geeigneter Befragungen (online oder repräsentativ persönlich) eine umfassende Evaluation aller Aspekte bei den Mitarbeitern durchzuführen, um eventuelle Vorbehalte dann mit Informationen, Kommunikation, aber auch interaktiven Formaten wie Demodays oder einer HR-Werkstatt zu adressieren und abzubauen. In einer HR-Werkstatt beispielsweise lernen die Teilnehmer die neuen Prozesse kennen, können diese in verschiedenen Rollen – mal als Mitarbeiter, als Führungskraft oder aus HR-Sicht – bearbeiten und werden dabei von Experten unterstützt. Dadurch wächst das Verständnis für die unterschiedlichen Aufgaben und das Zusammenspiel der Rollen wird transparent.

Je nach Ausprägung des HR-Angebots wird der Mitarbeiter mehr und mehr selbst aktiv werden können und müssen. Zum Beispiel aus einer Liste möglicher Themen sein Anliegen auswählen und den Antrag digital starten, das Onboarding im Selbststudium digital absolvieren, seine Skills oder Zielerreichung online bewerten etc. Zunächst klingt das nicht nach großen Veränderungen. Die wesentliche Veränderung besteht in der Transparenz des eigenen Handelns. Die Prozesse werden in der Regel über klar formulierte Workflows gesteuert. Damit wird auch schnell transparent, wenn der Mitarbeiter zum Beispiel seine Selbsteinschätzung innerhalb des Mitarbeitergesprächs nicht vorbereitet oder die Ergebnisse nicht in das entsprechende Web-Formular eingetragen hat. Die Fälle, in denen Führungskraft und Mitarbeiter zum Beispiel ein Ergebnis ohne Selbst- und Fremdbilddiskussion führen, sind schwieriger zu praktizieren und damit durch die digitale Dokumentation schneller transparent.

2.4 Die Perspektive der HR-Akteure

Die HR-Funktion insgesamt sowie die HR-Mitarbeiter im Speziellen verstehen sich grundsätzlich als Dienstleister im Unternehmen. Daher wurde in der Vergangenheit und wird häufig bis heute darauf geachtet, möglichst viele Aktivitäten bei HR zu halten. Durch die Digitalisierung werden die Prämissen der Vergangenheit aber radikal verändert. Viele Aktivitäten von der Datenpflege bis zum Starten und Freigeben von Prozessen oder Anträgen werden zukünftig durch die Mitarbeiter und Führungskräfte erfolgen. Dadurch werden viele Aufgaben, insbesondere in der HR-Administration, von HR ins Business verlagert. Daher stellt sich hier durchaus die Frage, wie viele Mitarbeiter mit welchen Kompetenzen eine Organisation gerade im HR Shared Service Center benötigt. Hier können viele Arbeitsplätze entfallen. Dies bedeutet aber nicht, dass HR dadurch notgedrungen weniger Mitarbeiter benötigen wird. Denn die frei werdenden Kapazitäten werden beispielsweise für HR-Aktivitäten im Talent Management und anderen Bereichen benötigt, will man alle Funktionalitäten in den neuen Systemen auch nutzen. Das bedeutet aber auch, dass sich das Selbstverständnis von HR insgesamt verändern muss. Nicht nur neue Kompetenzen müssen entwickelt oder aufgebaut werden. Es wird sicher auch in letzter Konsequenz bedeuten, dass Mitarbeiter neue Herausforderungen außerhalb des Unternehmens suchen müssen. In diesem Prozess der Anpassung sind also sowohl strategische Planung als auch der Umgang mit der Neuausrichtung sowie das Placement wesentliche Aktivitäten.

Die Problematik im Umgang mit den HR-Kollegen ist damit sicherlich die weitaus komplexeste. Zunächst benötigt man die Ressourcen bei der Beschreibung und Anpassung der Prozesse. Dazu müssen die HR-Mitarbeiter das Ziel, die Aufgabenstellung und das angestrebte Modell kennen. Dies heißt aber auch, dass sie ihre eigene Weiterentwicklung schon sehr früh erkennen. Damit besteht immer die Gefahr, dass die Unterstützung nicht oder nur halbherzig erfolgt. Nach dem Projekt und der Stabilisierung erfolgt dann die Neuausrichtung. Maßnahmen für die Motivation und Unterstützung sind häufig nur durch Transparenz und geeignete Anreize möglich, die im Wesentlichen aus einer vertrauensvollen und transparenten Zusammenarbeit in der Vergangenheit bezogen werden können.

2.5 Die Perspektive des Betriebsrates

Da der Betriebsrat, ähnlich wie die Führungskräfte, zwei unterschiedliche Hüte trägt, muss auch er aus verschiedenen Positionen betrachtet und unterstützt werden. Einmal sind alle Betriebsräte natürlich auch Mitarbeiter und müssen in dieser Rolle wie alle anderen Mitarbeiter abgeholt werden. Darüber hinaus sind sie aber auch Aufsichtsorgan im Sinne der Mitbestimmung und haben bei der Entscheidung für ein neues HR-IT-System Rechte und Pflichten. Dem Mitbestimmungsrecht nach § 87 BetrVG kommen drei wesentliche Ziele zu:

- präventiver Schutz vor rechtlich unzulässigen Eingriffen,
- Mitbeurteilungsrecht bei der oft schwierigen Ermittlung der Grenze zwischen zulässigem und unzulässigem Eingriff,
- Mitgestaltung im Rahmen zulässiger Eingriffe.

Daher sind die Betriebsräte weitreichend einzubinden und frühzeitig mit den notwendigen Informationen zu versorgen. Auch dies sollte mittels gezielter Veranstaltungen erfolgen, um Raum für Fragen, Sorgen und Bedenken jenseits der technischen Möglichkeiten zu geben. Wichtig ist auch, die Arbeit des Betriebsrats an die neuen technischen Möglichkeiten anzupassen und in die Prozessabläufe mit Workflows zu integrieren.

Die Erfassung von Anträgen wie die des § 99 BetrVG, der eine Beteiligung des Betriebsrats bei Einstellung, Eingruppierung, Umgruppierung oder Versetzung vorsieht, ist zum Beispiel heute mittels physischem Eingangsbuch geregelt. Zukünftig kann dies auch elektronisch abgewickelt werden. Das heißt, die Dokumentation, Ablehnung oder Zustimmung zu Einzelmaßnahmen kann dann elektronisch erfolgen. Diese Einbindung in die Prozesse stellt sicherlich die gewohnte Arbeitsweise des Betriebsrates infrage und bedeutet für viele eine große Überwindung. Insbesondere in diesem Bereich werden die größten Anstrengungen im Rahmen der Einführung notwendig sein. Die Durchführung von Prozessworkshops mit Beteiligung des Betriebsrates, aber auch die oben genannten Demodays oder die HR-Werkstatt eignen sich hierfür, neben normalen Kommunikationsmaßnahmen und Fragerunden.

2.6 Wesentliche Handlungsfelder

Zusammenfassend lassen sich folgende wesentliche Handlungsfelder ableiten:

- Die Reife der HR-Organisation, aber auch der Gesamtorganisation, beeinflusst den Organisationsentwicklungsbedarf. Die Mitarbeiter prägen die Reife der Organisation. Die Akzeptanz der digitalen HR-Arbeit bei allen Mitarbeitern ist daher ein wesentlicher Erfolgsfaktor.
- Die Kulturentwicklung als Organisationsentwicklungsmaßnahme muss als ganzheitlicher Entwicklungsprozess verstanden werden. Die Organisation als ganzheitliches System weiterzuentwickeln braucht Zeit: Die digitale Transformation der HR-Organisation ist daher nicht als Projekt, sondern als kontinuierlicher Entwicklungsprozess zu sehen. Eine langfristig ausgerichtete Organisationsentwicklung verfolgt das Ziel, die häufige Komplexität in der Umsetzung einer Vielzahl von Maßnahmen zu reduzieren und die Entwicklung zielgerichtet und nachhaltig zu gestalten. Alle Schlüsselakteure sollten jedoch von Anfang an konsequent in der Organisationsentwicklung aktiv eingebunden sein.
- Die angestrebte Haltung im Umgang mit Verantwortung erfordert eine regelmäßige Auseinandersetzung mit dem Thema und erfordert eine Kultur, die es allen Beteiligten ermöglicht, ohne Befürchtungen hinsichtlich Statusverlust oder Beziehungsstörungen den Dialog darüber zu führen. Die Notwendigkeit für die Organisation, immer wieder zu überprüfen, wer Verantwortung trägt oder an welcher Stelle diese neu verortet werden muss, wird auch bei der digitalen HR-Arbeit immer größer. Eine Kultur des Verantwortungsdialogs zu etablieren, erfordert eine ausgeprägte Kommunikationskompetenz aller Beteiligten.
- Die digitale Personalarbeit kann nur nachhaltig in einer Unternehmenskultur, die von Vertrauen, partnerschaftlicher Zusammenarbeit, Offenheit, ausgeprägtem Feedback und Lernkultur sowie einem geteilten Führungsverständnis und einer positiven Grundhaltung geprägt ist, umgesetzt bzw. gelebt werden. Insbesondere die Balance zwischen digitaler und persönlicher Kommunikation erfordert eine stärkere Ausprägung von gegenseitigem Vertrauen

zwischen Führungskräften und Mitarbeitern. Vertrauen ist die Grundlage für eine Feedback- und Fehlerkultur, die von den obersten Führungsebenen auch vorgelebt wird.

- Die Vorteile der digitalen HR-Arbeit werden seitens der Mitarbeiter am meisten verstanden, wenn die digitale HR-Landschaft auch auf Entwicklung und nicht nur auf Administration ausgerichtet ist. Gerade in den digitalen HR-Instrumenten zur Personalentwicklung nehmen die Mitarbeiter eine stärkere Rolle ein und fördern damit die Akzeptanz der digitalen Arbeit.
- Die HR-Instrumente der Personalentwicklung sind stärker auf das Vermitteln von HR-Wissen, Lernen, Entwicklung von sozialen und persönlichen Kompetenzen, Kommunikationskompetenz sowie die Vermittlung von Kompetenzen zur Umsetzung von Organisations- und Kulturentwicklungsmaßnahmen, insbesondere für die Führungskräfte, auszurichten.

3 Der Weg zur digitalen Organisation führt über eine umfassende Organisationsentwicklung

Gerne wird bei der Einführung eines neuen IT-Systems von der Notwendigkeit eines Change Management gesprochen. Trotzdem beschränken sich die Aktivitäten dann oft auf reine Kommunikationsmaßnahmen wie Newsletter, Intranetseiten und möglicherweise noch Workshops oder Roadshows, die eher kurzfristigen und einmaligen Charakter besitzen und nicht unbedingt systemisch konzipiert sind. Nachhaltige Verhaltensänderungen werden so in der Regel nicht erzielt und das viel zitierte Change Management bleibt ein Lippenbekenntnis. Bei der Digitalisierung wird es allerdings dabei nicht bleiben können, denn für eine erfolgreiche Digitalisierung sind neben der Einbindung aller genannten Beteiligten auch noch die Veränderungen in weiteren Entwicklungsfeldern notwendig. Damit diese erreicht werden können, müssen die nachfolgenden Entwicklungsfelder allerdings bekannt sein.

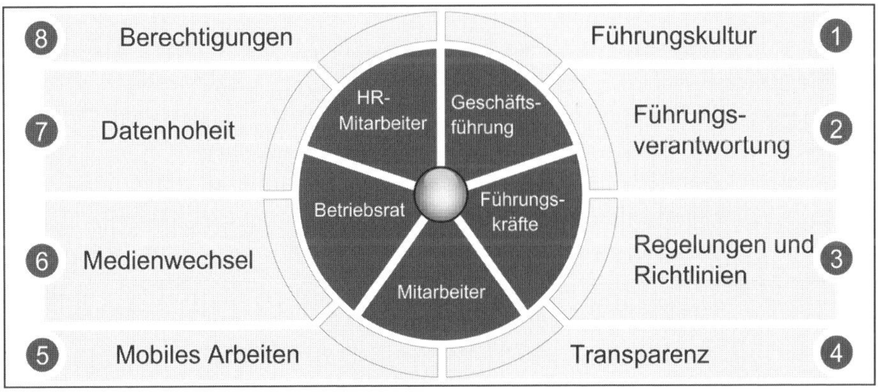

Abb. 2: Beteiligte und Entwicklungsfelder

3.1 Führungskultur

Der Begriff Führungskultur bezieht sich auf gemeinsame Annahmen und Verhaltensweisen der Führungskräfte einer Organisation. Die sichtbaren Teile von Führungskultur umfassen dabei die im Unternehmen verwendeten Führungsinstrumente, die Aufgaben von Führungskräften, den Kommunikationsstil, Leitbilder, Rituale in Meetings und Statuskataloge etc. Die nicht sichtbaren Teile beziehen sich etwa auf die implizit vorhandenen Autoritätskonzepte, auf Wert- und Leistungsansprüche oder auf Haltungen in Hinblick auf Eigenverantwortlichkeit.

Diese Führungskultur, ob bewusst gesteuert oder unbewusst vorhanden, wird durch neue Technologien aktiv verändert werden. Insbesondere der sichtbare Teil wird dabei angepasst werden müssen. Beispielsweise werden die Entscheidungsprozesse schlanker gestaltet und dazu noch durch das neue System automatisiert werden. Bei den nicht sichtbaren Teilen sei die Eigenverantwortlichkeit angeführt, die im Rahmen der Einführung der neuen Technologie gestärkt werden muss – insbesondere dann, wenn es um die reinen HR-Themen geht, die heute häufig nur allzu gerne auf die HR-Mitarbeiter übertragen werden.

3.2 Führungsverantwortung

Führungsverantwortung bezieht sich auf die Verantwortung von Führungskräften, die ihnen zugeordneten Mitarbeiter zu führen, anzuleiten und den Betrieb in ihrem Verantwortungsbereich zu organisieren. Dies schließt insbesondere auch die Mitarbeiterführung ein und bedeutet daher auch, dass alle mitarbeiterführungsrelevanten HR-Prozesse entlang des Mitarbeiterlebenszyklus im Unternehmen in ihrer Verantwortung liegen. Das Selbstverständnis von HR, die Beschaffenheit der bisherigen HR-IT-Systeme und der Zwang zu Effizienz im Unternehmen haben bisher dazu geführt, dass HR einen großen Teil der Verantwortung, die eigentlich bei den Führungskräften liegen sollte, übernommen hat. Gerne auch immer unter dem Deckmantel der Effizienz, da HR-Mitarbeiter kostengünstiger arbeiten als Führungskräfte und Letztere sich obendrein dann besser auf ihr Kerngeschäft konzentrieren können. Genau diese Haltung aber ist fatal, da diese Einstellung von den Kernaufgaben einer Führungskraft ablenkt. Die Hauptaufgabe einer Führungskraft sollte das Führen von Mitarbeitern darstellen. Daher fördern die neuen HR Cloud Tools, die darauf ausgelegt sind, den Führungskräften wieder mehr Verantwortung in den HR-Prozessen durch Workflows und transparente HR-Daten zu geben, die Übernahme von Verantwortung durch die Führungskräfte. Leider sahen in der Vergangenheit viele der Führungskräfte keine Notwendigkeit, das HR-Instrumentarium anzuwenden, denn HR hatte die Aufgaben ja übernommen. Nun gilt es, genau diese Fähigkeiten bei der Digitalisierung von HR durch gezielte Personalentwicklungsmaßnahmen der Führungskräfte zu reaktivieren. Dies kann nicht nur durch Kommunikation erfolgen, sondern muss durch eine zielgerichtete Fit-Gap-Analyse der Stellen und der Führungskräfte auf möglicherweise neu formulierten Stellenbeschreibungen oder Rollenprofilen und daraus abgeleiteten Schulungsmaßnahmen erfolgen.

3.3 Regelungen und Richtlinien

Die Regelungen und Richtlinien im Unternehmen, welche die Aufgaben und Verantwortlichkeiten von Führungskräften, Mitarbeitern und der HR-Funktion sowie deren Mitarbeitern festlegen, müssen bei der Neugestaltung der Abläufe überarbeitet und angepasst werden. Dies ist nicht nur ein administrativer Akt, sondern mehr Kulturwandel als gedacht. Allein kleine Fragestellungen, wie die Unterschrift für ein Zeugnis oder die Genehmigung einer neuen Stelle, führen oft zu langwierigen Diskussionen. Daran ist zu erkennen, dass die Übernahme von Führungsverantwortung direkt die Führungskultur beeinflusst und zur Anpassung von Regelungen und Richtlinien führt. Es kann nicht isoliert die Führungskultur, das Führungsverhalten oder eine einzelne Regelung verändert werden. Es müssen immer alle drei Aspekte betrachtet und verändert werden.

3.4 Transparenz

Transparenz wird durch eine proaktive, offene Kommunikation innerhalb eines Unternehmens hergestellt. Durch Transparenz können Konflikte reduziert oder vermieden werden und die Führung erlangt Commitment. Die Transparenz im Unternehmen kann sich einerseits positiv auf die inneren Unternehmensstrukturen auswirken oder aber bei einer Nullfehlerkultur im Zweifelsfall auch zu Spannungen und Konflikten führen.

In jedem Fall fördert Transparenz das Vertrauen innerhalb der Belegschaft, und das hat wiederum zahlreiche weitere positive Punkte zur Folge:

- Das positive Image des Unternehmens steigt.
- Das Unternehmen wird als sympathisch bewertet.
- Die Mitarbeiterzufriedenheit steigt.
- Die Mitarbeiter fühlen sich wohl im Unternehmen.
- Kritische Nachfragen werden durch die transparente Beantwortung von Fragen minimiert.

Um Glaubwürdigkeit und Vertrauen im Unternehmen zu leben, bedarf es einer gut durchdachten Kommunikationsstrategie. Mit der Öffnung der HR-Systeme, die bislang überwiegend den HR-Mitarbeitern vorbehalten waren, wird nun maximal mögliche Transparenz in Bezug auf HR-Daten für alle Mitarbeiter, Führungskräfte und die Unternehmensleitung hergestellt. Das bedeutet, jeder Mitarbeiter im Unternehmen kann seine für ihn relevanten Daten (Berechtigungskonzept, Rolle) jederzeit einsehen.

Gleichzeitig ist es notwendig, gerade in der Anfangszeit, in der die Datenqualität noch nicht optimal sein wird, die Toleranz für fehlerhafte Daten zu fördern und parallel die Übernahme von Verantwortung für die Datenqualität durch die jeweiligen Rollen eindeutig zu benennen und einzufordern. Das bedeutet, dass eine gegebenenfalls neue Fehlerkultur sowie eine Kultur zur Übernahme von Verantwortung geschaffen werden müssen.

3.5 Mobiles Arbeiten

Unter »Mobiles Arbeiten« fallen nicht nur Tätigkeiten auf Geschäftsreise, im Auto oder im Hotel. Auch im Unternehmen selbst gibt es zahlreiche Situationen, in denen mobil gearbeitet wird. Arbeitnehmer sind dort tätig, wo sie gerade aufgrund von Terminen, aktuellen Teamzusammensetzungen oder ihrer Work-Life-Balance sein müssen – also sehr häufig auch an wechselnden Orten im eigenen Betrieb.

Mobiles Arbeiten stellt höhere Anforderungen an die Schlüsselkompetenzen der Beschäftigten. Mitarbeiter benötigen insbesondere mehr Selbstkompetenzen wie Selbstständigkeit, Flexibilität, Kreativität, Verantwortungs- und Leistungsbereitschaft sowie Zuverlässigkeit. Außerdem kann beobachtet werden, dass Arbeitnehmer auch bessere kommunikative Kompetenzen wie schriftliche und mündliche Ausdrucksfähigkeit, Diskussionsfähigkeit oder partnerorientierte Kommunikation mitbringen müssen. Daneben sind deutlich höhere Anforderungen an soziale Kompetenzen wie Konflikt- und Kritikfähigkeit, Teamfähigkeit, Einfühlungsvermögen, Durchsetzungsvermögen und Führungsqualitäten bei mobilem Arbeiten gefordert (Personal Süd 2016).

Diese genannten Anforderungen an die Kompetenzen der Mitarbeiter im Zusammenhang mit neuen mobilen Anwendungen und Oberflächen können nur in der Kombination von Organisations- und Personalentwicklungsmaßnahmen, Kommunikation, Change Management und neuen Formen, wie HR-Werkstätten, erfüllt werden. Besonders wichtig ist dabei, dass nur die Kombination aller Hebel und Maßnahmen die Haltung der Betroffenen verändern kann und damit die Basis für die Akzeptanz und den Erfolg ebnet.

3.6 Medienwechsel

Bei der Digitalisierung von HR wird es notwendig sein, Verhalten, Kompetenzen, aber auch technologische Errungenschaften zu verändern. Dazu gehört auch die Art und Weise der Nutzung von E-Mail-Programmen. Anstelle dieses Kommunikationsmediums wird vermehrt die HR-Cloud-Technologie mit mobilen und stationären Anwendungen in den Mittelpunkt rücken. Dies hat tiefgreifende Einflüsse auf die Organisation. Beispielsweise fand oftmals die Kommunikation zwischen Mitarbeitern, Führungskräften und HR mittels Mail oder Papier statt. In der Regel war diese frei und unstrukturiert. Diese Flexibilität wurde als sehr komfortabel empfunden. Die Folge war allerdings, dass zum Beispiel Führungskräfte im ersten Schritt schnell ein Anliegen loswerden konnten. Oftmals waren aber Nachfragen von HR notwendig, um den Sachverhalt bearbeiten zu können. Dies hat nicht nur den Prozess verlangsamt, sondern auch wieder Zeit der Führungskräfte zur Beantwortung der Nachfragen gebunden. Erst wenn alle Fragen geklärt waren, konnte HR beginnen, den Vorgang in ein System zu bringen und Daten zu erfassen. In Summe sind also zwei Parteien beteiligt, einen Vorgang in einem System zu erfassen. Eine HR Cloud erlaubt es dem Vorgesetzten, Prozesse ohne Beteiligung von HR direkt in diesem Werkzeug zu erfassen. Dies hat mehrere Vorteile:

- Steigerung der Prozessgeschwindigkeit
- Erhöhung der Datenqualität
- Transparenz über die Daten und den Prozess
- Effizienzgewinn in HR

Positiv ist dabei, dass die Führungskräfte mit den neuen User Interfaces der Cloud-Lösungen in der Regel nicht mehr Zeit für die gleiche Tätigkeit aufwenden müssen. Es handelt sich nur um einen Wechsel des Mediums für die Kommunikation. Damit aber die Betroffenen diese Einsicht auch erlangen können, müssen praktische Beispiele und Übungen die normale Kommunikation und Schulung flankieren, da sich andernfalls ihr Verhalten nicht dauerhaft verändern wird.

3.7 Datenhoheit

Neben der schon öfter genannten Transparenz schafft die Digitalisierung von HR auch einen anderen Umgang mit den Daten und der Übernahme von Verantwortung. Wurden bisher die Daten an HR geliefert und dort bearbeitet, konnte gleichzeitig auch die Verantwortung für die Daten an HR abgegeben werden. In neuer Umgebung hat HR zwar immer noch die Hoheit über das System und entscheidet über den Zugriff darauf, allerdings müssen Mitarbeiter und Führungskräfte bei der Digitalisierung auch die Verantwortung und die Hoheit für die Erfassung und die Korrektheit der Daten übernehmen. Dies bedeutet, dass, wie schon mehrfach erwähnt, die Verantwortung von den Führungskräften übernommen und anerkannt wird. Dies ist aber besonders schwierig, da die Erfassung von Daten auf den ersten Blick zusätzliche Arbeit bedeutet und daher zunächst strikt abgelehnt wird. Die Beseitigung dieses natürlichen Widerstandes ist eine der großen Herausforderungen, die nicht nur durch Kommunikation bewältigt werden kann. Gute Erfahrungen werden damit gemacht, Mehrwerte für die Betroffenen zu schaffen und darzulegen.

Nr.	Thema	Maßnahmen	Hauptbetroffene	Auswirkungen auf die Organisation und Kultur
1	**Führungskultur**	Führungskultur weiterentwickeln und Kulturentwicklung zum festen Bestandteil der Organisations- und Personalentwicklung machen (Aufnahme in die HR-Instrumente) Veränderungsbedarf identifizieren (Was hat uns bisher erfolgreich gemacht und was brauchen wir für die Zukunft?)	**Führungskräfte HR-Mitarbeiter**	Raum und Zeit für Kulturveränderung erfordert Freiräume. Die Auseinandersetzung und das Hinterfragen von Gewohnheiten, Glaubenssätzen und der eigenen Haltung zum Thema Führung wirkt sich auf die Unternehmenskultur und den Unternehmenserfolg aus.
2	**Führungsverantwortung**	Verantwortung übertragen und Rollen neu definieren Verantwortungsdialoge führen Verantwortungskultur und Kompetenz zum Führen von Verantwortungsdialogen bei den Führungskräften, aber auch Mitarbeitern und HR-Akteuren entwickeln Organisationsstruktur hinterfragen, gegebenenfalls anpassen	**Alle Beteiligten**	Verantwortung wird neu formuliert und das Verantwortungsbewusstsein gefördert. Kontinuierliche Auseinandersetzung mit Verantwortung im Kulturentwicklungsprozess führt zu (regelmäßiger) Verschiebung von Verantwortung. Die Veränderung der Beziehungen untereinander und Umgang mit Status/Macht beeinflussen die Organisationsstrukturen.
3	**Regelungen/ Richtlinien**	Harmonisieren und Verantwortungen neu regeln	**Alle Beteiligten**	Neuformulierung bzw. Anpassung Die Veränderung von Regelungen/Richtlinien wirken sich auf das Führungsverhalten aus und beeinflussen damit die Führungskultur.
4	**Transparenz**	Erwartungen zum Umgang mit Fehlern und Fehlertoleranz in der Organisation formulieren Lern- und Fehlerkultur etablieren und fördern Methoden zum Verankern von organisationalem Lernen sind im täglichen Arbeiten zu integrieren. Rollen und Methoden zur kontinuierlichen Verbesserung (Lernen aus Fehlern) einführen	**Alle Beteiligten**	Raum und Zeit für Kulturveränderung erfordert Freiräume. Die Etablierung einer Fehlerkultur und kontinuierliche Verbesserung beeinflussen die Aufbau- und Ablauforganisation sowie die Unternehmenskultur.

Nr.	Thema	Maßnahmen	Hauptbetroffene	Auswirkungen auf die Organisation und Kultur
5	**Mobiles Arbeiten**	Bereitstellung der Infrastruktur zum mobilen Arbeiten Schulungen Kultur des Vertrauens für den Umgang mit modernen Kommunikationsplattformen fördern Richtlinien und Regelungen formulieren	**Alle Beteiligten**	Zusammenarbeit wird neu definiert.
6	**Medienwechsel**	Verständnis schaffen, Schulungen	**Alle Beteiligten**	Siehe 5) Mobiles Arbeiten
7	**Datenhoheit: Datenstrukturen und Datenqualität**	Datenstrukturen harmonisieren Rollen definieren und Rollenverständnis bei der Datenhoheit herstellen	**Alle Beteiligten**	Siehe 4) Transparenz
	Datenmengen	Ressourcen bereitstellen, Datenerfassung definieren	**Alle Beteiligten**	Hoher Aufwand zur Datenbereinigung und Nacherfassung
8	**Berechtigungen**	Genehmigungsstufen verringern	**Führungskräfte HR-Mitarbeiter**	Verantwortungsbewusstsein wird gefördert. Entscheidungsbefugnisse werden von HR-Mitarbeitern auf Führungskräfte verlagert. Neue Entscheidungsstrukturen beeinflussen die Entscheidungskultur.

Abb. 3: Konkrete Maßnamen bei der Digitalisierung von HR

3.8 Berechtigungen

Ein weiteres wichtiges Entwicklungsfeld sind die Zugriffsberechtigungen zu den Systemen. Da mehr Daten erfasst und bearbeitet werden und die Einbindung der unterschiedlichen Gruppen im Unternehmen viel weitreichender sein wird, müssen der Umgang, die Haltung und die Kultur mit diesen sensiblen Daten adressiert werden. Neben den technischen Veränderungen im engeren Sinn müssen auch die Berechtigungen, beispielsweise beim Treffen von Entscheidungen, vorbereitet werden. Natürlich können auch in den neuen Systemen mehrere Berechtigungs- oder Freigabeschritte konfiguriert werden, allerdings steht dies im Widerspruch zu der Philosophie der Systeme und den Designprinzipien. Daher muss bei HR der potenzielle Verlust von Berechtigungen zur Freigabe von Prozessschritten kulturell verankert und die Übernahme von den Führungskräften akzeptiert werden.

4 Konkrete Maßnahmen sind für eine erfolgreiche Veränderung unabdingbar

Aus den für die beschriebenen Beteiligten skizzierten Entwicklungsfeldern, in denen Veränderungen stattfinden müssen, lassen sich konkrete Maßnahmen ableiten. Nachfolgend werden exemplarisch einige wesentliche genannt und deren mögliche Auswirkungen auf die Implementierung sowie auf die Organisation und Kultur verortet.

Unter Einsatz aller möglichen Maßnahmen und Methoden für die Beteiligten in den genannten Entwicklungsfeldern können die Haltung, das Verhalten, die Kultur und damit die Zufriedenheit der Mitarbeiter positiv beeinflusst werden und damit der Digitalisierung von HR und letztlich des gesamten Unternehmens zum Erfolg verhelfen. Entscheidend ist allerdings, dass tatsächlich die Tragweite der Digitalisierung als Kulturwandel verstanden und akzeptiert wird.

Quelle

Personal Süd (2016): »Mobiles Arbeiten«: Mehrheit der Beschäftigten arbeitet mobil. Pressemitteilung vom 10.05.2016, in: http://www.personal-sued.de/de/presse/pressemitteilungen/detail-ansicht-pressemitteilung/show-news/detail/News/studie-mobiles-arbeiten-mehrheit-der-beschaeftigten-arbeitet-mobil-1/ (letzter Aufruf: 11.10.2017).

Autorin

Crocetta Cammalleri ist verantwortlich für den Beratungsschwerpunkt Organisationsentwicklung bei WAHLER Human Resources. Sie ist auf die Konzeption und Umsetzung von Organisationsentwicklungsmaßnahmen zur Begleitung von HR-Transformationen und Systemeinführungen spezialisiert. Das Fundament ihrer Beratungstätigkeit bilden ihre Projekterfahrungen in Unternehmen unterschiedlicher Größe, vom DAX-Konzern bis zum Start-up. Sie verfügt über Erfahrungen als Projektleiterin, als Führungskraft und als Coach.

Kontakt: info@wahler-hr.com

Umsetzungsmodelle digitaler Transformation

Jörg John

Die digitale Transformation bestehender Geschäftsmodelle ist aktuell prägendes Thema in unserer Wirtschaft. Human Resources hat sich in vielen Unternehmen bereits auf die Digitalisierung von HR eingelassen, und beginnt, die neuen Möglichkeiten der HR-IT zu nutzen und das eigene Geschäftsmodell infrage zu stellen und anzupassen.

Dieser Beitrag zeigt an vier Beispielen aus der Praxis, wie HR-Bereiche ihr Geschäftsmodell auf die digitale Zukunft vorbereiten. Er diskutiert, wie die digitale Transformation der Personalarbeit über die gesamte Wertschöpfungskette hinweg gelingen kann, welche Hindernisse zu überwinden, welche Fehler vermeidbar sind und wie dadurch Wettbewerbsvorteile geschaffen und Kundenanforderungen besser erfüllt werden. Basis für diesen Praxisbericht sind insbesondere persönliche Erfahrungen aus Projekten zur digitalen Transformation von HR bei vier Unternehmen, die in den letzten fünf Jahren umgesetzt wurden, sowie das Wissen um die implementierten Verfahren und Systeme zweier HR Outsourcer.

1 Das Idealbild der Digitalisierung von HR im Ergebnis

Eine erfolgreich umgesetzte Digitalisierung von HR stellt Mitarbeitern und Führungskräften im Ergebnis eine jederzeit, von überall nutzbare HR-Plattform mit einer einheitlichen Oberfläche und »single sign on« zur Verfügung, in der sämtliche HR-Transaktionen eigenverantwortlich, revisionssicher und abschließend elektronisch abgewickelt werden können. Alle relevanten Informationen zur eigenen Person, zum eigenen Team und zu den Arbeitgeberangeboten werden individualisiert und vorgangsbezogen bereitgestellt. Führungskräfte erhalten im HR-Portal Zugriff auf alle Informationen zu Mitarbeitern, Teams, HR-Budgets, Kapazitäten und relevanten personalwirtschaftlichen Kennzahlen. Die Nutzer werden durch vorgangsbezogene Hilfen wie Wiki, FAQ, Online-Chat oder auch telefonisch von den HR-Spezialisten unterstützt. In Folge kann HR mehr Verantwortung delegieren und beratende HR Services in Form von Spezialisten-Funktionen bedarfsgesteuert leisten.

2 Herausforderungen in der Umsetzung: Vier Beispiele aus der Praxis

Aktuell setzen sich viele Unternehmen mit der Frage auseinander, wie ihre individuelle Antwort auf die digitale Transformation aussieht. Diese umfassende Aufgabe setzt sich unternehmensintern als Auftrag in die einzelnen Geschäftsbereiche und auch in die das Kerngeschäft unterstützenden Bereiche fort. Die Umsetzung reicht vom einzelnen öffentlichkeitswirksamen Innovationsprojekt bis hin zur nachhaltigen Veränderung des HR-Geschäftsmodells auf Basis neuer digitaler Technologie. Letzteres ist mittlerweile bei vielen zukunftsorientierten HR-Managern als strategisches Ziel gesetzt.

Die Praxisbeispiele von zwei Industrieunternehmen (hier genannt »Industrie 1« und »Industrie 2«) und zweier Banken (»Bank 1« und »Bank 2«) zeigen uns unterschiedliche Ansätze und Problemlösungen.

2.1 Der moderne Stratege ist schon lange digital und baut die HR Services um

Industrie 1 verfolgt seit zehn Jahren konsequent das Ziel, neueste Technologien zu nutzen und sämtliche HR-Prozesse IT-gestützt abzuwickeln. In dem Initialprojekt wurden die HR-Prozesse komplett überarbeitet und sämtliche HR-IT-Module – inklusive ESS, MSS, digitalem Dokumentenmanagement und Dokumentenerzeugung (Briefschreibung) – eingeführt. Das Projekt hat mit einer Verzögerung von zwölf Monaten die bestehenden HR-Applikationen abgelöst. Die Entgeltabrechnung wurde an einen Dienstleister ausgelagert, der zeitgleich zum Kundenprojekt seine Dienstleistungsprozesse digitalisiert hat. Nach der Erstimplementierung wurde das Organisationsmanagement und das rollenbasierte Berechtigungskonzept überarbeitet und die Anwenderfreundlichkeit durch Aufbau zielgruppenspezifischer Sub-Portale (zum Beispiel Entsendung, Reisen oder Performance Management) weiter verbessert. Aufgrund zum Projektbeginn noch nicht erprobter technischer Lösungen war die technische Umsetzung aufwendiger als geplant und konnte nur aufgrund der hohen Investitionsbereitschaft von Industrie 1 umgesetzt werden. Als letzter Schritt wurde vor zwei Jahren das bestehende Business-Partner-Modell aufgegeben und die Personalarbeit in spezialisierte HR-Service-Teams überführt.

2.2 Der schlaue Taktiker führt Bestehendes erfolgreich in die digitale Zukunft

Bank 1 hatte am Beginn des Digitalisierungsprojekts die HR-Administration und die Entgeltabrechnung bereits seit Jahren extern vergeben. Dieser Outsourcer erbrachte seine Leistung bereits vollständig digitalisiert in einem zentralen HR Service Center. Die beleggestützten HR-Prozesse des Kundenunternehmens wurden im Zuge des Projektes durch elektronische Prozesse abgelöst. Das Scannen von Dokumenten beim Dienstleister konnte in Folge eingespart werden. Basierend auf etablierten HR-Basissystemen wurde ein HR-Portal inklusive Workflow-Managementsystem implementiert. Kern der technologischen Implementierung war die bidirektionale Anbindung der HR-Basissysteme, also eine Datenübertragung in beide Richtungen, die Einführung eines rollenbasierten Berechtigungssystems sowie die Integration eines Redaktionssystems, das es ermöglicht, Content, also Informationen über Regelungen, Produkte und Prozesse der HR-Funktion, rollenabhängig im Portal bereitzustellen. Der Abschluss des Projekts hatte sich wegen der Anforderungen des Datenschutzes, ein Konzept zur Löschung von Daten und Dokumenten umzusetzen, stark verzögert.

2.3 Der konsequente Standardisierer hat den Erfolg zum geringen Preis

Industrie 2 hat vor drei Jahren die bestehenden HR-Applikationen mittels einer standardisierten HR-SaaS-Lösung abgelöst. Die SaaS-Lösung beinhaltete sämtliche HR-Basiskomponenten (Stammdaten, Payroll, Time, Personalentwicklung etc.), das Organisationsmanagement inklusive der HR-Planungskomponenten, ein HR-Workflowsystem mit vordefinierten HR-Workflows und standardisierten Rollendefinitionen, eine digitale Personalakte, ein Ticketsystem sowie mobile Apps. Das Unternehmen hat vorab bzw. zu Projektbeginn keine Prozesserhebung und kein Prozessredesign durchgeführt. Die Lösung wurde im Standard für acht Länder ausgerollt. Prozessuale und fachliche Besonderheiten wurden, soweit rechtlich erforderlich, im Rahmen des länderspezifischen Rollouts durch Erweiterung des Standards berücksichtigt. Das Projekt wurde in Time und in Budget innerhalb von zwölf Monaten abgeschlossen. Wichtig für den Projekterfolg war die klare Unterstützung durch das Topmanagement und die Projektbegleitung durch ein eigenes Change-Management-Team.

2.4 Der blauäugige Follower setzt auf die falsche Lösung und scheitert

Bank 2 hat vor drei Jahren begonnen, die bestehenden HR-Applikationen durch eine standardisierte HR-SaaS-Lösung zu ersetzen. Projektumfang waren die HR-Basiskomponenten Stammdatenverwaltung, Payroll, Time und elektronische Akte. Die Organisationsstruktur konnte abgebildet werden; Hierarchien, Vertreterregelungen und weitere Rollen wie HR Business Partner, Controlling oder Betriebsrat jedoch nicht. Das System hat lediglich die Abbildung von einstufigen Workflows zugelassen, eine End-to-End-Abbildung vordefinierter mehrstufiger Arbeitsabläufe war nicht möglich. Das schwach ausgeprägte Organisationsmanagement hat dazu geführt, dass ein wirksamer und rollenbasierter Datenschutz nicht umgesetzt werden konnte. In Folge konnten nötige Informationen nicht wie geplant bereitgestellt werden. Aufgrund des Fehlens einer brauchbaren und integrierten Komponente zur Erstellung von Dokumenten wie etwa Verträgen oder Entgeltbriefen konnten Teile der geplanten Arbeitsentlastung der HR Services nicht realisiert werden. Das System wurde zum geplanten Zeitpunkt nur für einen Teil des Konzerns produktiv gesetzt. Im Rahmen der Nachbesserung wurde das Berechtigungskonzept auf mitarbeiterbezogene Berechtigungen umgestellt. Das Verfahren blieb fehleranfällig und administrativ aufwendig, ermöglicht jedoch die gesicherte Informationsbereitstellung. Mehrstufige Workflows sind mittlerweile mittels mehrerer einstufiger Workflows abgebildet, wobei Folgeworkflows manuell angestoßen und die jeweiligen Empfänger manuell benannt werden müssen. Die Akzeptanz der Lösung ist gering und einige Konzerngesellschaften weigern sich nach wie vor, das System einzusetzen.

3 Problematiken aus Sicht eines Praktikers

Die HR-Digitalisierung basiert auf der elektronischen Bereitstellung von Informationen und Services. Sind vorhandene HR-Applikationen nicht entsprechend erweiterbar, müssen diese in Folge abgelöst oder durch weitere Systeme und somit um weitere Schnittstellen ergänzt werden. Ist ein bidirektionaler Datenaustausch nicht oder nur mit unverhältnismäßig hohem Aufwand möglich, kann nur eine Teilfunktionalität bereitgestellt werden. Bank 1 hat ihre bestehenden Systeme erfolgreich eingebunden und dadurch Prozessbrüche verhindert und alle nötigen Plausibilitätsprüfungen ermöglicht. Industrie 2 hat durch Einsatz eines integrierten Systems das Risiko, länderspezifische Anforderungen im Workflow nicht abbilden zu können, vermieden.

Die Komplexität der Organisationsstruktur (Kostenstellenverantwortung, Matrix- und Projektorganisationen, organisationsübergreifende Vorgesetztenrollen, differenzierte HR-Rollen etc.) ist ein entscheidender Faktor bei der Umsetzung von Berechtigungsstrukturen und Prozessen. Sollen Workflows automatisiert und systemgeführt funktionieren, müssen diese Strukturen und Rollen komplett erhoben und vollständig sowie fehlerfrei abgebildet werden. Bank 2 ist dies nicht gelungen, in Folge konnten Workflows nur unzureichend abgebildet und Informationen aufgrund nicht differenziert abbildbarem Datenschutz nicht bereitgestellt werden. Unternehmen mit einer eindimensionalen Organisationsstruktur und hierarchiebezogenen Rollen haben geringere Anforderungen und folglich die Möglichkeit, Systeme mit weniger ausgeprägtem Organisations-, Rollen- und Berechtigungsmanagement einzusetzen.

Systeme, die ohne hinterlegte Organisationsstruktur und Rollendefinitionen arbeiten, bieten die Möglichkeit, während der Bearbeitung den nächsten Empfänger, etwa einen Genehmiger, im Workflow frei festzulegen. Sie haben jedoch den Nachteil, dass die Genehmiger-Instanz nicht überprüft werden kann. Für kleinere, überschaubare und eher statische Organisationen kann dies durchaus eine akzeptable und kostengünstige Alternative sein; in der Regel bleibt diese Lösung aber unbefriedigend. Auch für Bank 2 war es keine Alternative.

Selbst wenn die Systemfunktionalität gut umgesetzt ist, werden sich gegen die HR-Digitalisierung vor allem innerhalb der HR-Funktion Widerstände regen. Personaler wehren sich vor allem gegen die Verschlankung administrativer HR-Einheiten und gegen die Einführung unterstützender IT-Lösungen wie zum Beispiel Ticketsysteme, Telekommunikations-Funktionen wie Call Center Monitoring und skillbasiertes Anrufrouting, Online Chats, Wikis und die vorgangsbezogene Messung von Key-Performance-Indikatoren (KPIs). In der Folge wird versucht, bestehende Verfahren und Rollen zu verfestigen, die Beteiligungs- und Kontrollfunktion des HR-Bereichs zu erhalten und sachbearbeitende Tätigkeiten beizubehalten, statt effizientere technologische Möglichkeiten, wie zum Beispiel automatisierte Vertragsschreibung, Zeugniserstellung, Dateneingabe am Entstehungsort etc., auszuschöpfen. Industrie 1 hat die Anpassung der Organisation mittels eines eigenständigen Change-Projekts erfolgreich umgesetzt, während Industrie 2 mit dem Druck einer zentralen Managemententscheidung die organisatorische Anpassung durchsetzte.

Die Problemfelder sind von den sogenannten »Early Adopters«, die als Erste auf die HR-Digitalisierung setzten, bereits überwunden. Die technologische Entwicklung und die darauf basierenden Angebote von Softwareherstellern und HR-Dienstleistern lassen die Frage der technischen Machbarkeit zunehmend in den Hintergrund treten. Die verfügbaren Softwarelösungen sind heute soweit ausgebaut, dass das beschriebene HR-Digitalisierungsszenario weitgehend als HR-IT-Standardapplikation bereitsteht. Auch die Einbindung von Bestands- und losgelösten Einzelapplikationen ist inzwischen bei vielen Lösungen vorgesehen. Im Rahmen der Digitalisierung und der Weiterentwicklung der HR-IT-Systeme werden vorgefertigte HR-Prozesse, Rollen und fachliche Standards (zum Beispiel Leistungsbeurteilung) in bis dato nicht vorstellbarer Detaillierung weitgehend schlüsselfertig geliefert. Prozessdesign und Rollendefinition werden dadurch deutlich vereinfacht und bestehen lediglich aus der Anpassung an unternehmensindividuelle Anforderungen.

Dies schafft in einem Digitalisierungsprojekt Raum, die HR-Service-Strategie und Change-Management-Aktivitäten intensiver zu bearbeiten. Das Thema Datenschutz und Datensicherheit wird komplexer und noch wichtiger. HR-Software ist zunehmend nicht mehr On-Premise (als Lizenz) verfügbar und On-Demand-Lösungen (Software as a Service) werden oft in der Public Cloud einer Mehrzahl von Nutzern zur Verfügung gestellt. Bei allen Sicherheitsbemühungen der Anbieter ist eine genaue Abwägung der Risiken und eine bewusste Auswahl von HR-IT-Dienstleistern unabdingbar, insbesondere unter dem Aspekt der im Mai 2018 in Kraft tretenden EU-Datenschutz-Grundverordnung (GDPR/EU-DS-GVO) und der damit verbundenen Frage des Orts der Datenhaltung.

4 Praktischer Leitfaden für HR-Digitalisierungsprojekte: Die Erfolgsfaktoren

Das Beispiel des »konsequenten Standardisierers« Industrie 2 zeigt deutlich, dass schlanke und erfolgreiche HR-Digitalisierungsprojekte auf Basis durchdachter und verfügbarer Gesamtlösungen möglich sind. Die Technologie limitiert nicht mehr, die entscheidende Frage ist vielmehr, ob HR bereit ist, etablierte Prozesse und Rollen zu verlassen und Verantwortung an Führungskräfte und Mitarbeiter zurückzugeben.

Um die HR-Digitalisierungsstrategie erfolgreich umzusetzen, ist es nötig, das HR-Services-Geschäftsmodell neu zu justieren. Dieser Schritt ermöglicht die erfolgreiche und nachhaltige Umsetzung einer HR-Digitalisierungsstrategie und schafft die Basis für prozessuale und organisatorische Veränderungen sowie angepasste und neue Serviceangebote des HR-Bereichs. Ein HR-Digitalisierungsprojekt sollte folgende Teilprojekte umfassen:

- Change Management
- HR-Organisation
- HR-Prozesse
- HR-Technologie

Change Management

Aufgrund der tiefgreifenden Änderung des Geschäftsmodells von HR, das in der Dimension vergleichbar ist mit dem Wechsel vom Einzelhändler in der Fußgängerzone zum Onlinehändler, ist es notwendig, dem Thema Change Management eigenen Raum und eine professionelle Teilprojektleitung zu geben.

HR-Prozesse

Die HR-Prozesse bilden eine moderne HR-Service-Organisation ab. Die relevanten Kernpunkte sind neben dem Bekenntnis, die neuen technologischen Möglichkeiten nutzen zu wollen, vor allem:

- die Verschlankung der HR-Prozesse unter anderem durch Abschaffung verzichtbarer Prozessschritte oder -beteiligter und unnötiger Kontrollen,
- die Herstellung der Entscheidungs- und Handlungsfähigkeit von Mitarbeitern und Vorgesetzten unter anderem durch Bereitstellung aller prozessrelevanten Informationen und
- die Bereitstellung unmittelbar verfügbarer vorgangsbezogener Hilfe und Beratung unter anderem durch Wikis, Chats oder auch telefonisch.

Alternativ zu aufwendiger Prozesserhebung und -redesign kann auf Basis der verfügbaren Angebote die Projektierung mit vordefinierten HR Workflows und standardisierten Rollendefinitionen empfohlen werden. Prozessuale und fachliche Besonderheiten werden im Rahmen des Rollouts erkannt und berücksichtigt.

HR-Organisation

Neue Basistechnologien und Arbeitsstrukturen professionalisieren die HR Services. Die HR-Service-Organisation erhält die bei Call- und Servicecentern üblichen Teamstrukturen und Technologien. Die Geschäftsprozessanteile von HR Services werden als integraler Bestandteil eines HR-Portals in HR Employee und Manager Self Services abgebildet. Fragen, Beratungen und Sonderaufgaben werden vorgangsbezogen ticketgesteuert bearbeitet. Die Kommunikation wird im Workflow dokumentiert und die Servicequalität laufend mittels Key-Performance-Indikatoren (KPIs) gemessen.

HR-Technologie

Wesentlicher Aspekt für ein Gelingen ist es, die technologische Durchlässigkeit zu HR-Basissystemen (unter anderem Stammdatenverwaltung, Entgeltabrechnung, Zeitwirtschaft) und etwaigen zusätzlichen HR-IT-Applikationen sicherzustellen.

Um einen funktionierenden Datenschutz zu schaffen, wird die Unternehmensorganisation zentral abgebildet. Es werden alle Organisationseinheiten, Hierarchiestufen, Funktionen und Rollen und deren Verhältnis zueinander erfasst und zugeordnet. Außerdem wird ein rollenbasiertes Berechtigungskonzept umgesetzt. Der Datenschutz, inklusive etwaiger Löschkonzepte, wird von Anfang an berücksichtigt.

Die mobilen Services via mobile App und das auch von außerhalb der Unternehmens-Firewall erreichbare HR-Portal sind als Akzeptanzfaktor ein wesentlicher Baustein zum Heben weiterer Leistungsvorteile. Um die sichere Nutzung von HR-Portalen über mitarbeitereigene Geräte wie Smartphones oder Tablets zu ermöglichen, können Mobile-Device-Management-Systeme (MDM) eingesetzt werden.

5 Die Bedeutung der HR-Digitalisierung und ihre Auswirkungen

Die aktuelle technologische Entwicklung erweitert die digitalen HR Services um

- mobile bzw. Smartphone-Lösungen,
- Big Data,
- Gamification,
- kollaborative Arbeitsplattformen,
- intelligente Feedbacksysteme,
- Lösungen für die Personal- und Teamentwicklung in virtuellen Gruppen und
- neue Verfahren zur Leistungsbeurteilung und Personalauswahl auf Basis von Expertensystemen.

Nur als integrierte Angebote und auf datenschutzrechtlich gesicherter Basis werden sich die bereits verfügbaren und zukünftigen Angebote entfalten und positiv wirken können. Human Resources sollte die sich durch die Digitalisierung eröffnenden Freiräume nutzen, um in analogen Treffen und Gesprächen am Puls der Mitarbeiter zu bleiben und eine positive Unternehmenskultur zu fördern. Wer sonst, wenn nicht HR, sollte diese Verbindung von Technik und menschlichen Beziehungen knüpfen können? Mein persönlicher Ausblick nach (m)einem Rückblick: Das HR-Management sollte diese Chance nutzen. Nicht nur um die HR Services zu modernisieren, sondern auch, um kontraproduktiv wirkende personalwirtschaftliche Instrumente den Erkenntnissen aus Wissenschaft, Expertensystemen und Big Data folgend infrage zu stellen und sich zukunftsfähig aufzustellen. HR kann dabei nur gewinnen!

Autor

Jörg John ist seit mehr als 30 Jahren im Bereich HR tätig, davon fast 10 Jahre als Geschäftsführer und Berater mit der HCM Gilde GmbH. Seit Februar 2017 verantwortet er bei dem HR-Dienstleister Zalaris ASA die personalstrategischen Aktivitäten und die Expansion nach Deutschland, Österreich und in die Schweiz. Zuvor war er unter anderem als HR-Manager für T-Mobile und als Geschäftsführer der ehemaligen fujitsu-Tochter fidelis HR (mittlerweile SD Worx) aktiv.

Kontakt: mail@joerg-john.de

Digitalisierung der Arbeitswelt – Mehrwert für den Menschen?

Andreas Welte, Thomas Eschbach und Karl-Heinz Wiesemann

1 Hintergrund

Aktuell wird unter dem Begriff »Arbeitswelt 4.0« der Wandlungsprozess der Arbeitswelt diskutiert. Getrieben ist diese Entwicklung von einer ungeheuren Dynamik an technischer Innovation. Welches Interesse hat nun die Kirche, sich an einer scheinbar rein technischen Diskussion zu beteiligen?

Der Fortschrittsgedanke betrifft im Grunde genommen alle Lebensbereiche des Menschen und hat somit auch ganz dezidiert soziale, gesellschaftliche, politische, geistige, ethische und gesamtkulturelle Dimensionen. Aus unserer Sicht wäre es daher viel zu kurz gegriffen, allein den Technikern den Platz zu überlassen und den Fortschrittsgedanken auf die Dimension der Technik zu reduzieren.

Die katholische Soziallehre beschäftigt sich fundamental mit den Wandlungen in der Arbeitswelt und den wirtschaftlichen Zusammenhängen und reflektiert sie auf die Auswirkungen auf den Menschen hin. Durch die Industrialisierung im 19. Jahrhundert und die Entstehung der »sozialen Frage« wurden die Umbrüche der Arbeitswelt zu einem wichtigen und zentralen Thema der kirchlichen Lehrverkündigung. Als Reflexionsfolie wirtschaftlicher Prozesse dienen die Prinzipien: Personalität, Gemeinwohl, Solidarität und Subsidiarität. Die in diesen Prinzipien implizit enthaltenen moralischen Forderungen betreffen sowohl »das persönliche Handeln der Einzelnen, insofern sie die unersetzbaren Träger der Verantwortung auf jeder Ebene sind, als auch zugleich die Institutionen, die durch Gesetze, gewohnheitsmäßige Normen und zivile Strukturen repräsentiert werden, weil diese die Fähigkeit haben, die Entscheidungen vieler über lange Zeiträume hinweg zu beeinflussen und darauf einzuwirken« (Päpstlicher Rat 2006, Nr. 163).

Ihr Metier ist das Personalmanagement. Sie sind gefordert, die ganzen Wandlungsprozesse für Ihr Unternehmen und Ihre Beschäftigten mit Blick auf die anstehenden Herausforderungen und möglichen Auswirkungen im Heute und Morgen zu bedenken. Sie sind zusammen mit anderen im Unternehmen wesentlicher Entscheider, wie in Zukunft Menschen leben und arbeiten werden. Die konkreten Entscheidungen vor Ort liegen in Ihren Händen. Unsere Verantwortung als Kirche sehen wir darin, aus der Kraft des uns anvertrauten Glaubens orientierungsgebende Instanz zu sein. Das kann auch bedeuten, prophetisch zu sprechen, das heißt, Mahnerin und Hüterin sein, wenn es darum geht, Irrwege und Gefahren aufzuzeigen.

2 Dimensionen der Arbeit – Herausforderungen für das HR-Management

2.1 Personalität

Seinem Wesen nach ist der Mensch Person. Er ist ein Freiheitswesen, dessen Zweck in ihm selbst liegt. Ausgestattet mit Vernunft und Willensfreiheit hat jeder Mensch Rechte und Pflichten, die unmittelbar aus seiner Natur hervorgehen. Sie sind unverletzlich, da die sie begründende Würde des Menschen unveräußerlich ist. Diese Rechte sind allgemeingültig und dürfen in keiner Weise veräußert werden. Die Personalität gründet in der Gottebenbildlichkeit des Menschen (vgl. Gen 1,26 f. und Psalm 8, 5-7), die jedem Menschen eine unbedingte und jeder menschlichen Verfügung entzogene Würde, unabhängig von Rasse, Geschlecht oder sozialer Herkunft, zusichert.

Dieser sehr komplexe Begriff der Personalität gilt in seinen Prämissen für alles Tun des Menschen und daher auch für die menschliche Arbeit. Arbeit hat demnach immer eine personale Dimension, das heißt, das Maß zur Bewertung der Arbeit ist der arbeitende Mensch selbst. Aufgrund dieses Vorrangs des subjektiven, personalen Sinns menschlicher Arbeit ist »die Arbeit für den Menschen da und nicht der Mensch für die Arbeit« (Johannes Paul II., LE 6,6). Der Maßstab für jedwede Arbeit ist die Würde ihres Subjekts, also der Person des Menschen, der sie verrichtet. Ziel jedweder Arbeit, seien es höchst bedeutsame Aufgaben oder völlig eintönige, ist letztendlich doch immer der Mensch selbst. So betont auch Papst Franziskus in seiner Enzyklika Laudato si: »Die Arbeit ist eine Notwendigkeit, sie ist Teil des Sinns des Lebens auf dieser Erde, Weg der Reifung, der menschlichen Entwicklung und der persönlichen Verwirklichung« (Franziskus, LS 128).

Die Arbeit beinhaltet also eine wesentliche Dimension menschlich-personaler Entfaltung. Neben der Selbstentfaltung trägt der arbeitende Mensch zur wirtschaftlichen, gesellschaftlichen und kulturellen Entwicklung bei und nimmt so auch Anteil am Schöpfungswerk Gottes. Die Technik darf den Menschen nicht verdrängen, seiner schöpferischen Verantwortung berauben oder zum Sklaven der Maschine machen (LE 5,4). Menschliche Arbeit darf nicht als eine Ware auf dem Arbeitsmarkt, als bloßes, der Gesamtheit der materiellen Produktionsmittel gleichgeschaltetes Werkzeug behandelt werden (LE 7,3).

Wenn man den Auguren und Zukunftsforschern trauen darf, so zeichnen sich einige Entwicklungen auf dem Arbeitsmarkt ab, die das beschriebene Prinzip der Personalität infrage stellen und die Würde der menschlichen Person nicht berücksichtigen. Umso wichtiger ist es, sich unter anderem mit diesen Herausforderungen und Fragen auseinanderzusetzen:

- Welche neuen Interaktionsformen zwischen Mensch und Maschine werden sich entwickeln? Und was bedeutet es, wenn Maschinen immer mehr zu Kollegen und Kooperationspartnern oder vermehrt zu dessen Kontrolleuren werden?
- Was bedeutet es, wenn die räumliche und zeitliche Verortung des Leistungserbringers keine Rolle mehr spielt? Erlangt Arbeit damit nicht die gleiche Mobilität wie das Kapital?
- Welche Chancen und Gefahren verbergen sich hinter Crowd- und Clickworking-Arbeitsverhältnissen?
- Wie ist der Wandel vom Arbeitsverhältnis zum Arbeitseinsatz zu beurteilen?

2.2 Subsidiarität

Eng mit dem Prinzip der Personalität ist das Subsidiaritätsprinzip verbunden. Im Subsidiaritätsprinzip steckt der Gedanke, dass der Mensch als Person unterstützungsbedürftig und ergänzungsfähig ist, dieses Prinzip ergänzt somit die Selbstbestimmungsrechte. Jedwede gesellschaftliche Aufgabe gilt es zuerst immer der kleinstmöglichen Gruppe anzuvertrauen. Die nächsthöhere Ebene darf die Aufgabe erst dann übernehmen, wenn die kleinere Einheit zur Lösung des Problems nicht dazu in der Lage ist.

Im Sinne der Soziallehre bedeutet dies, dass der einzelne Mensch oder das kleinere soziale Gebilde ein Recht haben auf Unterstützungsleistung, wo es nötig ist, durch das größere und umfassendere soziale System – in Ihrem Fall durch den Betrieb. Die betrieblichen Hilfeleistungen sollen und müssen sich daran orientieren, dass der Einzelne weder über- noch unterfordert wird. Das Maß der Unterstützung bestimmt sich aus dem Verhältnis aus Eigen- und Fremdbestimmung. Das Subsidiaritätsprinzip meint also immer eine Hilfe zur Selbsthilfe. Daraus ergeben sich unter anderem diese Herausforderungen und Fragen:

- Wie verhält sich die Personalentwicklung mit Blick auf Beratung und Begleitung von Mitarbeitern?
- Unterstützt und befähigt die Personalentwicklung die Führungskräfte so, dass sie ihre Mitarbeitenden so führen, dass diese Entscheidungen in Bezug auf ihre Arbeit möglichst selbstverantwortlich und eigenständig treffen und realisieren können?

2.3 Solidarität

Das Solidaritätsprinzip bringt die soziale Dimension der menschlichen Person zum Ausdruck. Kein Mensch kann nur für sich alleine leben. Immer ist er auch auf die Unterstützung anderer angewiesen. »Einer trage des anderen Last; so werdet ihr das Gesetz Christi erfüllen« (Gal 6,2).

Der Mensch als Gemeinschaftswesen ist auf Gemeinschaft hin orientiert und somit zur Solidarität verpflichtet. Von seiner ursprünglichen Bedeutung her meint Solidarität die Gemeinverpflichtung und Gemeinhaftung mehrerer Personen, die gemeinsam eine Aufgabe zu erfüllen haben. Im betrieblichen Kontext meint dies, dass jeder Mitarbeiter in Verantwortung genommen werden kann, solidarisch für den Anderen oder Einzelnen einzustehen. Dies meint auch eine grenzüberschreitende Solidarität mit anderen Betrieben, anderen Wirtschaftsräumen in einer globalisierten Welt. Um den Wert Solidarität abzusichern, bedarf es verlässlicher rechtlicher und organisatorischer Strukturen. In diesem Kontext stellen sich unter anderem folgende Herausforderungen und Fragen:

- Haben Sie in Ihrem Unternehmen eine Kultur, die dazu beiträgt, dass solche Strukturen geschaffen, gefördert und bewahrt werden, die eine solidarische Praxis ermöglichen und sichern?
- Wo und wie werden Räume der Kommunikation und der Vernetzung gestaltet, dass sie dem Menschen dienlich sind?
- Was bedeutet es, wenn zukünftig immer weniger die Organisationszugehörigkeit, sondern nur noch die fachliche Expertise die Loyalitäten leitet?
- Welche Auswirkungen ergeben sich daraus, dass aufgrund gelöster Bindungen ein Engagement für Allgemeinbelange nur noch selektiv stattfindet?
- Welche Konsequenzen hat dies für die betriebliche Mitbestimmung und kollektiven Schutzrechte?
- Welche rechtlichen und organisatorischen Strukturen gibt es hierzu?

2.4 Gemeinwohl

Gemeinwohl, so das Zweite Vatikanische Konzil, ist die Summe all jener Bedingungen des gesellschaftlichen Lebens, die den Einzelnen, den Familien und gesellschaftlichen Gruppen ihre eigene Vervollkommnung voller und ungehindert zu erreichen gestattet (GS 74). Es bezeichnet den Zustand eines gesellschaftlichen Gebildes oder Gemeinwesens, das seinen Gliedern die notwendigen Voraussetzungen und Hilfen für die Erreichung bestimmter Ziele bereitstellt. Gemeinwohl bezeichnet also nicht nur das Wohl der einzelnen, sondern auch das Wohl aller Menschen. »Es ist das Wohl jenes ›Wir alle‹, das aus Einzelnen, Familien und kleineren Gruppen gebildet wird, die sich zu einer sozialen Gemeinschaft zusammenschließen« (Benedikt XVI., CiV 7). Um dies zu gewährleisten, braucht es eine Instanz, die die unterschiedlichen Interessen so koordiniert, dass möglichst alle ein menschenwürdiges Leben führen können.

Es werden also die Rahmenbedingungen einer funktionierenden staatlichen Ordnung benötigt, wie diese in einem Rechtsstaat gegeben sind. Eigentum, freie Arbeit, Unternehmertum und Markt sind wichtige Bausteine einer erfolgreichen, menschengerechten und gesellschaftsgerechten Wirtschaft. Aber sie müssen in das Gemeinwohl eingebunden und mit Blick auf das Gemeinwohl kontrolliert werden. »Damit stellt sich die christliche Soziallehre keineswegs gegen den Markt, sondern verlangt, dass er von den sozialen Kräften und vom Staat in angemessener Weise kontrolliert werde, um die Befriedigung der Grundbedürfnisse der Gesellschaft zu gewährleisten« (Johannes Paul II., CA 35). Die Wirtschaft hat dem Gemeinwohl zu dienen und das Gemeinwohl steht über dem Markt. Unter dieser Prämisse stellen sich unter anderem folgende Herausforderungen und Fragen:

- Welche individuellen und gesellschaftlichen Implikationen ergeben sich, wenn sich Belegschaften weiter spalten (intellektuell und finanziell)?
- Welche individuellen und gesellschaftlichen Implikationen ergeben sich, wenn das Erwerbsarbeitsverhältnis für die Mehrheit der Beschäftigten die Basis der sozialen Sicherheit darstellt, das Normalarbeitsverhältnis aber immer weiter zurückgedrängt wird?
- Wie wird mit den Sicherheits- und Schutzbedürfnissen der Beschäftigten umgegangen?
- Wie verhalten sich Reglementierung und Freiheit zueinander?

3 Zusammenfassung

Die Arbeit ist ein wesentlicher Bestandteil des Menschseins und umfasst nach dem Verständnis der katholischen Soziallehre mehr als nur die Erwerbsarbeit. Arbeit ist »jede zielgerichtete und leistungsbestimmte Form menschlicher Tätigkeit« (Baumgartner/Korff 1999, S. 88). Sie hat dabei einen Doppelcharakter: Einerseits bedeutet sie für den Menschen oft Mühsal, Last, Zumutung und Selbstüberwindung, andererseits aber auch Kreativität, Glück und Selbsterfüllung (vgl. Baumgartner/Korff 1999, S. 88). Sie ist das notwendige Mittel zur Bestreitung der Existenzsicherung und zugleich das Medium für die Entfaltung des Menschseins und der sozialen Integration. Der arbeitende Mensch trägt zur wirtschaftlichen, gesellschaftlichen und kulturellen Entwicklung bei und nimmt so auch Anteil am Schöpfungswerk Gottes. Arbeit ist kein Selbstzweck. Sie soll der Verwirklichung einer menschenwürdigen Gesellschaft dienen, denn durch die Arbeit bringt der Mensch die in ihm und die in der Welt liegenden Möglichkeiten zur Entfaltung.

Auch wenn sich durch die digitale Technik die Ausdrucksformen, Rahmenbedingungen und Koordinaten der menschlichen Arbeit verändern, so bleibt die Forderung der Kirche bestehen, die »Würde der menschlichen Arbeit«, die mit der Würde des einzelnen Menschen verbunden ist, zu wahren (vgl. Kommissariat der deutschen Bischöfe 2015). »Die Anforderungen an das Arbeitsrecht und an die Gestaltung der Arbeits- und Sozialpolitik bleiben daher aus Sicht der Kirche im digitalen Zeitalter dieselben wie in der analogen Welt« (Kommissariat der deutschen Bischöfe 2015, S. 1).

Die Herausforderungen für das Personalmanagement sind groß. Es gibt eine ganze Reihe an Spannungsfeldern, in denen Richtungsentscheidungen getroffen werden müssen. Durch immer leistungsfähigere Assistenz-Systeme, weltweite Internetverknüpfung, hoch entwickelte Robotik und Sensorik, intelligente Software-Systeme, Big Data und vieles mehr besteht die Gefahr für das Personalmanagement, den Menschen nur segmentiert und zweckorientiert zu betrachten. Aus unserer Sicht liegt der Mehrwert für ein Unternehmen auch und gerade in dem »Mehr« als nur der Verzweckung. Das bedeutet, das Personalmanagement muss den Menschen in seiner Gesamtheit wahr- und ernstnehmen. Weiter müssen die gewachsenen Schutzmechanismen des Rechts auch in vollem Umfang für die digitale Arbeit gelten. So sind etwa der arbeits- und sozialrechtliche Schutzgedanke, die betriebliche Mitbestimmung und die Sozialpartnerschaft auf gleichem (oder auch höherem) Niveau in der digitalisierten Arbeitswelt zu verwirklichen (Kommissariat der deutschen Bischöfe 2015).

4 Selbstreflexion

Wenn Sie Ihr Unternehmen vor dem Hintergrund der Prinzipien der Soziallehre reflektieren, so kann Ihnen nachstehendes Analyse-Tool hilfreich sein, um den Ist-Zustand und Soll-Zustand zwischen den jeweiligen Polen einzuzeichnen. Ergänzen Sie dieses Raster gerne um eigene Begriffspaare.

Sicherheit	←→	**Unsicherheit**
Mensch	←→	**Maschine**
starrer Rahmen	←→	**offene Systeme**
linear	←→	**komplex**
eingebunden	←→	**ausgegrenzt**
individualisiert	←→	**kollektiv**
geschützt	←→	**ungeschützt**
eintönig	←→	**kreativ**
Mitarbeiter-orientiert	←→	**Kapital-orientiert**
Macht	←→	**Ohnmacht**
selbstbestimmt	←→	**fremdbestimmt**
verzweckt	←→	**ganzheitlich**
	←→	

Abb. 1: Analyse-Tool

Wir wissen um Ihre herausfordernde Tätigkeit und verstehen, dass Sie vielen Erwartungen gerecht werden müssen und vielen Interessen unterliegen. Wir hoffen, dass wir Ihnen mit unserem Beitrag auf der Ebene der Grundentscheidungen eine Hilfe sein konnten, um das operative Geschäft – im Sinne des Menschen – gut zu gestalten.

Quellen

Papst Johannes Paul II. (1991): Enzyklika Centesimus Annus, 01.05.1991. (VAS, 101) Bonn.

Papst Johannes Paul II. (1981): Enzyklika Laborem exercens, 14.09.1981. (VAS, 32) Bonn.

Papst Benedikt XVI. (2009): Enzyklika Caritas in Veritate, 07.07.2009. (VAS, 186) Bonn.

Papst Franziskus (2015): Enzyklika Laudato si, 24.05.2015. (VAS, 202) Bonn.

Baumgartner, A./Korff, W. (1999): Wandlungen in der Begründung und Bewertung von Arbeit, in: Korff, W. (Hrsg.): Handbuch der Wirtschaftsethik Bd. 1, Gütersloh, S. 88-99.

Päpstlicher Rat für Gerechtigkeit und Frieden (Hrsg.) (2006): Kompendium der Soziallehre der Kirche, Freiburg i.B., Nr. 163.

Kommissariat der deutschen Bischöfe (2015): Stellungnahme des Kommissariats der deutschen Bischöfe zum Grünbuch »Arbeit weiter denken – Arbeiten 4.0« des Bundesministeriums für Arbeit und Soziales, Berlin, https://www.arbeitenviernull.de/fileadmin/Futurale/Statements/PDFs/Kommissariat_der_deutschen_Bischoefe.pdf (letzter Aufruf: 19.10.2017)

Autoren

Andreas Welte, Dipl. Theol., Diakon in der Betriebsseelsorge, Studium in Freiburg, arbeitet seit 1991 als Referent in der Diözese Speyer.

Kontakt: andreas.welte@bistum-speyer.de

Thomas Eschbach, Dipl. Theol., zweiter Vorsitzender der Mitarbeitervertretung, Studium in Eichstätt und Tübingen, seit 2003 als Referent in der Diözese Speyer.

Bischof Dr. Karl-Heinz Wiesemann hat in Paderborn und Rom Theologie studiert und ist 1985 für das Erzbistum Paderborn zum Priester geweiht worden. Seit 2008 ist er Bischof der Diözese Speyer. Er ist Vorsitzender der Glaubenskommission der Deutschen Bischofskonferenz und der Arbeitsgemeinschaft Christlicher Kirchen (ACK).

Die digitale HR-Organisation – und was kommt jetzt?

Wolfgang Appel und Michael Wahler

Wir hoffen, dass Ihnen dieses Buch Lust gemacht hat auf die Digitalisierung des Personalwesens. Es zeigt Möglichkeiten, wie mittels Technikeinsatz Personalarbeit effizienter und zielgerichteter werden und die HR-Funktion mehr als bisher zum Unternehmenserfolg beitragen kann. Diese Ziele werden sicherlich von vielen Akteuren der Personalarbeit bereitwillig unterstützt werden: Die HR-Strategen freuen sich über die Perspektive auf neue Geschäftsmodelle und Arbeitsweisen, die Controller erhalten Zugang zu vielen neuen Daten, die Kostensenker sehen den nächsten Schritt auf dem Weg zum mitarbeiterlosen Büro – und dass die HR-ITler begeistert sein werden, das versteht sich von selbst. Bei aller Euphorie bleibt aber, nüchtern betrachtet, bei der Frage nach dem Kern des Konstrukts der HR-Digitalisierung vieles offen.

1 Wo wir stehen

Es gibt in der Diskussion um die HR-Digitalisierung viel Begeisterung und Aufbruch, aber auch viel Sprach- und Verständnislosigkeit. Wenn die Visionen von Personalverantwortlichen und Vordenkern allzu kühn und himmelstürmend daherkommen, lösen sie bei einem Teil der Adressaten Zukunftsängste, bei anderen kritiklose Begeisterung aus. Werden die Möglichkeiten der Digitalisierung dagegen praxistauglich an Alltagsbeispielen erläutert, dann winken wiederum viele ab, denken, dass »nichts so heiß gegessen wird, wie es gekocht wird« und richten sich in der Komfortzone der Etablierten auf die Zeit nach dem Abebben der Digitalisierungswelle ein. So fehlt vielen Mitarbeitern auf der operativen Ebene das Verständnis für die digitalen Visionen der Unternehmensleitung, während auf der anderen Seite vielen Arbeitsdirektoren und Personalleitern die Fähigkeit zur Vermittlung digitaler Visionen abgeht – so sie diese denn selbst besitzen. Ausnahmen gibt es, wenn etwa ein Personalleiter eines internationalen Speditionsunternehmens berichtet, dass er die Einführung eines neuen Kollaborationswerkzeugs nicht der IT-Abteilung überlassen wolle, sondern dieses Projekt als Thema der Kommunikations- und Arbeitskultur für die HR-Funktion besetzen möchte. Aber selbst die großen Unternehmen, die im Prozess der HR-Digitalisierung gedanklich bereits am weitesten sind, haben bislang zumeist keine fertigen Antworten und kein detailliertes HR-Zielbild entwickelt. Sie stellen aber zumindest die richtigen Fragen: Was bedeutet ein umfassendes Verständnis der HR-Digitalisierung für uns? Wie müsste die Personalfunktion der Zukunft aufgestellt sein und welche Kompetenzen benötigt sie dafür?

Leider sieht es aber momentan noch so aus, als werde die Personalfunktion ihrem eigenen Auftrag nicht gerecht: »Arbeit von Menschen mit und für Menschen«. Es scheint wieder das Gleiche zu geschehen wie bei vorangegangenen Entwicklungswellen. Man denke etwa an die Einführung der Business-Partner-Rolle oder von Shared Services: Die Umsetzungsprobleme wurden bei den Kunden der Personalfunktion vermutet, doch waren es die Personaler selbst, die sich mit den neuen Rollen und Arbeitsweisen schwertaten. Auch im Zuge der HR-Digitalisierung macht es den Eindruck, als hätte man die eigenen Mitarbeiter der HR-Funktion vergessen, denn die möglichen Auswirkungen bleiben diffus und erzeugen darum zunächst einmal Angst vor Kompetenz- und Jobverlust. Viele Experten vermuten innerhalb der Personalfunktion die stärksten Veränderungen durch die Digitalisierung bei den HR-Administratoren. Die Prognosen reichen von einer fast völligen Substitution von Entgeltabrechnern bis hin zu einer großen Rückkehrwelle ins Near- und Offshoring abgewanderter Personalerjobs nach Deutschland. Wenn zukünftig die vielen HR Service Center in Osteuropa durch Prozess- und Sprachautomatisierung auf wenige hochspezialisierte und hochproduktive Tätigkeiten in der Steuerung reduziert worden sind, dann könnte man sie doch auch wieder in die Konzernzentralen zurückverlagern, so die Überlegung. Sicherlich ist niemand in der Lage, aus den vielen optimistischen wie pessimistischen Szenarien die zutreffende Entwicklung vorherzusagen. Aber alleine die Auseinandersetzung innerhalb der HR-Funktion mit diesen Zukunftsszenarien, die offene Diskussion und eine gute Vorbereitung der HR-Mitarbeiter im Sinne der Employability würde der HR-Funktion gut zu Gesicht stehen.

Wenn in der politischen Diskussion Digitalisierung zum einen als Versäumnis betrachtet wird – siehe die Klagen über den mangelhaften Netzausbau in einigen Teilen Deutschlands – und zum anderen das Schreckgespenst des Arbeitsplatzabbaus als Begründung für Marktregulierungen herhalten muss, dann schafft das bei der Bevölkerung und vor allem den Arbeitnehmern keine optimistische Sichtweise auf die Zukunft. Natürlich erwecken Studien von Frey und Osborne (2013), die bis Mitte der 2030er Jahre das Risiko eines Verlusts von 40 Prozent der Arbeitsplätze in den USA als Folge von Digitalisierung und Automatisierung prognostizieren, sehr viel Aufmerksamkeit. Eine methodisch fortentwickelte Replikationsstudie des ZEW in Mannheim sah immerhin im gleichen Zeitraum für Deutschland noch ein hohes Rationalisierungsrisiko für 12 Prozent der Arbeitsplätze. Aber auch das wären fast fünf Millionen Arbeitsplätze, die in Deutschland innerhalb der nächsten 20 Jahre verschwänden. Wundert es dann, dass viele Erwerbstätige, selbst wenn sie heute über einen guten Lebensstandard verfügen, mehr mit Sorge als mit Hoffnung in die Zukunft schauen? Das ist aber nicht die Einstellung, mit der die weitere Entwicklung aktiv gestaltet wird.

2 Was wir brauchen

Zunächst einmal brauchen wir etwas Gelassenheit! Die Forschungslandschaft zu den Auswirkungen der Digitalisierung ist sehr heterogen – es gibt neben den kritischen Studien, etwa der von Frey/Osborne, auch optimistische Ansätze, die von einem Zuwachs an Arbeitsplätzen durch die Digitalisierung ausgehen. In allen vergangenen Automatisierungswellen sind stets auch neue Berufsbilder, die neue Arbeitsplätze geschaffen haben, entstanden. In diesem Zuge könnten HR-Mitarbeiter Kompetenzen insbesondere im Datenmanagement aufbauen: etwa im Active Sourcing von geeigneten Kandidaten in sozialen Netzwerken, in der Entwicklung neuer Blended-Learning-Konzepte oder im Erkennen optimierbarer Verhaltensmuster in den Bewegungsdaten aktiver Mitarbeiter. Personaler leiden häufig unter der Unterstellung, ihre Fähigkeiten und Kompetenzen seien leicht zu imitieren, was in der Behauptung gipfelt: »Personalarbeit kann jeder«. Durch den zusätzlichen Erwerb digitaler Kompetenzen würde die Professionalität von Personalern durch Kollegen anderer Unternehmensfunktionen sicherlich anders wahrgenommen und mehr wertgeschätzt werden.

Außerdem könnte sich der viel beschworene demografische Wandel als Segen entpuppen: Selbst, wenn die Zahl der Beschäftigten infolge der Digitalisierung in den nächsten zwanzig Jahren in Deutschland um zwölf Prozent schrumpfen würde, so entspräche das ungefähr dem Rückgang der verfügbaren Arbeitskräfte. Die Realität sieht heute in vielen HR-Funktionen doch schon so aus, dass eine Personalknappheit besteht. In Ballungsräumen ebenso wie in der ostdeutschen Provinz sind erfahrene Entgeltabrechner nur schwer zu finden. Prozessautomatisierung wird helfen, sich verschärfende Engpässe zu überbrücken. Deutsche Unternehmen sollten sich nicht von den Googles, Apples, Facebooks und Amazons der Welt und ihrer schönen neuen Datenwelt antreiben lassen. Man nehme nur das Thema »Sensorisierung«, also Überwachung von Mitarbeitern mit einer Vielzahl von Messgeräten zur Erfassung des Verhaltens. Natürlich kann Big Data eine kleinstteilige Steuerung von Mitarbeiterbewegungen ermöglichen, und deren Nutzung wird auch von verschiedenen Akteuren der neuen Datenwelt forciert werden. Aber es bleibt mehr als fraglich, ob dieser Weg aufgrund der arbeits- und datenschutzrechtlichen Situation überhaupt in Deutschland beschritten werden kann; ganz abgesehen davon, ob er überhaupt beschritten werden sollte, weil der Nutzen überhaupt nicht eindeutig ist. Zwischen Euphorie und Verweigerung brauchen wir den Weg der nutzenbringenden Machbarkeitsabwägung.

In einem zweiten Schritt brauchen wir eine ernst zu nehmende, bodenständige und chancenorientierte Diskussionskultur! Die gesellschaftlichen und betrieblichen Akteure müssen dazu raus aus ihrer Komfortzone: Gewerkschaften und Betriebsräte sollten sich nicht nur als Mahner und Warner positionieren, sondern als aktive Gestalter erfolgreicher digitaler Unternehmenswelten. Unternehmens- und Personalleitungen sollten umgekehrt diese Akteure als hilfreiche Kritiker wertschätzen, die allzu eifrige Modernisierer vor Schaden durch fehlende Akzeptanz schützen.

Die Personalfunktion wird Fragen nach dem Nutzen neuer HR-IT beantworten müssen:

- Wird das Arbeiten mit der neuen Lösung vereinfacht?
- Werden dadurch Prozesse optimiert?
- Können damit mobile Mitarbeiter integriert werden?

Fragen nach den Rahmenbedingungen eines erfolgreichen Betriebs neuer HR-IT richten sich auf zukünftige Kosten:

- Sind Datensicherheit und Datenschutzanforderungen erfüllt?
- Erlaubt die Personalplanung den langfristig problemlosen Betrieb der ausgewählten Software?
- Welche (IT-)Fähigkeiten sollten die Personaler der Zukunft besitzen?

Und wir müssen uns an die Arbeit machen! Die Personaler haben dabei Aufgaben, die einmal als schlichte Hausaufgaben zu bezeichnen sind, aber daneben auch deutlich darüber hinausgehen. Darum folgt hier ein Zehnpunkteplan der HR-Digitalisierung:

1. *Den Diskurs der Digitalisierung im gesellschaftlichen Kontext führen:*
   Digitalisierung ist mehr als eine auf Technologie gestützte neue Arbeitsweise; sie ist ein System zur Etablierung neuer Modelle von gesellschaftlicher Teilhabe. Welche andere Unternehmensfunktion als das Personalmanagement sollte die Auseinandersetzung mit den gesellschaftlichen Akteuren und das Werben um Vertrauen und Akzeptanz unternehmerischer Entscheidungen führen?
2. *Sich mit allen Unternehmensfunktionen vernetzen:*
   Digitalisierung bewegt alle betrieblichen Akteure. Die infrastrukturellen Voraussetzungen – seien es »bring your own device« oder Datenschutz – werden nur gemeinsam erfolgreich bewältigt werden können.
3. *Eine HR-Digitalisierungs-Strategie entwickeln:*
   Noch zu oft ist HR-Digitalisierung nur »business as usual«: Man freut sich bei der HR-IT über mehr Aufmerksamkeit seitens der Unternehmensleitung und eventuell auch über größere Budgets, aber macht doch zumeist nur das, was in den letzten zwanzig Jahren auch schon gemacht wurde. Entwickeln wir stattdessen eine klare Digitalisierungsstrategie! Also weder blindes Drauflosrennen noch detailreiche Mikroprojektpläne, die dann doch keiner einhält.
4. *Eine HR-Digitalisierungs-Kultur etablieren:*
   Digitalisierung ist zu wichtig, als dass man sie allein der IT-Funktion überlassen dürfte. Arbeiten wir an einer »digitalen HR-Kultur« mit einer umfassenden Sichtweise auf das Phänomen der Digitalisierung. Diese muss experimentierfreudig sein, zugleich aber Mitarbeitern und Management Orientierung geben, wohin die Reise geht.

Und unsere operativen Aufgaben werden sein:

5. *HR-Mitarbeiter fit machen für die Digitalisierung:*
Die Kompetenzen des Personalers der Zukunft in den Bereichen Change, Stressmanagement und Strategie müssen ausgebaut werden. Machen wir die Mitarbeiter der HR-Funktion fit: Sie müssen nicht den Maschinenraum ihres Tankers reparieren können, aber sie müssen die Sprache der IT-Mechaniker sprechen können und die Denkweise der ITler verinnerlicht haben.
6. *Von Methoden und Technik der IT mitnehmen lassen:*
Design Thinking, SCRUM und Agilität dürfen für Personaler keine fremden Galaxien sein. Lassen wir los von ressourcenfressender Papierarbeit und langwierigen IT-Projektplanungen. Machen wir es wie Gen Y: einfach mal eine App ausprobieren – wenn sie nichts taugt, löschen, aber wenn sie etwas bringt – teilen! Fragen wir nach Sinn und Unsinn von IT-Anwendungen! Das wird sich dann nicht nur agil nennen, sondern auch agil sein.
7. *Die HR-Organisation überdenken:*
Endlich haben wir die Chance, mal etwas anderes zu machen als das Dreisäulenmodell. Die ITler sagen »Run and Change« – wie wäre es mit »Machen und Probieren« für HR? Rücken wir wieder unseren Kunden auf die Pelle und zeigen wir ihnen, dass wir die Weltmeister im Zusammenarbeiten sind – gerade, wenn es um Digitalisierung geht.
8. *Die HR-Daten strukturieren:*
Daten sind Mittel zum Zweck. Besinnen wir uns wieder auf den Zweck, unsere Kunden besser zu machen. Dazu müssen wir unsere Daten in Ordnung bringen; wir müssen lernen sie zu strukturieren, zu sammeln und zu verarbeiten. Und das nicht zulasten eh schon überforderter Führungskräfte und misstrauischer Mitarbeiter.
9. *Die HR-Daten im Konsens und zum Unternehmenserfolg nutzen:*
Lernen wir mit den Daten bessere Entscheidungen über die Mitarbeiterschaft zu treffen, und das in aller Transparenz und Offenheit. Wenn man zukünftig abwanderungsgefährdete Mitarbeiter mit Algorithmen identifiziert, dann muss in der Ansprache dieser Mitarbeiter auch erklärt werden, nach welchen Regeln sie selektiert wurden. Eine Situation wie in Banken, die nach intransparenten Regeln die Bonität von Kreditkunden bewerten, darf es im HR-Bereich nicht geben. Ohne Transparenz keine Akzeptanz, ohne Akzeptanz keine Effizienzsteigerung.
10. *Personalarbeit bleibt Beziehungsarbeit:*
Die Zukunft der Personalarbeit kann nicht bedeuten, am Smartphone per Instant Messaging Mitarbeitergespräche zu führen. Technik bleibt das Mittel, der Mensch bleibt das Ziel.

So kann Personalarbeit gelingen – wir wünschen Ihnen viel Erfolg dabei!

Quellen

Bonin, H. (2015): Übertragung der Studie von Frey/Osborne (2013) auf Deutschland, ZEW Kurzexpertise Nr. 57, Mannheim.

Frey, C. B./Osborne, M. A. (2015): The future of employment: how susceptible are jobs to computerisation? Oxford Martin School, University of Oxford.

Autoren

Wolfgang Appel hat nach BWL-Studium und Promotion bei der BASF gearbeitet. Dort war er im HR Information Management tätig sowie als Leiter des HR-Service-Centers. Seit 2007 ist er Professor für Personalmanagement an der Hochschule des Saarlandes. Seine Themenschwerpunkte sind HR-Organisation und HR-Servicestrukturen sowie Verbesserung von HR-Prozessen. Er ist Herausgeber des Standardwerks »HR-Servicemanagement«.
(Foto: Hartmut Bühler)

Kontakt: wolfgang.appel@htwsaar.de

Michael Wahler ist Inhaber von WAHLER Human Resources. Für seine Beratungsprojekte verbindet er tiefgreifendes administratives, strategisches und IT-Wissen zu innovativen Lösungen. Seit über 20 Jahren arbeitet der Diplom-Betriebswirt (FH) in operativen HR-Rollen sowie in der internationalen HR-Beratung. Er ist gefragter Ansprechpartner und unterstützt Unternehmen, wenn es darum geht, HR-Funktionen sowohl strategisch als auch administrativ für zukünftige Aufgaben fit zu machen. Besonderen Schwerpunkt legt er dabei auf die Kombination aus HR-IT-Strategie, Prozessen und Systemen sowie die daraus entstehende Organisationsentwicklung.

Kontakt: info@wahler-hr.com

Stichwortverzeichnis